国家出版基金项目
NATIONAL PUBLICATION FOUNDATION

自然生态保护

生活在下游（第二版）

一位生态学家对癌与环境关系的实地考察

Living Downstream
An Ecologist's Personal Investigation of Cancer and the Environment

[美] 桑德拉·斯坦格雷伯 著
张树学 黄淑凤 译

著作权合同登记号　图字:01-2011-8188

图书在版编目(CIP)数据

生活在下游：一位生态学家对癌与环境关系的实地考察：第2版/(美)斯坦格雷伯(Steingraber,S.)著;张树学,黄淑凤译. —北京：北京大学出版社,2014.10
(自然生态保护)
ISBN 978-7-301-24931-4

Ⅰ.①生…　Ⅱ.①斯…②张…③黄…　Ⅲ.①生态环境—关系—癌—研究
Ⅳ.①X171.1②X503.1

中国版本图书馆CIP数据核字(2014)第231920号

书　　　名：生活在下游——一位生态学家对癌与环境关系的实地考察(第2版)
著作责任者：[美]桑德拉·斯坦格雷伯　著
　　　　　　张树学　黄淑凤　译
责 任 编 辑：黄　炜
标 准 书 号：ISBN 978-7-301-24931-4/X·0068
出 版 发 行：北京大学出版社
地　　　址：北京市海淀区成府路205号　100871
网　　　址：http://www.pup.cn　　新浪官方微博：@北京大学出版社
电 子 信 箱：zpup@pup.cn
电　　　话：邮购部62752015　发行部62750672　编辑部62752038　出版部62754962
印　刷　者：北京宏伟双华印刷有限公司
经　销　者：新华书店
　　　　　　650毫米×980毫米　16开本　20.5印张　380千字
　　　　　　2014年10月第1版　2014年10月第1次印刷
定　　　价：45.00元

“山水自然丛书”第一辑

“自然生态保护”编委会

序一

在人类文明的历史长河中，人类与自然在相当长的时期内一直保持着和谐相处的关系，懂得有节制地从自然界获取资源，“竭泽而渔，岂不获得？而明年无鱼；焚薮而田，岂不获得？而明年无兽。”说的也是这个道理。但自工业文明以来，随着科学技术的发展，人类在满足自己无节制的需要的同时，对自然的影响也越来越大，副作用亦日益明显：热带雨林大量消失，生物多样性锐减，臭氧层遭到破坏，极端恶劣天气开始频繁出现……印度圣雄甘地曾说过，“地球所提供的足以满足每个人的需要，但不足以填满每个人的欲望”。在这个人类已生存数百万年的地球上，人类还能生存多长时间，很大程度上取决于人类自身的行为。人类只有一个地球，与自然的和谐相处是人类能够在地球上持续繁衍下去的唯一途径。

在我国近几十年的现代化建设进程中，国力得到了增强，社会财富得到大量的积累，人民的生活水平得到了极大的提高，但同时也出现了严重的生态问题，水土流失严重、土地荒漠化、草场退化、森林减少、水资源短缺、生物多样性减少、环境污染已成为影响健康和生活的重要因素等等。要让我国现代化建设走上可持续发展之路，必须建立现代意义上的自然观，建立人与自然和谐相处、协调发展的生态关系。党和政府已充分意识到这一点，在党的十七大上，第一次将生态文明建设作为一项战略任务明确地提了出来；在党的十八大报告中，首次对生态文明进行单篇论述，提出建设生态文明，是关系人民福祉、关乎民族未来的长远大计。必须树立尊重自然、顺应自然、保护自然的生态文明理念，把生态文明建设放在突出地位，以实现中华民族的永续发展。

国家出版基金支持的“自然生态保护”出版项目也顺应了这一时代潮流，充分体现了科学界和出版界高度的社会责任感和使命感。他们通过自己的努力献给广大读者这样一套优秀的科学作品，介绍了大量生态保护的成果和经验，展现了科学工作者常年在野外艰苦努力，与国内外各行业专家联合，在保护我国环境和生物多样性方面所做的大量卓有成效的工作。当这套饱含他们辛勤劳动成果的丛书即将面世之际，非常高兴能为此丛书作序，期望以这套丛书为起始，能引导社会各界更加关心环境问题，关心生物多样性的保护，关心生态文明的建设，也期望能有更多的生态保护的成果问世，并通过大家共同的努力，“给子孙后代留下天蓝、地绿、水净的美好家园”。

许智宏

2013 年 8 月于燕园

序二

1985 年，因为一个偶然的机遇，我加入了自然保护的行列，和我的研究生导师潘文石老师一起到秦岭南坡（当时为长青林业局的辖区）进行熊猫自然历史的研究，探讨从历史到现在，秦岭的人类活动与大熊猫的生存之间的关系，以及人与熊猫共存的可能。在之后的 30 多年间，我国的社会和经济经历了突飞猛进的变化，其中最令人瞩目的是经济的持续高速增长和人民生活水平的迅速提高，中国已经成为世界第二大经济实体。然而，发展令自然和我们生存的环境付出了惨重的代价：空气、水、土壤遭受污染，野生生物因家园丧失而绝灭。对此，我亦有亲身的经历：进入 90 年代以后，木材市场的开放令采伐进入了无序状态，长青林区成片的森林被剃了光头，林下的竹林也被一并砍除，熊猫的生存环境遭到极度破坏。作为和熊猫共同生活了多年的研究者，我们无法对此视而不见。潘老师和研究团队四处呼吁，最终得到了国家领导人和政府部门的支持。长青的采伐停止了，林业局经过转产，于 1994 年建立了长青自然保护区，熊猫得到了保护。

然而，拯救大熊猫，留住正在消失的自然，不可能都用这样的方式，我们必须要有更加系统的解决方案。令人欣慰的是，在过去的 30 年中，公众和政府环境问题的意识日益增强，关乎自然保护的研究、实践、政策和投资都在逐年增加，越来越多的对自然充满热忱、志同道合的人们陆续加入到保护的队伍中来，国内外的专家、学者和行动者开始协作，致力于中国的生物多样性的保护。

我们的工作也从保护单一物种熊猫扩展到了保护雪豹、西藏棕熊、普氏原羚，以及西南山地和青藏高原的生态系统，从生态学研究，扩展到了科学与社会经济以及文化传统的交叉，及至对实践和有效保护模式的探索。而在长青，昔日的采伐迹地如今已经变得郁郁葱葱，山林恢复了生机，熊猫、朱鹮、金丝猴和羚牛自由徜徉，那里又变成了野性的天堂。

然而，局部的改善并没有扭转人类发展与自然保护之间的根本冲突。华南虎、白暨豚已经趋于灭绝；长江淡水生态系统、内蒙古草原、青藏高原冰川……一个又一个生态系统告急，生态危机直接威胁到了人们生存的安全，生存还是毁灭？已不是妄言。

人类需要正视我们自己的行为后果，并且拿出有效的保护方案和行动，这不仅需要科学研究作为依据，而且需要在地的实践来验证。要做到这一点，不仅需要多学科学者的合作，以及科学家和实践者、政府与民间的共同努力，也需要借鉴其他国家的得失，这对后发展的中国尤为重要。我们急需成功而有效的保护经验。

这套“自然生态保护”系列图书就是基于这样的需求出炉的。在这套书中，我们邀请了身边在一线工作的研究者和实践者们展示过去30多年间各自在自然保护领域中值得介绍的实践案例和研究工作，从中窥见我国自然保护的成就和存在的问题，以供热爱自然和从事保护自然的各界人士借鉴。这套图书不仅得到国家出版基金的鼎力支持，而且还是“十二五”国家重点图书出版规划项目——“山水自然丛书”的重要组成部分。我们希望这套书所讲述的实例能反映出我们这些年所做出的努力，也希望它能激发更多人对自然保护的兴趣，鼓励他们投入到保护的事业中来。

我们仍然在探索的道路上行进。自然保护不仅仅是几个科学家和保护从业者的责任，保护目标的实现要靠全社会的努力参与，从最草根的乡村到城市青年和科技工作者，从社会精英阶层到拥有决策权的人，我们每个人的生存都须臾不可离开自然的给予，因而保护也就成为每个人的义务。

留住美好自然，让我们一起努力！

吕植

2013年8月

从前，有个村子就坐落在一条河旁。村子里的人质朴善良。据说，村民开始发现湍急的河流中溺水的人越来越多。于是，他们就千方百计地让这些溺水的人起死回生。这些英勇的村民们只顾全身心地投入到营救溺水者的行动中，却从没想到去上游看看，究竟是谁把溺水者推到河里的。

该书写的就是沿此河而上的发现。

目　　录

第二版前言

30 年前,在刚结束大学二年级的学习,就要升入大三的时候,我被确诊患上了 xi
膀胱癌。此刻写下“30 年前我患了癌症”这句话是多么让人惊叹不已。那时我才 20 岁。我只盼着能活到尝尝做回女人就足够了。那是我从来没有过的体验。我躺在病床上,呼出的气息充斥着麻药的味道。不敢奢望有一天我会写这句话:“30 年前我患了癌症”。

2008 年 9 月的一个下午,阳光明媚,我正忙着赶稿,以免误了期限,此时,电话铃响了。是护士从我的泌尿科医生办公室打来的电话。她说病理专家从我上次膀胱检查的尿检抽样中发现了异常的细胞群,抽样中还掺杂着血。

我挂断了电话,向小屋窗外望去,最后一株万寿菊在秋日骄阳的照耀下依旧绽放着。电脑屏幕上的光标还在那段文字上一闪一闪的。地板上因早晨急着赶校车而落下的蜡笔一动不动地躺在那里,厨房里,锅里的土豆还在炉火上炖着,发出咕嘟咕嘟的响声。世界依旧是这个世界,但我却对它突然感到陌生起来。

我再次提供尿样做进一步检查。根据尿样检查的结果,再送交尿样做基因分析。于是我便开始了被称为“有待观察”的煎熬等待。我成了医院的常客。“观察”意味着筛选检查、拍片、验血、自己拿主意、再次诊断,我的车要在医院停车场一停
就是几个小时。“等待”意味着你可以回去继续完成那刚写一半的文章、品尝炖好 xii
的土豆这样的事情。你精心计划好的事情,因为病情诊断还不明朗而不能放开手脚去做。你要赶在最后期限前把事做完,还要列出要采购的食品。有时,在阳光明媚的午后听到电话铃声你会吓一跳。膀胱癌在 50%～70%的患者身上都会出现反复。所以,我吓一跳也是情理之中的事。

10 天后,我又接到了泌尿科护士的电话,通知我说检验结果正常。几个月后,我又做了一次细胞化验和肾超声检查——一切正常。血常规也没有什么问题。这

说明不了什么，要半年后再看情况如何。

30年前我患了癌症。离开医院，我回到了大学宿舍。我继续攻读生物学，闲暇时光写诗为乐，徜徉在医学的浩卷中。我做完手术后，在泌尿方面入行不久的年轻泌尿科医生问了我一连串让我感到迷惑不解的问题。他问我是否在轮胎工厂做过工，是否接触过纺织染料，铝制品行业的就业情况怎样。对于躺在病床上，身上还系着插管的我来说，这些问题有些不着边际。我是当地麋鹿俱乐部奖学金的洁净生活奖获得者，一位有读硕士研究生计划的优秀大学生。我当然不会出去生产硫化轮胎或者去炼铝了。可是，他为什么问我这些问题呢？

在大学图书馆里，我没用几小时就明确了一个事实：膀胱癌是公认的典型的与环境有关的癌症。也就是说，大量事实证明，与其他类型的癌症相比，暴露于有毒化学物质会增大患膀胱癌的风险。在过去的一个多世纪里，这种病例不胜枚举。此刻，我还了解到，虽然诱发膀胱癌的致癌物已经为人们所认识，但这些物质仍在商业中照用不误。这是因为，研究人员通过认真的科学研究所发现的某种化学物质虽然可能致癌，但这并不意味着这种物质在我们的经济生活中自然而然地就被禁止使用了。

xiii 在我被诊断出患膀胱癌后的30年里，所有这一切都没有什么大的改变。在现今所使用的8万种合成化学品中，只有2%进行过致癌性检测。自1976年以来，确切地说，只有5种致癌物根据《有毒物质监控法》被禁止使用。我们的环境监管制度没有把对有毒化学品的严格检测作为将其投放到市场的先决条件。法律在宣布对有毒化学物质的排放进行限制时，严重忽视了我们每次都不只是暴露于一种，而是多种微量有害物质的事实。现在，要求确定暴露于有害物的总负荷给我们每个人带来的危害并无大碍，但这并非一己之力所能为。美国癌症协会发表了一份2007年的调查报告，公布了216种已知可导致动物乳腺癌的化学物质。其中，有73种存在于人类食品或消费品中；32种为空气中的污染物；有29种每年大量生产于美国。

1981年，我进入研究生院，先修文学创作，后攻读野生生物学硕士学位。无论是学文学还是学生物，我都要远离位于伊利诺伊州中部的家。无论我到哪里，我都要进行惯例式的癌症检查。在各式各样的诊所和医院等待的时候，我开始收集一些有关膀胱癌的小册子。我发现，在这些小册子里几乎看不到“致癌物”或者“环境”这些字眼。（第十二章有更详尽论述）同护理我的人交谈时，也听不到他们使用这些字眼。似乎，医疗科研人员所列举的关于造成膀胱癌的环境起因的证据与病人所听到的证据之间没有什么关系。从医疗资料表判断，最相关的变数是基因：

因此，医生反复询问我的家庭医疗史。我倒很乐意告诉他们我的家族病史，我的家族里得过癌症的不在少数。我的母亲 44 岁时被确诊为乳腺癌，我的叔辈里有患结肠癌的，有患前列腺癌的，还有患基质癌的。我的姑妈死于膀胱癌，也就是我患的这种移行细胞癌。

关于我的家族，有句有趣的传言：我是领养的。

当查阅一些被领养者患癌的相关文献时，我了解到：事实上，被领养者死于癌症的概率与他的养父母是否死于癌症有密切关系，而与其亲生父母是否不幸死于
癌症关系不大。家族所遭遇的不幸不一定也落在基因上。认识一个人的基因史对 xiv
了解其身体所面临的危险很重要，而对其自身环境的认识同样重要。（第十一章有更详尽论述）

第一个给我看病的泌尿科医生提出那些有关环境的问题让我萌发了撰写这本书的念头。撰写本书的调研工作从哈佛大学医学院的图书馆开始，我在那做博士后，调研工作一直持续到我回到中西部的家乡为止。作为生物学家，我的目标是在该书中融入两类信息：环境污染数据和癌症数据。我期待能找到某种模式，发现可供进一步研究的问题。即便还没有完整的答案也要督促人们采取防范措施。我要探究包括致癌的添加剂在内的有毒化学物质在多大程度上侵入我们的空气、食品、水源和土壤。在《联邦知情权法》允许的范围内，我查阅了大量我所能找到的数据库。癌症登记数据提供了癌症的时间轨迹和空间分布情况。在图书馆偏僻的角落里我找到了生物学和医学文献，读到了各种公开发表的论述环境与癌症之间关联的研究文献。这些报道自始至终都是我在本书中讨论的源泉：有关杀虫剂、河底沉积物、垃圾焚烧炉的报道；对农民、运动垂钓者及哺乳期母亲的调查；对实验室动物、野生动物和宠物的研究；以及对人体组织和细胞结构的神经内分泌学的研究。研究文章涵盖了从大气科学到神经内分泌学的内容。

这本书也是一个具有浓重个人色彩的故事。与各种各样的科学描述交织在一起的是我对伊利诺伊河东岸峭壁的种种回忆。那里是我生长的地方。作为生物学家，我想告诉读者我的家乡伊利诺伊州也毫不例外：同许多其他州县一样，二战以后，工业和农业的巨大变革给她带来了意想不到的环境问题。尽管如此，我仍然对那里格外关注。中部伊利诺伊州是我生态理念的源泉，因此，寻找生态之根是本书
后几章的主要内容。 xv

女性的膀胱癌发病率在上升。我就是这种病症统计史上的一个数据点。导致膀胱癌的物质出现在我家乡的地下蓄水层并流经此处的那条河的沉积物中。（这些致癌物是怎么到达那里的，我们将如何应对这些致癌物？）我是人类环境变化史

上的一个呐喊者。这里所讲述的就是与这两者有关的故事。

2004 年 1 月的一天，我正忙着赶稿，争取在最后期限内完工，这时电话铃响了。打电话的人是个电影导演(不是护士!)。我们那天的交谈正好成就了这本书的新版本。导演钱达·舍瓦讷希望获得《生活在下游》一书的使用权来拍摄一部文献片。这样，她就可以通过电影的方式演绎一个把科学探索与个人命运融为一体的故事。这个让人欣喜的筹划需要我做三件事情，其中之一就是陪同导演和她的加拿大演职人员去伊利诺伊州中部拍摄外影。

于是，我在他们的请求下陪同他们去了那里。我向他们介绍河里的驳船(第九章)、乙醇工厂(第五章)、我表兄约翰家农场道路对面的风轮机(第七章)。我向他们介绍约翰的玉米田，还有田里行驶的联合收割机，午后头顶形成雷雨云砧以及可以把谷物升降机作为方向指针走出玉米田的路(第八章)。我向他们介绍垃圾填埋场(第五章)；我家后院里母亲的秋千，我姑妈家的梨树(第十章)。当他们乘坐直升飞机俯瞰伊利诺伊河谷时，我就不再陪同他们了。

第二项任务便是向他们介绍我作为癌症患者的私人生活。(第六章和第十一章)。这项工作比较复杂。这意味着要带剧组人员看我做膀胱内检查，期间光导纤维管要插入我的膀胱，意味着一些带着电影摄像机和吊杆麦克的男人跟我进入这样一个房间，里面放着一叠叠露背的蓝色棉布手术服(我要换上一件)，然后，我要躺在一个带有蹬型支架(我的脚要放在里边)的供检查用的台子上。在这里，除了我自己，所有人的眼睛都盯着那台大荧光屏显示器(我膀胱的内壁将显示在这个显
xvi 示器上)。此时，我静静地躺在那里，望着天花板。我们周围贴着的都是前列腺增大和男性功能障碍的图片(在医生进来之前的那会儿，我习惯性地琢磨这些解剖细节)。摄像机拍摄着房间里的每个角落。

我决心坚持下去，因为细胞检查救人命。尽管对于没有经验的人来说，细胞检查听起来令人发憷，细胞检查的时间并不长，略有疼痛感，有助于在早期发现各种癌症。作为筛选检查和早期检查的手段，它是最先进的。(从医学角度看，细胞检查、结肠镜检查、抹片及乳房检查可获必要条件奖。)发现尿血的人不会因为害怕末端有闪亮小灯的插管而延迟求治。因此，如果我能够验证细胞检查的价值，我乐意这么做。如果我有机会拉开遮挡着尿检的这个沉寂之帘，我不会放过。作为一位接受过 70 多次细胞检查的人，还有谁比我更合适吗?

我这么做了，并从中发现了一些意想不到的东西：实际上，带着电影演职人员做膀胱镜检查术更好。不管我是否做到了为电影观众揭开膀胱镜检查术的神秘面纱，那个下午膀胱镜检查术对我而言肯定不再神秘了。以前，进处置室，我总是觉

得它是那么肃穆，现在觉得没有什么，再普通不过了。蓦然觉得，那些男性生殖器的图片是那么滑稽可笑。给我做检查时，泌尿科医生的声音平静而令人安慰，让我一直那么欣赏，现在越发喜欢。它似乎是人类同情心的亘古不变的符号。医生和患者在一起时间长了关系会变得亲密。

我的第三个任务是和导演一起探讨书中的科学问题（第一章至第十二章，外加近 100 页的出处注释）。为了弄清如何让她的电影观众看到有关癌症的真凭实证，她面对挑战，奔波于北美大陆的实验室和野外工作站去拍摄，如到魁北克去拍摄鲸
的尸体解剖，到加利福尼亚的萨利纳斯河对青蛙进行研究，参加北卡罗来纳州联邦 xvii
实验室的气体色谱实验，以及到温哥华癌症实验室拍摄提取 DNA 的过程。这期间，我开始对本书中的科学研究进行更新。

第二版是对第一版修订的结果。两版之间的间隔体现了我们对环境与人类癌症关系认识的快速提高。总而言之，新近发表的研究结果证明了我在 1997 所著的第一版书中所阐述的科学证据的正确性。因此，我得以在癌症起因的大七巧板上再添加几块，能够回答早期研究所提出的一些问题。我对第一版需要修订的地方进行了修订，需要调整重点的地方做了调整。令我欣慰的是过去的十多年间，无论是作为康奈尔大学“乳腺癌与环境风险因素项目组”成员，还是后来担任“加利福尼亚州乳腺癌研究项目”顾问都使我得以在前沿观察对癌症的科学研究。

对正在侵入我们社区的工业化学品的最新了解还存在很大问题。1986 年，美国国会通过了《知情权法》，据此，披露工业部门常规排放的 650 种有毒物质的数据库才向公众开放。这些数据使公众能够识别他们身边的污染物，使研究人员能够寻找污染源、对癌症类型相互对照。90 年代中期，当我撰写该书的第一稿时，在网络上已经出现《有毒物质排放清单》。可是，在 2001 至 2008 年间，清单被收缩了，数以千计的化学工厂不必再公布其有毒的化学产品。2009 年，一些最初要求报告的做法恢复了。然而，因为报告的标准朝令夕改，根据《知情权法》可获得的数据也没有前些年那么全面了。所以，我沿用了大部分先前对有害化学污染物的论述，这些论述基于我在 90 年代中期收集的数据，当时数据库比较多。

《生活在下游》一书中的个人经历部分没有做什么改动。写这本书时，我还是
个三十几岁的单身女人，住在波士顿的公寓里，和我的小狗为伴。那些日子，我连 xviii
法定的假日也不过，坐在浴缸里也在看有关癌症登记的材料。那个孤单的女人依然是这本书的讲述者。这意味着尽管科学的描述部分已经为大家所熟知，但自传部分的内容是新近的。因此，在第十章中，农场上的那出戏是 1994 年秋天演的，而描写二氧（杂）芑作用的段落中的证据是 1994 年以后的几年才发表的。

在该书的第一版出版后，我的生活发生了很大变化。我现在已是年近五十的两个孩子的母亲，丈夫还是我们孩子的美术老师。我们住在纽约州北部的一个小村庄里。我现在很少有时间在浴缸里看资料了，我不但过情人节，还给幼儿园的孩子做心形的比萨饼。讲到作为母亲的刻骨铭心的生活，我乐意向读者推荐《坚守信念：一个生态学家的母亲之旅》和我即将问世的一本有关孩子们的生活环境的新书。

在过去的十年里，在环境致癌的认识上有六种明确的趋势。第一种趋势是越来越多的人认识到致癌因素是复杂的。过去认为致癌的风险因素是独立的因子，可以简单地归纳为三个方面：基因、生活方式和环境。其中，基因和生活方式被认为是主导因素，而环境的影响微乎其微。这种简单的归因方式愈发让人感到幼稚。现在，人们相信造成癌症的原因是各种变量构成的相互交织的网，其中的任何一个变量都可以改变另外一个变量。例如，母乳喂养可以防止乳腺癌。人们视其为传统生活方式的一个要素：是否哺乳孩子是你的选择，但如果你选择哺乳孩子，你以后患乳腺癌的风险就小了。但有证据表明，暴露于某种有机氯化学物质可能降低妇女乳汁分泌的能力，从而妨碍有效哺乳。因此，环境污染物会影响生活方式的选择，而生活方式的选择又影响患乳腺癌的概率。简言之，癌症风险因素之间会相互作用，对彼此产生直接或间接影响。

xix 第二种趋势是人们逐渐认识到表观遗传学的重要性。过去，人们把 DNA，也就是我们基因中的“砖”和“灰浆”，当做主要因子。认为得癌症是因为继承了不良基因，或因为好的基因受到损害(发生突变)。新的认识是，癌症可能产生于第三种渠道：基因行为发生改变。研究物质如何改变基因表达是表观遗传学领域的组成部分。暴露于某些化学物质中，好像可打开或关闭基因，会使细胞的生长发生紊乱，进而产生癌变。基于这种观点，我们的基因不是细胞的指挥控制者；基因更像钢琴的键，环境就是钢琴师的手指。

第三种趋势是越来越多的人认识到在癌症史上内分泌紊乱所扮演的角色。如果要评选最容易上当受骗的生理系统，我会提名内分泌系统，也就是调节机体的生长发育和各种代谢活动、控制繁殖的激素传递机制。有些化学物质以微小的浓度，有时通过拙劣的模仿，就能干扰激素信号。在区分真正激素与在行为上类似激素的环境化学物质方面，内分泌系统的低能令人惊讶，它非常容易上当受骗。当我撰写本书的第一版时，我特别关注那些能模仿雌激素的化学物质。而单纯的性激素模仿只是内分泌紊乱问题的一部分。激素活跃的化学物质能渗透到我们体内的所有信号线路。最近，人们又发现了一种被称为肥胖激素，即可导致内分泌紊乱的物质——干扰控制脂肪代谢的激素信息组的化学物质。

古代毒物学有条原理，剂量决定是否有毒："一种物质是否有毒，完全是由剂量决定的。"这虽然是 16 世纪的一条格言，但我却把它写在了我那本《卡萨雷特和道尔毒物学论》(第六版)的扉页上。这表达了一种流行的看法，我们暴露于自然有毒物质而中毒的风险与暴露于该物质的程度成正比。这个古老的格言还是颇有道理的。然而，有毒物质对我们造成的危害显然还取决于我们暴露于有毒物质的时 xx
间。这和暴露的时机密切相关，尤其是在有毒物质包含可致内分泌紊乱的成分的时候。第四种趋势是越来越多的人认为时机致使中毒。在探求乳腺癌与环境的关联时，特别注重生命早期暴露于有毒元素对乳腺发育过程的影响。改变乳房发育可能增加后期患乳腺癌的可能性，因为绝大多数乳腺癌病灶存在于被称为末端乳芽的导乳管结构中，本书第六章对此将做详细讨论。根据新的观点，暴露可增加末端乳芽细胞数量或延缓末端乳芽发育的化学物质都可能增加患乳腺癌的概率。

第五种趋势认为，混合有毒化学物质所导致的结果不是一次对一种化学物质进行分析所能预测的。当心混合的化学物质。现实中，很少有人只暴露于单一化学品中。然而，当测试化学物质的致癌性时，或者当确定致癌物暴露的可接受限度时，我们的监管制度把这些问题孤立起来考虑。一些化学物沿着相似的细胞路径运行，可能产生叠加效应。就像第一次遭遇杀虫剂会改变酶的活动，而第二次使杀虫剂代谢为更强的有毒物那样，其他化学物可能以更复杂的方式相互作用。暴露于复合化学物并在其他压力下，如肥胖或贫穷，也可能导致对一种变量检查所无法预测的患癌风险。

第六种趋势是转变思想，把预防原则作为环境决策的主要指导思想。这种呼声始于 20 世纪 70 年代的德国。当时，科学家们意识到，在弄清空气污染究竟如何导致癌症之前，有必要在全国范围内停止砍伐森林。这条原则已被纳入欧盟条约。预防原则催促我们采取行动，防止在没有实质性证据和因为等待证据而耽搁的情形下所造成的不可逆转的、灾难性的伤害和损害。预防原则允许对公众健康的质 xxi
疑，从而避免公众的健康受到威胁，结果是让公众受益。第十二章对此有更详尽的论述。

读者问我最多的问题是："你是如何看到希望的?"。我的回答是现身说法，以事实为依据。现身说法就是我是癌症幸存者，年轻时，我就学会了如何在绝望中看到希望。现在，我已身为人母，我希望我的孩子们能生活在一个地下水源中没有致癌物的世界。我希望他们不必担忧，在某个阳光明媚的午后，病理实验室的一个电话会给他们带来坏消息。换言之，绝望就像一件奢侈品，我现在还无力觊觎。

我的另一个回答则是让事实说话。越来越多的证据表明：在癌症史上，环境所起的作用比我们以往想象的要大得多。这是好消息，因为我们因此可以做出反应。比如，我们可以修改那些不合时宜的化学品政策，我们可以下定决心，群策群力地让经济摆脱对那些已知侵害我们身体的化学物质的依赖。我们可以做出判断，侵入我们空气、水和食品中的致癌物质太昂贵了。例如，2009 年的一份研究报告发现，在阿巴拉契亚地区开采煤矿造成该地区居民的过早死亡，及治疗癌症的损失，是其所提供的就业、税收和经济收益的 5 倍。在加利福尼亚州，仅 2004 年一年，生产有害的化学品就让该州在工资和医保上损失了 2.6 亿美金，用来救治因污染而患病的工人和孩子。（1970 年以来，美国用于医护的费用上涨了 3 倍，用于癌症治疗的费用排在第三位。对于个人而言，治疗癌症的费用是最昂贵的。）

我们可以改变思维方式。不要把化学物质进入我们的环境和身体看做是便捷和进步的不可避免的代价。我们可以认定癌症带来了不便，有毒害的污染是原始落后的表现。我们可以把生成致癌物看做是陈旧技术的结果。我们可以强烈地要
xxii 求绿色工程和绿色化学，我们要让我们的工业和农业系统明白它们的布局存在着缺陷。（参考第五章）

相比之下，无论谁（不管你是否是领养的）都无法改变自己的祖先。如果科学认定基因就是癌症的元凶，如果我们只能坐以待毙，等待细胞内的定时炸弹随时引爆，我会非常沮丧。令人欣慰的是我们的情形并非如此。

还有个更好的消息：与癌症有关联的合成化学制品，大体上与引起气候变化的两种物质——石油和煤同源。寻找这两种物质的替代物已经摆在了所有人的工作日程上。仅美国石油工业就占北美有毒排放物的 1/4，这还不包括汽车和卡车燃烧化石制品所生成的空气中的污染物（肺癌、乳腺癌与膀胱癌与车辆排放的尾气有关，这会在第八章中谈到）。如同采矿业一样，燃煤的电力设施也是美国有毒化学物排放的主要来源。因此，投资绿色能源也是投资癌症的预防。这方面，我认为我们正站在历史的一个交汇点上，这里两种思潮汇聚在一起：一种是使用化石燃料对于我们这个星球的意义的新认识，另一种是化石燃料合成品对于我们健康的影响的新认识。

1971 年，尼克松总统宣布向癌症开战。此后，抗癌的战争赢得了一系列胜利。治愈癌症，几十年来人们想都不敢想，这似乎是天方夜谭。成功治愈的例子寥寥无几，因医疗水平的提高而治愈者更是少之又少。实际上，癌症的死亡率只比 1950
xxiii 年降低了 6%。1999 年，癌症超过了心脏病，成为美国 85 岁以下居民人口中的头号杀手。目前，有 45%的男性和 40%的女性，在生命中的某个阶段会被诊断患癌，

这个比率比 50 年前要高许多。随着人口的老龄化,在以后的 20 年内,罹患癌症的人数可能剧增至 45%。

不过,癌症注册数据(这是我在第三章中所非常关注的)也包含了另外一种信息:杜绝暴露于致癌物可以拯救生命。癌症死亡率在下降,这得益于成功的戒烟计划和态度改变,不再迷恋香烟。过去的 10 年间,总的癌症发病率也下降了。尽管下降的速度缓慢,但还平稳,诊断为肺癌的比率也有所下降,直肠癌的比率也小幅下降(这是结肠镜检查作为必要条件的结果)。

随着美国许多州禁烟令的颁布实施,烟草要受到食品和药品管理局的监控,可以肯定地说,美国未来的吸烟率还会下降。这也挽救了那些否则会学吸烟和继续吸烟的人的性命。也救了我们这些不吸烟但不得不间接吸入从烟民口中吐出来的致癌物的人们的命。我们当中究竟谁得益于使烟草非常规化的集体决策而免于一死不得而知,但是,随着时光的推移,在表示死于与烟草有关的癌症态势下降的曲线上,可以看到被拯救的生命。没有人愿意成为那个曲线上的数据点。

2003 年,纽约州南部开始禁止在公共场所吸烟。当瘾君子们在人行路和小巷里吸烟时,我的孩子第一次看到香烟,这个结果令人啼笑皆非。冬天里,看到有人猫着腰就知道是抽烟的。一个暴风雪的下午,当我们从村里的咖啡馆的窗子向外望时,我三岁的儿子怯生生地跟我小声说:“妈妈,雪地里有个人在用火烧自己的脸。”

对我的孩子而言,吸烟看起来并不潇洒,反而显得荒诞。他们的认识是在我童 xxiv
年时期首次提出的改变公共政策的直接结果。那是 1964 年,美国卫生部长在确凿但不完全的证据的基础上,警告吸烟可导致肺癌。30 年后的 1996 年,有关吸烟和肺癌关系的证据才得到证实。

在《生活在下游》一书中,我主张我们应该对于已知和疑似致癌物采取同样的预防措施。这样说来,我完全同意 2008 年很多癌症研究者和支持防癌团体签名并提交给总统癌症专家小组的联合声明中的结论:

防癌的最直接办法首先是杜绝致癌物质进入我们的室内和室外环境中。

与烟草无关的患癌率的攀升使这项任务迫在眉睫。在美国男性中,适合不同年龄段的各种癌症的发病率呈上升趋势,如骨髓瘤、肾癌、肝癌、食道癌等。在美国女性中,发病率愈加频繁的癌症包括(恶性)黑素瘤、非霍奇金淋巴瘤、白血症、膀胱癌、甲状腺癌和肾癌。正如第三章所说明的,诊断技术的提高不能说明这些癌症发病的趋势。发病率上升的很多癌症都与所处环境有关。

最令人不安的是,1975 年以来儿童罹患癌症发病率在逐年上升。十几岁的孩子和年轻人患癌的情况也普遍存在。诚然，有帮助患癌症的年轻人的群体，有自己的非营利机构（“得癌我还太年轻基金会”），拥有自己的广播秀（“愚蠢的癌症秀：年轻癌症患者之声”），还有的署名酒精饮料。大学生癌症发病率的上升催生了新
xxv 的社会活动，包括戴领章、穿T恤衫、用维萨卡、创立社交网站、办休闲中心。他们还喊出一个口号：“癌症是蠢货，我们是王者。”

这种蔑视癌症的极端主义，打破人们对患癌症的沉默，这让我备受鼓舞。可是我还是宁愿回到，那个在二十几岁年轻人中发现癌症是令人惊愕的，极其罕见的时代。我相信这个目标是可以实现的。《生活在下游》一书尽一名生态学家和癌症幸存者之所能，向读者展示如何通过改进环境而预防癌症。也有人对此持反对意见，认为癌症与环境污染之间的关联还没有得到证实，也无法证实。还有人认为，我们有义务在我们目前所拥有的证据的基础上有所作为。1964年，美国的卫生部长就树立了榜样。“置科学证据于不顾，就是默许每年成千上万的人遭受不必要的病魔之苦，进而死于非命。”这是对癌症和环境关联科学评价的结论。

我把这句话抄写在了我桌子上的文件夹上面。文件夹里是已发表的论文，论证膀胱癌与一组被称作芳香胺的合成化学物质之间的关系。最早的一份报告来自1895年，作者是一名德国的外科医生。他发现膀胱癌的患者是暴露于品红染料的纺织染工。这正值欧洲纺织业煤焦油染料，即芳香胺，取代植物染料的阶段。另外一篇文章详细地描述了英国一家磨坊所有15名工人都死于膀胱癌的情形。20世纪50年代，发表的一系列论文记载了暴露于芳香胺的化学企业工人膀胱癌患病率不断攀升的事实，令人辛酸。20世纪60年代和80年代发表的论文也论述到极为类似的发现。1991年，国家职业安全与健康研究院研究发现，芳香胺暴露的工人患膀胱癌的比例比非接触者高27倍。我查到的最新一篇论文发表于2009年，这篇文章报道了使用咪草烟（一种含芳香胺的杀虫剂）的农民患膀胱癌的发病率在上升。尽管100多年前德国的外科医生就使用咪草烟提出过忠告，1989年，咪草烟还是开始注册使用。

这个文件夹记录了愚蠢的行为，“置科学证据于不顾，就是默许每年成千上万
xxvi 的人遭受不必要的病魔之苦，进而死于非命”。或者，像我儿子说的那样，我们不必总用火烧自己的脸，对吗？

桑德拉·斯坦格雷伯
2009年7月

第一章　痕量

秋收后的一个晴朗的夜晚，伊利诺伊州中部犹如一个浩瀚而壮观的天象仪。1
这种变化让孩童时期的我感到惊奇。在我朦胧的记忆中，那是一个同样的夜晚，我
在车的后座上醒来，向车窗外望去，漆黑的苍穹和犁过的黑土地让我难以分辨哪些
是点点繁星，哪些是农户的灯光。我仿佛漂浮在一个巨大、黝黑而又闪着亮光的圆
形钵中。

伊利诺伊中部的乡间仍让我惊奇不已，乍看起来平淡无奇的外表下潜藏着巨大的神秘。我至少可以让新来者感到信服。

如果你是初次来到这里，最先映入你眼帘的将会是一片平坦的土地。的确，有差不多半年的时间，这里的风景不过是苍穹下的一片荒芜的平原。但是，当我展开这片土地的地质测绘图，看到令人称奇的崎岖的地貌：我不得不说伊利诺伊一点儿也不平坦。扇形冰碛石弧并列着斜贯州际，每一条山脊都代表着冰川融化、夹杂着碎石和泥沙回流密歇根湖时留下的撤退痕迹。

夏日晚上，当我驱车带你横穿冰碛石弧和盆地时，地面雾气是比地图还好的向
导。现在你知道如何辨别雾气弥漫的低地和高地、洪积平原和山脊，知道了白天所
认为的平坦如何遮掩着沟壑低谷。当横越这样一片坦荡如砥的土地，走下汽车，行 2
走在大地上时，我建议你感觉一下走一段长长的缓坡后大腿的紧张，再感觉一下下
坡时两脚才有的松弛。

接下来就是水的问题了。以我们自身为例来考虑这样一个问题：为什么血液是在由渗透性血管组成的扩散网络中流淌，而不是像 1862 年英国内科医生威廉姆·哈维发现血液循环以前人们认为的那样——血液在人体中涌流。在伊利诺伊也是这样，小河、溪流、河套、支流的毛细血管般的河床遍布这片土地。你刚学会的走下坡路的技巧有助于你找到水源。

这只是肉眼看得见的水。在你脚下的浅蓄水层里，即在沙和砾石的夹层中，以及地下古老河流形成的基岩谷中，蓄积着一池一池的地下水。其中的一条河流是穆罕默德河，部分河系向西曾流经俄亥俄州、印第安纳州和伊利诺伊州。上个冰河时代融化的冰川，卷着成千上万吨的砾石和泥沙，埋葬了整个穆罕默德河。现在，它流淌于地下。在梅森县，你可以站在穆罕默德河与伊利诺伊河交汇的地方，在这个叫哈瓦那低地的地区，地下水就在地表的下面。每逢大雨，地下水会使湖泊水位暴涨，淹没农田和毗邻区域。

我的家乡塔兹韦尔县的东部，有一条3英里宽、45英尺深的峡谷，即现在的河道，它是冰川时代古老的密西西比河在被驱赶到伊利诺伊西部边界之前冲切出来的。虽然被泥土沙石掩埋，古老的密西西比河峡谷仍在那里，连接着相同的古代支流，在断裂和缝隙处充溢着水，基岩河道里不时冒出一些岛屿。如果你能看穿泥土，那激动人心的景象可想而知。

当然，你所看到的只是玉米和大豆田。伊利诺伊州的87%的土地都是庄稼地，这也就意味着如果你空降在伊利诺伊州，很可能在农田上着陆。在各州中，除了爱荷华州，伊利诺伊州的玉米和大豆的种植量最大(见伊利诺伊农业统计数据)。你可以读一读市场上产品的标签，几乎在所有加工食品的标签上，从软饮料、面包
3 片到色拉调料，都能看到玉米汁、玉米麸质、玉米淀粉、葡萄糖、大豆油以及大豆蛋白成分。成为我们餐桌上美食的动物食品，也是靠这些食品来喂养的。从这种意义上，可以说，我们脚下的土地是我们的起点。水、土壤和空气中的分子重新排列组合生成谷物和豆类，并最终成为我们身体中的组织。你赖以生存的食物就生长在这里，这片土地上出产的食物成就了你，因此，你和你脚下的土地血肉相连。

伊利诺伊州被称为草原之州，但是，要找到大草原你必须真正懂得往哪里眺望。自从1836年约翰·迪尔研制出不黏土钢犁以来，伊利诺伊州大部分草原已经消失，确切地说，99.99%的草原都被犁过了;剩下的0.01%未被犁过的土地是零落的、无人问津的地方：铁路两侧、祖先墓地里坟墓的周围及山腰那样太难犁的地方。我家乡的县原来有281 900英亩茂盛的大草原，根据官方统计现在只剩下零星的4.7英亩(占土地总面积0.0017%)。我从来没有见过这些草地。伊利诺伊不仅掩藏了自己的地貌，也掩藏了自己的生态史。尽管我成了一位植物生态学家，但我却对自己故乡里土生土长的植物那么陌生。

说句实话，当眺望旷野那片平实无华的泥土地时，我对大草原感到最为亲近。幸亏用低犁或非犁种田的方式，从十月到来年的四月田野不再像我小时候那样光秃秃的一片，在中部伊利诺伊州，大片的黑土地还是随处可见。这种耕作方式基本

取代了传统的秋收后用铧式犁翻耕农田的做法。新的做法是在农田上撒上植物的杆、叶和茎，它们就像毯子一样可以防止田地遭受寒风侵袭。这种做法的尺度不好把握：盖得过厚，土壤捂得太严，不透空气，春种时不能及时暖过来，土壤表面有积水；盖得太薄，土壤就不会成团而容易被风刮走，或随着融化的雪水流向附近的河岸。

因此，每逢九月的“农业进步展览会”召开，参展农业设备厂家们都要展示完美 4
平衡上述两种状态的所有最新技术。备受农民青睐的是圆盘犁和錾式犁的结合体：安装有并排的，像比萨饼切刀般的银白色的犁铲，交替倾斜的金属爪犁。解说员对各式各样的犁都大加赞美，圆盘犁和錾式犁相互牵引，沿着展览场地排成一排。参观者(包括我和我的叔叔)站在拖拉机的两边观看它在收割后的玉米茬子上翻出的刈痕。然后，我们迈进犁出的黑色土沟里弯下身观看。为了让我们了解犁的深度，讲解员让我们用尺量一下犁开的犁沟。我们抓起一把泥土，看看土块大小，松软度如何。然后，往前走 10 码，排成两排，等待拖拉机车队中的下一台拖拉机在玉米茬子地里犁出一条路。我们走到犁沟里，弯下腰，抓起一把土，再往前走，就这样不停地走下去。这是种特别的乡间排舞，犁出的每条沟都与其他的沟不尽相同。

要不是母亲的家人还在伊利诺伊州的大草原上种田，我没有理由参加这样的农事。看到土地被犁开的情景，不禁让我对过去产生某种归属感。虽然我现在不住在伊利诺伊州，但是，保持与今昔两个伊利诺伊州(现在我熟悉的伊利诺伊州和几乎面目全非已经消失的伊利诺伊州)的联系对我至关重要。除了被风暴和融化的冰川带来而堆积在此的那层层荒芜的岩石、黏土和淤泥，覆盖草原之州的 2200 万英亩(1 英亩$=4.047\times10^3$ 平方米)茂盛的大草原，剩下的只有枯草化作的厚厚的黑土地。犁出的泥土块里的分子与形成无数现在我所不熟悉的物种的根和匍匐枝的分子一样，它们枯萎死去后化作泥土。每年九月，这种对往昔的追忆就会重新浮现在我的脑海。每当我踏上伊利诺伊州这片土地，我就仿佛置身绿色的大草原。

～～～～～～～～～～～～～～

伊利诺伊州的黑土地里埋藏着显为人知的秘密。对于伊利诺伊州的 87% 农田，估计每年用掉的合成杀虫剂为 5400 万磅。第二次世界大战末，化学农药被引
进到伊利诺伊州，从此它们就悄无声息地成了这片土地的常客。1950 年，玉米田 5
使用化学制剂的百分比不足 10%；而 55 年后，98% 的农田都喷洒杀虫剂。其中使用得最多的是阿特拉津除草剂。2005 年伊利诺伊州 81% 的玉米田使用了这种除草剂，约占 1000 万英亩的土地。随着非甜质玉米的大面积种植，在玉米茬子上繁

殖的真菌成为主要病害。杀真菌剂的使用率不断升高，过去农民熟悉的一种飞行物又出现了：仲夏时节，田野的上空喷洒农药的飞机轰鸣着在低空盘旋。

被喷洒到田野里的杀虫剂不是总停留在原地，它们会因蒸发而在空气中飘浮，会在水中溶解而进到从山上流下的小河和小溪中，会黏附在土壤颗粒上以尘埃的方式进入空气中，会迁移到冰川时期形成的地下蓄水层而进入地下水中，会随着雨水降落到地面，会隐藏在飘落的雪花中，会存在于雾里、风中、云朵里，存在于后花园的泳池中。至于杀虫剂究竟去了哪里，数量有多大，无从知晓。截至 1993 年，伊利诺伊州 91%的河流和小溪都受到杀虫剂的污染。10 年后，我童年记忆中的那些江河和小溪含有 31 种杀虫剂，所有的河水抽样中都含有除草剂。这些化学农药呈波动走势：四到六月的春耕时节，水面的杀虫剂浓度是冬季的 7 倍，河水中除草剂浓度超出法律规定饮用水标准。至于地下水中的杀虫剂含量，了解得就更少了。2006 年，在伊利诺伊州的地下水调查抽样中，18%含有阿特拉津（一种除草剂）副产物的成分；而 1992 年的调查发现，在伊利诺伊州中部被检测的私家水井中，有 1/4水井的水含有某种农业化学剂成分。梅森县哈瓦那低地地区的饮用水井污染程度最为严重。2009 年的一份报告认定，在伊利诺伊州有两个公共饮水系统自来水中的阿特拉津浓度每年都超过法律限定的标准。同一年，刮向我家乡的风中夹杂着除草剂，有毒的空气致使当地葡萄园里的葡萄树枯萎死亡。

癌症发病率与进入伊利诺伊州自然环境中的某些杀虫剂有关，其中之一是滴
6 滴涕（DDT）。虽然几十年前 DDT 就被禁用了，它的化学成分的影响却非常持久，北美河流和小溪中的鱼体内最常见的杀虫剂仍是 DDT。2009 年，在全国范围内针对家庭杀虫剂残留物进行的一项调查发现，42%的厨房地面上有 DDT 残留迹象。就像冰河期前河谷中形成的岛屿，DDT 的生命力会相当持久。人体研究表明，因 DDT 诱发的病症五花八门，包括精子数量减少、早产、糖尿病、脑损伤、胰腺癌、哺乳障碍、乳腺癌。进入伊利诺伊州自然环境中的某些杀虫剂，即便浓度小到令人难以察觉，也是激素活性的。对动物的研究发现，农药中阿特拉津与雌性激素分泌增加、出生缺陷、性别模糊、排卵中断及乳房发育改变的病症有关。

伊利诺伊州未被开垦的那 13%的土地也不是一片净土。2007 年，1102 家各类企业所排放到空气、河流和土壤中的有毒化学物达到 1.14 亿磅，使伊利诺伊州成为全美第十三大污染州。同年，发生 763 起化学物质泄漏事件，平均每天超过 2 起，使伊利诺伊州的有毒化学品泄漏事件的发生率在各州中排第九位。

工业化学物质同杀虫剂一样也渗透到地下水以及河流、小溪等地表水中。在冰河期形成的蓄水层中最为常见的污染物是金属去污剂和干洗液，这两种化学制

剂都与人类癌症有关。最新统计数字表明，伊利诺伊州有 415 家干洗店会对土壤构成污染，其中至少有 30 家对地下水造成威胁。对伊利诺伊州的环境评估结论是化学污染“正日趋扩散并被稀释”，其残留物“在化学性质上更难以确定，对人类健康的影响还不清楚。”

我出生在 1959 年，这一年阿特拉津注册并投放市场，所以，我们还属于同龄。同年，DDT，即双对氯苯基三氯乙烷，在美国的使用量达到巅峰。20 世纪 50 年代还是多氯联苯，即 PCBs，生产旺盛的年代。这是种用于变压器、杀虫剂、无碳复印纸和小型电子部件的油状液体。在我十三岁那年 DDT 的生产被宣布非法，几年
后，PCBs 的生产也被列为非法之列。暴露于这两种化学物质都可能致癌。 7

有股力量驱使我去尽我所能探究主宰我出生那个时代的工业与农业变革。当然，所有这些物质持续以生物形态存在于我的生活中。在美国水域中，最频繁检测到的杀虫剂仍是阿特拉津。在美国 3/4 的河流和小溪中，40%的地下水样品中含有这种化学物质。PCBs 仍然存在于伴我长大的那条河的沉积物中，也存在于生存在这条河流中的鱼类体内，它让我再也吃不出小口黑鲈和斑点叉尾鮰的味道。实际上，我还从来没有吃过家乡河里的鱼。州里关于鱼类的公告警告女性和儿童切勿食用被污染的鱼类。让人们仍无法品尝鱼的美味的杀虫剂还包括 DDT。1947 年到 1971 年间，有 100 吨的 DDT 被洒落到海里，从此，加利福尼亚州的帕洛斯·弗德斯沿海就再也捕不到鱼了。沉积着农药的洋底绵延达 9 英里，被认为是美国最险恶的地方。当前的补救措施是在上面覆盖 18 英寸厚的淤泥，这项工程预计 2011 年开始实施，这离 DDT 被查禁已经过去 40 年了。

说老实话，我对 DDT 没什么印象。我脑海中的 DDT 概念来自档案照片和电影片段。有一个场景是孩子们在泳池里戏水，而从上方喷下来的是 DDT。在另一个场景中，野餐的一家人在吃三明治，而他们的头却被包裹在 DDT 的云雾里。旧杂志的广告就更离奇了：一位系着围裙、脚穿细高跟鞋、头戴太阳帽的家庭主妇手持喷枪，对准站在橱柜上的两只巨大蟑螂，它们举起前腿示意投降，说明文字写道：“家庭前线持久战的超级武器”。DDT 是个冷酷的杀手。在另一则广告里，系围裙的女人出现在一群载歌载舞的农场动物合唱队中，动物们在唱：“DDT 就是好！”在这里 DDT 是无害的伙伴。

在 20 世纪 40 到 50 年代期间，DDT 这种具有多重性格的化学品在各种群众 8
运动和家庭用具中粉墨登场。在离我长大的家乡不远处，有个伊利诺伊的镇子为了控制小儿麻痹症而向空中喷洒 DDT，原因是当时错误地认为这种病是苍蝇传播的。与此同时，有家油漆厂为一种可以涂抹在门廊、窗格子和护脚板上的由 DDT

配制的灭蝇化学制剂打出广告。当油漆变干时，DDT 的结晶体就会升到表面，形成“一层致命的薄膜”，这对夏季的农舍和汽车拖拉的房车再合适不过了。也许，我童年时就是在这样的房舍里度假的，也许，我当时就是披盖着浸染了杀虫剂的毯子熟睡的。1952 年，研究人员得意地宣布在干洗毛织品时加入 DDT 可以防虫。

二战后生育高峰时出生的人，也就年长几岁，他们不必靠旧杂志的广告就能回想起 DDT。根据回忆，他们能绘声绘色地说出作为控制蚊子、荷兰榆树病、舞毒蛾计划的一部分，喷洒灭虫剂的卡车是怎么喷着云雾在市郊街区间穿行的。有人甚至回忆说，追赶农药卡车是他们孩提时的一种游戏。有位朋友回忆说：“谁在农药卡车喷出的雾气中停留的时间最长，谁就是获胜者。”“当你感到头晕得厉害的时候，你不得不退回来。我是玩这种游戏的佼佼者，几乎从来没有输过。”另一位回忆说：“每当农药车从我们街区路过，我们总是把喷药管拖进自家院子来给苹果树喷药。”我们这些孩子常常向对方投掷苹果。有时，我们会把苹果直接吃掉。

我三岁那年，野生生物学家蕾切尔·卡森出版了一本名为《寂静的春天》的书。根据她的观察，司空见惯的或反复出现的危险总是以“为我们所熟悉事物的无害方式出现”。卡森强调说：“我不是说再也不要使用化学杀虫剂。”“我要质问的是，我们怎么能不分青红皂白地就将具有毒性和很强生物效应的化学物质交到了那些全然不知其潜在危害的人的手中。我们常常是在没有征得人们的同意，在他们全然不知情的情况下，使其暴露于这些有毒化学物质。”她预言，我们的后代将不会宽恕我们的麻痹大意。

9 时隔 30 多年，作为那一代人中的一员再读《寂静的春天》时，我对 DDT 有了新的认识。感受最深的是人们对此熟悉的、看似无害的 DDT 的诸多有害方面的认知程度。正如卡森所阐明的那样，即便是到了 20 世纪 50 年代末，针对 DDT 的害处的研究罪责不小。认为 DDT 既是我们对付令人生厌的生命形式的杀手锏(“杀手的杀手”，“昆虫世界中的原子弹”)，又是毫无害处的帮手，这种观点既不是客观的科学态度，也不是因为对科学一无所知的盲目乐观。事实上，无数次的科学研究表明 DDT 既没扮好害虫杀手的角色，也没扮好帮手的角色。相反地，使害虫获得了抗药性，而害虫的天敌被喷洒的农药毒死，从而，致使害虫数量激增，使鸟类和鱼类遭殃，使实验室里和家养的牲畜出现性激素紊乱。有迹象表明，它可以引发癌症。早在 1951 年，就已查明 DDT 已成为人类母乳中的污染物，并且可从母体进入到婴儿体内。

然而，人们并没有因此而停止使用 DDT，直到卡森最初的证据得到越来越多的确凿罪证的支持，而且证据在不断地累积，1972 年 DDT 注册被最终注销。我觉得这种现象非常引人注目。我的桌子上堆满了40年来有关毒物学的宗卷、国会的证词、实验报告、野外考察报告以及法律严令禁止的和法律允许的有毒化学品对公众健康危害的调查。就像在同一片田野里反复穿行，我在《寂静的春天》和早于此书发表的科学文献间反复地查阅着，在《寂静的春天》和其后几十年发表的科学文献中搜寻着。究竟何时那些最初证明DDT有害的证据最终成为了确凿证据的？当有人说“当时我们还没有意识到这些化学物质有危险”时，他们所说的“我们”指的又是谁？

DDT、林丹（农用杀虫剂的一种）、艾氏剂、狄氏剂、强力杀虫剂、七氯，这些如今不再为我们所熟悉的名字，正是蕾切尔·卡森在《寂静的春天》中所列举的杀虫剂的名字。至少在一些研究中证明了这些杀虫剂都与癌症有关。现在，所有这些农药都被禁止了，或者在家庭使用中被严格限制。尽管林丹因其在对付虱子和疥疮 10
方面的作用而被网开一面，此豁免颇受争议。自1983年开始，绝大部分林丹被禁用，到2006年林丹被完全禁止使用。尽管如此，1992年，我家乡的一家化学公司向空中排放了几磅林丹，还有几磅被倾倒在下水道里。这样的事情因为《联邦知情权法》而公布于众，我才得以知道这些。因为此事，1992年林丹又出现在联邦政府公布的塔兹韦尔县有毒物质释放目录上。我是在网上浏览记录有毒化学品排放、倾倒和转移的电子目录时看到的，这着实让我感到震惊。有几项研究表明林丹与淋巴系统癌症有关。

到了1987年，尽管艾氏剂作为消灭白蚁的农药，还允许使用，其实，早在1975年艾氏剂和狄氏剂就被禁止了。艾氏剂在土壤中及人体组织内能转化为狄氏剂，而后者抑制免疫系统，在哺乳动物体内生成异常脑电波。到1986年，狄氏剂仍然出现在奶制品中，因为早在十几年前喷过这种药的种秣草地的土壤还没摆脱其污染的影响。1980年，大多数强力农用杀虫剂在美国已经宣告退出历史舞台，1983年，七氯的使用也宣告结束。这两种农药都与白血病和儿童时期的癌症有关。

对于我们这些出生在40年代到60年代的人来说，这些农药从大规模使用到后来被禁止这段时期，我们正值胎儿期、婴儿期、儿童期和少年期。我们肯定是吃着含有合成杀虫剂菜汤长大的第一代人。到1950年，不含农药残留物的农产品实在太少了，就连比奇纳特包装公司都开始允许儿童食品中含有微量的农药残留物。

究竟何时那些最初证明有害的证据最终成为了确凿证据的？当有人说“当时我们还没有意识到这些化学物质有危险”时，他们所说的“我们”指的又是谁？

11 随着乳腺癌成为焦点，让我们看看三种有毒化学品——DDT、PCBs 和阿特拉津的有害证据。

在 DDT 被禁止四年后的 1976 年，研究人员报告说患乳腺癌女性的肿瘤内所含的 DDE(二氯联苯二氯乙烯)和 PCBs 远远高于乳房周围健康组织内的含量。(DDT 在人体内被代谢，转化成 DDE，即一种类似雌激素的化学物质。)研究的规模虽然不大，但研究的结果却令人深思，因为证实了啮齿目动物的乳腺癌与 DDT 和 PCBs 有关。

此后，进行了一系列其他研究。有些研究结果表明乳腺癌与农药残留物或 PCBs 有关，有些研究则表明两者之间并无关系。距第一次研究过去 17 年后的 1993 年，生物化学家玛丽·沃尔夫和她的同事们第一次在细心准备的情况下对此进行了专门研究。他们对做过乳房 X 线检查的 14 290 位纽约市女性的血液抽样中的 DDE 和 PCBs 的强度进行了分析。根据他们的分析结果，乳腺癌患者血液中的 DDE 含量比健康女性的要平均高出 35%，而多氯联苯的含量略高于健康女性。最令人震惊的发现是，血液中 DDE 含量水平最高的女性比含量水平最低的女性患乳腺癌的概率高 4 倍。研究者因此得出结论：DDE 残留物“与乳腺癌风险关系最密切”。

直到这个时候，DDE 才引起抗乳腺癌主义者的注意。20 世纪 90 年代，乳腺癌发病率不断攀升，因此他们催促科学家加大科研投资力度，彻底查明杀虫剂和工业有毒化学物质暴露是否是患乳腺癌的诱因。他们指出，自蕾切尔·卡森《寂静的春天》出版以来，美国杀虫剂的使用量翻了一番。另外，1947 年到 1957 年间出生于美国的女性，乳腺癌发病率差不多是她们曾祖母在那个年龄段发病率的 3 倍。抗乳腺癌主义者举行游行活动，举着“蕾切尔·卡森是对的！”标语。效仿抗艾滋病主
12 义者的做法，这些女性要求参加对研究项目申请的审核以及对经费的审批过程。

研究项目得到了资助，研究论文得到了发表，但得到的研究结果惊人地矛盾。每当有研究结果证实农药与癌症有关系，就会有与之相反的研究结论问世，要么就是得出错综复杂的结论。有项研究结果发现，与没有患乳腺癌的女同胞相比，患乳腺癌的美国黑人女性曾暴露于更多的 PCBs。然而，不可思议的是这在白人女性身上情况却截然相反：血液中 PCBs 浓度最高值往往出现在那些没有患乳腺癌的女性身上。作为此类研究规模最大、筹划最充分的一次调查，竟然发现血液中的 PCBs 和 DDT 的浓度与患乳腺癌的风险根本没有任何关系，该调查结果发表在 1997 年的《新英格兰医学杂志》上。虽然对这种自相矛盾的调查结果的解释引起轩然大波，然而，科学界的主流意见是，作为一个乳腺癌女性群体，她们血液中的

PCBs 和 DDE 浓度并不比未患乳腺癌的女性高。

有些研究人员觉得这样的结论令人欣慰，而另外一些却对此感到惴惴不安。不安者认为，这些研究忽略了女性间潜在的基因差异，也没有考虑到致癌物暴露的时机问题。他们质疑，如果某些基因亚型对环境诱发的乳腺癌更为敏感，那又当做何解释？不仅如此，绝大多数研究检测的都是成年女性血液中二氯联苯二氯乙烯和 PCBs 的含量程度，而在这个年龄段有毒化学物质已被禁止，成年女性体内大部分致癌残留物已被清除。如果现今的检测没有准确地反映癌症患者对有毒物的暴露史，又做何解释？如果在儿童期或青春期的 DDT 暴露是最重要的变量，而这个时期是乳房发育最易受伤害的时期，对此又做何解释？对动物的研究清楚地表明，在乳房最容易受损的幼年时期暴露于有毒物质影响极大。

理想的研究方案应该这样设计：在时间的选择上应回到 DDT 使用的某个高
峰年，比如 1963 年，采血的对象是美国女孩，然后一直跟踪她们到成年，这样就可 13
以观察到在童年时期最大限度地 DDT 暴露是否会导致成年时患乳腺癌的比率也最高。

此后，确实有人这样做了。2007 年，有一篇发表的论文这样写道，芭芭拉·科恩和她的加利福尼亚大学的同事们对 1959 到 1967 年间做产前常规检查的女性的就诊记录进行查阅，并搜集这些女性的血液样本。因为清楚 DDT 是在 1945 年首次被投放到市场的，科恩就能推断出每位女性第一次暴露于 DDT 时的年龄，而且，她还可以找到这些女性，并了解她们现在乳腺癌的状况。调查结果非常清楚地表明：大于 14 岁，即在 1931 年或此前出生的女性的 DDT 暴露与乳腺癌无关；但对于小于 14 岁而暴露于 DDT 的女性中，两者就有很大关系：血液中 DDT 含量最高的女性到 50 岁时被诊断出患乳腺癌的可能性是含量最低女性的 5 倍。也就是说，这项研究说明，青春期以前大量暴露于 DDT 比乳房完全发育后暴露于相同量 DDT 的女性患乳腺癌的风险要高 5 倍。因为半个世纪以来加利福尼亚州奥克兰一个冷藏柜里储藏的、无人问津的、数以百计的试管，因为抗乳腺癌主义者坚持不懈地开展环境研究，我们今天才认识到儿童时期 DDT 暴露会大大地增加成年时期患乳腺癌的概率。遗憾的是，禁止 DDT 差不多 40 年了，我们才认识到它在这方面的危害。

与此同时，其他一些研究者开始从基因上对女性进行分类的工作。他们密切关注 *CYP1A1* 基因变异的女性，*CYP1A1* 是一种参与激素代谢的基因，而且已知它受 PCBs 暴露的影响。有人认为，10%到 15%的美国白人女性有变异基因，而拥有变异基因的美国黑人女性的比率还不清楚。当孤立地研究具有变异基因女性的

14 数据时，会出现这样的情形：具有变异基因，同时血液中 PCBs 含量又高的女性，患乳腺癌概率高。实际上，与血液中 PCBs 含量低，而且不具有变异基因特征的女性相比，她们患乳腺癌的概率要高 2～3 倍。迄今为止，有证据表明，对于继承了这种特殊基因变异的女性群体来说，患乳腺癌和 PCBs 暴露有关系。遗憾的是，从禁止 PCBs 到现在差不多过去 30 年了，我们才认识到这点。

今天阿特拉津的情形，就像几十年前人们所谈论的 DDT 和 PCBs 的情形一样，研究结果由令人不安到模棱两可，说法不一，自相矛盾，混乱不清。所不同的是，阿特拉津还没有被禁止，而且，作为美国使用量第二大的杀虫剂，其生产商在保护自己的产品方面扮演的角色非常强硬。在一项针对大鼠的实验表明，阿特拉津能造成其内分泌紊乱，可能诱发老鼠患乳腺癌。有人认为，阿特拉津引起大鼠患癌症的机理与人无关。尽管有些研究表明，患乳腺癌可能与成年阶段阿特拉津暴露有关，绝大多数研究则表明无关，对人类自身的研究也无定论。然而，对人类的研究没有关注在生命早期暴露于阿特拉津所产生的影响。在实验室对动物的实验表明，生命早期阶段是最容易受阿特拉津侵害的阶段。2009 年的一项科研要求调查阿特拉津是如何影响女孩性成熟过程的。（提早进入青春期，本身就是已知的乳腺癌风险因素。）其他的人类研究发现的证据让我们认识到，有几种癌症与阿特拉津暴露有关，如淋巴瘤、前列腺癌、卵巢癌、睾丸癌和脑癌。还有证据表明，阿特拉津与其他农药混合会产生奇特的毒性。实验室研究得出的结论是可能存在协同效应：即在无脊椎动物身上阿特拉津可催生一种使另一种杀虫剂——毒死蜱的毒性更强的酶。因此，暴露于一种污染物会使另外一种污染物毒性更强。这些研究结论对于人类也适合吗？对此，没有明确的回答。

到了 1994 年，针对阿特拉津的种种证据让公众惶恐不安，美国环保署开始专
15 门审查阿特拉津的注册资格。9 年后，即 2003 年 10 月，环保署宣布，同意继续使用阿特拉津。这个决定引起轩然大波，也引起科学家们的内部分歧，有人指控企业左右了这个决定，与此同时这个决定还引发一起诉讼案。一位研究人员愤怒地指出，取缔 DDT 时所依据的科学证据还没有我们对阿特拉津的证据多。

2009 年 10 月，美国环保署宣布了他们计划：重新评估阿特拉津的计划和时刻表。

1 万年形成的茂盛的大草原在我的家乡留下的踪迹还不及仅有 27 年历史的 DDT、46 年历史的 PCBs 和 50 年历史的阿特拉津。因为那里是我的家乡，才让我有一种使命感，它让我去探究伊利诺伊州过去和现在的污染问题，去弄清污染和癌

症发病率不断攀升之间的关系。我相信，我们每个人无论根在哪里，都需要搞清楚这两者之间的关系。距让我们警惕潜在危险的《寂静的春天》一书的出版已经又过去将近半个世纪了。我认为，有理由提出这样的质疑：围绕癌症与环境的关联问题，人们为什么如此缄默，为什么对这个问题的诸多科学研究仍被认为是“初步研究”。

从干洗液到杀虫剂，有害物质已经侵入到我们的环境中，并掺和在一起以痕量形式深入到我们体内。对此，我们毫不怀疑。我们应该，也有必要知道，这些有毒物质的不断积累，对我们的一生会产生怎样的影响。

第二章　缄默

17 蕾切尔·卡森的书稿收藏在十分现代的耶鲁大学拜内克图书馆中。冰凉的灰色档案盒子装着她的书信、讲稿和私人稿件。借阅人每次只能从图书管理员处借阅一件。专供阅读这些文献的阅览室安静而宽敞。落地窗外面是大学苍翠的草坪。借阅人都需按照规定把随身携带的个人物品交给图书管理员，阅览室里不允许携带钢笔，只允许带铅笔和笔记本电脑。

独坐在阅览室，我慢条斯理地逐页翻阅着第一个盒子里的文献，仿佛在甄别植物标本，尽管我不在植物标本室工作已经很多年了，仍下意识地出现这种反应。晾干后被压贴在标本台纸上的植物标本十分脆弱易碎，所以，千万不能像翻书那样一页一页地翻，而是要以颠倒的次序轻轻地放在要查阅的那摞标本的左侧。查阅完毕，查阅人将阅过的一摞标本一张一张地放回到右侧，这样，它们就又恢复到最初的位置。至少，我学到的方法是这样的。当前这项工作的一些繁琐的细节使我回到以前养成的一些旧习惯之中，我只能希望我的操作贴近档案的正确使用法。

看到蕾切尔·卡森的手稿令我兴奋不已。我发现了一封杰奎琳·肯尼迪写给卡森的简笺。在另一文档的底层是卡森写给一家音像出版社的投诉信，投诉的缘
18 由是一张错开的发票和一盘劣质磁带。在这里收藏的既有卓越，也有平凡。

我不是为了寻找具体的文献而来，而是怀着一种愿望，来倾听《寂静的春天》背后的声音。我虽间或听到某些声音，我思考的终极问题却是“静寂”。

在一个言论自由保障权已经深入到法律体系核心的国度，有人说我们“被静音”了，这常常让我们感到非常困惑。我从来没有担心过我的信件会被审查人员无形的手截获。我也从来没有想过警察是否会在我去教室的路上把我拦住，警告我讲座的内容未获批准。不过，也许我们都见证了人们所奉行的微妙的沉默准则：在工作单位的默契，或家人都心知肚明，却不去触及的家庭秘密。

有三种形式的"寂静"引起了蕾切尔·卡森的兴趣。作为从美国鱼类和野生生物管理局被提拔上来的政府科学家,卡森关注的是联邦机构内所进行的重大生态辩论,而公众对这些无从知晓。长期以来,人们对杀虫剂无害论的争论,是她最为密切关注的事情。在政府工作期间,她得以翻阅一些实地考察报告。这些报告清楚地表明,大规模喷洒农药杀灭害虫的做法,给人类和野生动物带来了很多意想不到的后果。尽管政府内有人极力否认这个观点,卡森的许多同事却对此非常认同。然而,民众几乎听不到这种辩论。最要紧的问题不是对除害虫计划的明智性提出质疑的人会在半夜里被带走,而是,他们的事实依据在内部文件和学术刊物上被屏蔽了,后续研究的资金严重短缺,且政府官员对报忧者置若罔闻。

到了 1952 年,卡森已经成为畅销科普图书作家,可以从政府部门的岗位上功成身退了。然而,她仍旧关注那些发生在美国农业部和美国科学院里的有关杀虫剂的唇枪舌剑。1958 年,卡森收到了一位名叫奥尔加·欧文斯·赫金斯的园丁的 19
来信,信中哀婉地讲述了一场灭蚊战导致的悲剧,她家附近的鸣禽大量死亡,细节令人痛心。被 DDT 污染的鸟饮水处周围尸骸遍地,鸟儿们死时呈现怪异的抽搐状:双腿蜷曲在胸前,嘴张得大大的。

这封信促使卡森对杀虫剂进行全面调查。对于这项计划,她在致友人的信中频繁表示,她要为保卫自然界而呐喊:"我知道我在做什么。如果保持沉默,我未来会生活在良心的谴责中。"卡森收集了大量有关杀虫剂的证据,这些证据包括从鱼类失明到人的血液紊乱不一而足。当她发现没有哪家杂志或期刊愿意发表她的文章时,卡森决定写书。

书名之所以叫《寂静的春天》,是因为一种令人恐怖的寂静:在被化学品污染的世界里,已经再也听不到鸟儿的鸣唱。事实上,卡森指出,肆无忌惮的灭虫大战,将使万千生命的合唱面临消失的危险,鸟、蜜蜂、蛙、蟋蟀、郊狼,最后灭绝的将会是人类。在这个意义上,《寂静的春天》可被解读为一种探索,探索一种沉寂如何能滋生出另外一种沉寂,探索政府如何在严守秘密中催生出一个怪诞的、死气沉沉的世界。

这个沉寂化的过程揭示了所有生命形式之间的关联。卡森研究了我的家乡东边的一个农业县(伊利诺伊州易洛魁县)阻止日本金龟子行动的失败。20 世纪 50 年代中期,经过连续猛烈地在空中喷洒杀虫剂,许多昆虫呈现出一副病态模样,这使以昆虫为食的鸟类和哺乳动物轻而易举地捕捉到它们。这些动物因此中毒并大面积地死亡,而吃了这些被毒死的动物肉的动物也会生病死亡。结果就是这片土地上的动物,从野鸡到场院里的猫,遭遇灭顶之灾。

同时,作为被灭杀对象的甲虫却继续浩浩荡荡地向西推进。对甲虫的持久战
一无所获,然而,滞留在水和土壤中的狄氏剂残留物,如同撤退大军留下的地雷一
20 样,在未来的几十年里持续造成人员伤亡。所有这一切都是为了实现一个梦想:
营造没有甲虫的世界。死亡的地松鼠以无言的证词讲述了伊利诺伊州易洛魁县的
生态悲剧。卡森这样写道:死亡的地松鼠嘴里满是泥土,说明它们死前曾痛苦地
啃噬过泥土。

强烈吸引卡森关注的第三种沉默来自众多的科学家,他们虽没有直接参与或证明大肆使用化学农药给自然界带来的灾难,但对这种危害也是心知肚明的,但他们却不约而同地沉默了。尽管例行公事发表了一些论文,大多数人在公共场合还是三缄其口,有些人甚至拒绝给卡森提供更多的信息。在《寂静的春天》一书中,卡森承认,很多政府科学家因被威胁收回科研经费而选择缄默。在私人信函中,她直言不讳地表示看不起那些知而不言的人。在她看来这是懦夫的表现:

> 几天前我看到了亚布拉罕·林肯说过的一句精彩的话:我曾对你们说过如果我继续保持沉默,我就无法再听不到画眉鸟歌唱时却不受到强烈的自责。原话是:"应该抗争时却沉默是罪孽,因为它使人变成懦夫。"

《寂静的春天》出版以后,卡森开始关注科学界同仁如此令人惊诧的缄默背后的政治和经济原因。在一次全国女性新闻俱乐部的演讲中,卡森对学界与诸如化学公司这样的营利性企业间的暧昧关系提出质疑。卡森质问,如果科学界承认贸易组织为"长期伙伴",那么,当这个学术团体发表意见时,我们听到的是谁的声音,是科学界的,还是企业界的?

正当卡森要开始阐明经济结构中的连锁效应是如何将医学和科学的发展方向
21 与企业利益联结到一起时,她自己也被迫"缄默"了。1964 年 4 月 14 日蕾切尔·卡
森因乳腺癌逝世,留下了一个养子、夏季野外考察计划,还有两本书的提纲。

风吹不到、浪打不着的蕾切尔·卡森国家野生动物保护区,实际上是缅因州南部的一片盐沼湿地。这里不像缅因海岸线的其他部分那样礁石嶙峋,绵延入海,沼泽草木无法生根。这与蕾切尔·卡森喜爱的北部夏日家乡不一样,那里有岩石嶙峋的潮水坑和月光照耀下的港湾。

行走在以蕾切尔·卡森的名字命名的保护区小路上,我感到在这里不如在拜内克图书馆空调书房里离她更近。在墓碑处,一块大牌匾详细地列举了她撰写的书籍,讴歌了她在唤起千百万人强烈的环保意识方面所做的贡献,语言简短而隽

永，让我感到辞世后的卡森离我们是那样的久远。如同罗莎·帕克斯一样，卡森是象征，是缪斯之神，是点燃社会运动的火花，是演讲前要提到的名字。在这个意义上，她是不可企及的，是超凡脱俗的。

然而，这柔和的景色却触动了我伊利诺伊敏感神经的末梢。尽管对大多数种类的植物不熟悉，我对地势、地貌却不陌生。盐化草甸碱茅草长在地势较高的地方，大片开阔的低洼地被高而坚韧的咸水米草所覆盖。蜿蜒的交界线就是潮水所能到达的地方。向导夸口说，每年每英亩生产的草料可与中西部最好的玉米田相媲美。我笑了，心想这不可能。

1993 年 11 月，我同我的好友玛莎·简妮从波士顿驱车来到这里。玛莎总是耐着性子听我做关于玉米产量的讲座，然后再把我的注意力转移到天气上来。简妮问："感到季节变化了吗？"在气候干燥的高原，充足的夏日阳光倾泻到橡树上，
肆意地照射着卷曲的叶子。我的狗像一股火焰在树丛下穿梭，寻找藏匿的猎物。 22
老橡树的叶子呈现出一种独特的褐色，我已习惯了在更白、更淡的色调中观赏橡树。看到照射在叶子上的熠熠光芒，我们不得不说那景象美妙绝伦。

潮沟如蛇般地蜿蜒穿梭在长满米草的岛屿间，让我既困惑又欣喜。我要借助表层水来判断坡度和方向，但身处大海的边缘，这两个概念要服从于一种更强大的力量。退潮时，潮沟的水流向大海；涨潮时，海水涌入潮沟。这里的河床来来回回有规律地变化着，潮水涌上来，然后再退回去，使海水和盐地不停地交换着，没有明确的方向。

站在自己朋友身边，我失去了方向：在这变化莫测又如此美丽的季节，我茫然地站在那里，充满希望，却又无比沮丧。

简妮刚接受完第二次诊断，结果是非常罕见的脊索瘤。她处在手术和放射治疗之间，恢复得很快。为了尽快康复，她要为各种不适做好心理准备。在弯弯曲曲的通向疗养所的路上，她步履轻盈，我不需要放慢脚步迁就她。如果她不拿拐杖的话，别人会误以为我们俩是从城里跑出来玩的年轻人。不过，我们躲避是另有其因，我想照顾好她，提防前面的路有没有石头、树根和排水口。

虽然我们的友谊刚刚建立，但很多共同经历却让我们一见如故。每当在一起时，我们都有说不完的话。我们俩都三十多岁，又都是作家，都是二十几岁就得了癌症。我们俩成长的社区环境污染事实确凿，都是癌症的高发区，都怀疑环境与癌症之间相互关联。我们俩的家庭成员都有被领养者（同我一样，简妮的母亲是被领养的）。我们对生活中遗传与环境之间的相互关系非常好奇。

所有这些话题，我们都进行过详细的交流。我们谈年轻女性患癌意味着什么，

23 以及在这种情况下亲缘关系和生态关系的意义。我们谈论我们与医生的关系，也谈论我们的家人、家乡、写作和身体的关系。

轻松而深入的交谈促成了我们今天的结伴同行。穿行于阳光普照下熠熠生辉的橡树林，漫步在碱茅草上方的木栈道上，登上可以俯瞰波涛汹涌的马里兰河与布兰奇河交汇处的瞭望台。每次同行，我和简妮似乎都天南海北无话不谈。过去，人们对癌症这个话题避而不谈，癌症已成为文化禁忌语，而我们却反其道而行之。不过，我们讨厌定期寄到我们信箱里的、津津乐道地谈论对癌症要治疗、适应和容忍这类宣传册和杂志。与此不同，我们之间使用的语言是同情、机智、无畏和开放。

在这个午后，我和朋友对未来她将面对的黑暗岁月避而不谈。不谈那些她将躺在质子回旋加速器瞄准器下，乏力、呕吐、接受验血的日子。在接受所谓医疗化的过程中，我们的身体要不断地接受专家和医生的检查。但是，我俩已有多年同癌症打交道的经验了。毫无疑问，当这样的日子来临时，我们会找到表达各种感受的词语。

我们在小溪边的小水坑停下观看那些格状的盐碱地，那是退潮时蓄水的凹地。蒸发使土地中盐的浓度变高，只有厚岸草和碱蓬草这样为数不多的不起眼的植物可以生存。这是恶劣环境下仍可以生长的生命。

我终于认定："我喜欢这个地方。"

"我也喜欢，这是个疗养的好地方。"

被乳腺癌夺去性命的女性平均寿命缩短 20 年，这意味着，在美国每年女性的
寿命要减少将近 100 万年。1964 年，蕾切尔·卡森死于乳腺癌，享年 56 岁，比当时
24 美国女性的平均寿命短 20 年。尽管她在所有其他方面是杰出的，但她也是非常典
型的乳腺癌患者。

1960 年，卡森正紧张地进行《寂静的春天》一书的调研和写作，她被诊断患了乳腺癌。肿瘤已经扩散到她的淋巴结、骨骼，最后扩散到脊椎、骨盆和肩膀。尽管术后她极为虚弱，并因接受放射性治疗而感到恶心，但她仍然坚持写作。放射性治疗引起的并发症，连同心脏病一起，使她苦不堪言；关节炎和心脏病让她走路一瘸一拐，最后卧床不起。颈椎中的肿瘤使她握笔的手麻木。

《寂静的春天》出版后 18 个月，卡森离开了人世。在这段时间里，一方面，她揭露的真相引起化学工业内部的嘲讽和谩骂；另一方面，她的研究足以获得人文、文学和科学界的任何奖项。卡森私下里表示，她能活着看到《寂静的春天》问世，感到无比欣慰和满足，她的同事和评论者也都反复强调这一点。

关于她的个人写作,还有不为人知的故事。卡森远没有把《寂静的春天》当做她成就的巅峰,而是渴望继续从事新的研究项目,并且抓住成功给她带来的契机。在去世前几个月,她没有睡过一宿安稳、愉悦的好觉。她去世的时候,希望病情能再次缓解,再给她一次野外考察的机会,再多给她一些时间。这样的期待,让我们又看到了一个典型的患乳腺癌的卡森。

1963 年 11 月,她在给最亲密的朋友多萝西·弗里曼的信中写道:

> 我还有那么多的事情要做,很可能大部分还没有做完,我将要离开人世,这让我很难接受。而这又恰恰发生在我有能力成就很多我认为重要的事情的节骨眼上。真奇怪!

几个月后,她又写道:

> 亲爱的,尽管昨天遭受打击,[也许,还患有别的癌],我能感到可能再次获 25
> 得死缓……现在,似乎真的又能再过一个夏天了。

然而,她没能活到那个夏天。

~~~~~~~~~~~~~~~~~~~~

1994 年 3 月的第二周,波士顿的冬天过去了。12 月份以来,降雪量第一次超过了 100 英寸(2.54 米)。车辆过道和楼房入口之外的草地和水泥地上,积雪堆得像小塔似的。最后,冰雪消融,消失和被遗弃的东西都露了出来:露指手套、铁锹、衣架、垃圾桶、木料、洗衣筐和汽车。被埋的深浅不同的层层沙子、猫砂和沙砾,随着消融的积雪汇成的溪水流入雨水道,沿着马路形成旋涡冲积扇面。

这是我和简妮从马萨诸塞州总医院前往她在北区的公寓的路上所见到的情景。我俩都默不作声。靴子踩在冰水覆盖的碎石上,发出很大的声音。简妮今天没有拄拐杖,所以,比四个月前我们在盐碱滩上走得更快。在我的内心深处,我试图把挡在我们前面的所有的障碍物,大块大块的冰、橘色的交通锥、停在路上的车辆、水泥路障抛开。我要把破碎球砸向所有的建筑物。

我们谁都不敢相信所听到的消息。在对后背下的肿瘤进行了 8 周痛苦的放射治疗后,6 年前脖子上被成功切除和治愈的原初肿瘤又出现了。神经科医生刚从放射科医生那里拿到扫描结果,用他的话说:"大规模复发。"

实际上,在我们一进入他的办公室,刚关上门,我们还穿着大衣,没来得及坐
下,他就把这个消息告诉我们了。"大规模复发。"我试图解开纽扣,摘下围巾,拉开 26
书包的拉链,但是,我的手不听使唤。在这种场合做记录已经成了我的分内事,这
~~~~~~~~~~~~~~~~~~~~

样就可以获得医生和患者之间对话的完整实录。

眼前的打击让我无法像往常那样做记录。我在记录方面训练有素。但是，我的手不想写下我所听到的话语。我所养成的专注力让我克服想放下笔的念头。医生不间断地讲述，告诉我们脊索瘤增长使一些组织受到"损害"和"抑制"。他显然感到不安，但似乎又不知道怎样表达那种既绝望、同情，又给予患者希望的复杂情感。

简妮仍旧很镇静。她要求医生给她做一次神经检查，毕竟她的症状在好转。然而，她的身体似乎表达了截然不同的情况。他拒绝了。这意味着什么？透视的结果说明了一切。他要求她看看透视结果，她拒绝了。他们相互指责对方不配合。我只顾快速记录下他们的谈话。这是一场唇枪舌剑。真理在哪一边？放射科医生的报告，还是简妮的身体？最后，这次面诊不欢而散。

当我们再次站起身来，费劲地穿上外套时，他冷冷地说："别狗咬吕洞宾。"

现在，我们回到了简妮的公寓。一辆垃圾车在倒车，不断地发出倒车警报。我真想把车都烧了。简妮躺在床上，什么也不说。我去沏茶。

说点什么，我这样要求自己。自从我被诊断为癌症以来，我在医生办公室里所记录的话也正是我所害怕的。现在，我从一个医生的口里听到了这些话，但他不是跟我说的，不是看着我的眼睛，而是看着坐在我身旁的那个人的眼睛，对她说的。

说点什么。

我确诊的当天就入院了，学院的朋友们来看望我。医生进来时，他们就礼貌地
27 避到走廊里。医生态度温和地把病理检查报告和他的治疗方案告诉我，并在我的病房里坐了一会。他离开后，我的朋友们才蹑手蹑脚地回到病房。他们的一举一动都是小心翼翼的。

"我得癌症了。"

一阵沉默，我们之后的谈话有些尴尬。不过，没有人真的愿意承认我说的话，包括我自己。之后，我对大家发火了。

说点什么。

可是说什么呢？我坐在简妮的餐桌旁，开始浏览我记录的笔记。我要确保记录的内容完整而又有可读性。医生真的说过这些话吗？这些话的含义可信吗？也许，我们只是遇到了某种陌生的文化。在这种文化里，"大规模复发"实际表达的是"你好，请坐"，而"狗咬吕洞宾"要表达的意思是"再见，保重。"

你什么都没说。

我想起了阳光照耀下的橡树林和一条条的盐地，在那里我们可以畅所欲言。

那时，我那么自信，无论多么糟糕的情形，我都能用人类言语的灿烂阳光来化解。我想到了蕾切尔·卡森。她颈椎骨内的肿瘤使她丧失了右手的写字功能。简妮也是右撇子，而开始不听使唤的是她的左手。

在蕾切尔·卡森同乳腺癌斗争的4年中，她努力打破在公众领域的沉默。然而，她在私人生活中独创了至少两种沉默，一种是渗透性沉默，另外一种是绝对沉默。

前一种如同打褶的窗帘，在蕾切尔和她的知己密友多萝西·弗里曼之间不时地拉来拉去。在写给多萝西的一些信中，蕾切尔用医学的术语详尽地讲述了她的病情。而在其他的一些信中，她使用了暗语，如用“可怕的黑影”来进行暗指。通常，蕾切尔尽量不把坏消息告诉别人，对治疗中受的罪也是轻描淡写，她认为说出这些只会使可怕的想法放大。

再次拜读收集到的这两位挚友之间的书信时，我领略了一曲优雅的沉默之舞。 28
多萝西似乎对于不发表意见和克制感到欣慰，她甚至鼓励蕾切尔也保留意见。多萝西对蕾切尔以不带情感的、纯医学的口吻描写癌症问题也不赞同。她不赞同卡森描述“内心伤痛”的方式，这种方式用于描述手术切除过程尚可。

然而，有些时候，多萝西似乎觉得被蕾切尔的沉默拒之门外。写信的双方都恳请对方不要掩饰自己的思想和情感。两个写信者都承认没有把埋在心里的恐惧和盘托出是出于保护对方的考虑。蕾切尔有时会敞开心扉吐露埋藏在心里的更为黯淡的故事。在这样的故事里，她坦露过自己的痛苦和绝望。有时，她通过收回所说的话以及道歉维持联系。有时，依着她的要求将那些承认痛苦和绝望的信销毁。

先是承认痛苦，继而是否认；三缄其口，然后与人倾诉；这种矛盾心理的流露在癌症患者和爱他们的人之间的书信中司空见惯。在这种为人所熟悉的模式中，卡森又一次显示出作为一名普通女性的一面，这让人感到难过。

第二种沉默是蕾切尔围绕对她的诊断构筑的一个秘密堡垒。她希望多萝西同她一道保守这个秘密。无论在公开还是私下场合，蕾切尔都绝对不允许讨论她的病情。这个决定意在保持科学的客观性，因为她在寻找环境污染使人类付出代价的证据。她不希望留给企业界的敌人以任何抨击她的理由。

因此，蕾切尔要求多萝西对她们的熟人也不能谈她的病情，以免无事生非。如果情不得已，多萝西就不得不撒谎。“就说最近收到了我的来信，我在信里说我非常好，”她要求多萝西转告她在缅因的邻居，“**告诉他们，从来没有看到我气色这么好。请一定这么说。**”

这两个女人为了维持这种沉默准则付出多大代价我们无从知晓。发誓保守秘
29 密是种可怕的负担。明白不慎口误可能毁掉一个人的事业,同样是种沉重的负担。承诺保持沉默是有前提的,那就是对于关心她而来看望她的人来说,她的健康明显不成问题。不过,不见面是另一种沉默。

《寂静的春天》出版后不久,卡森在美国成了公众瞩目的焦点。她在国会、全国记者俱乐部和国家电视台发表演讲。从记录这些场合的照片和电影剪辑看,不管怎么看,她都像是一个接受癌症治疗的女人。她尴尬地戴着黑色假发,脸和脖子扭曲、肿胀,这是接受放射治疗的特征。作为一名刚刚接受过手术的人,她努力让自己的姿态保持活力和挺拔。在被确诊为癌症后,她的样子发生了巨大的变化。

拜内克图书馆的剪报记录了卡森在病情日益恶化的日子在不同公共场合露面的情形,详尽地披露了卡森喜欢穿什么样的衣服,她对自己的表现多么开心,然而,附着的照片却反映了不同情形。而默默地读着这个故事的是位年轻一代的女性,她知道故事会是怎样的结局。

~~~~~~~~

在一个阳光明媚、微风和煦的感恩节的早晨,我和简妮决定步行去海滨公园眺望波士顿港。我们上次漫步野生保护区时的心情是那么愉快,至今已过去一年多了。简妮刚刚结束又一期放射性治疗,因为她的身体平衡能力受到了影响,我们的脚步比从前要缓慢得多。我们的狗摇摆着橘黄色的尾巴,绕着我们跑来跑去,催促我们快点朝海滨走。莫名其妙地,简妮竟然写出了两篇文章,一篇是关于寻找癌症基因的,另一篇是为英国一本医学教材写的关于乳腺癌防治方面的。她感到非常得意,并饶有兴致地谈起癌症,但谈的却不是她自己。

我笑着说:"你让我想起蕾切尔·卡森。"

~~~~~~~~

30 人们记着《寂静的春天》,是因为那些鸟类。当我要求人们说出几个从蕾切尔·卡森的书想到的词、词语或形象时,最常被提到的一个词语是:"薄蛋壳"。然而,这种作为杀虫剂暴露的后果在《寂静的春天》里几乎没有提到:鸟蛋如此脆弱,它们竟然在父母身体下破碎,要知道父母孵化它们时的重量轻如空气。也许,我们乐意把卡森和蛋壳变薄相提并论,因为禁止在家庭使用 DDT 和其他一些杀虫剂后,这个问题在很大程度上就迎刃而解了。卡森对灾难的预言既有先见之明,同时又成功地被转移了视线,避免了灾难的发生。这是令人慰藉的估计。

毫无疑问,《寂静的春天》关注的焦点是陷入化学农药交叉火力围攻的鸟和其

他无辜动物的命运。它们的死亡就是农药有害的活生生的证据。谁能否认地松鼠冰冷的小嘴里满是泥土？又有谁能见到鸣禽在草丛中抽搐的可怜状而无动于衷呢？然而,《寂静的春天》一书阐明,不管这种证据多么直接、可信,它都只是全部证据中的一部分,还有更多的证据,包括人类癌症都可以成为佐证。虽然卡森隐藏了自己是癌症患者的身份,却列举了许多其他癌症患者：从骨髓病变的农民到使用喷雾枪的患白血病的家庭主妇。

对卡森来说,让人们认识到癌症与环境污染之间的关联是一种挑战,这任务仍旧非常艰巨。然而,无论癌症患者死得多么痛苦,他们都不会直接倒在鸟类的饮水槽边。从初次致癌物暴露到出现癌症症状至少要二十几年。当鸟类从天空中大量消失,我们需要追问原因。当我们挚爱的人被诊断患癌症,我们马上询问的不是患癌的原因,而是如何治疗。关于过去的追问被迫屈从于对于突然变得不确定的未来的疑问。

1962 年,卡森根据所收集到的数据列举了五条癌症与环境有关的证据。卡森坚持认为,尽管其中的任何一条都不足以为证,但当纵览全局时,一个因被忽略而对我们来说非常危险的惊人画面就出现了。首先,尽管被称作致癌物的某些物质从生命起源时就已自然存在,20 世纪的工业活动又创造了无数这类物质,可我们 31
又缺乏天然的保护方式。

其次,随着二战以后的原子和化学时代的到来,不仅是产业工人,任何人从母腹中孕育到离开这个世界,都免不了接触致癌物。工业生产的致癌物质数量如此巨大,种类如此繁多,它们已经不局限在工厂里,而是渗透到我们每日都密切接触的大环境当中。

第三,癌症正在侵袭普通人群,而且,发病率越来越高。卡森的著作问世之时,战后的化学时代不到 20 年,还不到癌症患者发病所需要的时间。卡森预言,致命的药剂在化学时代所埋下的任何“恶性种子”,都会在未来发芽结果。她认为灾难已经初见端倪。20 世纪 50 年代末的死亡证明显示,死于癌症的比率要比世纪之交大得多。更恐怖的是,根据人口动态统计和医生的观察,一度在医学上非常罕见的儿童癌症,现在却司空见惯。

卡森的第四条证据来自动物实验。实验检验显示：在一般性使用中,很多用于杀虫的化学制剂,剂量不必很大,就可能造成用于实验的鼠和狗患上癌症。不仅如此,居住在污染环境中的许多动物也患上了恶性肿瘤。《寂静的春天》记载了急性中毒的鸣禽,也报道了羊患鼻肿瘤的案例。这些事件支持了从人类身上得到的间接证据。

最后，卡森认为，肉眼看不到的细胞的内在机理也证实了这个说法。在《寂静的春天》出版时，控制基本的细胞代谢过程的机理，如，能量代谢和调节细胞分裂，才刚刚开始为世人所知。人们也刚刚认识缠绕的脱氧核糖核酸(DNA)分子的结
32 构和作用。根据从非常零散的研究文章中收集到的数据，卡森发现，有三种特性可以最终解释为何化学物质与癌症有关：它们能损害染色体，进而造成基因突变(放射线同样具有的特性，已被认定能致癌)；它们能模拟或干扰性激素(癌症的高发病率与雌激素高有关)；它们能够改变由酶主导的新陈代谢(我们借助酶分解分子，包括有时能转变为致癌物的外来化学物质。)卡森预言，未来对健康细胞神秘地转化为肿瘤细胞的研究将表明，导致癌症形成的途径与杀虫剂和其他相关化学污染物进入人体后的代谢途径是一致的。

如同还原史前动物的骨骼一样，即使仔细地把一条条证据拼凑到一起，也总无法得出最后肯定的答案。首先，总有许多不完善的地方，因为伦理观念不接受人体试验。因此，必须通过干预才能查明使人致癌的物质是什么。通过观察一些不经意间暴露于疑似致癌物的人，我们得到一些线索。但情况常常是，受害者暴露于有毒化学品的数量和时间长短都不得而知。对暴露于已知数量致癌物的实验室动物的观察，得出了另外一些线索。但是，不同的物种对特定类型的癌症抵抗能力可能有所不同，对特定类型的化学品的敏感程度也不一样。那么，哪些物种能在我们的研究中充当试验品呢，大鼠、小鼠、鱼还是犬？有没有哪个物种暴露于特定物质时，其淋巴结、骨髓、前列腺、膀胱、乳腺、肝和脊髓的表现与人类最为接近？

科学研究的不确定性还有另外一个原因，即疑似化学致癌物大面积进入人类
33 生存环境本身就是种无对照实验。还没有未暴露于致癌物的对照人群，可以用来同暴露于致癌物的人群的患癌比率进行比对。不仅如此，致癌物暴露本身也是非控制性的，是多样化的。我们都反复暴露于多种微量致癌物，而且，每种致癌物的来源渠道都不尽相同。从科学的角度看，这种混合现象尤其危险，因为它们会造成很大危害，而又无法生成准确的数据。科学热衷于条理、简洁和在统一的前提下应对单一变体。当所有这一切都发生变化时，科学的工具就不管用了。

1995年3月，春寒料峭。在电话里，简妮告诉我说她感到胸部的皮肤有异样的感觉。这感觉无以言状。我苦苦地思索这种症状与她最近告诉我的一些问题有什么关系。早晨头晕，吞咽的时候有不舒服的感觉。这是什么征兆？她的医生怎么解释？她没有回答我的问题。

“我们来谈谈你正在写的那个章节吧，那章写的是什么？”

“缄默。”

“咱们聊聊这个话题吧。”

最近，环境保护主义和《寂静的春天》之间明显呈现出相得益彰的关系，这点深深地吸引了我。我开始相信：一方面，卡森受环保主义和提倡环保运动的影响；另一方面，当代环保运动受其所著的《寂静的春天》的影响，或像一些人所说的，这个运动由其发起。

在《寂静的春天》一书扉页的鸣谢部分，卡森称给予平民活动家和科学家同样的赞美之词，是他们使她坚定地说出真话。卡森写道，“在一封写于 1958 年 1 月的信中，奥尔加·欧文斯·赫金斯跟我讲述了她的痛苦遭遇，她经营的那个小园地已 34
失去生命的气息。这促使我不得不思考一个长期困扰我的问题。”“从这以后，我意识到我必须写书。”不过，卡森称赞激励她写出《寂静的春天》一书的写信人赫金斯不只是一名园丁。作为卡森的传记作者，琳达·利尔这样记载道：赫金斯是“抗议集体性中毒委员会”的成员。这个委员会通过投诉和抗议的方式，寻求阻止向空中喷洒杀虫剂的途径。在 1957 年这一整年里，包括赫金斯在内的委员们，不断致信《新英格兰报》和《长岛报》的编辑们。这些信没有从科学的角度论证因广泛喷洒杀虫剂而造成的危害，而是列举了他们所见证的大量微型悲剧，如喷洒农药一段时间后，后院的鸟饮水槽周围就会有成堆的死鸟。这些信也引起了广泛争论。其中一封写道：“在还没有弄清喷洒农药对野生动物和人类影响的所有证据之前，无论这种证据是生物的还是科学的，是当下的还是长远的，都要停止喷洒农药。”

就像当代环境立法倡导者不懈努力的那样，“抗议集体性中毒委员会”要拿起人权的武器来应对环境危害。用今天环境保护主义者的话说，就是有害的化学物质进入到空气、食物与水源中（进入我们体内），侵犯了我们的隐私权和人身安全，可以称为“有毒物质侵入”行为。同样，赫金斯谴责向空中喷洒农药是“不人道的，不民主的，也可能是违背宪法的。”

该委员会提出的民事诉讼对卡森来说很有用，因为，该案向高级法院的移交过程会吸引媒体的关注。因此，卡森就能引起《纽约客》杂志的兴趣。当《纽约客》的编辑要求卡森为该杂志撰写 50 000 字的关于杀虫剂的文章时，卡森知道她已为著书立说迈出了第一步。

总之，20 世纪 50 年代的环境保护主义者们提高了编辑们的思想意识。正是这种意识的形成和科学知识的慢慢积累，使卡森得以呼吁反对各种形式的缄默。

第三章　时代

35 犹如法官的裁决或领养的法令，癌症诊断是一种权威声明，它足以改变一个人的身份。它将你送到一个陌生的国度，那里所有的行为准则也是怪异的。在这个新的疆域里，你要在陌生人面前脱光衣服，允许他们堂而皇之地触碰你的身体，而你对这种身体侵扰也只能乖乖就范。你的五脏六腑要任由其宰割，还要允许他们用化疗之术毒害你，只因你是名癌症患者。

你与生俱来的特征与技能将无关紧要，而稀奇古怪的新特性突然变得至关重要了。美丽的头发不再属于你，而你的臂弯处柔嫩的皮肤下突起的静脉却备受青睐。半小时内做完一顿饭的能力也与你不相干了，而在扫描你的骨骼、检查你是否患有肿瘤时，能安静地躺上半个小时的耐力却非常管用。

不论诊断是在医院的病床边，医生的办公室，还是在电话里进行，大多数人对当时的情形既记忆犹新又朦朦胧胧。我们还能记得医生诊断时说的话，医生的桌子上片子是如何摆放的，医生办公室窗帘是什么颜色，但全然不记得我们自己当天是怎么回家的。或许我们可能对乘车回家的经过记得一清二楚，但是对医生说过的话却全不记得了。我出院几个星期后发生的一件事，至今仍历历在目。我记得
36 打开房门，发现我的室友已经搬走了。她不想同一名癌症患者住在一起。此时此刻，我要重新界定自我。15 年后，每当我想起当时人去屋空的情景，仍会潸然泪下。

2009 年，美国大约有 148 万人罹患癌症，平均每天 4000 人。每个诊断都是一次越境行动，它意味着一场没有计划，毫无选择的异乡旅行的开始。每个诊断背后都有一个故事。

这些诊断还构成了一段没有个性的统计史。把历年所有的癌症诊断集合起

来，就汇聚成了一个娓娓道来的故事，它向我们讲述癌症发病率的演变史。相应地，癌症发病率的变化又为探索可能造成癌症的根源提供关键线索。例如，如果怀疑遗传基因是造成某类癌症的主要诱因，那么，我们就不能指望在几代人的时间里看到癌症的发病率快速上升，因为在这些人群中癌症基因频率的增长不会那么快。如果怀疑某些特殊的环境致癌物是引发癌症的主要诱因，我们就要看看，癌症发病率的提高是否与这些致癌物进入工作场所或一般环境相一致（同时，要考虑到癌症发病的时间滞后于致癌物质暴露时间这一因素）。尽管上述的种种关联不能构成确凿的证据链，但让我们有理由对其进行深入的调查。

在美国各州县以及联邦政府都设有癌症登记网点，汇总癌症发病率的统计工作就在这些网点进行。理论上，每次新诊断出的癌症病例都要上报到癌症登记处。当然，像被确诊为癌症患者对突如其来的打击有何感受、做何反应、如何应对、如何记住、怎样克制情绪等方面的问题不在统计之列。每份报告都对新确诊的癌症患者的癌症类型、癌症发展的阶段、地区、年龄和种族做标准化描述。

统计小组的人员随后开始对源源不断的信息进行整理、分析、核实、绘制图表并进行传送。按患癌的人数统计本身没有太大用处。在某种程度上，随着人口的 37
数量的增加，现在的癌症患者比以往任何时候都多。不仅如此，老年人口也相应地比以往任何时候都多，而老年人比青年人更易于患癌。从 1970 年到 1990 年的 20 年间，美国人口增长了 22%，而 65 岁以上人口的数量却增加了 55%。为了消除人口变化的规模和年龄结构的影响，癌症登记对数据实行标准化处理。一种做法是计算癌症发病率，也就是按传统方法，算出每年每 10 万人中新出现的癌症病例的数量。例如，1973 年，生活在美国的每 10 万名女性中就有 99 人被诊断患乳腺癌。截至 1998 年，癌症发病率上升到每 10 万人中有 141 例。此后，乳腺癌的发病率呈下降趋势。2005 年，每 10 万人中病发率为 118 例。这比 1973 年成立联邦登记机构时的病发率还高，不过，比 10 年前的状况有所好转。

这些数据还根据年龄进行了调整，即要对从某一年不同年龄人群中采集的数据进行加权处理，以便与特定的统计年中的年龄分布相匹配。如此标准化后，不同年份得到的统计数据就可以相互比对。这样，我们就知道因为人口老龄化，1973 年到 1998 年间不存在乳腺癌增长 43%的问题。或者说，癌症登记可以在年龄段上更加具体，例如，45 岁到 49 岁年龄段的乳腺癌患者的百分比可以和 10 年前的同年龄段的百分比进行比较。

我常常在想，那些为肿瘤患者登记的人，那些负责记录因癌症而死亡的人，过的是什么日子。每天处理纷至沓来的、数以千计的癌症报告，肯定感到很别扭。我真想把他们从水深火热的生活中拯救出来。我想象着每名患者名字背后的故事。有位城里来的 75 岁的黑人女性,已是乳腺癌晚期……还有一位来自农村的 45 岁白人男子,患的是慢性淋巴细胞白血病……竟然还有一个 7 岁的小女孩,她患的是
38 脑瘤。看着这一条一条的癌症登记,我不禁要问他们:“癌症被确诊后,你们的生活发生什么变化了吗?你们得到很好的呵护了吗?爱你们的人们还陪伴在你们左右吗?”

癌症登记处的统计结果发布在厚厚的年鉴及充斥着图表和表格的网络数据库中。我对这些报告的反应伴随着报告的具体变化而变化。刚开始读报告时,我的眼睛忽略了那些数据,比方说,在看随年龄变化的卵巢癌发病率图表时,我首先看到的是那些点,而不是连接着点的那些线。我想了解那些生命被禁锢在悬浮于数字空间白色地带的小黑圈和灰色方框里的女性。慢慢地,当我观看一幅包含隐形图案的画面时,另一种观看的方式跃然纸上。多年的生物学修养开始发挥作用,我的眼睛不自觉地开始追踪那些线的斜率,查看图表的坐标,想象如果用对数表示这些数据将是怎样的。

在很多方面,追踪癌症发病率的变化模式与追踪生态变化的模式并无二致。正如令人苦恼的问题一样,这些统计方法肯定也非常相似。

为了监测过去几十年明尼苏达森林里各种成分的渐变过程,我曾对这里的古今物种的详细目录进行过汇编。这期间,有些物种变得更为常见,而另一些物种则变得稀有。有时,我确实只见树木不见森林。我根据收集的数据而制作的图表,清晰地反映出变化的趋势,是我行走于麋鹿在古老的苍松翠柏及绿葱葱的灌木丛中踩出的蜿蜒小路上时所难以清晰地看到的。由于没有做过精确计算,我总是过高地估计稀有植物的存在,可能是因为发现稀有植物的喜悦让我如此难忘,以至于对稀有植物旁边的那些随处可见的、普普通通的邻居视而不见。所以,人的感性认识可能是不可靠的。

然而,对于部分数据,我有理由不相信。要对半个世纪的植物的动态变化进行研究,必须依靠古往今来、许许多多研究者所做过的统计。如果我的编排和分类系
39 统与以往的学者们的相差太远,或者,我们有人对某些物种始终都没有认准,那么,我的图表中所显示的植物的变化就成了技术手段差异的产物,而不是生物变化的真实写照。如果一种貌似消失的物种,五年后又大量地冒出来,那就表明可能是研究方法出现了纰漏。

癌症登记数据也遭到类似问题的困扰。我们需要这些数据,因为凭直觉是靠不住的。在我们看来,患脑瘤的人似乎越来越多,患乳腺癌女性的年龄趋于年轻化

了，而这些数字实际上又说明了什么？也许，如今患癌症的人比起他们的前辈更加直言不讳，而数据同样具有欺骗性。癌症在早期诊断、误诊率的降低以及肿瘤类型的编码与分类，意味着癌症发病率的显著上升和下降可能受人为因素的影响。如何对这些问题进行量化并予以修正，是在肿瘤登记员研讨会上反复争论的问题。

我们来仔细研究一下有关乳腺癌发病率增长与下降的统计。1973 年到 1991 年间，发病率的蹿升与作为检查手段的乳房 X 光检查的引进相关。因为这种新技术使恶性肿瘤在能被摸出是肿块前就可能被查出来了，因此它改变了对许多美国女性乳腺癌的诊断方式。发病率的上升有多大程度是因为乳房 X 光检查应用的增多？要回答这个问题，统计人员首先要注意，在乳房 X 光检查被广泛应用的同时，乳腺癌发病率是否开始上升。对数据的内部核查还能够表明，发病率最高的女性群体是不是接受乳房 X 光检查诊断最多的群体。据说乳房 X 光检查能较早诊断乳腺癌，统计人员可以检查对小的乳腺肿瘤诊断的增加是否快于对晚期大的乳腺肿瘤的诊断。

尽管对此仍存在争议，但学界普遍认同，在 20 世纪 70 年代、80 年代和 90 年代，乳腺癌发病率急剧上升至 43%，其中 25% 到 40% 与癌症的较早发现有关。在
乳腺癌发病率急剧上升的外表下，是自二战以来到 20 世纪 90 年代的乳腺癌发病 40
率的渐进、稳步而长期的增长。1945 年以来，乳腺癌发病率每年以 1% 到 2% 速度缓慢增长，这在作为普遍的诊断手段的乳房 X 光检查被引进前就存在了。不仅如此，乳腺癌发病率提高最快的黑人和老年女性人群，是最少得到乳房 X 光检查诊断的群体。所以，在这个时间段里，大多数乳腺癌增长现象无法用乳房 X 光检查的应用来解释。

20 世纪 90 年代，乳腺癌发病率从高峰开始下降。2001 至 2003 年间，乳腺癌发病率趋于平稳，2003 年出现显著下降，2004 年又回到平稳状态。尽管到目前为止这种顽疾仍然存在，仍然是美国女性中最普遍的癌症。尽管美国女性是世界上患乳腺癌比率最高的，但我们现在可以肯定地说，不管导致乳腺癌的各种因素是什么，它似乎正在减弱。被乳腺癌这个杀人恶魔夺走生命的人比 10 年前相对少多了。

这又是为什么？

大体有四种可能性，每种可能都有合理之处，也有欠妥之处。对所有这四种可能性，我都持怀疑态度。迄今为止，最流行的假说是，乳腺癌发病率持续降低是因为 2002 年众多的绝经后女性决定停止使用激素替代药物。同年，《新英格兰医学杂志》公布的"女性健康促进会"的实验结果表明，因服用雌激素和黄体酮激素来缓

解因绝经而出现不良反应的女性，患乳腺癌的概率可能增加，并无疑会增加患心脏病的概率。这些发现一度占据了美国各大报纸的头版头条，进而使绝经后药物替代疗法被摒弃。在 2001 至 2003 年间，仅加利福尼亚州一个州使用雌激素和黄体酮激素替代药物的女性就下降了 68%。

使这个假说变得更加令人信服的是：此后，乳腺癌发病率呈下降趋势，这多半是由于绝经后女性因服用雌激素替代药物而导致的肿瘤的数量减少了，确切地说，
41 这些患者构成了雌激素替代药物和黄体酮激素替代药物的顾客群。而在年轻女性和雌激素受体阴性的女性中，乳腺癌没有表现出类似的大幅度下降趋势。

不过，年轻女性中确实显现出一些变化的征兆。令人欣慰的是，高于同龄白人女性的美国年轻黑人女性的乳腺癌发病率也开始下降。黑人女性患雌激素受体阴性肿瘤的多，所占比例大。对于这个群体，问题不是改变对激素的态度，也不是改变应对绝经的做法。那么，如何解释这个群体中肿瘤发病率的降低?

与第一种假设并不相互排斥的第二种假设是：乳房 X 光检查使用率下降是乳腺癌诊断数量下降的原因。（有证据表明，女性不像过去那么相信乳房 X 光拍片。）如果真是这样，这将是四种假设中最糟糕的一种，因为这意味着乳腺癌的发病率可能根本就没有下降，而只不过暂时躲过了统计人员的统计。迟早这些还没有发现自己患了乳腺癌，仍若无其事地生活的女性将被诊断出来，那时，乳腺癌的发病率会再次攀升。

对乳腺癌发病率下降的第三种解释是，可能还有大量病例没有报告。与早先的报告相比，对断断续续汇总的新近报告有可能还没有进行分析。对以前的数据组的分析总是比对新近的数据组的分析要完整。过去，这样的情形屡见不鲜，已经登报宣称乳腺癌发病率下降的报道不得不收回，并接受进一步分析。（不过，从目前来看，下降趋势已经持续了好几年。）

乳腺癌发病率下降的第四种可能性是暴露于药物雌激素以外的致病因素少了。的确，生物监测数据表明，在被禁止多年以后，如 DDT 和多氯联苯这些被怀疑具有激素活性的乳腺致癌物在血液中的水平终于开始下降了。（详见第五章和第
42 十二章。）这个假说将有助于解释在女性使用激素替代药物的认识突然发生巨大改变前，乳腺癌就开始显示出下降趋势的原因。最近，西班牙有项研究结果支持这种看法，该研究表明患乳腺癌风险与体内负荷的所有雌激素样化学污染物有关，而与自然激素无关。

在我写作的过程中，数据不断地发生着变化。科普作家的写作一向如此。乳腺癌每年夺去 41 000 名美国女性的生命。针对这种病的根源，21 世纪早期的学者

们提出了一些愚蠢的看法，多年以后，如果你看到我的这些话，了解了历史的本来面目，你会对那些愚蠢的认识置之一笑。对于生活在新纪元的读者们，我极力主张如下做法：现今的证据告诉我们，减少广大女性群体使用雌激素替代药物可以预防乳腺癌。摈弃作为绝经治疗手段的雌激素替代疗法和由此而带来的乳腺癌发病率下降，是可以起到重要佐证作用的人体试验。考虑到在道义上我们现在必须在获得最佳信息的基础上采取措施，我们来做另外一个人体试验：对进入商业的具有雌激素作用的化学品进行排查，系统地清除雌激素仿制品，然后，再观察乳腺癌发病率有何变化。继续发表类似如下命题的论文："消除农产品和消费品中激素活性因子对乳腺癌发病率的影响"。

一旦掌握了多年积累的数据，癌症记录就为癌症发病的原因提供了线索。遗憾的是许多州的癌症记录都是新的，他们无法像我那样以家族谱系列表方式追溯到 50 年前。伊利诺伊州癌症登记处是 1985 年成立的。我被诊断为癌症是在 1979 年，所以，我不在伊利诺伊州癌症故事集中。

地区间的比较也很难，因为临近各州的癌症登记处成立时间的长短存在很大
差异。例如，早在 1935 年康涅狄格州就开始实施癌症登记了，所以历史最久。康
涅狄格州癌症登记处提供的观察数据，是唯一真正长期观察美国癌症发病率的数 43
据之一。马萨诸塞州的癌症登记处是 1982 年成立的，而临近的佛蒙特州直到 1992
年才成立癌症登记处。

我们这些统计植物的人不必担忧的问题却困扰着各州的癌症登记部门。例如，一个州的常驻居民退休后可能移居到另外一个州，因而成为其移居的新社区的一个统计点。没有全国性的总的癌症登记机构，各州的登记部门必须依赖一套复杂的数据交换体系，而美国恰恰就没有这样的机构。对于我的家乡伊利诺伊州来说，地形狭长，与五个州接壤，这个问题尤为突出。每当得重病时，中部和南部各县的许多乡民都渡过密西西比河和沃巴什河去接受诊治，因为，他们宁愿到爱荷华州、密苏里州、印第安纳州或肯特基州的城市求医问药，也不愿向北长途跋涉去芝加哥州就医。当伊利诺伊州的登记处和周边州的登记处交换统计数据时，东部和西部交界县的癌症发病率就骤然升高了。

一些州和大城市的登记部门还把数据提供给部分联邦癌症登记机构，即所谓的 SEER 计划（"监控、流行病学调查与最终结果计划"）。这个计划由美国国家癌症研究所负责，其目的不是记录全美的癌症病例，而是对 17 个地理区域的人口进行抽样调查。这样，26%的美国人口就代表了所有的美国人。1971 年美国总统理查德·尼克松宣布向癌症开战，SEER 计划就是这场战争的产物，并且被写进《国

家癌症法案》。自 1973 年起，该计划开始收集癌症诊断数据。没有全国性的登记机构，就没有人准确地知道美国每年有多少新确诊的癌症病例。然而，这种数据是通过把从 SEER 登记机构获得的癌症发病率应用到城市人口预测而推算出来的。不可否认，这是权宜之计。

到了 1992 年，仍有 10 个州没有对癌症做任何统计。这一年，美国国会通过了"国家癌症登记计划"，在美国各州设立登记处，提高登记质量。疾病控制中心监督
44 这些州的登记部门，自 2001 年起，与美国国家癌症研究所共同承担监管责任。为了获得 1973 年以前的估算数据，统计人员把来自全国较早的各州与各城市登记处的数据综合起来，这样我们得以做出如下的综述：

从 1950 年到 2001 年，癌症总的发病率增长了 85%，20 世纪 90 年代初达到巅峰。1992 年以来，癌症发病率降低了 6.5%，大约每年降 0.5%，下降的主要原因是男性肺癌发病率的下降。其次，是男性和女性结肠癌的发病率，还有女性乳腺癌发病率的下降。总的癌症发病率是死亡率的两倍还多，当前的比例是 463：100 000。

~~~~~~~~~~~~~~~

当蕾切尔·卡森认为癌症瘟疫开始蔓延并开始记录时，她还无法获得癌症发病率的数据。于是，卡森把注意力放在上升的癌症死亡率上。有个事实让她忐忑不安，仅仅几十年间，儿童癌症从医学界的罕见疾病蹿升为夺走美国学龄儿童生命的最常见杀手。

一些研究人员认为，死亡率虽然也随着年龄与人口数量波动，与发病率相比它还是较为可靠的标志，因为它们较少受到诊断技术变化的影响。死亡是注定的，不可避免的。不仅如此，死亡的原因在联邦各州都有及时的记录，所以，比肿瘤记录的时间要长久得多。根据从死亡证明获得的信息对癌症的趋势进行研究，我们的认识变得深刻，视野得到拓宽。癌症死亡率是根据每年离世的 10 万人当中死于癌症的数量统计出来的。目前的癌症死亡率为 200/10 万，这个数字在过去的 60 年里没有太大的变化。死亡数据表明，尽管对治疗癌症的研究投入了大量的资金，但是在很大程度上，我们并没有减少因癌症而导致的死亡。2005 年的癌症死亡率比
45 20 世纪 70 年代下降了 10%，比 1950 年仅低 6%。吸烟率的下降挽救了很多人的生命。死亡率显示中年人群患癌率基本没有下降的趋势。对于 45 至 64 岁人群，癌症不仅是导致死亡的罪魁祸首，每年死于癌症的人数超过死于心脏病、车祸和中风的总和。

然而，发病率上升和死亡率保持平稳或下降，确实说明更多的癌症患者存活年限在增加。在美国，有 1100 多万人——这么高的数字是前所未有的——虽患有癌
~~~~~~~~~~~~~~~

症却行动自如，有些癌症的症状有所缓解而不必卧床，有些人的癌症甚至已经治愈而生活如常人。这是个好消息：现在被确诊为癌症的患者比几十年前那些被诊断为患癌症的人活得更长久。但是，这种好消息所暗含的坏消息是癌症的日益蔓延——即所谓的癌症负担——它引发了以前我们没有付出的经济、社会和心理代价。

儿童癌症就是典型的例子。1973年到2000年间，儿童癌症死亡率下降45%，发病率却上升了20%。用当今儿童癌症死亡率来衡量儿童癌症发病率会造成盲目乐观的现象。治疗水平的提高可以拯救更多儿童的生命，但被诊断出癌症的儿童也是一年多于一年。发病率上升最明显的是白血病（上升35%）、非霍奇金淋巴瘤（上升33%）、软组织肿瘤（上升50%）、肾癌（上升45%）、脑和神经系统肿瘤（上升44%）。儿童患癌使我们得以更加密切地关注在一般环境下可能暴露于污染物的渠道，这对研究成年人癌症发病率的上升可能有一定意义。我们很难将孩子们患癌归咎于他们选择了危害健康的生活方式。蹒跚学步的孩子的生活方式在过去的半个世纪里没有多大的改变。年幼的孩子们不吸烟、不酗酒、也没有工作压力。然而，孩子们确实吸收了更多存在于空气、水和食品中的化学物质，因为，以单位重量而言，他们比成年人吸入的气体、吃掉的食物以及喝的水更多。按照他们身体重 46
量的比例，孩子喝的水是成人的2.5倍还多，吃的饭多于成人的3～4倍，吸入的空气是成人的两倍还多。怀孕前、怀孕期间和哺乳期间，父母暴露于有害化学物质都会对儿童造成影响。

简妮病逝的前一天晚上，我梦见自己和许多人在一艘大船上航行。水面浩瀚无边。有人建议我到甲板上走走，晒晒太阳。我说："外面太热了。"可我还是走了出去，发现天气非常宜人。有人建议我去游泳。我说："太危险了。"可我还是下到水里，水很凉爽，非常清澈。海豚在我的周围游来游去，保护着我。回到船上，我问："我们这是在哪?"有人微笑着递给我一张地图。

第二天早晨，我开车驶过查尔斯河前往医院，感到那场梦是种征兆，感到心里早已接受的事实即将成真。但当那晚再次驶过那条河时，我意识到我没有、也永远不会接受命运的安排。

我希望时光不再流逝。我希望所有的时钟都不再摆动，所有的日历被牢牢钉在墙上，不再翻动。这是一年中的四月，蓓蕾模糊了树的轮廓。我希望树叶不要从蓓蕾中钻出来。

在此前的一个月里，时间变成了一种奇怪的东西。表面上，当简妮的各种症状从缓慢恶化到突然加剧时,时间似乎也加快了脚步。有一天,她发现自己无法打字了。一个星期后,她无法开门了。又过了一个星期,她连纽扣也扣不上了。从写字、走到门口到脱衣服,每种机能的丧失都那么彻底,那么不可逆转。

但是在时光飞逝的外表下,她的每小时、每分钟都在时光河流的深处放缓了脚步。每次吃饭、每次谈话、每次从一个房间走到另外一个房间,她都小心翼翼地进行着,简妮在房间里度过的每个下午都相当于一个星期。

47 我在电话录音中听到医生说:“你知道,这是最后的结果。”我茫然地开车前往特护病房。从显示屏上的数据可以看到她每次心脏的跳动。注射液在点滴管中慢慢地滴着。漫长的夜晚。黑暗的黎明。从远处的房间隐约传来护士的说话声,“算了,她没有呼吸了。”

时间的概念让人不堪忍受。我想在隆冬时节回到伊利诺伊州去。我想穿越遍地是冰霜的荒野。没有海洋,没有树叶,没有船只。她走了。

~~~~~~~~~~~~~~~~~~~~

20 世纪中叶,有 1/4 以上就诊的美国人逃脱不了被诊断为癌症的宿命。这个比率让卡森如此吃惊,她在一本书中把这个比率作为一个章节的标题。今天,我们当中超过 40%的人(女性占 38.3%;男性占百分之 48.2%)在一生中的某个阶段有可能患上癌症。现在,癌症在总的死亡原因中占第二位,在 85 岁以下的美国成年人中,超过中风和心脏病,成了头号杀手。

在所有死于癌症的人中,超过 1/4 的人死于肺癌。因为肺癌患者死亡率如此高,肺癌的发病率与死亡率几乎相当,这两项数据直接映射出美国烟草消费的历史走势。1984 年,美国男性肺癌发病率达到巅峰。20 世纪 90 年代以来,肺癌死亡率呈下降趋势。20 世纪末,大量女性开始吸烟,且在 1965 到 1975 这 10 年间,在有性别针对性的广告的狂轰滥炸下,吸烟成为女性的一种时尚(弗吉尼亚女士香烟效应)。2001 年,女性肺癌的发病率开始下降,死亡率也自然随之下降。总的说来,死于肺癌的人当中,85%～90%是由吸烟或被动吸烟引起的。

当然,统计数据也表明,在所有死于肺癌的人中,有 10%～15%的人与吸烟无
48 关。这不是一个微不足道的数字,2008 年有 16 000 到 20 000 人死于肺癌,但与吸烟或被动吸烟无关。如果把非吸烟肺癌患者单列出来作为独立的数据统计,就死亡的数字而言,非吸烟引起的肺癌仍能排在最常见肺癌的前 10 位。所以,尽管吸烟是造成肺癌的主要因素,还有其他神秘的原因有待破解(对此,第八章有详尽的论述。)

尽管,吸烟是已知可防范的造成癌症的最主要原因,但绝大多数癌症的根源却
~~~~~~~~~~~~~~~~~~~~

无法归结到吸烟上。睾丸癌是当今 20 到 30 岁男性中最常见的一种癌症，在过去的 50 年中发病率居高不下，仅仅过去的 10 年间就增长了 23%。同一时期，非霍奇金淋巴瘤、食道癌、肝癌、胰腺癌、肾癌、甲状腺癌、膀胱癌、骨髓癌和皮肤癌（恶性黑素瘤）都明显增加了。尽管对于其中的一些癌症来说，如肾癌、膀胱癌、胰腺癌和食道癌，烟草确实是危险的因素，但对于其他癌症，烟草并未凸显其危害性。吸烟率呈下降趋势，肺癌的发病率也由此降低了，但这无法解释各类癌症的发病率仍在上升的原因。此外，对于发病率的上升，用癌症诊断的技术水平得到提高来解释也无法完全自圆其说。例如，从 1973 到 2002 年间，甲状腺癌的发病率提高了 2 倍。一份 2009 年对发病率数据的分析表明，更加缜密的诊断程序也无法充分说明发病率攀升的原因。

〰〰〰

1964 年，当时我才五岁，国家癌症研究所的两位资深科学家威廉·休珀和 W·C·康威，研究了当时他们手头所能获得的有关癌症趋势的数据，得出如下结论："即便是在现有条件下，各种类型的癌症及其病因也以一种缓缓蔓延的方式显露出瘟疫的所有特征。"他们断言这种正在显露的危机的助燃物就是"充斥着化学和物理致癌物以及支持和强化这些致癌行为的日益严重的人类环境污染。"然而， 49
癌症与"愈演愈烈的人类经济的化学化"之间的关系还没有得到系统而彻底的探究。

在癌症检查中，环境因素常常成为漏网之鱼。伊利诺伊州癌症登记处成立所发生的事情就是典型的事例。1984 年 9 月，伊利诺伊州州长签署了"健康与有害物质登记法案"，伊利诺伊州癌症登记处随即成立。顾名思义，这项州立法案旨在监管"关于在工作场所及环境中暴露于有害物质的伊利诺伊州市民的健康状况。"相应地，登记系统不仅要收集伊利诺伊州人群中的癌症发病率信息，还要收集"有害物质，包括有害核物质暴露"的信息。因而，它促进"把可监测的健康状况与环境数据联系起来的公众健康研究，帮助鉴别疾病发病因素。"

癌症登记得到了资金支持，而有害物质登记却没有得到资金支持。

这就像一对双胞胎，一个茁壮地成长，而另一个却夭折了。伊利诺伊州癌症登记处尽职尽责地收集公众健康状况的信息。然而，这种持续进行的信息采集一点也没有触及到健康与有害物质暴露之间的关系。

也许，人们最终会听到休珀和康威的呼吁：把癌症研究的重点放到环境致癌物上。在遭到竭力反对不予资助后，国家儿童研究(NCS)项目于 2009 年 1 月终于正式启动。作为一次大规模的调查，NCS 准备把 10 万名儿童作为研究对象。研究人员将对这些儿童从胎儿期一直到21岁这段时间的健康和成长状况进行跟踪研究。研究人员还将采集他们生活环境中的化学物质的相关信息，内容包括从怀孕中的母体到儿时卧室中的尘埃。这种前瞻性调查较之以往的可能性研究更加确定，可能会揭示生命早期致癌物暴露与多种健康状况(包括儿童癌症)之间的关联。

50 然而，“国家儿童研究项目”的许多子项目还没有立项，而最后的结果还要等20多年才能揭晓。对患癌儿童的父母来说这是非常漫长的等待。

与此同时，癌症流行病学家戴夫拉·戴维斯有了新的想法。她建议全美的大学癌症研究中心设立“环境肿瘤学中心”。中心的主要目标很简单，但非常崇高，即提高我们预防癌症的能力。具体地说，他们就是要“根据现有的关于个人、职业及总体环境中的癌症风险的信息，进行有针对性的干预并给予政策建议。”为此，她在匹兹堡大学创立了一个癌症研究基地，并坐镇该中心指导环境肿瘤学研究。

~~~~~~~~~~

两个月后，我来到安葬简妮的墓地扫墓。这已是六月了。连续四天的暴风雨天气把新英格兰的最后一朵杜鹃花的花瓣也吹打到草地上。乍醒的玫瑰却在连绵的风雨中显得晶莹剔透。它们的蓓蕾好像就要在我的眼前绽放。

时光仍在飞逝，就像在一部老电影中，当一阵风卷走了一页日历，电影中的人物一下就穿越到了另一个季节。车开得风驰电掣，人们步履如飞，食物看起来都得很快煮熟。我学会了避免急三火四地做事——比如在邮局关门前匆匆忙忙地赶过去——因为仓促的行动似乎使时光流逝得更快。而我希望在墓地的这个下午能让这个世界再放慢些脚步。

我忽然意识到我记不得她的墓在什么地方。上次来的时候，我只看到了鲜花簇拥着的灵柩，还有绿色塑料覆盖的坟头。坟的旁边有一棵枝干快被砍光了的老树，我记不清是什么树了。在我的脑海中，我还记得因被锯掉的枝干而留下的似圆圆的牛眼圈的痕迹，还有那些把树后防风栅栏挤开的隆起的树根。我望了望栅栏
51 的对面，看到一排古老的菩提树。我终于看到了那棵树。差不多就在那排树的末端，我记得一点没错，它就矗立在那。那是一颗菩提树。那棵树引领我找到我要找的那块矩形墓地。上面是一块被还没干枯的花瓣、棉籽皮、叶片和花梗围绕着的塑料匾牌。上面写着她的名字和生卒年月：让·玛丽·马歇尔，1958—1995。四周似乎那么宁静。

~~~~~~~~~~

戴夫拉·戴维斯和她的同事们以一种新奇的、予人以启迪的方式剖析了美国

癌症的类型。戴维斯不是简单地根据日程表观察癌症发病率，而是根据出生年份和诊断的年份把人们分成组，然后，研究癌症对后代的影响。由于早些年“监控，流行病学调查及最终结果方案”(SEER)计划对非白种人的统计数据是不可靠的，她把目光转向在美国的白人身上，并把一般被认为同吸烟有关的癌症与不清楚是否同吸烟有关的癌症区分开来。

戴维斯发现与吸烟无关的癌症发病率一代一代地在稳步升高。出生在20世纪40年代的美国白人女性所患的与吸烟无关的癌症比她们祖母那代人(1888～1897年间出生的女性)要高出30%。在男性中，这种差别更为明显。与他们祖父们在这个年龄段相比，20世纪40年代出生的男性患与吸烟无关的癌症的比率要高出两倍。戴维斯说：“这说明除了吸烟，还有其他的致癌因素，我们需要弄清楚这些因素是什么。”

出生在40年代的那些人的祖父母现在差不多都已故去。在我的记忆中，对于生育高峰期出生的后代们——那些放荡不羁，开代沟之先河的后代们——癌症不是他们的祖辈们最担忧的事情。我这样说是基于我一生对这个出生高峰期人群的观察。在孩提时代，我似乎觉得早于我们出生的那代人寿命都不长。十一岁时，我们都戴着金属手镯，上面刻有官方宣布的在越战中失踪人员的名字。耳畔充斥着大人们各种可怕的预言：他们都将被警察的棍棒击倒，要么就被摇滚乐弄得神魂 52
颠倒，最后两耳变聋。不过，我从来没有听到谁的祖母预言生于20世纪40年代的人，肯定以前所未有的纪录接受化学疗法，也没有预言癌症诊断会像广藿香油那样成为一代人的重要标志。

~~~~~~

没有什么比等待检验报告的结果更加让人感到时间的漫长。这次，病人是我。在内科候诊室，我穿着与其他进入这个房间的人相同的宽松的病号服，期盼着简妮会神奇地从什么地方出现。在就诊者阅读的大量杂志中，简妮总是选那本《名利场》。这一点我敢肯定。在候诊时，她总是不厌其烦地想让我受到流行文化的熏陶。她又会将哪些名人访谈读给我听呢？当我心烦意乱时，她又会用哪些机智的话语使我摆脱烦恼呢？

去年夏天，在超声诊室候诊她陪着我，一等就是几个小时。

最后，当我们走出诊所时，我跟她说：“他们好不容易看到他们要看的东西。有位医生看到显示屏上的图像还吹了口哨。”

她哈哈大笑：“你知道那等于说‘嘿，多棒的乳房’！”
~~~~~~

听到叫我的名字，我同医生沿着走廊来到她的办公室。就像一名打量着列队回到法庭的陪审团的脸的被告一样，我努力揣摩她的表情。

看来我今天的情形总体不错，但还有不确定的地方。专家们经过会诊，建议我再做一次新型检查，并且对这种检查做了明确而详细的解释。

她说："我知道你不想听到这些，"她的同情是发自内心的，"但现在你不必把我当做最好的朋友。"

时光荏苒。她现在在哪?

---

53 儿童癌症发病率的上升是环境因素在起作用的一条证据。成人癌症发病率一代高于一代又是一条证据。第三条证据来自对尤为快速升高的癌症发病率的深入思考。如果我们只盯着一种癌症，那么，会出现什么情形? 我们来关注一下在女性中排第五、在男性中排第六的最普通癌症：淋巴癌。

非霍奇金淋巴瘤损害那些保护我们不受有害物质入侵的组织：喉头、腋窝、腹股沟等处聚集的淋巴结。最浅显易懂的例子是扁桃体，它代表一系列被黏膜包裹着的淋巴结。

实际上，存在于我们细胞间的微小空隙中的水样液体就是淋巴。然而，只有当液体像田野里的雨水一样流入被称之为淋巴管的组织时才叫淋巴。所有这些液体都来自血液。当存在于血液中时，它们称作血浆。每天，有大约 3/4 的血浆从毛细血管渗出，自由旋流，然后进入淋巴管。在颈内静脉与锁骨下静脉返回心脏的交汇处，淋巴又回到血液中，这时淋巴又变成了血浆。在从血浆到淋巴，又从淋巴到血浆的不停地循环往复的转换中，几项任务就完成了。其中之一就是识别和消灭异己分子。分布在淋巴管不同位置上的淋巴结充满了大量各种各样的细胞，专门进行免疫反应。当液体流经淋巴结错综复杂的网状组织时，陌生的生命形式就被捕获、杀掉。淋巴结还可以派出免疫反应细胞进入身体的其他地方进行巡逻。

因为淋巴系统也是各种癌细胞逃跑的高速公路。所以，淋巴结在攻克癌症的蓝图上起着举足轻重的作用。例如，乳腺癌细胞经常扩散到附近的淋巴结。乳腺
54 癌患者很快就能被确定为淋巴结阳性还是阴性。区分阳性和阴性，取决于从原肿瘤中脱落的乳腺癌细胞是否进驻串联身体中胳膊和躯干的淋巴结中。癌细胞出现在这些区域，表明疾病有可能扩散到其他，甚至更远的部位。

测量癌症扩散程度的方法，根据含有乳腺癌细胞的淋巴结的数量对淋巴结呈阳性的女性做进一步划分：1～4 个淋巴结为一类；11～17 个为另一类。"乳腺癌互助协会"的女性互相常问的一个问题是："你有多少个淋巴结?"

然而,淋巴瘤的情况却不同。在患淋巴瘤的情况下,肿瘤是淋巴组织自身衍生出来的,而不是产生于其他部位的移入细胞。淋巴瘤可能出现在淋巴结内,因为淋巴组织遍布全身,淋巴瘤可能出现在身体的任何部位,如脾脏,甚至皮肤里。因此,与非常明确的、比较容易治疗的称为霍奇金淋巴瘤的疾病不同,非霍奇金淋巴瘤是种综合病症。绝大多数霍奇金淋巴瘤的病例,是由一种叫 Reed－Sternberg 细胞的白血细胞引起的。

霍奇金淋巴瘤的发病率下降了,非霍奇金淋巴瘤发病率却在上升——1973 年以来,这种病的发病率在翻倍。这种上升的趋势在不同性别、不同年龄的人群中都非常明显。杰基·肯尼迪·奥纳西斯被其中一种最恶性的肿瘤夺走了生命。1995 年到 2005 年这 10 年间,尽管男性更多遭受非霍奇金淋巴瘤的折磨,但女性的发病率比男性高 10 倍。

在发病的高峰期,艾滋病传播对非霍奇金淋巴瘤的增长起到了推波助澜的作用。艾滋病患者中被诊断为患淋巴瘤的比例虽然不大,但非常致命,其中的大部分人因此而死亡。然而,非霍奇金淋巴瘤发病率在美国稳步上升的势头早在艾滋病蔓延的前几十年就开始了。现在,艾滋病偃旗息鼓了,而非霍奇金淋巴瘤还在肆虐。

你了解患这种病的人吗?我们知道从事某种特定职业的人患非霍奇金淋巴瘤
的特别多,如消防队员、飞机修理师、护林员、农民和干洗店的店员,他们患非霍奇 55
金淋巴瘤的比率都比预想的要高。我们还知道,患淋巴瘤与暴露于如下合成化学制剂有关:溶剂、多氯联苯、各种杀虫剂,特别是苯氧基除草剂一类的除草剂。

2007 年,在规模最大的一次同类研究中,生物统计学家约翰·史宾尼利和他在英属哥伦比亚的同事对淋巴瘤患者血液中的多氯联苯含量进行了检测,并同对照组进行对比。他和他的团队发现了某种因果关系:血液中高水平的某种多氯联苯,会小幅但显著地增大患非霍奇金淋巴瘤的风险。同时,这项研究也证实了其他人提出的暴露于多氯联苯增加患淋巴瘤风险的说法,从生物学角度看,这是有道理的:我们知道,多氯联苯是免疫抑制剂;而免疫系统的变化又会增加患非霍奇金淋巴瘤的风险。2009 年,另外两项研究结果进一步证实了这种假设,多氯联苯通过破坏免疫系统而造成非霍奇金淋巴瘤:第一项研究结果发现,感染艾伯斯坦-巴尔病毒使多氯联苯暴露成为患淋巴瘤的更致命的风险因素;第二项研究结果发现,多氯联苯暴露与某些基因相互影响。研究者们发现多氯联苯暴露尤其增加那些正好存在某种基因变异的人患淋巴瘤的风险,而这些容易受到侵害的基因又都与免疫有关。

含苯氧基的除草剂与多氯联苯一样，是有机氯化合物，但是与多氯联苯不一样的是这种药剂的发明首先是出于战争的需要。最早在1942年合成的含苯氧基除草剂，是美军从未实施的摧毁日本稻田计划的一个组成部分。最有名的含苯氧基除草剂是两种化学物质的混合物：2,4,5-三氯苯氧基乙酸(2,4,5-T)和2,4-二氯苯氧基乙酸(2,4-D)。这种混合物被称之为橙剂，并在1962～1970年间被在越南的美军用来清除灌木丛、破坏庄稼以及毁灭雨林。这样，含苯氧基除草剂又恢复军用。

因2,4,5-T与导致流产有关，并与二氧(杂)芑一起构成污染，最终被依法取
56 缔。相比而言，2,4-D却成了用于草坪、花园、高尔夫球场、田间和用材林除草的香饽饽，并一直沿用至今，而且以不断变化的商品名称，如灭草灵、护坪剂、除草丹、植物安、神奇剂和喷灭杀被投放到市场。

有关非霍奇金淋巴瘤与含苯氧基除草剂有关的证据来自几个方面。越战老兵患这种病的比例极高，高尔夫球场的管理人员，还有使用过2,4-D的农民也是如此。农民患此病风险的高低取决于他们每年使用该农药的天数、喷洒农药农田的亩数以及他们喷农药时所穿工作服时间的长短。在瑞典，暴露于含苯氧基除草剂可使患非霍奇金淋巴瘤的风险增加6倍。

狗也会患淋巴瘤。最近的一项研究表明，在自家草坪上使用过2,4-D除草剂的人家，其宠物狗比不使用此类除草剂人家的狗被诊断出患犬淋巴瘤的可能性大。风险随着使用该农药数量的增大而加大。主人每年给草坪使用至少四次化学农药的人家，其宠物狗淋巴瘤的发病率要高出两倍。研究表明，在暴露于住宅杀虫剂的人群没有发现特别高的淋巴瘤发病率。

有关含苯氧基混合物与非霍奇金淋巴瘤关系的证据还只是初步的。"我们对20世纪下半叶的这场持久而又缓慢的瘟疫还只是一知半解。"这是一份2006年对淋巴瘤的发病趋势和主要诱因分析报告的结论。因为细胞外液体在血液和淋巴之间反复流动，没有人确切地知道微量除草剂是如何进入人体细胞外液中的。一般认为皮肤吸收是最有可能接触除草剂的渠道。目前，还没有人能够解释化学物质究竟是通过什么机理改变淋巴结、淋巴管和整个淋巴组织内庞大网络中的细胞，进而，使机体为淋巴瘤的生存提供温床的。没有人知道含苯氧基除草剂是否要同其他化学制剂相互作用才能造成破坏，也没有人清楚淋巴瘤发病率的上升在多大程度上归因于暴露于含苯氧基除草剂。

与士兵、农民、甚至是把草坪当做室外沙发的爱犬相比，我们接触含苯氧基除
57 草剂要少得多。然而，当我们这些读者对淋巴瘤这个迷感到困惑，试图查明为什么

非霍奇金淋巴瘤在我们心中投下挥之不去的阴影时，这些特殊群体中出现的淋巴瘤为我们提供了很有价值的线索。

去世前的一个月，简妮开始对自己的房间进行全面清理。她把所有的文件夹重新摆放，把所借的书籍全部归还，把衣物送人。一天早晨，她在厨房的餐桌上为我摆放了一堆医学论文、公共健康报告的专栏文章、新闻稿和剪报。她是在马萨诸塞州东南区长大的。这些都是她收集的有关家乡种种癌症案例的文章。

"我想这些对你的研究可能有用。"

"你不想自己留着吗?"

"你拿去吧。"

简妮去世 18 个月后，我因为要发布一项新的研究成果，证明以前论证的癌症类型，才看她留下的这些文献。这些研究主要是关于邻近五个城镇在 20 世纪 80 年代白血病发病率急剧上升，与所记载的 10 年前皮葛林(Pilgrim)核电站放射性物质排放，即燃料棒问题所导致的结果之间可能存在的关系。而简妮的癌症不在这些研究之列。虽然找不到确凿的因果关系，但气象资料表明，放射性同位素被沿海海风包围，在五个城镇间循环。"最有可能暴露于皮葛林核电站排放物的人比排放物暴露可能性最小的人患白血病的风险几乎高出 4 倍。"

尽管简妮的家乡是这五个城镇中的一个，她患的癌症在她所收集的研究所做的病例对照比较中是非常罕见的。她所患的癌症病因还不清楚，癌症登记也没有这种病的记录。我在这里不会找到她。

第四章　空间

59 佩金是伊利诺伊州塔兹韦尔县的司法机构所在地，位于伊利诺伊河对岸，在皮奥里亚下游的几英里处。在佩金城外，在我长大的那座房子的西边大约两英里远，是一个还没有划入诺曼代尔的管辖区。这个社区始建于1926年，是工厂工人的居住区。街道的名称都是在战前以白天在此劳作、晚上在此过夜的居民们所生产的产品命名的：卡罗大街（以糖浆命名）、奎克街（以造纸厂圆形麦片粥盒命名）、弗莱施曼街（以酵母命名）。

诺曼代尔只有480个居民，它有一个大众晚餐俱乐部，一座漂亮的砖砌教堂和一个无醇饮料销售点。自从我们学会开车后，每当夏天，我都和好友一起到那里兜风。坐在好友爸爸的车里，我和盖尔·威廉姆森一边吃着洋葱卷，一边争论德语与拉丁语相比有什么优点，大学与学院比有什么优势，性生活与禁欲比有什么好处。在停车场，我们决定讲和。盖尔要去医学院，然后去拉小提琴。我要去研究生院写诗。无论是现在的还是将来的男友都得懂诗。他们还得会弹吉他。

诺曼代尔位于死湖附近的一块楔形地带上。死湖是靠近伊利诺伊河东岸的一个倾倒工业废物的水池。它的两侧都是工业区：一家铸造厂、一家粮食加工厂、几
60 家化学公司、一家燃煤电厂和一家酒厂。还有一侧被一家没有州属相关部门许可的垃圾填埋场所堵塞，1988年该填埋场被伊利诺伊州污染控制委员会查封。就在城南的柏油路旁，人们发现了20个向外渗漏焦油物质的锈迹斑斑的铁桶。这也是诺曼代尔。

癌症在空间上的分布如同在时间上留下来的轨迹一样，也显露出可能造成癌症的主要诱因。例如，在确定癌症的风险方面，如果种族差异起到了重要作用，那么，移民应该保持其在原居住地的癌症发病率。反之，如果移民的癌症发病率近似

于其所移民的国家，(事实上，情况正是如此)，那么，我们有理由怀疑环境因素在起作用。如果癌症发病率在某些地理区域(例如，城市区或农业集中的地区)升高，我们将进一步查找线索。如果癌症高发率是沿河流流经的地方、盛行风刮过的地方，或聚集在饮水井、某工业基地周围，那么，我们事实上就有了重要的线索。

奇怪的是，我们愈仔细观察癌症的地理分布图，这个图像就愈加模糊。从宏观上看，如果我们把来自各国的癌症登记数据汇总起来，然后再纵览各个大陆的全貌时，不同区域癌症发病率的高低便清晰可见。但是，如果我们把目光集中到一个区域，如诺曼代尔这样的县或镇及其下属区域时，要区分癌症发病率的高低就会觉得力不从心了。回想一下，癌症发病率是基于每年每 10 万人中被诊断为癌症的人数，确定一个只有几百或几千名居民的小社区是否存在癌症集群，在统计学上是很困难的工作。在这个层面上，学界在着激烈的争论。

在全球层面上，这个问题几乎不存在什么争议。全球范围内的癌症发病率的时间脉络与空间特征，清楚地证明癌症属于意外灾难的观念之错误。癌症是西方
工业化的产物。40 年前，癌症基本上是在富裕国家才发生的疾病，而如今半数的 61
癌症发生在发展中国家，特别是那些工业化发展速度迅猛的国家。全球癌症发病率剧增的趋势，部分原因是由于人的寿命延长以及社会老龄化问题；但是，在很多地区，年龄调整后的癌症发病率仍呈上升趋势。在 1983～1997 年间，印度的癌症发病率上升了 7%，拉丁美洲上升了 12%。这是世界卫生组织下属的一个不知名的办公室发布的有关癌症发病的趋势公告。设在法国里昂的国际癌症研究机构，负责监测世界各地的癌症发病率，这是一项艰巨的工作。该机构尽可能通过从更多的国家收集癌症登记数据来实现监测。该机构在 2008 的世界癌症年度报告中指出，在世界范围内，一些地方吸烟率正在上升，在饮食西化和肥胖率上升的地方，癌症发病率也在上升。因为工业化的原因，多种化学致癌物质给人们带来潜在风险，而人们却蒙在鼓里。报告对此深表遗憾。

设在纽约的一个环境基金会，“布莱克史密斯(Blacksmith)研究所”发布的一份全球报告，对世界污染最严重地方的健康问题做了报道，癌症问题就是其中之一。在 10 座世界污染最严重的、令人沮丧的城市中，阿塞拜疆的苏姆盖特高居榜首，该城市曾是前苏联石化中心。在苏姆盖特，癌症发病率高达 51%，高于全国平均水平。中国的两个地方——田营镇和临汾市[*]——也榜上有名。

在 2000～2005 年间，中国燃煤增加了 75%，成为世界上最大的产煤国和煤炭

* 根据纽约 Blacksmith 研究所 2006 年 10 月 24 日报告，Lifen 应该是指中国陕西临汾(Linfen)。

消费国。因此造成的空气污染所导致的疾病与早亡，可能是世界各国中最为严重
的，据估计，所造成的经济负担占国民生产总值的 3.8%。其中，用于治疗癌症的
费用不太清楚，也没有完全公开。在 1973～1999 年间，整个中国癌症发病率上升
了 33%。我们所知道的关于中国癌症激增的地理分布，主要来自一些记者的报
道。根据史蒂文·里波特提供的第一手资料，明显的癌症集群集中在中国北方的
62 油田和石化炼油厂周围。沿着高度工业化的淮河流域，一些中国记者发现了一个
个“癌症村”，其癌症发病率超过全国平均水平的两倍。

煤和石油备受指责，人们认为是它们把人类推向灾难性气候变化的悬崖边缘。如此一来，无论用作燃料，还是用于生产石化产品与其他化学品的原料，煤炭都将导致不计其数的人死于癌症。

移民研究也为癌症病因提供线索。当移民来到新移居的国家时，便不参与原所属国家癌症发病率的调查，而成为新环境癌症发病率的平均因素。国际癌症研究机构声称：“移民研究得出的唯一重要的结论是，确定群体患癌症风险的不是移民种族群体的基因因素，而是新的‘环境’因素。”引号中长长的“环境”（‘environment’）一词引起人们对其诸多内涵的联想：饮食习惯、对母乳喂养的文化态度、社会压力与参加体力活动的机会。这些都是环境的组成部分；空气、食物和水中的化学污染物同样也是环境的组成部分。

移居澳大利亚、加拿大、以色列和美国的移民，其癌症模式都表明，决定癌症风险的首要因素来自广义上界定的环境。我们可以思考一下从乳腺癌发病率罕见的北非移民到发病率较高的以色列犹太女性的情况。最初，这些北非移民女性患乳腺癌的风险是当地以色列女性的一半，但随着居住时间的延长，患癌风险迅速上升：30 年内，非洲裔和以色列出生的犹太女性乳腺癌的发病率几近相同。从中东和亚洲移民的犹太女性，抵达以色列后患乳腺癌的风险也会增加，虽然她们患乳腺癌的速度相当缓慢。

美国的情况也是如此。无论是欧洲、中国还是日本移民来的女性，其乳腺癌发
病率最终都会上升，直到与美国的此类癌症发病率持平。不过，她们癌症发病率的
63 上升速度不同。移居美国的波兰裔女性在追赶美国女性的乳腺癌发病率上速度最
快。移居美国大陆的日本女性，需要两代人的时间，才能达到美国女性的乳腺癌发
病率。第一代日本移民的乳腺癌发病率，介于日本与美国女性乳腺癌发病率之间，
而第一代日本移民的女儿们则反映出与美国女性完全相同的发病率。移民来的拉
美裔女性比出生在美国的女性同胞发病率低。然而，她们在美国居住的时间越长，
患乳腺癌的风险就越大。

幸运的是反之亦然，女性移居到乳腺癌发病率相对较低的国家，其患乳腺癌的概率也会降低。移居澳大利亚的英国女性就是典型的例子。

这些结果使我们回到莫比乌斯带式的生活方式和环境中。当有人从世界的一个地方迁移到另一个地方时，两个地方同时发生改变。目前，还没有人确切理解这些变化如何相互作用而生成上述的模式。

截至 1991 年，在卡罗街居住的一半家庭里都有一个癌症病人。一些居民觉得生活在诺曼代尔的孩子的眼睛和耳朵似乎非常容易感染。仅 10 年间，在一个街区就有 14 个居民被确诊为癌症。这些数字是那里的居民自己计算出来的，并报告给当地的卫生部门和报社。他们成立了一个市民团体，并向塔兹韦尔县卫生局递交了一封请愿书，请求对他们所居住的社区的癌症发病率情况进行调查。

报纸上引用了一些人的话说，有的邻居死于癌症，还有的邻居因为对癌症的恐惧已经远走他乡。

有位居民哀叹："唉，我们有那么多街坊都死了。"

因为没有全国性的癌症登记方法，我们对美国癌症病发率的地理分布也不确
定。国家癌症研究所的确提供了一个交互式癌症死亡率图谱。实质上，这是一个 64
可自定义的癌症死亡拼图，在美国，由于癌症导致的死亡不是随机分布的。在分布图上，红色覆盖着东北海岸的五大湖区和密西西比河口地带。在所有癌症的总趋势中，这些地区的死亡率最高。这些地区也是工业活动最密集的地方。另一方面，癌症发病趋势图显示，在发病率较低的国家的一些地区，发病率在上升。这表明，随着以前农村地区城镇化的加速，流动人口越来越多，以及杀虫剂使用量的上升，随着时间的推移，癌症死亡率在地理区域上日趋一致。在这些癌症地形图上，两类癌症显示出纬度模式：在南部地区，由于人们经常暴露在阳光下，黑色素瘤在那里的癌症版图上占主导地位；乳腺癌的死亡率也呈现出从北向南逐次降低的模式，在北方，尤其是在高度工业化的东北大湖区，癌症发病率较高。

在研究癌症地理分布图时，读者必须记住这些地图显示的是癌症死亡率，不是癌症确诊率。污染程度较高的县，其卫生保健措施也可能较差：在污染较为严重、被杀虫剂浸染的县城，癌症患者通常因为得不到妥善的救治而很快死亡。另外，由心血管或传染性疾病等其他原因造成的死亡，不像癌症那样与环境污染紧密相关。还有，医疗方面的差异，无法解释癌症死亡率在地理分布上的所有差异。

癌症地理分布图使人们得以把癌症与工业和农业区域分布相重叠，从而观察两者之间是否存在某种相关模式。研究人员在一项研究中发现，在 1497 个农村县中，农业化学品的使用和癌症死亡率之间存在密切的关联。在另一项研究中，调查人员发现了癌症死亡率和环境污染区域之间非常吻合：死亡率较高的癌症县区，其工业毒物浓度较其他地区都高。

在英国，癌症死亡率的数据采集和分析已有一个多世纪的历史，所以，地理分
65 析可能是非常复杂的事情。1997 年，一个研究小组对在 1953～1980 年间英格兰、威尔士和苏格兰死于白血病和其他癌症的所有 22 458 名儿童的家庭所在地进行地理定位。之后，他们再绘制一张图，从发电厂到附近的汽车美容店，以图表的形式标出每一个可能存在危险的区域位置。之后再对两张图进行重叠比对。研究结果表明，居住在某类工业区几英里范围内的儿童，特别是在大范围使用石油或高温化学溶剂的地方，他们面临患癌的风险增大。这些地方包括炼油厂、飞机场、涂料制造厂和铸造厂。居住点在离这些化学工厂只有几百码的地方危险最大，而离得越远风险越小。对于在短暂的一生中有过搬迁史的儿童来说，其出生地比其死亡地的关系更大。调查结果明确指出儿童生长早期，即便是出生前，暴露于环境致癌物质也会造成儿童患癌的风险。

另一种癌症调查，是研究不同职业的人们是如何患上癌症的。正如癌症在自然地理上不是均匀地分布一样，它在不同工种的人群之间分布也不同。了解职业癌非常重要，这不仅是因为人们将一生中的许多时光消耗在工作场所，还因为它还为工厂高墙和办公室门外的癌症调查提供关键线索。无论是释放到空气还是水中，无论是作为有毒废物运走，还是掺杂到产品中，工作场所中的致癌物最终都会进入到我们生存的环境中。工作场所的致癌物质与导致一般人患癌的致癌物大体相同。确实，在被国际癌症研究机构归类为已知的人类致癌物质中，有近一半的物质最初都是在对工作者的调查研究中确定的。首先，让我们来看看农民的状况。

与一般人群中许多发病率呈上升趋势的癌症相比，世界工业化各国的农民对
66 于同样的癌症表现出一贯较高的癌症发病率。换句话说，在患同一类型肿瘤的人群中，农民往往比其他人死得更快，发病也愈加频繁。这些肿瘤包括多发性骨髓瘤、黑色素瘤和前列腺癌。而且，与一般人群相比，农民患非霍奇金淋巴瘤和脑瘤的比率要高一些，尽管高得不是很多。尽管整体死亡率和死于心脏病的比率都不高(总的癌症发病率不高)，与一般人群相比，农民死于霍奇金病、白血病、唇癌和胃癌较多。同样，农民工患多发性骨髓瘤、胃癌、前列腺癌和睾丸癌的比率特别高。这些结果与癌症地理分布图所显示的地理模式相吻合：在乡村农业区，多发性骨

髓瘤死亡率最高。在美国玉米和小麦生长带中心地区,白血病和淋巴瘤发病率较高。

随着农业健康研究的推进,越来越多的迹象表明农业化学物质与癌症有着密切的关系。在美国国家癌症研究所的资助下,该研究从1993起对爱荷华州和北卡罗来纳州的57 000名农民进行跟踪调查,他们的配偶和子女也在调查之列。迄今为止,调查结果令人欣喜。在被调查的农民中,总的癌症发病率大大低于其他人群。因为农民使用烟草较少,并且,由于从事较高强度的体力劳动,他们与其他离开土地的农民相比,糖尿病患病率较低。然而,与一般人群相比,某些癌症悄然而频繁地出现在这些农民和他们的家人身上。前列腺癌就是个例子。

农业健康研究也揭示了其他一些关联模式:有一种农药(氯菊酯)显示与骨髓癌(多发性骨髓瘤)有关,有两种不同的除草剂显示与胰腺癌有关。儿童所患的淋巴瘤与父母使用农药有关。父亲不戴手套施农药,可造成其孩子患白血病的风险增高。近期父亲使用过阿特拉津的农场儿童,其尿液中该除草剂的浓度高于近期父亲没有使用该农药的农场儿童。使用农药的女性月经周期较长,更年期来得较 67
晚。然而,农药的使用与患乳腺癌的风险没有联系。另一方面,居住在离农药应用区域最近的女性,其乳腺癌发病率略有升高。

对于其他行业的职业研究,揭示了更多关联现象。发现下述人群癌症发病率较高,如画家、焊工、石棉行业的工人、塑料加工工人、染织工人、矿工、印刷厂工人和放射线工作者。暴露于甲醛的工人更容易患白血病。消防队员患睾丸癌的概率是一般人的两倍,患非霍奇金淋巴瘤、前列腺癌和骨髓癌的概率也较高。理发师和美发师患膀胱癌的风险较大。工作中暴露于溶剂和汽油的芬兰女性,显示出其患膀胱癌以及肝肿瘤的风险增大。暴露于柴油废气的芬兰女工患卵巢癌的风险较高,而且随着暴露的增加,患癌的风险增大。在含氯溶剂污染的工厂工作的中国台湾地区的电子女工乳腺癌发病率增高。目前,工作在美容院或指甲沙龙的人患乳腺癌的风险也备受关注。

某些从事白领工作的人,例如,化学家、化学工程师、牙医和牙医助理,也面临较高的患癌风险。非常具有讽刺意味的是,高风险人群还包括为癌症患者做化疗的护士。(许多用于治疗癌症的化学物质本身具有致癌性,儿童白血病存活者到成年时患癌症的比率较高就是证据。)

正如我们在农场工人身上所看到的那样,某些从事特定职业的成年人,其孩子患癌的概率也较高。儿童脑癌和白血病总是与父母的油漆、石油产品、溶剂和杀虫剂暴露有关。有些致癌物是孩子在出生之前就可能接触到了。当父母的衣服和鞋将这些致癌物带回家里时，孩子就有可能接触到它们，吃母乳也会接触污染物（可能直接或通过接触父亲的衣服被污染），甚至也可能是通过呼出的气体而被污染：因为溶剂在一定程度上是通过肺部清理的，只要父母对着孩子呼吸，就可能让孩子
68 吸入致癌物质。这样，回家的父亲亲吻孩子，穿着工作服拥抱孩子都可能使孩子接触致癌物质。

为了对诺曼代尔地区的人们所提出的问题有个交代，两个健康研究项目很快就启动了，分别由州和县卫生部门实施。两级主管部门并未将某些关键问题纳入研究范畴，如，疾病的类型，污染源的确定，评估对致癌物的实际暴露，追踪移居者以及走访已故癌症患者的近亲。没有对血液、尿液或者脂肪进行取样，以检测是否存在污染物。事实上，研究计划甚至没有要求那些负责公共卫生的官员踏上诺曼代尔的土地。

在第一项研究中，伊利诺伊州公共卫生部门的做法是，从电脑的癌症登记数据库中抽取所有区号为佩金地区所诊断出的癌症，这些都是1986～1989年间上报到伊利诺伊州癌症登记中心的统计数据。通过这些数据，研究者们计算出整个城镇癌症的"实际"发病率。基于全州的发病率，研究人员再生成一组预期的癌症病例数字，这数字与一个假设的与佩金镇大小相同的城镇相匹配。根据癌症在体内的位置，将其分成不同的类型（结肠癌、乳腺癌、卵巢癌等等），再将实际数字同预期的数字进行比较。可想而知，从统计学角度看找不到任何有价值的差异。

1991年12月19日，《佩金日报》用大标题登载了一篇文章：研究结果报告：区域癌症发病率正常。

如果环境中的致癌化学物质在导致癌症实际发生方面起到重要作用，那么，在致癌物质高度集中的地区，我们预计会发现较高的癌症发病率。制造或使用这类化学物质的工业工作场所及倾倒这类化学物质所生成的危险废弃物点便是癌症发病集中的地方。

69 我们中有相当多的人属于可能暴露于致癌物的人群。截至1990年，根据美国环保署统计，有32 645个过去倾倒化学废物的场所需要清理。其中，一些是真正的危险废弃物填埋场，但许多以前是生产加工场所，堆满的化学物质被简单地废弃在那儿。最臭名昭著的一些名字在美国环境保护署的国家优先整治清单中赫然在目。这些就是所谓的超级基金场，它因1980年国会集中超级基金予以清理而得

名。2009 年，超级基金计划清单包含 1331 个这样的垃圾场。1/4 的美国人口居住的 4 英里范围内，就有一个这样的垃圾场。估计有 110 万名六岁以下儿童生活在离垃圾场只有 1 英里的范围内。目前，伊利诺伊州拥有 50 个超级基金垃圾场。

第二次世界大战结束之前，大多数垃圾场并不存在。当时大部分塑料、溶剂、洗涤剂、杀虫剂以及所有石化加工的副产品，都刚刚出现。自从 18 世纪英格兰发现烟囱清洁工患阴囊癌的风险较大以来，无家可归的穷孩子就与含有致癌物的垃圾为伴。然而，我们这些二战后出生的人却是第一代以如此之多的人数生长在数量如此之大、种类如此繁多的工业生产产生的化学垃圾附近，从 20 世纪 50 年代末到 80 年代末这 30 年间，超过 7.5 亿吨的有毒化学废物被丢弃。

几项大型研究发现，危险的垃圾场周围癌症发病率升高。其中的一项研究是在新泽西州进行的。这个州虽小，却有 133 个超级基金垃圾场，数量十分惊人。研究人员质疑癌症死亡率是否与诸多环境因素有关，包括有毒废物倾倒地点。研究结果表明，在有毒废物场附近的社区，胃癌和结肠癌的死亡率显著升高。此外，在新泽西州 21 个不同的县，白人女性乳腺癌死亡率随着与垃圾场距离的缩短而上升。许多癌症高发人群集中出现在高度工业化的县，这些地方的空气污染干扰了研究结果。因此，无法确定新泽西州东北部女性乳腺癌患者是被工厂烟囱中飘浮 70
出来的气体，还是被垃圾场污染的水夺走了性命。

在另一项大型研究中，研究人员普查符合如下两条标准的美国各县：第一，当地的有害垃圾场污染了地下水；第二，该地下水是当地居民唯一的饮用水源。在 49 个州中，有 339 个县的 593 个垃圾场满足这些条件。接下来，研究人员从这 339 个县中提取 10 年来癌症死亡率数据，并将他们与没有有害垃圾场的县的癌症死亡率数据进行比较。

普查的结果显示：与同期居住在没有有害垃圾场的县里的男性相比，生活在有有害垃圾场的县里，男性患肺癌、膀胱癌、食道癌、结肠癌和胃癌的死亡率明显高得多，而生活在这里的女性肺癌、乳腺癌、膀胱癌、结肠癌和胃癌的死亡率也非常高。事实上，在有有害垃圾场的县，女性患乳腺癌的概率是没有有害垃圾场的县的女性的 6.5 倍。

其他研究也证实了这些结果。当把目光集中在乳腺癌时，研究人员发现，县级癌症死亡率与超级基金垃圾场的关系非常大。乳腺癌死亡率最高的县所拥有的处理和存储有毒废物设施，是全国平均水平的 4 倍。

因为可能存在无法控制的干扰因素，这两项研究均被认为是试探性的，而不是结论性的。这些可能的干扰因素包括：居住在有有害废物处理设施附近的居民癌症发病率上升，不是因为垃圾场，而是因为他们为之工作的公司产生的垃圾或因为他们吸烟、饮酒过度。

此外，“**生态学谬论**”这个术语是指当人们观察统计得出的发病类型时，总是试图假设所有的关联都是诱因。我的统计学教授喜欢讲一个男孩和百货公司的自动
71 扶梯的故事。男孩想知道是什么使自动扶梯上下移动。经过几个小时的观察，他明白了，自动扶梯是靠旋转门产生的能量运行的。每天营业结束时旋转门就不再旋转，这部电梯就停止了。

在开始我野外生物工作者的生涯后，生态学谬论成为困扰我的真正麻烦。在明尼苏达州时，我对松树不能再生的现象百思不得其解。没有新苗长出与鹿的种群数量上升、森林火灾频率下降以及榛灌木数量剧增有关。那么，哪些是根本原因，而哪些又是干扰原因呢？如果火、榛灌木和鹿联手让松树消亡，那么，它们究竟是如何实施这一阴谋的？这个问题模式一旦在我的脑海里确立，我就需要设计实验以弄清这种因果机制。这种工作令我兴奋不已。

但是，作为一个已患癌症的女人，一个成长在有 15 处有害垃圾场、有好几家排放致癌物的企业，随时都可以检测到有毒化学物质这样的县里的我来说，对社区里发生的癌症是否与垃圾场、空气中的排放物、职业性致癌物暴露或有害饮水有更直接的关系也不太在意了。我更关心的是有关这些细节的不确定性被用于质疑人类健康和环境之间存在巨大关联的这一事实。我更关心的是在进行深入研究之前，这些不确定性往往成了不作为的借口。

~~~~~~~~~~~~~~~~~~~~

到了 1991 年，我已远离诺曼代尔。我姐姐仍然住在那附近。

“有什么最新情况吗？”我在电话里问姐姐。

“那里的人都对自家的狗感到不安。他们说自家的宠物得了什么癌症。有个人的德国牧羊犬患了乳腺癌。”

72 我给一位长期在市议会任职的我以前的高中老师打电话。电话中，我提到了诺曼代尔所面临的问题，这使他想到了一些其他问题，比如，医院焚化炉的排放物，秋收后隆隆地驶过城镇的运载农产品的卡车所排放的柴油机尾气。我问他针对诺曼代尔调查的结果怎么样。

“研究发现，癌症纯属偶然。”

“你的看法呢？”

“也许没有那么简单。”
~~~~~~~~~~~~~~~~~~~~

流行病学家调查的是人群中疾病的模式。他们通过广角镜头看世界。医学关注的焦点是治疗和预防个体的疾病，而流行病学试图解释和防止疾病的大规模发生。

流行病学家把一种调查称作生态研究。在这类研究中，研究人员对在某些关注点上（例如，有无泄漏的有害垃圾场）不同的人群中某种疾病（例如，癌症）的发病频率进行比较。然后，利用统计数据确定两种类型的社区疾病发生的频率是否存在显著的差异。研究人员往往可能在没有与任何相关人员直接交谈，或没有对被调查者暴露于有关污染物程度进行评估的情况下，完成生态研究。在佩金和诺曼代尔的研究属于生态环境研究。让生态学家感到奇怪的是，流行病学家把"生态"这个词仅仅当做一个描述性的，而不是一个分析性的方法，这就像间接证据那样，生态研究所提供的证据说服性最弱。

流行病学的分析包含两种基本的研究方法。一种是病例对照研究，依据这种方法，确定一组患者（病例组），把他们同更大人口群中抽取的一组人（对照组）进行对比。比较的关键是他们对可能的致病因子的暴露。第一章中所讨论的玛丽·沃
尔夫对 DDT 和乳腺癌的关系研究就是一个例子。她的病例组是患乳腺癌的女性， 73
其对照组是没患乳腺癌女性（两组女性在年龄、绝经情况和个人经历中的其他变量相当）；通过测量她们血液中 DDT 和多氯联苯的水平，对她们暴露于致癌物进行评估。她的研究结果显示，患乳腺癌的女性，其血液中的 DDT 水平明显高于没患乳腺癌的女性。

定群研究是与病例对照研究密切相关的研究。它把研究对象分为暴露或未暴露于污染物者，并对其跟踪调查直到他们发生疾病或死亡为止。（当前开展的农业健康研究项目所监控的农民及其家人就构成了这样的定群。）通过这种方式，我们比较已知暴露于可能致癌物人群的癌症发病率与未暴露人群的癌症发病率。两者间的比例被称为相对风险。

为了了解个体癌症集群这个话题为什么如此棘手，有必要了解一点有关癌症流行病学的内在工作原理。根据生态研究确定居住在有害垃圾场附近的社区的居民往往患癌症的风险极高，是一种调查研究。确定某个具体社区由于某个具体的垃圾场，而使那里的人们患癌风险增大，是另一种完全不同的研究课题。大多数人都对第二类研究感兴趣。我们生活在具体的而不是一般意义上的社区里，我们关心的是我们的家庭和社区具体的个人健康问题。确实，几乎所有癌症集群研究，都是因有觉悟的市民联系相关的卫生部门，并恳请调查而开始的。他们的电话和信

件经常指明“癌症街道”上的癌症患病率似乎非常高，或者邻居的孩子染病的数量不断增长。这正是发生在诺曼代尔的情形。

尽管民众很关心，每当提及社区集群癌症这个问题，许多负责公共卫生的官员都表现得怒不可遏。其中一些人把要求调查集群癌症现象看做是一种责难行为，并为普通民众不明白随机性这个统计概念而唉声叹气。就如何最有效地应对公众对集群癌症研究的请求，医学出版物所发表的文章给卫生当局提出了建议，但这些
74 文章公然蔑视民众的诉求。如果将文章中一些术语稍加改动，就可以作为指南，应付那些想报告目击了不明发行物的人。通常，反馈给那些已有警觉、寻求解释的公民的信息是他们所提的问题是被误导的，但几乎不告诉民众流行病学的手段还不够有效，无法提供答案。

癌症集群研究存在的问题是，针对个别社区进行调查的力度不足以确认现有的问题。在这个意义上，“力度”一词是指在癌症发病率果真存在上升的情况下，能够探测其显著提高的能力。“显著”一词也有特别的含义，它是个统计学标准，仅指在癌症发病率的上升这样的研究结果是确信的，而不是偶然的。“确定”习惯上定义为有 95%的把握，因此，95%是习惯上公认的显著性的分界线。如果我把一对骰子掷了 6 次，而每次它们总是 6，我可以有 95%以上的把握确信这不是偶然的。这个结果在统计学意义讲是显著性的。我断定这骰子被做了手脚。然而，如果我一次掷一个骰子，并且我获得 6 点，这个结果不能认为是显著性的，而纯属偶然，这种结果的概率是 16.7%。骰子可能确实具有欺骗性，但我的测试无法说明这一点。

只在一个小社区寻找癌症集群就像只投掷一次骰子。在排除出现癌症发病集群纯属偶然这种可能性之前，小社区的癌症发病率必须达到非常高的水平，有时，要比周边社区高出 8～20 倍。因为样本规模较小，增加幅度不大，不足以使研究得出决定性的结论。

癌症集群研究的第二个问题在于，通常没有尚未暴露于致癌物的人群可作为研究的对照组。在集群研究中，流行病学家寻找超出或高于基本水平的发病率，但是如果作为对照的背景人群也日益受到致癌物的污染，研究人员就像在流动的小河里划船，很难看到变动中的差异。

75 例如，假设我们想知道住在某有害垃圾场附近的居民是否因此而患上了癌症。假设飘在空中、渗入到地下水中的化学物质含有美国环保署归类的可能使人类致癌的物质：几种杀虫剂，某种氯乙烯和被称为三氯乙烯(TCE)的工业溶剂。包含这些物质的就是典型的垃圾场：三氯乙烯是超级基金垃圾场最常报告的物质、氯

乙烯紧随其后,一半的有害垃圾场含有杀虫剂。我们已经看到,几乎所有的人都经历了从空气、食物和水中长期暴露于氯乙烯和杀虫剂,并在体内不断积累这些物质的过程。

我们中的大多数人也不断地暴露在三氯乙烯分子之中。据估计,目前全美有34%的饮用水被工业中用来清洗金属配件的三氯乙烯所污染。大多数加工的食品中也有三氯乙烯的残留。三氯乙烯也常见于脱漆剂、去污剂、卸妆水和地毯清洁剂中。估计有350万工人在工作中暴露于三氯乙烯。不久前,三氯乙烯也曾被用作产科麻醉剂、粮食熏蒸剂、打字机改正液成分、脱咖啡因试剂。这些制剂已经逐步被淘汰了,但大量三氯乙烯已被释放到一般环境中,致使痕量的这种蒸发的金属去油剂充斥在我们周围的空气里,而我们每天又不得不呼吸这些空气,就连北极圈上空的空气中也能检测到该物质。因此,如果我们设计一个实验,比较假设居住在垃圾场附近的居民与来自一般人群的对照组之间癌症发病率情况,对于为什么两组都患癌症的问题,我们的研究结果可能不会提供有价值的答案。癌症集群组和对照组都暴露于致癌物,所以,没有正常的对照组。正如一位护士所观察的那样,“对公众而言,因为都同样暴露于环境污染物,因此无论谁同谁相比,结果都是患癌症的风险不会增加,这种结论难以令人感到安慰。”

对于集群癌症研究,至少还有两个问题,而且,都与癌症的性质有关。首先,通常在暴露于致癌物后,需要较长时间癌症才能发病。这种发病时间的滞后使对暴露于致癌物的评估异常困难。研究人员必须依靠以往不完整的、也许根本不存在 76
的记载,或者依靠残缺不全的回忆来展开研究。第二,癌症的诱因是多种多样的,通常是暴露于各种有害物质的混合体的结果。例如,暴露于氯乙烯与酗酒就是这样。癌症研究中的这两个问题使流行病学家试图了解某社区癌症成因的最大努力大打折扣。在病例对照研究中,人们患癌症的原因各式各样,一些人可能是由于出生前父母曾暴露于致癌物,有些人是由于生活在垃圾场周围,有些人是因为他们所从事的工作性质,有些人是因为曾暴露于农药残留物,还有些人是因为曾暴露于上述各种物质的混合物。此外,有未曾暴露于致癌物的人迁入到这个社区,而又有曾暴露于致癌物的人搬离这个社区。流行病学家总不能为了定群癌症研究,而让附近的居民在这里再滞留10年。

让我们想想流行病学破解与癌症无关疾病集群的最成功病例:11个蓝皮肤人病例。

1953年,纽约市警方向卫生部门报告,在一个社区发现11个流浪汉,他们病情严重,全身皮肤呈天蓝色。这种特殊的皮肤颜色是高铁血红蛋白症的标志性症状。一个社区就有11例，高于基本水平上千倍。流行病学家知道这个疾病与摄入的亚硝酸钠有关，通过对流浪汉饮食习惯的了解，发现他们都经常到某街区去吃晚饭，都食用过那里的盐。他们用过的盐瓶被没收并送到实验室进行化验，结果发现厨师犯了一个错误，他把亚硝酸钠当做氯化钠使用，谜团被解开了。

现在，想象一下是癌症使人变成蓝色人。再设想那一排含有强力化学致癌物的食盐瓶，其中的致癌物被11个食客稀里糊涂地撒在他们的食物上，最终，他们都患上癌症。尽管他们的肤色能说明些问题，他们得病的原因可能永远无法揭示。因为从致癌物暴露到发病之间有一段间隔，这11个人皮肤变成蓝色时，至少是10
77 年以后的事情了。期间，他们中的一些人也肯定不住在原处了。因为癌症是多种原因造成的疾病，因其他原因而患癌症的蓝皮肤流浪者会迁入该地区。盐瓶子本身将一去不复返。因此，尽管一群人患癌症的诱因确实只有一个，并且是可辨别的，研究一个街区所有蓝皮肤人不一定能证明这一现象。

为了克服基础流行病学的局限性，最新的集群研究将地理信息系统(GIS)绘制方法与致癌物暴露评估纳入进来。GIS方法对潜在的集群癌症病例可能生成具有冲击力的视觉画面。对这些空间模式可能进行随机统计测试。对致癌物暴露评估可以采取生物监测形式，包括从潜在致癌物暴露人群中收集尿液或血液取样，然后测试取样中是否存在特别污染物。(或者，把家庭毛皮屑微粒送到化学实验室化验。)现在，至少可以直接化验300种化学物质。随后，将结果与美国疾病控制与预防中心收集的人类致癌物暴露基线数据进行比对。

即便所有检测方法都进步了，调查集群癌症的工作仍面临着令人困扰的问题。地理信息系统绘制方法是为商业提供快捷的区域信息而设计的，而不是用来追踪慢性疾病模式的，因为它缺乏时间维度。癌症数据常常通过邮政区号汇总，而邮政区号旨在加速邮件递送的地理单元，而不是用作地理分析疾病统计数据的。它缺乏标准化。生物监控很难检验发生在早些年的致癌物暴露行为，但这种经历仍然可能影响目前的患癌症风险，在对集群癌症进行善意而尽职的调查中，最大的障碍不是技术问题。正如皮尤环境健康委员会所确认的，并在最近一期《美国公共健康杂志》中所重申的那样，调查癌症集群的最大障碍是无知。我们的国民缺乏对商业
78 中化学物质的毒性的基本知识，直到2002年，我们还没有任何环境健康跟踪制度。在州一级，没有统一的职务或机构负责跟踪市民反映的集群癌症病例问题，没有应对的标准方案，没有可以立即投入使用的快速反应小组，也没有任何对前期调查的系统记录。我们在追踪比萨饼送货和隔夜包问题的服务方面比跟踪有毒化学物质或癌症的诊断更上心。

有时，尽管在工作中有过麻痹大意和不作为现象，集群研究还是取得了一些进展。有时，研究取得的结果给人以启示。对佛罗里达州的 25 例膀胱癌集群调查表明，膀胱癌晚期集群聚集在受砷污染的饮用水井附近。在宾夕法尼亚州克林顿县有 46 亩含苯和芳香胺的化学垃圾场，研究发现生活在这附近的男性膀胱癌死亡率升高。在密苏里州舒格克里克进行的一项调查发现，在被苯污染的小镇里，有一个曾泄漏过的废弃炼油厂，那里的霍奇金淋巴瘤发病率非常高。在纽约州恩迪克特，研究人员证实，在计算机制造厂工作过的前员工中淋巴瘤的发病率较高。如同对社区成员的癌症发病率实施监控一样，核电站附近被三氯乙烯污染的水现在也在严密监控之中。在俄亥俄州，州政府官员在桑达斯基县准确地找到了一个儿童癌症集群。没有人能对调查结果做出解释，但是调查仍在进行。俄亥俄州癌症控制项目的负责人说："为了这些孩子、孩子的父母和未来一代又一代的孩子们，我们也要查个水落石出。"

在诺曼代尔进行的这种调查就是运用了标准的流行病学方法。然而，分析中使用的统计标准却不同寻常。

让我们回想一下对统计显著性的界定，通常是所观察到的任何差异的偶然性概率小于 5%。奇怪的是，州政府官员在进行这项研究时，选择了 1%，而不是 5% 作为显著性的临界水平。这是一个非常严格的衡量标准，显著性差异因此消失也 79
就不足为怪了。在佩金地区，有两种情形实际上达到统计学中常规的 5% 显著性水平：卵巢癌和淋巴瘤。

在标题为"区域癌症发病率正常"的报道中，没有提到研究的统计方法，也没有讨论在这种情况下"正常"意味着什么。塔兹韦尔县的有毒物排放很严重，但是与该州的其他地方比还属于正常。因此，若不考虑统计数据，统计结果表明，佩金地区的癌症发病率与该州其他地方的发病率都在上升，但没有说清楚，我们所患的癌症或者在伊利诺伊州的其他人的癌症，是否是由于环境因素引发的。

水涨船高。这种情况正常吗？

由于普通市民与研究人员齐心协力，不畏困难，持之以恒地进行环境监测，才取得了记录集群癌症以及追踪其可能来源的调查的成就。

纽约长岛就是这样的一个地方。1994 年，州卫生部门发布了对长岛女性病例的对照研究。其结果表明与没有患乳腺癌的女性相比，患乳腺癌的女性更有可能是由于居住在某家化工厂附近的缘故。乳腺癌风险随化工设施数量的增加而加大：化学工厂越多的社区，乳腺癌的发病率就越高。女性居住得离这些工厂越近，其患乳腺癌的概率就越大。

这项研究首次表明，乳腺癌与空气污染有关。这项研究是对早期进行的一项研究所作出的回应。早期研究认为长岛出现的乳腺癌与环境无关；相反，指出长岛乳腺癌发病率与富裕的生活方式有关。疾病控制中心复审了这些研究结果，1992
80 年，建议不再进行后续研究。然而，当女性发现研究方案的各种缺陷时，她们开始介入这些问题。一些人开始自己绘制图表，其他人则开始向国会请愿，要求联邦政府介入调查。1993 年的秋天，一群倡导者自己主办了一次学术会议。这是全美首次科学家与患癌女性共聚一堂，共同制定研究方案。就是在这样一个大的背景下，围绕居住在化工厂附近与乳腺癌的关系的 1994 年研究方案出笼。

与此同时，美国国会顶住了相当大的压力，授权两个联邦机构开始一项投入数百万美元经费的研究项目——“长岛乳腺癌研究项目”。这个项目实际上整合了 10 个不同的研究项目，其研究结果还在汇总阶段。科研团队对飞机排放物、农药使用和被污染的地下水进行调查，对污染物暴露直接进行检查。对上千位已患和未患乳腺癌的长岛女性的血液进行分析，以确定她们体内是否含有有机氯农药残留物和工业化学品成分。

在撰写本文时，我们对“长岛乳腺癌研究项目”了解如下。首先，没有证据表明成年女性暴露于个别有机氯化学品与患乳腺癌风险有什么关系。患有乳腺癌的女性身体中所含的 DDT 平均并不比没有患乳腺癌的女性高。事后诸葛亮也有好处，现在，我们知道这并不是一个奇怪的结果：正如在第一章中所讨论的，相关证据显示，真正起作用的危险因素是女性在乳房组织快速发育时的致癌物暴露。长岛研究对成年女性的检测是在她们被诊断患癌以后，并且，错过了发育敏感期。它也在寻找癌症与暴露于特定化学物质，而不是化学物质的混合物之间的关联。长岛研究的筹划阶段没有充分认识到发育阶段暴露于致癌物和现实生活中的混合物的重要性。直到 2002 年公布研究结果时，人们才普遍意识到这项研究计划的局限性。然而，在媒体中，这些否定性的研究结果被一概而论地用来证明各类杀虫剂与乳腺癌没关系，如此等等。再到后来，这一切竟被用来证明寻找环境与癌症之间的关系
81 是徒劳的，是在浪费纳税人的血汗钱。就像逃脱的鱼儿的故事，每重复讲一次，鱼儿又变大点。

与此同时，长岛研究得出的肯定性的结果也悄然地浮出水面。最值得注意的是，称自己在自家的草坪和花园使用杀虫剂的女性患乳腺癌的风险显著升高。因

吸入多环芳烃，又称煤烟，而引起的血液细胞中 DNA 呈损伤迹象的女性乳腺癌发病率也很高。

长岛海湾的对面是康涅狄格和罗德岛海岸。绕过巴泽兹湾，科德角如同少女弯曲而纤细的手臂从马萨诸塞州海岸伸出来。作为中西部的少女，我对亨利·大卫·梭罗笔下漫步在伸展到大西洋的狭长半岛上的描述如醉如痴。对我来说，科德角似乎是一个危险、美丽而远离喧嚣的地方。

20 世纪 80 年代，上角的常住居民曾抗议，要求对癌症发病率与环境危害之间的关系进行调查。对他们这样远离世人的居民区，发生癌症是异常罕见的事情，而且他们还意识到许多环境灾害，如在蔓越莓湿地和高尔夫球场使用农药以及附近的一个军事基地造成的地下水和空气污染。20 世纪 50 年代，曾连续几年开展消灭舞毒蛾的战役，虽然以失败告终，整个海角却被浸在 DDT 中，对这些许多人至今还记忆犹新。

关于癌症发病率问题，该岛居民们的看法是正确的。州癌症登记记录表明前列腺癌、结肠癌、肺癌发病数量极大，胰腺癌、肾癌和膀胱癌症发病率也有所增高。在马萨诸塞州乳腺癌发病率最高的 10 城镇中，有 7 个位于科德角，并且，几乎所有科德角的城镇乳腺癌发病率都高于平均水平。

民众的不断施压，促成了两个研究项目的启动：一项是由波士顿大学的两位流行病学家于 1991 年完成的上角研究；另一项是科德角乳腺癌与环境研究。后者
始于 1994 年，由位于牛顿地区的“寂静的春天研究所”的科学家主持，州议会拨款 82
120 万美元，该项目仍在进行。让我们首先看看研究的进展情况。

“寂静的春天研究所”的调查人员对供应几乎所有地区饮用水的地下含水层特别关注。因为覆盖层为沙质土壤，地下水极易受到各种污染：杀虫剂、化粪池污水、航空涡轮发动机燃料与军事基地泄漏的溶剂。具有讽刺意味的是，环境保护法规要求保护科德角沿海海洋保护区，这意味着所有废水要排放到地下，通过沙子流淌到地下水中。污水中所包含的许多化学物质被认为是可导致乳腺癌的物质。研究人员历经千辛万苦，总算查明了污染的地下水流走势，然后，将其同科德角乳腺癌发病率走势进行对比。居住史也是一个因素，它可以区分科德角的新老住户。利用尖端的地理信息系统（GIS）技术，结合能把空间数据与当代数据一起分析的模式，研究人员针对过去 47 年间被乳腺癌的阴影所笼罩的科德角生成了一组动画。

下面是到目前为止“寂静的春天研究所”的研究人员所了解到的情况：时空地图显示，乳腺癌风险与 1947～1956 年间住在军事基地附近之间有很大关系。尽管作为饮用水源的地下含水层被含有许多激素活性因子污染，例如，药物雌激素和洗

涤剂残留物，没有证据证明乳腺癌和被污水污染的饮用水之间有何关系。然而，随着在科德角居住的时间延长，患乳腺癌的风险上升，这给正在进行的关于乳腺癌诱因的研究留下了有待回答的问题。

研究人员在目前所进行的研究中把注意力都集中在具体的乳腺癌上。相比之下，1991 年科德角研究项目针对的是 9 种不同的癌症。以对照组方式设计，研究的病例包括从 1983～1986 年间在上角被诊断出的患癌居民和从整个上角居民人
83 口中随机抽取的作为对照组的居民。通过访谈的方式对研究对象的致癌物暴露进行评估，通过此方法，如吸烟和其他生活习惯等潜在的干扰因素就能被发现和更正。这项研究特别全面：对于已经死于癌症的人，研究人员将他们同非活体，即死于其他疾病并且根据其死亡证明登记的名字随机提取的人相对比。研究人员应对已故病例和对照组近亲进行走访，以对他们暴露于致癌物的信息进行采集。

经过三年的研究，该研究组的首席研究员得出如下结论：

> 总之，这一调查是基于如下原因开展的：上角与沿线地区存在已知或疑似环境危害物，该地区癌症发病率普遍升高，令人担忧。在对环境因素进行了广泛调查后，我们的结论是人们有充分的理由表示担忧。

尽管统计的力度还无法让研究者对所有癌症发病率的上升做出解释，有几项发现依然引人注目。居住在离枪炮阵地较近的居民中，肺癌和乳腺癌发病率都高。一种解释是，可能是通过空气传播而暴露在军用化学推进剂和用来发射炮弹的二硝基甲苯造成的。作为可能引起人类致癌的物质，二硝基甲苯被证实能引起实验室动物的乳腺癌。这项研究还以证据表明，生活在蔓越莓湿地的人们脑癌发病率上升。研究结果还显示，使用某种类型的配水管的家庭，白血病和膀胱癌发病率在升高。

这些水管一直受到质疑。20 世纪 60 年代末，一种水泥水管的创新技术被引入新英格兰：管子内安放了改善水的味道的塑料夹层。当时，正在快速发展的上角铺设了大量这样的水泥水管。在制造这些水泥管时，工人们在水泥管内层用乙
84 烯基树脂糊，使用了被称为四氯乙烯的溶剂。只有有机化学家知道为什么四氯乙烯常被称为全氯乙烯，PEC，或者只叫氯乙烯。就像它的化学表亲三氯乙烯一样，四氯乙烯被国际癌症研究机构认定为是可能诱发人类癌症的物质。

这些输水管的生产厂家认为，所有的溶剂在固化过程中都会挥发。但是，它并没有消失。事实上，大量溶剂残留下来，并慢慢地渗入到饮用水中。因此，上角地区饮用水的污染，不仅有来自地表渗入公共系统唯一取水来源的蓄水层中的化学

物质,还有来自将水输送到居民住宅的输水管。来自上角地区的输水管使四氯乙烯流入饮用水并不是一个新鲜事。自 20 世纪 70 年代起,这种现象就已经不是秘密了,但是,在那个年代全氯乙烯不是饮用水中受管制的物质。1980 年,塑料内衬水管终于被禁止使用。

四氯乙烯和膀胱癌之间的关系也不是什么新发现。几乎所有的人对四氯乙烯都不陌生。自 20 世纪 30 年代以来,它一直是衣服干洗的首选化学制剂。干洗工患食道癌和膀胱癌的比例是普通人群的两倍。因此,在上角的居民中,发现膀胱癌集群就不足为奇了。1993 年发表的“对上角地区水管的深入研究”表明,人们实际暴露于全氯乙烯的程度各不相同,这取决于水管的长度、形状、大小和年限、水流的模式和住户在住宅中居住时间的长度。对于暴露程度最高的人,其患膀胱癌症风险比没有使用这样水管的人高 4 倍,患白血病的风险高出 2 倍。

1983 年,《美国自来水厂协会杂志》首次披露了饮用水管中渗出四氯乙烯的问题。整整 10 年后,研究上角的科学家们所写的这些话才见诸报端:

> 总之,我们已经发现了被 PEC 污染的公共饮用水与白血病和膀胱癌之间 85
> 相关联的证据。在美国环保署所进行的一些调查中,有 14%～26%的地下水,38%的地表水源出现某种程度的 PEC 污染。因此,其潜在的致癌性是公共健康极为关切的问题。

在诺曼代尔进行的第二项研究为第一项研究提供了佐证。因为无法对规模小于邮政编码级别区域的癌症发病率提供任何数据,州卫生部门把其余的调查工作转交给了县。县官员承诺要进行上门调查以确定“在诺曼代尔的癌症发病率,是否与其余的邮政编码地区不同步。”他们没有挨门挨户地调查,而是向诺曼代尔的 184 户居民发出了调查问卷,要求收信人填写好问卷后通过邮件寄回来。收到填写好并寄回的表格 67 份,反馈率仅占 37.5%,其中,只有 8 个回信人对癌症病例进行了描述。

1992 年 3 月 6 日的标题宣布:研究结果报告:不存在癌症集群。如下是在该标题下节选的一段:

> 塔兹韦尔县卫生局调查发现,(在诺曼代尔)没有明显的癌症问题。州官员周四宣布了卫生局对 40 英亩下属区域癌症调查的结果……对于使一些居民对生活在一个癌症集群里的担忧,州和县卫生官员历经 5 个月的调查告一段落。

对此研究存在的突出问题,不必是流行病学家也能看得出来。首先,无论如何
86 统计,数量太小不足以得出任何结论。第二,无从知晓受访者是否代表该社区的随机抽样。也许做出回应的家庭总体比没有回应的家庭更健康或教育程度更好。也许,家里有患癌症的成员而且是需要照顾的人家有可能把问卷弄丢了,或可能太悲伤或太激动而无法坐下来回答那么多问题。也许,他们正忙着向保险公司索赔,或正在筹备葬礼,所以无暇填写其详细的家庭历史,把寄信的事忘得一干二净。也许,有癌症患者的家庭很可能外出了。也许,因为没有文化而不便回信。也许,对县官员的言而无信感到怒不可遏而选择了抵制回答问卷。或者,正好相反,有癌症患者家庭更关注问卷。简而言之,没有深入到居民中间,就没有人能弄清楚为什么大多数家庭没有回信而保持沉默。

此外,那些独自生活并死于癌症者,根本没有机会被统计调查。根据当地报纸,从县里的死亡证明所获得的信息显示,该社区至少有 5 例癌症死亡病例从未向该县的调查部门报告。这些死亡病例包括 1 例肝癌、2 例乳腺癌、1 例白血病和 1 例卵巢癌。

在统计方面,如何评估沉默? 怎么能根据这样一个残缺不全、反馈极其有限的一项问卷调查,就断言没有问题呢?

这些问题同样困扰着诺曼代尔人,其中很多人怀疑这项研究的有效性。还有,住在诺曼代尔的人不是科德角的居民,也不是长岛的女性。他们无权拒绝县有关部门的调查结果,也无权坚持要求联邦政府投入数百万美元的研究经费。他们在国会没有朋友。他们不太可能会邀请世界知名的科学家在 A&W 无醇啤酒摊停车场召集会议。

科德角和长岛的居民据理力争,要求对他们社区的癌症和环境污染之间的关
87 系给出科学的解释。不过,他们掌握的信息资源与诺曼代尔的居民所掌握的明显不同。我与长岛的抗乳腺癌积极分子的会面或安排在大学校园,或在会议酒店进行。我与科德角的抗癌症激进分子的会谈安排在一座海滨会议中心。当我遇到自己家乡的一家社区领导时,我们在一家汽车修理店和拖车公司后面房间展开讨论。

马萨诸塞州关于所谓科德角的癌症集群报告长达 500 多页。有关州、县对佩金和诺曼代尔下属区域的癌症发病率调查的两份详尽报告总计 8 页。

一名诺曼代尔地区的男子的妻子死于卵巢癌,他说:“我认为州当局有办法推卸责任,或对活生生的事实置若罔闻。”

第五章　斗争

父亲在 69 岁那年，用打字机撰写了个人回忆录。书出版后，他给所有健在的 89
家庭成员都寄去了一本，以此来纪念盟军在地中海战区胜利 50 周年。在整个回忆录中，他反复强调这个历史事件的意义，对他来说，这是个决定命运的时刻。

我的脑海中常常浮现出父亲在意大利当兵的情景。当时他有两个愿望：一是活下去，二是为因被俘而关押在德国的弟弟，即我的叔叔勒罗伊复仇。将被派往血腥的太平洋战场这件事使他忧心忡忡，而盟军在欧洲的节节胜利使这个担忧近在咫尺。

我父亲深信是他高超的打字技巧救了他的命，这也是他的女儿们必须铭记在心的。父亲生于芝加哥一个贫困的家庭，是家中的第九个孩子。在毕业前和应征参军这段期间，他前前后后搬了十几次家。我不知道他到底怎样学会每分钟准确无误地打上百个单词。这又是有关父亲的一个谜。伴随着我的整个童年时代的是父母卧室里传出的快速而完美的打字声。据说，他在打字方面的非凡天赋能挽救他的性命的原因有两个：首先，他被选派到美国陆军某机关工作，因而，远离前线，相对安全；其次，借工作之便，他可以得知有关近期军队部署的命令，这样，在预先知道危险信息的情况下，就可以在适当的时刻巧妙地重新应征到合适的部队，从而
免遭战事的伤害。他专门接受过爆破坦克的训练（座右铭：搜寻、打击与摧毁），但 90
他作为坦克爆破手的技能没能得到验证。

这些故事，使我备受鼓舞，一有时间就练习书法、听写，坐在父亲的大书桌旁练习打字。跟父亲一样，我也近视，也是左撇子，但以此为工作邋遢的借口是不允许的。如果更吸引我的是词语的发音，而不是打字速度，那显然是我缺乏文书的天赋，同时计算机的使用让练习打字变得无关紧要。不过，直到有一天我坐在自己的大办公桌前，读他所撰写的一个错字也挑不出来的自传时，我才意识到父亲的故事

对我影响有多大。这时，我才感到我多么像那位当年埋头在打字机前打着伤亡报告的19岁的部队文书。我的作家生涯始于我出生之前就早已结束的战争。

“二战”这个字眼贯穿于《寂静的春天》一书的各个章节。卡森不时地引用这个字眼，似乎是为了提醒已经醒悟的读者：为战时的需要而研发的技术已经彻底改变了化学和物理学。原子弹是唯一最引人注目的例子。与人类经济生活更密切的方方面面也被改变了。战争结束后，大量新的合成产品唾手可得，进而改变了粮食种植和封装、房屋的建造和装修、浴室消毒以及除去儿童身上虱子和宠物身上跳蚤的方式。说到这种变革，卡森似乎信手拈来，就好像修剪草坪和战争之间的联系是再明显不过的事了。

关于二战，卡森至少还有另外两点看法。首先，因为大多数新化学产品都是在战时紧急状态下研发出来的，所以，安全性检验不够充分。战后，这些产品的大众市场迅速发展起来，但它们对人类或环境的长远影响还不清楚。第二，伴随这些产品同时进入市场的还有战时的意志，以征服和毁灭为宗旨的思想从战场转移到我们的厨房和田间。我父亲的反坦克分队的“搜寻、打击与摧毁”的准则被带回家，被
91 用来对付自然界。卡森认为，这种态度将把我们引向绝路。在交叉火力攻击下，所有生灵都在劫难逃。

《寂静的春天》出版时，二战胜利纪念日还不到20周年。与卡森那代人相比，我们这些二战后出生的人并没有意识到战争给家庭带来的变化。我们继承了许多战时产物与生产这些产品所产生的废料垃圾。但是，我们对这些废料垃圾的来龙去脉却麻木不仁。我们这代人癌症发病率之高，前所未有。我们需要对发病率进行研究，才能知晓其原因。

在我桌子上方贴着一些图表，标明美国合成化学物质的年产量。我之所以把它们贴在那里，目的是让人们看到我出生在那个时代的状况，但我那时还太小，还不记事。第一个图表由几条线组成，各代表某一物质的生产情况。一条线代表已知的人类致癌物——苯，它可能引发白血病，也可能引发多发性骨髓瘤和非霍奇金淋巴瘤；另一条线代表全氯乙烯，一种用于干洗衣服的疑似致癌物质；第三条线代表乙烯氯，已知它可造成恶性血管皮内细胞瘤，也是疑似乳腺致癌物。这些线看上去都像滑雪用的坡道。1940年之后，这些线开始明显上升；1960年后则呈现出直线上升趋势。

第二张图展示了各年度生产的所有有机合成化学物质，就像孩子涂鸦的悬崖图画。从1920～1940年间，线段基本上呈水平状；这说明在生产总量上，每年徘徊在几十亿磅之间。然而，从1940年开始，线段呈火箭般上升势态；1960年之后，几

乎呈垂直上升状态。生产量呈指数增长，有机合成化工产品的生产每隔七八年就会增加到原来的两倍。截至 20 世纪 80 年代末期，年总生产量已经超过了 2000 亿磅。换言之，从我母亲出生的年代到我研究生毕业的年代，有机合成化学物质的生产量增加了 100 倍，而这只用了两代人的时间。

没有哪类合成化学物质比塑料增长的速度更快，其年生产量从 1950 年的 50
万吨增加到 2009 年的 2.6 亿多吨。事实上，21 世纪的头十年合成塑料的数量接近 92
此前整整 100 年生产的合成塑料的总产量。

"有机"和"合成"都是些似是而非的术语。"有机"的两个定义几乎是相互矛盾的。一般情况下，"有机"是指简单、健康、接近大自然的物质。人们通常认为，有机食品应该是在不使用人工合成的化学物质的情况下生产的。

在化学用语中，"有机"专指任何含碳的化学物质，研究有机化学就是研究碳化合物。"人工合成"这个词的意思基本上同日常会话中的意思一样：合成化合物是在实验室里研制出来的，通常由较小物质合成较大物质。这些物质一般都含碳。事实上，日常生活中所使用的许多有机化学物质都是合成的，是自然界中不存在的。

当然，并不是所有的有机物质都是合成的。木头、皮革、原油、糖、血液还有煤都是自然世界中存在的、以碳为基础的有机物质。如果原子结构含有碳原子的物质就是有机物质，那么，绝大多数的合成化学物质就都是有机物。塑料、洗涤剂、尼龙、三氯乙烯、DDT、多氯联苯和氟利昂都是合成有机化合物。有机和合成之间的密切关联衍生出一个荒谬但真实的概念——有机农民是那些不使用合成有机化学物质的人。

合成有机化合物源自煤炭，或者更为常见的石油。埋藏在沉积岩层断层和空隙中的原油和天然气混合物通常叫石油。当石油被抽到地表时，原油被提炼成汽油、取暖油和沥青，或与天然气一起成为新合成化学物质的原材料。石油是合成化学制造业之母。总之，人工合成的化学物质是石油化工产品。像煤一样，石油由数
百万年前被深埋于泥土中的生物体形成，这也是煤炭和石油都被称为化石燃料的 93
原因。煤是枯死的植物形成的，而石油是由死去的动物形成的(动物是含油的)。

种种事实把有关"有机"一词的大相径庭的定义统一起来。有机物质是由活的或死的生物体生成的。长链碳原子构成所有生命形态的化学基础结构，包括生活在地球远古时期的石化和液化生物。现在，它们以一厢厢的煤或一桶桶原油的形式从被埋藏的地方挖掘出来。杀虫剂分子是由重新组合的碳原子组成的，而碳原子来自于某种曾存在过的生物活体。塑料浴帘也是如此。

问题就在于此。在化学上，合成有机分子与自然界中发现的活的有机体十分相似，作为群体，活的有机体通常具有生物活性。通过复杂的酶系统，我们体内的血液、肺、肝脏、肾脏和结肠承担输送、分解、再循环和重构含碳分子的任务。各种自然生成的生化物质构成人体的组织，参与各种我们赖以生存的生理过程，而合成有机物可以轻松地与之相互作用。石油生成的杀虫剂之所以具有灭杀昆虫的功效，是因为它们通过化学作用干扰某些生理过程。DDT 破坏神经冲动的传导，除草剂阿特拉津抑制光合作用，含苯氧基除草剂可以模仿生长激素的行为。

很多合成有机物的终极结构是惰性的。这正是它们不能被生物降解的原因：它们的分子太大或太复杂而不腐烂。因此，它们不参与不断构筑和分解有机分子的全球碳循环。这种惰性当然也正是人们在安装窗框或屋顶排水槽时所需要的。

但像聚氯乙烯这样的难降解物质，只在其寿命的中期才呈现出惰性。起初，这
些难降解物质由极易产生化学反应的合成化学物质构成。不知是不经意而为，还
94 是故意为之，这些化工物质被常规性排放、倾倒或喷洒到大环境中。例如，聚氯乙
烯(PVC)塑料，尽管从生化角度来说，极不活跃，但它的制作原料氯乙烯却是致命
的致肝癌物，会发生剧烈爆炸。在潮湿的环境下，它就生成氯化氢，人们一旦吸入
它，肺部将因此液化。当聚氯乙烯失去再利用的价值，在填埋场降解或在焚化炉中
燃烧时，它会再次转化为有毒物质。当成堆的完全无害的塑料护板被铲子铲到垃
圾焚烧炉里时，有毒的二恶英就从被焚烧的垃圾中释放出来。在这种情况下，焚化
炉本身实际上起到了化学实验室的作用，在其中丢弃的消费产品的原料合成了新
的有机化合物。

我们发现，具有生物活性的有机合成化学物质，像波涛汹涌的浪潮从四面八方向我们涌来。有些改变我们的激素；有些附着于我们的染色体上，并且引发基因突变；有些使免疫系统瘫痪；有些激活我们的基因，因而催生某些酶。如果我们能将这些化学物质代谢为完全无害的分解物后排泄，将会大大降低它们带来的风险。相反，大量有害物质将聚集在体内。

简言之，有机合成化学物质，使我们面临两种最糟糕的情况：一方面，它们与自然产生的化学物质极其相似，参与人体内反应；另一方面，它们又与自然产生的化学物质大相径庭，难以降解。

这些化学物质中的相当一部分是脂溶性的，因此容易在高脂肪组织内聚集。合成的有机溶剂，如全氯乙烯和三氯乙烯，就是典型的例子。它们是专门为了溶解其他油渍和脂溶性化学物质而配制的。在油漆中，它们溶解油基颜料；作为脱脂剂，它们可清洗带润滑油的金属零件上的油脂；作为干洗液，它们可除去油污。它

们还可以彻底地洗去我们皮肤上的油脂，一旦接触，就很容易进入到我们的体内。此外，它们很容易为我们的肺膜所吸收。一旦进入我们的体内，它们就会在含脂肪的组织内安家落户。

我们体内有许多这样含脂肪的组织。乳房以脂肪含量高而著称，起到有机合
成化学物质储物箱的作用。但那些脂肪含量通常不高的器官也聚集这些化学物 95
质。肝脏的脂肪高得令人震惊。骨髓也是如此，是苯的栖身之所。因为神经细胞都被包裹在绝缘的脂肪层内，我们的大脑也是含脂肪的组织。许多合成溶剂因为具有能够改变意识的功能，而被用作麻醉剂气体，氯仿就是其中之一。

在医疗方面，氯仿早已停用。现在被用来生产家用空调和超市冰柜的制冷剂。此外，它还是农药和染料的合成原料。据最新统计，美国氯仿的年生产量约为 5.65 亿磅。它不仅仅是商品，而且是制造其他大宗商品的配料；也是合成其他化学品时，不经意间生成的废弃物。因此，它的泄漏源可能是生成氯仿的设施、使用氯仿合成其他化学物质的地方以及将氯仿作为垃圾物丢弃的地方。当饮用水用氯处理时，也能形成氯仿。超级基金计划列表中一半的有害垃圾场，都含有因氯仿蒸发形成的雾气。美国各地的空气和几乎所有的公共饮用水中都可以检测到氯仿。氯仿可能导致动物患癌，并且，已经被列为一种潜在的人类致癌物。其实，它在体内停留时间实际上是很短暂的，只需 8 个小时，它就会呈半衰竭状态。关于氯仿的问题不是其寿命长短，而是在事实上我们从多渠道持续地暴露于含氯仿的物质中。据美国有毒物质与疾病登记机构证实，我们每天都通过食物、水和呼吸而暴露于低量的氯仿。

DDT 于 1874 年首次被合成，之后并没有派上什么用场，这种状况一直持续到第二次世界大战爆发。DDT 因在那不勒斯成功地阻滞了斑疹伤寒疫情的蔓延而突显威力。此后不久，我父亲来到这座被占领的城市。根据他在战时的记载，那不勒斯满目疮痍，人们忍饥挨饿，蓬头垢面，生活在极度绝望之中。这也难怪他们容
易患斑疹伤寒。在大量灭杀携带这些疾病的昆虫（如跳蚤、虱子和螨）方面，DDT
似乎具有神奇的功效。此后不久，DDT 被装载到美国轰炸机上，喷洒在太平洋群 96
岛上，用以控制蚊蝇的滋生。DDT 生产超出战时军事需求。到 1945 年，美国政府解除对 DDT 的禁令，将多余的 DDT 投入到一般民用中。

正如历史学家所记载的那样，这一决定标志着 DDT 用途的一个巨大变化。为拯救战争难民，施以 DDT 喷洒消毒控制昆虫传播引起的流行病是一回事，但在未被这样的疾病危害的国家，对农作物大量喷洒 DDT 则完全是另一回事。在饱受疟

疾折磨的交战地区，大量施用杀虫剂是一回事；而在郊区长岛如法炮制又是另一回事。一种巧妙的广告伴随着这种转变应运而生，主张以全新方式向昆虫世界开战。各种各样的昆虫，有些只是令人讨厌，在公众的想象中被重新塑造成杀人如麻的恶魔，要不惜一切代价予以消灭。这是一场你死我活的斗争。为了把大后方的新敌人妖魔化，某卡通广告甚至把阿道夫·希特勒的头像安置在甲虫的身体上。

20 世纪 40 年代，合成农药开始在美国使用。与之一道粉墨登场的还有另两种化学物质：对硫磷和苯氧基除草剂 2,4-D 和 2,4,5-T。对硫磷和其姊妹化合物马拉硫磷同属一组被称为有机磷的合成化学物质，即由周围含各种碳链与碳环的磷酸酯分子构成的物质。与含氯的杀虫剂一样，它们攻击昆虫的神经系统，不过，它们干扰的是神经细胞间的化学受体分子，而含氯杀虫剂影响的是电传导。与含氯杀虫剂相同，有机磷毒药在战争期间起到了十分关键的作用，但其扮演的角色是恶魔而不是英雄。作为德国公司研发的神经毒气，第一代有机磷毒药的成员在奥斯维辛集中营的战俘身上进行了试验。

相形之下，苯氧基除草剂却被盟军用做武器。在第三章我们已经看到，在 20 世
97 纪 40 年代，除草剂被用来摧毁敌人的作物。还没等到战场的较量转向全面的化学战争，美国的发明——原子弹——结束了这场战争。20 多年后，2,4-D 和 2,4,5-T 重返战场，这次是以橙剂的名义深入到越南的雨林。同时，这些除草剂也被引入美国的农业和林业以控制杂草和灌木。到 1960 年，2,4-D 的生产占美国除草剂生产量的半数。锄头这种农具不久便退出历史舞台。

据记载，在美国，农药使用的图表与合成化学品生产的图表惊人的相似：从 1850～1945 年之间，是一个绵长而平缓的上升曲线，然后，就像从沙漠升起的平顶山一样，曲线陡然上升。先是杀虫剂的使用开始上升，除草剂的使用紧随其后。杀菌剂使用的曲线也逐渐上升。自 1945 年开始使用的 10 年内，合成有机化学物质全部加起来占据了 90% 的农业杀虫剂市场，几乎囊括了战前所有的虫害防控方法。1939 年，有 32 种杀虫活性成分向联邦政府注册。目前，已有 1290 种活性成分注册，并且配制的产品有成千上万种。当代杀虫剂使用的趋势是很难衡量的。2001 年，在对上年度的评估中，美国农药使用量超过 12 亿磅。

绝大部分农药用于农业，在家庭中使用杀虫剂的只占大约 5%。然而，却约有 3/4 的美国家庭都使用过某种形式的杀虫剂，从院子和花园杂草杀手到宠物跳蚤项圈不一而足。通过使用农药，我们密切接触它们，使之可以轻易地残留到床上用品、服装和食品上。处在不通风的室内，没有阳光、流动水或土壤微生物可以帮助农药分解，或将其带走，因而杀虫剂存留的时间较长。鞋底上从院子里带进室内的

化学物质，在地毯纤维中可以存留多年。

作为 2009 年美国住房与城市发展部实施的一项研究项目的组成部分，研究者
在全美的 500 个家庭中，提取厨房地板上的灰尘样本，进行化验，以检测 24 种不同 98
的杀虫剂是否依然存在，而这 24 种杀虫剂中，有几种类型已经在多年前被禁止使用了。检测的结果是，24 种农药无一例外地都在住家中出现过。几乎每个家庭的厨房地板上，都残留着至少一种杀虫剂。许多很久以前就被禁止的农药频繁地被检测到。研究报告的作者因此得出结论：不管户主是否直接使用杀虫剂。实际上它们在我们的生活中已经无处不在了。

大量研究发现，儿童癌症与家庭使用杀虫剂有关。儿童白血病与家庭使用杀虫剂之间的关系最为密切，两者形影相随，亦步亦趋。儿童的农药暴露越早，危害越大，女性怀孕期间暴露于农药对婴儿危害最大。一项研究表明，与在没有使用化学物质的家庭庭院里生活的孩子相比，在使用杀虫剂的庭院里生活的孩子更容易患有软组织癌。其他研究发现，脑瘤和淋巴瘤与农药有关系。2007 年的一篇实证评述总结道，“人们有充分证据证明，儿童癌症与杀虫剂暴露之间存在一定的关联。”2008 年的一篇实证评述总结道，“过去 10 年间发表的研究文章已阐明，癌症与家庭使用杀虫剂的关联，在很大程度上，是因为母亲在孩子出生前接触了有害物质。”不管这些结论是否正确，现实状况几乎没有好转。2009 年的一项研究发现，与没有患白血病家庭的母子相比，白血病患儿及患儿母亲的尿液抽样中家用杀虫剂含量较高。并不是所有儿童癌症患者的母亲都使用农药。事实上，大多数人没有用过农药(参看上一段)。

当然，合成有机物在战后的日益兴隆，并不仅仅局限于杀虫剂，其他石化产品也开始大量涌现。在这种情况下，第二次世界大战只是加速了多年前就启动了的程序而已。

化学史学家对 20 世纪石化行业异军突起的原因一直追溯到 19 世纪对鲸的相
关研究：照明用鲸油的匮乏，使占石油很小份额的煤油市场兴隆起来。汽油是由 99
石油提炼的另一种产品，它随着汽车时代的到来也找到了用武之地。第一次世界大战期间，材料进口受到封锁，参战国的化学工业受到刺激，开始发明新产品。以德国为例，当智利硝石供应被切断后，德国人研发了人工化肥。同样的制造流程，在炸药制作上也派上了用场，1995 年摧毁俄克拉荷马城联邦大楼的化肥炸弹就是最好的例证。

由于制造染料的材料应有尽有，德国开始将氯气制成令人恐怖的化学武器，投

到法国军队的战壕里。这期间，含氯溶剂也投入使用。战争结束以后，美国新化学产品受到高关税的保护。这场战争的失败者把他们的化学机密也拱手让给了胜利者，化学工业累积了巨大的财富，并声威大震。到了20世纪30年代，石油作为新的化学探索的碳来源，实现了对煤炭的超越。

直到20世纪40年代，合成有机化合物才出现迅速增长的态势。第二次世界大战在世界范围内造成了急需炸药、合成橡胶、航空燃料、金属零件、合成油、溶剂和医药的局面。第一次世界大战后的化学加工革新，如打碎大而重的石油分子以生成许多小而轻的分子，在大规模生产中得到完善和检验。当战争结束时，借助广告的魔力，战时化学物质转为民用，随之而来的经济复苏、住房紧缺和婴儿高峰期，创造了前所未有的消费需求景象。由于担心重蹈经济萧条的覆辙，国家领导人鼓励军工产品转为民用。历史学家阿伦·伊德略带讽刺意味地写道，"在美国，对于那些因战争的需要而魔鬼般发展壮大起来的行业，实践证明和平并未给它们带来灭顶之灾。"

从生态学角度来看，第二次世界大战是以碳水化合物为基础的经济向以石化
100 工业为基础的经济转化的一剂催化剂。例如，以前，塑料来源于植物，现在，生产塑料消耗掉全球8%的石油产量。发明于19世纪70年代的塑料被称为赛璐珞。由木质纸浆制成的透明的塑料薄膜，其一面具有黏合性，被用作透明胶带。由植物提炼的黏合物质曾经被用来制作方向盘、仪器面板和喷漆。因此，虽然致癌物氯乙烯是在1913年首次合成的，直到第二次世界大战后植物物质研究被石油化工品研究所取代，其产量才开始猛增。汽车内饰将不再依赖棉花纤维或木浆，而是一桶原油。

木胶以前是由大豆提炼的。战争结束后，作为黏合剂的甲醛将其取代。甲醛被国际癌症研究机构(EPA)列为潜在人类化学致癌物(国际癌症研究机构确认的一种已知的人类致癌物质)，白血病和其他几种形式的癌症与它有关。甲醛始终处在美国年产量最高的前50种化学物质的行列，仅2000年一年就生产了113亿加仑(1加仑=3.78543升)，是1960年以来甲醛产量的10倍。我们与这种化学物质有着亲密的关系。在化妆品、指甲油、漱口药这样的个人护理品中，甲醛被用作防腐剂；甲醛被喷洒在织物上可以使其固定而平整。但是，每年生产的大多数甲醛用于合成树脂胶合板、刨花板。其结果是，建筑材料和家具中蒸发的甲醛，成为室内空气污染的主要污染源。卡特里娜飓风后，流离失所的家庭被政府安置在甲醛含量很高的拖车式活动房屋居住，而这一事件使甲醛的这种属性成了头条新闻。

与氯仿一样，甲醛的问题并不在于它聚集在我们的体内，而在于我们持续不断

地暴露于各种来源的微量的甲醛;从地板到没有褶皱的床单,这种状况贯穿我们的一生,也许,不止一生。作为防腐液,甲醛伴随着我们进入坟墓。美国国家毒理学
检测记载,专业的尸体防腐处理师患脑癌的比率非常高,这可能是由于他们在殡仪 101
馆经常暴露于甲醛的缘故。

战前,各种各样的植物油脂在工业中扮演了主要的角色。豆油被用于灭火泡沫和壁纸胶,是颜料、漆和清漆的基料。从玉米、橄榄、大米和葡萄籽中提取的油被用来制造油漆、油墨、香皂、乳化剂,甚至地板。"油毡"这个词让人回想到一种关键原料:亚麻籽油。蓖麻油是从热带蓖麻子树中提取的,在切削及研磨时被用来润滑加工零件。战争结束后,机器制造厂里合成切削油取代蓖麻油,这使工人暴露于一种在制造过程中形成的污染物——亚硝胺。到了 20 世纪 70 年代,机床工人患癌症与合成切削油之间可能存在的关系开始受到关注。在一项研究中,研究人员得出如下结论:

> **到目前为止,无法断定亚硝胺与人类癌症有直接关系,因为尚未确定哪些人群无意中暴露于亚硝胺。切削油使用者可能是最早被确认的可疑人群。**

2009 年秋天,美国环境保护署署长丽莎·杰克逊坦言,拥有 33 年历史的联邦危险物质生产监控法律未能保护公众健康。她表达了对此要进行改革的意图。无论公众的健康是否得到保护,在法律层面上,我们可以肯定地说,对于所有 2010 年之前出生的人来说,我们自来到这个世界上所赖以庇护的环境法,现在只能理解为一只纸老虎。对于《有害物质控制法案》(TSCA)这部法律的起源及其效率低下的原因,我们似乎有必要了解一下。

自 1945 年开始,石化产品如雨后春笋般地涌现出来,很快使政府丧失对其生产、使用和处置的监督能力。到 1976 年,62 000 种合成化学物质投入商业使用,没
有人知道,其中有多少是致癌物质,因为化学物质进入市场不需要检测。那一年, 102
美国国会通过了美国《有毒物质控制法案》,规定新的化学产品需接受审查,并责成环保署负责评估。先前的化学物质并不在新规定的审查之列,准确地说,就是所有 62 000 种已有的化学物质被免除检验。

在撰写本书时,它们仍然是免检的。在流通的 80 000 种左右(具体数字没人确切知道)化学物质中,仅有 2%(这是审计总署的最保守预计)被彻底评估为有毒性。唯一可能的结论就是,许多化学致癌物质仍然不明确,也没有被监控,仍在逍遥法外。还有一个事实被严重忽略:在商业中,大多数化学物质从来就没有经过严格审查,我们对它们一无所知。对于这种不知情往往被说成"没有证据表明有

害。"这句话有时被误读为"该化学物质是无害的"。缺乏安全知识变成了默认是安全的。

《有害物质控制法案》还有其他许多让人莫名其妙的地方。其中之一是该法律没有明确地要求对新的化学物质进行检验。相对而言,对于要商业化的新化学产品的风险,法案要求生产者交代他们对其了解多少。这允许在比较的基础上进行调控:将一个新合成的分子结构同以前合成的分子结构进行对比,然后,监管机构做出风险评估。说得更具体点,就是评估新化学物质不需要在实验室的实验台上进行独立的科学实验,而只需理论建模。第二,针对现行的化学物质的规定,法案迫使美国环保署在化学物质所带来的经济利益和其对健康所带来的风险之间寻求平衡。美国环保署只能对那些存在"不合理"风险的化学物质进行控制。

但是,由于没有关于毒性的基准数据,不可能知道哪些化学物质对人体有害。无需赘言,对权衡代价与利益的天秤,石化行业的代表与抗乳腺癌激进主义者所持
103 观点大不一样。天平非常容易向代表利益的一方倾斜,但在缺乏对固有毒性的知识的情况下,另外一个秤盘里放什么呢?与《有害物质控制法案》有关的许多工作就是调解关于这一问题的永无休止的争论。实质上,法案已把环保署变成了一场相互指责的唇枪舌剑的裁判。说明问题的是,自从《有害物质控制法案》全面启动以来,只有 5 种化学产品被清出市场。因为美国化学品政策在逻辑瘫痪的泥潭中愈陷愈深,在过去的 19 年中,没有任何化学物质被禁止:《有害物质控制法案》规定当有明显证据证明产品有风险时,制造商只需要提供毒性数据,然而,没有毒性数据就不能证明有风险。因此,该法案亟待改革。

在某种程度上,受到更严格审查的杀虫剂受两个法律的监控:《联邦食品、药品与化妆品法》(FFDCA)和《联邦杀虫剂、杀菌剂与灭鼠剂法案》(FIFRA)。FFDCA 规定农业产品的杀虫剂允许量,即在法律上对食品和动物饲料中的农药残留量提出许可限度。FIFRA 要求制造杀虫剂的公司测试其产品的毒性,然后把测试结果上报给联邦政府。与《有害物质控制法案》不同,FIFRA 把以往的化学物质列为实际检测之列。FIFRA 修正案要求,在当前的科学检测要求实施前,对于之前未经检验的杀虫剂,要实施重新评估。最初计划到 1976 年完成,但重新登记的过程仍在进行。而此前未经检验的杀虫剂仍可以销售使用。有一位评论家指出,这就好像美国车辆管理局发给每人一本驾照,但直到几十年后才来得及对他们进行道路测试。

20 世纪 70 年代和 80 年代，为了回应愈演愈烈的有毒化学物质管理的混乱现象，各种知情权法律开始涌现出来。第一批立法规定，雇员有权知道他们的工作场所存在的危险物质。第二批赋予公民对其所在社区是否存在有毒化学物质的知情 104
权，并最终给予公民对常规释放到环境中的一些化学物质的知情权。在这类化学物质大肆进入我们的环境后的近 40 年里，我们都没有得到这些知情权。被释放出的化学物质的名称被企业认为是特权信息，是商业秘密。我们这些在 20 世纪 40 年代～80 年代中期出生的人，永远都不清楚儿童时期我们暴露于哪些化学物质，也不知道从这些暴露中招致了哪些致癌风险。但是，我们可以在一定程度上获得当前的风险信息。

值得注意的是，无论哪项法律，其出台都不是因为立法者和制造商心平气和地认同公民应该了解他们所接触到的那些化学物质。相反，工作场所的知情权法律根植于历史悠久的劳工斗争。1986 年，在企业强烈的反对下，美国国会通过了以社区为中心的法规，《应急计划和社区知情权法》(EPCRA)。

《应急计划和社区知情权法》之关键是《有毒物质排放清单》(TRI)。“监测、流行病学及最终结果(SEER)计划”登记的是癌症发病率，而《应急计划和社区知情权法》针对的是致癌物质和其他的毒素。每年，约有 650 种有毒化学物质被排放到空气、水和土壤里，《应急计划和社区知情权法》要求制造商向政府报告每种排放物质的总数量，然后，政府将这些数据公布于众。作为披露污染的计划，这个法案有许多缺陷：它完全依赖生产商自我报告，它并不关注消费产品中存在的致癌物质，小公司是免检的，650 种仅仅是所使用的化学物质总额的一小部分。2001～2008 年间，《应急计划和社区知情权法》缩小了监控范围，理由是出于国土安全考虑；有关工业事故以及化工厂中化学物质储存位置的公共信息也在网站被删除了；要求向“应急计划和社区知情权法”报告的设施数量下降了。一个新的保密的黑幕拉了下来。2009 年，许多变化出现了倒退现象。

此外，法案报告要求中的漏洞让企业对废弃物数量瞒天过海。对在经济过程中流通的有毒化学物质进行跟踪的研究人员指出，有毒废物排放量下降了，但这种 105
说法总是与有毒废物的实际产生量不一致，根据《应急计划和社区知情权法》的报告机构所提供的证据表明有毒废物的生成量仍然很高。那么，废弃物都去哪里了呢？由于未对材料进行彻底汇总，目前也不要求汇总，没有人完全确定它们究竟去了哪里。

根据《应急计划和社区知情权法》的规定，通过将邮政编码输入到政府网站，任何公民都可以获得有关其家乡的有毒物质的报告列表(详情参见后记)。了解这些信息仍然是基本的公民权利。

在一些社区,《应急计划和社区知情权法》一直是对工厂施压以减少污染的强有力的工具。当所谓的私人企业将有毒化学物质排放到某个社区的空气、水和土壤中时,《应急计划和社区知情权法》所起到的重要作用,是可以认定该企业的行为是一种危害公共安全的行为。从理论上,我们都知道社区企业在污染环境。我们甚至可以看到污染的景象,闻到污染的气味。但是,对于这些情形,我们通常漠然处之,直到有一天我们亲眼看到一些具体有毒物质的列表,就像看到当地的报纸上登载的有毒物的名称和数量:其中有多少磅已知或疑似致癌物质被哪些企业排放到供我们呼吸的空气中,或排放到我们捕鱼的河流中以及有多少来自我们获取饮用水的地方。

美国环境保护署于1989年发布的第一份《有毒物质排放清单》就收到了这样的效果。报告披露,每年数十亿磅的有毒化学物质被常规性地排放到美国的空气、水和土壤中。近乎所有读到报告的读者都感到惊讶。这是第一次尝试汇总常规有毒物的排放情况,而披露的数量无疑是惊人的。孟山都公司的一位代表说:“法律的效力令人难以置信。没有哪个人想要当爱荷华州最大的污染源公司的总裁。”

在实施上报制度的第一年里,美国只有5%的有毒排放根据《有毒物质排放清单》的规定进行了上报,但对于结束有毒物质随意排放的状况,其影响是巨大的。
106 根据最新的《有毒物质排放清单》,2007年有41亿磅有毒化学物质被释放到环境中,其中,8.35亿磅是已知或疑似致癌物质。现在,墨西哥和加拿大也都要求对排放到空气和水中的工业污染物进行报告,所以,我们第一次有机会了解整个北美地区有毒物质的排放模式。2009年,蒙特利尔环境合作委员会整合三个国家的数据库,这三个数据库代表了从35000个工业工厂所排放的污染物。有毒物质排放有如下两大模式:首先,根据报告,仅石油行业就占美洲大陆有毒物质排放的1/4;其次,随着对有毒物质处置的限制、倾倒垃圾成本的增加,越来越多的有毒废弃物被运送到回收场而不是垃圾填埋场。

对于伊利诺伊州中部来说,2007年的《有毒物质排放清单》揭示了一些其他的东西。伊利诺伊州皮奥里亚县目前在全美有毒物质排放量中排名第14位,有毒物质的排放和转移呈急剧上升而不是下降的趋势。在一定程度上,这是由河谷两岸的企业造成的(皮奥里亚县拥有伊利诺伊州1/4的制造业工厂),但是更主要的原因是在皮奥里亚县社区边缘有一个危险废物垃圾填埋场,它建在了一个叫做森科蒂的含水层上游。现在,严禁在饮水源的上游建有毒废物倾倒场,但在这条法规生效前，这个特别的倾倒场就在运营了，所以它并不受新条例的限制。这是美国仅存的18个有毒废物填埋场之一，允许令人最为厌恶的垃圾进入：重金属、已知人类致癌物、超级基金清理或清除的废物。2005年，美国上报的排放最多有毒物的企业列表中，伊利诺伊州皮奥里亚垃圾处理公司排名21位。可以肯定的是，伊利诺伊州皮奥里亚垃圾处理公司是陆地排放，也就是将有毒物质排放到一个地下深坑里，然后，运营商声称废物都被安全地储存在地下，至少现在如此。

几年前，皮奥里亚垃圾处理公司申请扩大规模，遭到社区成员的反对。居民自发组织了名为“皮奥里亚家庭反对有毒废弃物联盟”，还联合了当地的医生和医院
管理者作为盟友，试图说服县政府对该公司的申请不予许可。垃圾填埋运营商为 107
得到审批，所采取的对策是将一种材料从有害物目录中剔除了，并最终获得了批准。经过改头换面，这种有害物质就可以转运到位于塔兹韦尔县伊利诺伊河，靠近我们这一边的霍普代尔印第安克里克垃圾填埋站。这使得皮奥里亚的垃圾填埋场为来自美国各地的一辆辆卡车的有毒废料留出了更多的空间。随着美国其他各地的危险废弃物填埋场相继关闭或限制倾倒垃圾，原属于别地的致癌物质都被运到我们这里。

～～～～～～～～～～

在我孩提时的照片里，有一张我最喜欢，照片里我的表情傻乎乎的，戴着我父亲的军帽，威武地骑着三轮车。威武是因为在骑车的同时，我还要向旁边摄影的爸爸敬礼。这是1962年照的，背景是我们房子南面的水泥院落。我的父亲从前是建筑工人，在《退伍军人法》颁布后，回到打字机前当大学生。他自己把院子抹上了水泥，用砖铺了人行道，一直通向院外那1.5英亩的老牧场。

战争结束后，我父亲娶了一个农场主的女儿，她拥有两个学士学位，一个是生物学的，另一个是化学的。父亲在佩金东部的山坡上建造了房子，在地上种了银枫树和白松。那时，树还没有长高，还没有像一堵墙似的把他的宅地都围起来，我们在院子里就可以将眼前的美景尽收眼底。院子的东边青草依依，奶牛在那吃草。尽管有些害怕，我还是喜欢站在篱笆后看着牛儿伸出粉红色的舌头吃草，听它们捋草吃时发出的声音。

远处，山坡上的牧场伸展到我印象中曾经是山地大草原的地方。这里有大片大片的玉米田和大豆田。我喜欢玉米，每一株都像一个绿色的、挥舞手臂的人。9月，大豆黄灿灿的，然后颜色逐渐加深，变为棕黄色，比我的褐色蜡笔还要深。

“你说大豆是什么颜色的？”我问安阿姨。她住在我们东边，在离我们隔着两个县的地方种地。

108 她毫不犹豫地回答："每蒲式耳(1 蒲式耳＝35.238 升)能卖 6 美元，我通常称它们金色的"。

每天早上，我的父亲都要开车去西边上班。骑在儿童三轮车上，透过庭院的帷帐，我能看到河谷那边三十几家企业的烟囱、冷却塔和酿酒厂。我喜欢看一片片的蒸汽云、屡屡的烟雾和神秘的、闪闪发光的气体。我特别喜欢上游乙醇蒸馏厂和燃煤电厂那粉白相间的条纹塔。晚上，它们成为灯塔，巨大的闪烁光束警告飞机切勿靠近。

伊利诺伊州的塔兹韦尔县有两种不同的文化并存，一边是拖拉机上孤独的身影，另一边是罢工工厂的工人纠察队。我们的房子坐落在两者的过渡区。

在农场工人的眼里，塔兹韦尔县就是有名的饲料玉米——利德黄马牙玉米的发源地。这种玉米是许多杂交玉米种子的祖先。而对企业家来说，塔兹韦尔县闻名的是乙醇工厂，是卡特彼勒拖拉机、挖土机和推土机的试验场。卡特彼勒的管理机关总部设在位于皮奥里亚的伊利诺伊河对岸。1950 年，水文学家给予该地区的溢美之词不亚于其他任何地区："皮奥里亚的佩金地区是一个对水需求量巨大的高度工业化地区。工业地区周围是肥沃的农业草原带和玉米生产带。"

佩金地区形成于大草原被破坏之前，最初是一个军事要塞。战争与制造业常常在这里相互依存。蒸馏与酿酒把粮食转化为易于往东运送的、不易损坏的现货商品。战时对工业酒精的需求为生产提供了一个巨大的新市场，并催生了新的生
109 产技术。佩金的一家酿酒厂建立于 1941 年，专门为美军提供乙醇。1916 年，美国军队首次征用卡特彼勒拖拉机来拖拽大炮，往前线运送弹药和供给。在第二次世界大战期间，卡特彼勒机械用来压平飞机跑道、等级公路，清除残余炸弹以及推倒棕榈树。

世纪之交的其他照片展示了甜菜地里童工的身影。制糖工厂的黑烟与童工们苍白的面孔形成鲜明的对比。当种植甜菜比种玉米困难时，糖厂便变成了玉米制品厂，生产阿尔戈玉米淀粉和卡鲁糖浆。1924 年，一次淀粉爆炸炸死了 42 名工人。1980 年，玉米制品厂与德士古公司合并成立了佩金能源公司。到 20 世纪 90 年代中期，它成为美国第二大乙醇生产公司。2003 年，佩金能源改名阿文丁，并同内布拉斯加州的同类厂一起每年生产 1 亿加仑的燃料乙醇。2007 年，该厂上报其产生了 4613 磅的已知和疑似致癌物质。

1994 年 9 月，我驾车沿着伊利诺伊河岸行驶，途经离我成长的房子只有 2 英里远的那些老甜菜地。现在，漫滩呈现的是这般景象：码头、堆栈、铁路货场、输送

机、电梯、料斗垃圾箱、深坑、泻湖、煤堆、尾矿池塘、沉淀池、电线和废料堆。这些都是我小的时候在远处所看到的一切。一个工会广告牌上写道,“你正进入战区”;这不是说环境问题,而是指工会最近在卡特彼勒工厂附近与资方的交锋。

这个世界有某些地方会促使你发问:“这一切都是从哪儿来的?”纽约市的鱼、蔬菜和鲜花市场总是让我不禁想到这个问题。塔兹韦尔县却是另一种地方。在佩金的码头待上一会,你就会看到一船船的煤、粮食、钢铁、化工和石油产品。“所有这些都要运往哪里?”

部分答案是,玉米和动物饲料被升降机装上船后,向南运至新奥尔良,从那里
再运到亚洲和欧洲。一家名为鲍威尔顿的火电厂,通过高压线把电送往以北 165
英里的芝加哥。1943 年,这家电厂的烟雾使 41 英里之外的机场上空的飞机无法
降落。1974 年,我 15 岁,这家电厂被称为伊利诺伊州最糟糕的污染源。微量化学
物质配制成杀虫剂。我不知道它们在哪儿终结。黄铜铸造厂为在露天矿使用的拉 110
斗铲、钻孔机以及破碎机制造巨大的圆柱形轴衬部件。最后,履带式拖拉机到处都
是。1986 年,我在苏丹东部,乘坐巴士沿着尼罗河朝南行驶。向窗外望去,发现我
正好面对自己所熟悉的卡特彼勒的标志,一个巨大的大写字母 C 被喷在一个军事
设施附近的广告牌上。

对于河谷两岸的其他企业,我不太了解。我不了解爱克工业气体公司、舍瑞克化工公司、艾格利化工公司或铝铸造厂的内情,我只知道基斯通钢铁和线材公司利用废金属制造钉子和铁丝网。1993 年,该公司生产的氯乙烯和另一种合成化油剂,也就是疑似致癌物的 1,1,1-三氯乙烷,被指控污染了其设施下的含水砂层。

就像被漂浮的一层薄薄的汽油所遮盖的池塘,情感上的茫然让我不知说什么。当然,对一个人的过去与现实状况之间的关联,有许多可以用来表达的方式。肯定有某种方式可以描述一个来自“东部山区”的女孩,在回家的路上经过一家医院时的个人感受。几年前,就是在那里,她被诊断出患了某种因为暴露于环境致癌物而获得的已知类型癌症。肯定有某种语言能够解释,是什么缘由使这样一个女人再次沿着酒厂道路行驶,呼吸着刺鼻的空气,寻找 19 世纪的甜菜地和 20 世纪的有害垃圾场。

沉默蔓延开来。我不知如何让她开口。

沉默不是因为无奈或者屈从,而是害怕触景生情,哪怕提及自己本地人的身份,都将使原本普通而寻常的事变得不同寻常。我想替我的家乡说句话。家乡的

人民并没有那么无知、邪恶或目光短浅。撇开这条河流不谈，城区还是很可爱的。田野和工厂之间是让人感到亲切的老社区、漂亮的公园、县城的集市和相当不错的
111 学校。伊利诺伊州塔兹韦尔县没有什么特别出奇的地方。其他地方也是这样，从灭草到给零件去污，一切工农业生产都因二战后引入的化学技术而改变。跟其他地方一样，这些化学物质，连同许多致癌物质，都被排放到了大自然中。几乎所有其他地方也都是这样，对于化学物质的排放和致癌率之间是否存在任何关联，没有系统的调查研究能够予以确定。

1995 年 3 月，当地报纸援引了一位毒理学家的话："我们知道有毒物质在排放，也知道癌症，但是我们不知道两者是否存在关联。"这篇文章得出的结论是：

> 人们从未对排放成吨的有毒物质对产业工人和公众健康的影响，进行过系统的研究，所以，也许很难确定……伊利诺伊州的皮奥里亚县和塔兹韦尔县的健康统计令人不安，但是，有毒物的排放和健康问题之间的关联还不清楚。

当我第一次读到皮奥里亚县和塔兹韦尔县的《有毒物质排放清单》之后，我流泪了。数百页的清单列出了自 1987 年首次被汇编以来，区域产业有毒气体的排放的信息。例如，1991 年在伊利诺伊州的皮奥里亚和塔兹韦尔县的众多制造商把 1110 万磅的有毒化学物质排放到空气、水和土壤中。在排放的已知或疑似致癌物中包括苯、铬、甲醛、镍、乙烯、丙烯腈、丁醛、林丹和克菌丹。克菌丹是一种在 1989 年就被禁止在家庭使用的致癌杀菌剂。根据《有毒物质排放清单》，1987 年有 250 磅的克菌丹最后进入佩金的下水道系统。1992 年，有 321 磅被释放到空气中。

在其他知情权档案中，各种不为人知的有毒排放物都浮出水面。例如，我有在《有毒物质排放清单》颁布前塔兹韦尔县有毒物质排放情况的部分记录，其日期可追溯至 1972 年。致癌物质瞬间映入我的眼帘：多氯联苯、氯乙烯、苯。清单中还
112 包括其他可怕而稀奇的物品：印刷油墨、喷气燃料、沥青、炸药、去污剂、燃料油、防冻剂、煤灰、除草剂、炉油和"爆炸性气体。"

此外，我还有一份 24 页的塔兹韦尔县建筑设施列表。这些设施得到特殊许可，可以将废料排放到具体指定的河流和小溪中（"地方污水处理区：农场小溪；……地方污水处理区：伊利诺伊州河"；等等）。我还获得了一份 34 页从当地火葬场到汽车修理店的设施的列表，它们可以任意处理有害物质。知情权法使我得以接触大量有关有毒物从垃圾站转移的报告。一份档案毫不掩饰地披露了有毒废物进入塔兹韦尔县的流程。例如，据我所知，1987 年，新泽西纽瓦克太阳化工有限公司将 250 磅的石棉运送到佩金默特罗垃圾填埋场处理。在 1989～1992 年间，塔兹

韦尔县生成和运走的危险废弃物翻了一番，但作为该州最大的垃圾接收县，它仍然接收了四倍于自己产生的垃圾。

塔兹韦尔县漏油事件报告详尽地描述了化学事故的细节。下面是所列的第一个事故：

日期：1988 年 11 月 6 号

街道：RTE 大街 24 号

泄漏物质：甲基氯

泄漏量：2000 磅

水道/其他：空气释放

事件描述：油罐称重/检查员准备检查，阀门无意中开放/确切原因正在调查

采取的措施：暂时疏散受影响楼房居民两个小时/关闭阀门来阻止释放

氯甲烷可引起小鼠肾癌，造成大鼠睾丸中携带精子的肾小管退化。人们认为氯甲烷“不属于人类致癌物的行列”，因为关于人类的数据太有限，无法进行分类。 113

在海量的信息中，缺乏相应的知识；在计算机生成的数以千计的词语中，沉默在蔓延。

~~~~~~~~~~~~~~~~~~~~

搜寻、打击与摧毁。在第二次世界大战带来的所有的意想不到的后果中，最具讽刺意味的也许是：人们发现二战衍生的数量令人吃惊的新化学药品具有雌激素特征。它们在人体中含量较低，却有类似雌激素的作用。从生物学角度来说，许多用来使军队摧城拔寨所向披靡的超强武器都能削弱雄性特征。

这种作用是通过各种各样生化机制产生的，一些化学物质直接模仿激素，另外一些干扰调节机体发育和自然雌激素代谢的各种系统，还有一些似乎通过阻止统称为雄激素的雄激素受体而起到干扰作用。1995 年，从战争凯旋并进入百姓生活的 DDT 走过了 50 个年头。当新的动物研究表明 DDT 的主要代谢分解物二氯苯基二氯乙烯(DDE)对雄激素具有阻碍作用时，DDT 再次成为头条新闻。自从发现这些以来，越来越多的证据表明，如果雄性在发育的关键时刻暴露于一系列人工合成化学物质，就有可能对雄性睾丸造成干扰。这对雄性的影响可能包括生理缺陷，如隐睾症、精子数下降和睾丸癌。这种化学物质引发的复杂问题有一个可怕的名字——睾丸发育不全综合征。
~~~~~~~~~~~~~~~~~~~~

造成这种雄性劫难的主要嫌疑犯就是无处不在的、被称为邻苯二甲酸酯的石化类产品。邻苯二甲酸酯使聚氯乙烯塑料具有柔性。因此，全新的乙烯基浴帘和新的汽车内饰才有那种招牌性气味。因为邻苯二甲酸酯是油状的，它们也能使香水和浴液带有芬芳气味。邻苯二甲酸酯也出现在食品中，特别是那些脂肪含量高
114 的食品，如鸡蛋，牛奶、奶酪、黄油和海鲜。它们也出现在我们人体中。2003 年，"疾病控制中心"(CDC)公布了对身体负担的全面调查结果。这个调查测量了具有代表性的、美国人口中常见的化学污染物的浓度。疾病控制中心的调查发现，邻苯二甲酸酯暴露几乎无处不在，贯穿于所有年龄段，其中孩子的暴露水平最高。这些研究结果令人担忧，因为在对动物的研究中发现，母体产前暴露于近似上述水平的邻苯二甲酸酯，就可造成雄性幼儿的睾丸受到损伤。

近期的人类研究主要集中在男性生活的两个不同阶段：作为婴儿的男童阶段和将为人父的男人阶段。在一项婴儿研究中，研究者测量了临产前母亲体内邻苯二甲酸酯的含量，再测量出生后婴儿生殖器的解剖学特征。结果表明，产前暴露于邻苯二甲酸酯会改变睾丸和阴茎的发育。在一项成人的研究中，研究人员调查了在一家生育诊所就诊的男人。结果显示，精子受损程度的加剧与尿液中邻苯二甲酸盐含量的增加有关。

许多已知具有内分泌物干扰功能的合成材料属于一类名为有机氯的化学家族。林丹、DDT、七氯、氯丹、多氯联苯、含氯氟烃、三氯乙烯、全氯乙烯、2,4-D、甲基氯、聚氯乙烯、二恶英、氯仿和阿特拉津都是这个家族的成员。甲醛和邻苯二甲酸酯则不是。

有机氯涉及氯与碳原子之间的化学结合。一部分有机氯是在火山爆发和森林火灾中形成的，然而，在大多数情况下，氯和碳在自然界、人类和动物体内都是在两个不同的范围内运动。要使这两者一起反应，还需要氯气。

尽管氯原本就存在于元素周期表中，但纯氯却是人类的发明。1893 年，盐水电解制氯首次进入了工业规模。由于其剧烈的毒性，氯气在第一次世界大战期间为世人所熟悉；但其生产增长一直很缓慢。直到二战后，它的产量才开始呈指数上
115 升趋势。大约有 1%的产品用于消毒水，大约 10%用来漂白纸张，而大多数与由石油提炼的碳氢化合物结合生成有机氯。

处于基本形态的氯与碳极易发生反应，这也是为什么会有那么多的组合。像房子具有不同的风格一样，一些有机氯小而简单，而其他的则较为复杂。最简单的有机氯是氯仿，它以一个单独的碳原子为中心，一个氢原子和三个氯原子与它相连，形状就像轮毂的四根辐条。氯乙烯、干洗剂全氯乙烯和工业去污剂三氯乙烯也

是相对简单的有机氯。氯代酚类是较为复杂的组合形式，它由六碳环和各种含氯的基团构成。杀虫剂林丹、除草剂2,4-D和DDT也是环形结构。

下一个就是多氯联苯。作为有机氯中的长辈，多氯联苯用复数形式称呼是有道理的。多氯联苯是两个非常紧密地连接在一起的碳原子环，周围连接一定数量的氯原子。事实上，这种形式可能有209种组合，因此有209种不同的多氯联苯。其中的一些化学组合具有雌激素性质，而另一些似乎不具有这种性质，但没有人对此有明确的解释。2009年发表的一项研究结果是，人们有确凿的证据表明多氯联苯阻碍雄性激素分泌。在阿克维萨尼领地的莫霍克族成员中，体内多氯联苯水平较高的男性，睾丸激素的水平较低。圣劳伦斯河沿岸的阿克维萨尼因受到来自上游企业的多氯联苯污染的影响，当地的鱼也被污染。

作为一个家族，有机氯在空气和水中往往挥发较慢。蒸发后，它们被卷入气流中，一些返回到地面上，几乎回到原点，而其他一些则可能循环数千英里，然后，再进入水域、植被和土壤中。在这样的地方，它们进入了食物链。因此，饮食被认为是污染物暴露的主要途径。

并不是所有的有机氯都是人工合成的。每当有氯元素存在时，自然环境就会合成多余的、不必要的有机氯分子。当含有腐朽树叶的水被氯化时，这些反应就会
发生。当氯化塑料被焚烧时，也可能生成有机氯。在制造其他的有机氯时，也可能 116
发生这种化学反应。生产2,4,5-T、燃烧塑料和某些漂白纸张的方式都会导致某种不受欢迎的、被称为二恶英的有机氯的产生。各种各样的癌症已被证实与二恶英这种毫无用处、不是有目的生产的化学物质有关，而且，人们现在相信它存在于生活在美国的每一个人的身体组织里。二恶英是一种非常漂亮的对称分子，由氧原子双桥固定在一起的两个被氯取代的碳环构成。

~~~~~~~~

作为二战老兵的女儿，我万分感激我的父亲在那不勒斯时，没有死于伤寒疫情。但作为一个癌症幸存者、一个土生土长的塔兹韦尔县人、在成年时被污染毒害最严重的一代人的一分子，对在这样一个平静而繁荣的和平时期，在有可能也有必要对公众健康有一个长远的观点时，人们的头脑并不冷静，我感到很难过。我感到很遗憾，没有谁质疑我们是否要继续走工业化的道路，这就是消灭家犬身上跳蚤，除掉庭院杂草的最合理方式吗？这是制作婴儿奶嘴或者装人造黄油最安全的材料吗？或许，有人曾经问过这样的问题，但没有人听到。

除了这一系列疑问，我们现在又有一个新疑问：我们真的想用石油继续制造大量的合成材料吗？或者说该是取消石油在事实上的“生活之原料”的头衔的时候
~~~~~~~~

了吗？石油是燃烧后同样能导致气候变化的物质；因为某些地质原因它也是我们
必须从遥远的国度进口的物质，因此它也是扭曲经济、破坏国家安全的物质；它是
实际上定义“不可再生”的物质，就像那句话表明的：“上帝不会再把任何石油放到
地下了。”；它还是在地球上开采量已达到极限，或正在登峰造极，或将很快达到极
限的物质。正是这种物质在其生产、使用、处置的每个阶段把致癌和干扰激素的化
117 学物质释放到环境中。在皮奥里亚的饮水供应地和其他地方，在使用这些化学物
质的过程中，人们以填埋的方式处置那些化学物质，使之通过转换，再变成合成化
合物和有机化合物。

这是一场新的较量，一场摆脱我们在经济上对石油长期严重依赖以及同样强烈地努力减轻癌症负担的较量，而这不是互不相干的任务。它们各自都需要人们制定一个新的有关化学物质的政策。我相信，在这方面，我们这些癌症幸存者可以贡献自己的聪明才智。我们当前的环境管理措施因不确定性因素的存在而瘫痪。除非有确凿的证据，否则，我们将无法对有害物质实行管制。但是证据又无法得到。人们面对不确定性时犹豫不决，其结果就是一些癌症患者所亲身经历的一切。我们该知道如何鼓起勇气，不再踌躇。我们该看看我们的实验报告，研究一下核磁共振成像(MRI)的图像，听听意见，然后，依据我们目前所能得到的最佳证据，选择最有可能挽救生命的前进道路。我们认识到，等待证据去证明是愚蠢的。虽然我们可能更喜欢否定并把乱摊子丢给别人，但我们自己也该有所作为。坚持下去，我们会变得更加智慧、坚定、无所畏惧。我们要医治好自身的“瘫痪”，我们要站起来行走。

这些正是重新塑造我们国家无能的化学物质政策所需的技能。令人高兴的是，我们可能不需要从头开始，因为世界的其他地方已经准备了替代的机制，并且已经完成设计并付诸实践。让我们来简要地看看别的地方都采取了哪些可能为我们树立了榜样的行动。

让我们回忆一下儿童癌症与杀虫剂相关联的那些令人不安的证据。还要回想“住房与城市发展部”(H. U. D.)的调查发现：居民厨房里杀虫剂普遍存在，即便他们并没有使用这种化学物质。因此，我们应该像个人业主那样自我选择，以此保证在自己的家庭及其周围自愿放弃使用杀虫剂。这只是解决方案的一部分。我们需要敦促制定使用非化学性害虫防治方法的政策。在加拿大就有这种政策。在安大略省和魁北克省以及加拿大其他地方的152座城市，禁止出于美化而使用杀虫剂。在这些省、市，使用合成杀虫剂来改善草坪和美化花园是非法的。

118 这些禁令得到了加拿大最高法院，以及“加拿大癌症协会”的支持。该协会相

当于"美国癌症协会"。安大略家庭医生学院的支持对这些禁令的通过也起到了一定的作用。在重新审视农药对癌症健康产生影响的这些证据后，安大略的家庭医生总结到：

> 对于杀虫剂的使用和癌症之间的关系的研究表明，接触杀虫剂和患某些癌症之间的关系是确定无疑的，对于儿童尤其如此。因为大多数研究对使用多种杀虫剂进行了评估，所以作者们建议尽量减少暴露于各种杀虫剂。

换句话说，因为无法且永不可能证明哪些癌症是由哪些杀虫剂引起的，所以我们要尽可能少使用杀虫剂。类似出于种植无杂草草坪这样没有必要的目的，就一点都不要使用。质疑对销售化学物质没有什么好处，但对孩子的健康有益。"加拿大癌症协会"响应号召而行动起来，宣称杀虫剂和癌症风险的关系如此紧密，不能置之不理。这些正面的观点占了上风。在蒙特利尔，仍然有美丽的法式花园，但它们恰恰是有机法式花园。在多伦多，仍然有公园和运动场，但它们恰恰是有机公园和运动场。实际上，它们已经成为旅游的一个卖点。正如多伦多市酒店免费杂志最近自诩的那样：

> 感谢最近的法规，所有的绿地都摆脱了杀虫剂。2004 年，多伦多成为世界上最大的禁止使用杀虫剂美化草坪和花园的都市。加拿大的塞拉俱乐部的报告指出，乳腺癌与使用农药之间存在明显的关联。许多其他的研究也表明，化学物质和杀虫剂暴露对儿童有害……所以，你大可放心，多伦多的房主、租房者、草坪修剪公司、高尔夫球场和房地产经理如果使用杀虫剂，都将受到 5000 元的处罚。

与此同时，在大西洋的彼岸，欧盟已经重新调整了它的整个化学品政策体系。119
1998 年，欧盟成员国政府摈弃了以前的政策，因为它无法保护民众和环境。2006 年，欧盟议会采用新的立法："化学品注册、评估、授权与限制法"(REACH)。根据新的法律，要想让自己的产品进入或留在市场，化学产品的制造商和进口商必须披露产品的毒性数据。不公布数据，就没有市场。新的规定对新老化学品同样适用，其中包括根据美国法律免检的 62 000 种化学产品。这一规定把化学品监管制度从美国慵懒的监管制度中拯救出来。在美国，证明化学产品有危险的责任落在政府身上。在欧洲，举证化学产品安全性的责任在企业一方，而政府腾出手来限制化学品和强制性地用比较安全的物质替换有毒化学物质。在接下来的几十年，成千上万种化学产品将在欧洲注册。根据新的法律，众多的化学产品需要进行基本测试，法律也鼓励新的快速筛选化学制品毒性的方法的研发(见第六章)。更关键的是,危险化学品的快速甄别以及更安全的替代品的选用将降低人体暴露于致癌物质的概率。

同样令人振奋的是《关于持久性有机污染物的斯德哥尔摩公约》。这项联合国《公约》在 2004 年成为国际法。《公约》旨在全球范围内消除在自然环境下长期保持不变的有毒合成有机化学物质的生产和使用。在持久性有机污染物族群中包括许多致癌的有机氯。正如我们所见,这些化学物质可以散播到全球的每个角落,污染食物链,并且会扰乱激素系统。没有哪个国家能独自掌控它们。在撰写本文时,有 21 种化学物质被列在《斯德哥尔摩公约》要求掌控的黑名单中。它们包括蕾切尔·卡森警告过的许多杀虫剂:狄氏剂、可氯丹、七氯、林丹、灭蚁灵和毒杀芬。鉴
120 于一些国家仍将继续使用 DDT 来预防疟疾,它将是最后被消除的目标。破坏睾酮的多氯联苯也在名单上,同时该《公约》的条款支持人们在世界范围内对识别和控制其余有毒化学物质所做的努力。

《加拿大地方禁止美化用杀虫剂法》、《欧洲化学品新政策》和《斯德哥尔摩公约》,这三个法律的倡导者都值得抗癌倡导者的赞美和支持。它们对我们有可能效仿或在此基础上制定国内的政策有一定的启迪作用。

我们这些癌症幸存者,仅在美国就有 1000 多万,都可以做绿色化学的坚强后盾。这一"从头开始"的举措旨在寻找一种设计化学物质的方式,这种方式从源头就减少或消除包括致癌物质在内的有害物质的生成。

这里,设计这个词非常关键。对于石油化工造成的诸多问题的末端治理的解决办法,绿色化学丝毫不感兴趣。绿色化学不存在对带过滤器的卡车、洗涤器、超级基金清理物质和农药残留是否可以接受的争论。相反,它试图通过生产自身安全的化学产品,消除潜在的危害,合成的有机物和原料都是安全的。对于绿色化学家而言,解决化学毒素的持久性、生物体内累积、阻碍内分泌以及长途运输等问题的关键是在生成阶段,而不是在化学材料进入到商业领域,被释放到我们共享的环境以后的阶段。据此观点,引起或造成人类癌症的化学物质在设计上有缺陷。绿色化学有 12 条基本原则,其中之一就是使用可再生原料(比如,弃用石油,首选土豆皮)。另一条原则是注重原子经济(初始原料中所有的原子应该在最终产品中全部用完。从而,消除需要处理的副产品)。

合成分子竟然像汽车和服装一样需要设计师,这让我们这些化学的外行感到新鲜。事实上,绿色化学的设计往往要比传统石化设计标准更复杂。对于绿色化
121 学来说,大自然似乎是合成化学物质的典范。与大多数以石油为设计起点的工业

化学家相比，大自然在生成新分子的过程中，通常多出好几个步骤。大自然设计精巧。迄今为止，绿色化学最成功的设计案例是以大豆为原料，生产出可以替代甲醛的胶合板胶黏剂。这种胶黏剂在其分子行为上模仿一种贻贝用来附着在岩石上的蛋白质，获得 2007 年"总统绿色化学挑战奖"。

既然有模拟软体动物的胶水这么好的例子，那么，是什么在妨碍绿色化学成为纯化学，即合成所有我们使用材料的默认方法呢？石油和石油化学工业密切关联的基础设施无疑是一个障碍，但至少还有其他两个因素。首先，因为在"有毒物质控制法"(TSCA)指导下的化学监管体系没有要求对已经商业化的有毒化学物质的属性加以识别和解释，制造商没有理由说由绿色化学生产的产品比由非绿色化学合成的产品更安全。绿色化学的创新能力搁浅在制度化的"无知岩石"上；其次，只要能继续把空气、水和土壤当做所有有毒石化废物的廉价存储库，并且能为社会所接受，对绿色化学的经济投资就成了无关紧要的事。

这就是我们——1000 万癌症幸存者和盟友——所关心的问题。我们可以大声呼吁促进绿色化学，全面改革《有毒物质控制法》(TSCA)，使癌症预防战略像戒烟运动一样合法化，并付诸行动。在局部，我们可以使常规的致癌化学物质排放变成一件非常昂贵而棘手的事情。我们可以促使其提高经济成本，也可以让当事者感到羞愧。

也许，你是在接受化疗时读到这些文字的。也许，你现在坐在肿瘤候诊室里或
一个癌症术后正在康复者的床边。也许你想起，你高中化学课曾不及格，只模糊记 122
得碳在元素周期表中的位置(原子序数是第 6 位)。不过，这些都没关系。你可以上网查询《有毒物质排放清单》(TRI)；可以给编辑写信；当县政府开会以对有毒化学物质做出决策时，你可以出现在那里。你应该知道说什么。当皮奥里亚的人们成功地阻止有毒垃圾场扩建时，当地的一位医生说了一句最具影响力的公众话语。他说，"在我的候诊室里，癌症患者已经够多的了。"

我不认为所有有机合成化学物质都应被禁止。我也不主张回到赛璐珞和蓖麻油的时代。据我所知，赛璐珞是易燃、易碎的，而且，我确信蓖麻油也有自身的问题。然而，我相信人类的创造力并不局限于战争行为。化学在 20 世纪后半叶所走的道路只是许多条路当中的一条，甚至不是最富想象力的一条路。

是开始追求不同路径的时候了。从知情的权利到调查的义务，我们有责任开始行动了。

第六章　动物

123　沐浴在明亮的黄绿色灯光下，这些癌细胞活像一只只浮动在浑圆池水中的蝙蝠。此前，我从未像这样凝视过活体癌细胞。活体癌细胞酷似蝙蝠。

"现在，我们来比较这两只细胞。"

我移走了第一只培养皿，用第二只取而代之。之后，我再用显微镜进行观察。在第二只培养皿所呈现的水下景观中，这些癌细胞更像是飘零的落叶。有些成群地大量聚集在一起，另外一些则三五成群地簇拥在一块。

"现在摆放上第三只培养皿。"

现在，这些细胞到处都是。有时像是由岛屿和突出的半岛构成的拼图；有时又像是被撕碎的衣物，被肆意扔进湖中；有时又仿佛是缠绕在陶器碎片上的密密麻麻的藤蔓。没有哪种方式能够详尽地描述出它们的特性。无论其成群结队，还是离群索居，它们都要比举止无常的动物更加杂乱无章，一些疾病像黄道十二星座一样，并因此而得名。*Cancer*(癌症)、*carcinogen*(致癌物质)和 *carcinoma*(癌)，都来自希腊词 *Karakinos*(巨蟹座)。

我现在正参观位于波士顿闹市区的细胞生物学家安娜·索托和卡洛斯的实验室。我应邀对三只培养皿进行对比，它们都含有对雌激素敏感的乳腺癌细胞，而这些细胞源自被称为 MCF-7 的人体细胞系。以第一只培养皿为对照，其细菌培养基，即细胞生长所需的营养物质，不含雌激素。第三只培养皿正好相反，其培养基
124　里注入了已知的、最有效的人类雌激素——雌二醇，其繁殖速度也是最快的。显而易见，在雌激素的辅助下，对雌激素敏感的乳腺肿瘤细胞生长更加迅速，MCF-7 细胞就是这个原理的典型示例。

第二只培养皿中的细胞生长速率适中，但它却揭示了重要的发现。在该培养皿中，我们掺入了微量农药硫丹，一种有机氯杀虫剂。上述三只培养皿是表明农药

硫丹是雌激素的一系列实验的一部分。如同它所模拟的激素一样，硫丹能够促进乳腺癌细胞的分裂和繁殖。

在这方面，硫丹远远不如女性雌二醇的作用强。但是，硫丹可以和其他外源性雌激素一起发挥作用，也就是说，这些外来的化学物质直接或间接地起到雌激素的作用。如果将 10 种不同的类雌激素合成化学品，以 MCF-7 细胞增殖所需激素最小剂量的 1/10 添加到培养基里，细胞增殖现象就会发生。就如同水滴石穿的原理，微量雌激素化学品自身很难发挥什么作用，但它们一旦聚合，就能产生质变。

1954 年，硫丹首次投入市场，并被广泛运用于棉花及色拉作物上。和 DDT 一样，硫丹能抑制睾丸素的生成，且毒性极强，具有生物聚积性和远距离传播的能力。因此，来自南方棉花种植园的硫丹醚可能在北极海狮和鱼类的脂肪中安家。所有这些特征表明此类杀虫剂属于持久性有机污染物。因此，在 2008 年，有人建议将其纳入《斯德哥尔摩公约》中禁止使用的化学品之列。一旦提议生效，硫丹将在全球范围内被彻底禁用和禁止生产。欧盟成员国和其他 20 个国家已禁止使用硫丹。相比之下，美国每年约使用 140 万磅硫丹，主要用于烟草、番茄和各种水果蔬菜预防虫害方面。这一事实让科学家、健康生活倡导者和北极部落政府的首领们异常愤怒。硫丹虽已不再在美国国内生产，但却被进口到美国。这不禁使人质疑，我们 125
放任自流的调控政策是否把美国变成了其他国都不想成为的化学品倾销市场。加利福尼亚民众的生存环境岌岌可危。每年，硫丹总使用量的一半都用在加利福尼亚，而且硫丹是帝王谷阿拉莫河流的常见污染物（在所有的抽样中，有 64％的抽样都含有硫丹污染物质）。迫于压力，美国环保署禁止人们在家庭和花园里使用硫丹。两年后，他们又做出了一项奇怪的决定。决定虽然宣称食物和水中的硫丹残留物会造成难以接受的风险，但是允许它在市场流通。2008 年，至少有 55 位科学家请求美国环保署重新审议其所做出的决定。这个请求被接受了。在我撰写本书的过程中，美国环保署也正在考虑此事。

硫丹能够加速乳腺癌细胞的生长，索托和卡洛斯的这一发现为抵制这种杀虫剂提供了确凿的证据。这是一项重要的发现，因为用动物试验来验证硫丹致癌的可能性是很困难的。在一项研究中，所有的动物在肿瘤形成之前就死亡了。另一项研究则抽样规模太小。“有毒物质和疾病登记机构”在硫丹的毒性档案中这样写道：“无法评价这些结论是否有效”。

我们还是回到显微镜下，再次观察 MCF-7 细胞的状态。它们到底来自谁的乳

腺？患者的命运又是怎样的呢？

要想找出此类问题的答案，绝非易事。医学研究者与捐献自己的细胞组织进行实验的癌症患者之间保持着一定的距离。人们围绕 MCF-7 细胞的研究结果发表了许多文章，对细胞的种种特性也都进行了深入的论述，然而对于细胞的来源，却只字未提。

据我所知，所有培育成功的癌细胞株，包括 MCF-7 细胞在内，永远都不会死亡。这就意味着只要提供适当的营养，这些细胞就会在封闭的培养皿中不断繁殖
126 下去。在这种情况下，经过若干次细胞分裂之后，大部分人类细胞，包括大部分癌症细胞都将死亡。为什么有的癌细胞能够长期存活，而有的却不能，原因无人知晓。由于长生细胞株能够传送到全球各地，这使得许多实验室能够对同一类肿瘤细胞进行长期的研究。长生细胞之于癌症研究人员，如同发酵剂之于面包师一样重要。

据研究人员称，MCF-7 细胞是最古老的乳腺癌细胞株之一，它是最可靠的、有价值的。它的名称也反映出一些有趣的线索。MCF 是位于底特律的“密歇根癌症基金会”的简称，它是一个为全球范围内的实验室提供细胞株的机构；紧跟在字符串后面的数字 7 是指经某位女患者同意从其体内提取细胞，进而培育出一批能够自我繁殖生长的细胞所需的试验次数。最终，人们在第七次实验中获得永久存活的细胞。

“这表示要多次提取癌细胞，是吗？”我打电话询问，想象此过程中细胞提取是否会很疼，不知道这位女患者甘愿接受多少次实验。

“你说对了，”MCF 成员乔·迈克尔斯说道。

我听说女患者的本名叫弗朗西斯·马龙。当癌症被确诊时，她是密歇根梦露海港圣母无玷圣心修道院的一名修女——凯瑟琳·弗朗西斯圣女。真是不可思议，我去过那儿。我是去参加一个关于五大湖区有机氯杀虫剂污染情况的会议，圣母无玷圣心修道院就在那里。因此，我不仅看过她的乳腺细胞，还走过她的房间的走廊，并且在她的餐厅里用过餐。

1970 年，凯瑟琳修女死于乳腺癌。一份旧简报这样报道：“她中等身材，身体纤弱，赤褐色的头发，长着一双灰色眼睛，双手纤细而美丽。”1945 年，在进入圣母无玷圣心修道院前，她在休伦港穆勒黄铜公司作了 25 年的速记员。凯瑟琳的母亲和姐姐都在她之前死于癌症。最终培育出的 MCF-7 细胞株癌细胞，就是从她胸腔的液体里提取出来的。

127 关于她的情况，我只知道这么多。倘若硫丹被禁止使用，我将为凯瑟琳修女点

燃蜡烛，为她祈祷。

在科学领域，化验就是对生物或化学物质进行评估。比如雌激素被界定为能够刺激子宫和阴道细胞增殖的物质。因此，检测动物动情性的传统方法是给雌鼠注射待评估物质，过一段时间后杀掉大鼠，观察其生殖道是否增重，并与对照组进行对比。

这些试验不但复杂、麻烦而且昂贵。出于某种原因，人们通常不采用筛选环境干扰物的方法来检验类似激素效果的可行性。这也引发一个问题：在培养皿中生长的乳腺癌细胞是否能替代啮齿动物来进行内分泌失调试验？迄今为止，动物试验和乳腺癌细胞株试验之间已经取得了高度一致。

采用索托和卡洛斯的方法，细胞株试验最后有可能替代动物研究中的毒性测试。尽管根据《化学品登记、评估和授权与限制法》的要求，欧盟准备对上千种从未详审的化学品进行评估，但是使用动物进行癌症生物实验，似乎比以往更耗时、耗资。

想一想吧，通常仅一次致癌性试验就需要 800 只动物。首先，四组当中，每一组都安排两类不同物种的动物，一般是大鼠和小鼠，每组都要雌雄搭配。前三组动物分别暴露于大剂量、中等剂量和小剂量的被测试物质，第四组为无暴露对照组。每组各由 200 只动物组成，其中各类动物雌雄各占 50 只。接着，通过终生且定期地让被测试的动物以吸入、摄入或皮肤涂抹的方式接触被测试物质，以对其进行监控。在为期两年的试验结束时，研究人员将暴露组和未暴露组动物的肿瘤模式进 128
行对比，从而判断四组动物是否存在差异。之后，病理学家还需要几年时间来评估和综合肿瘤数据。这是测试化学物品的规定程序。现在回想一下，市面上大约有 8 万种化学品，每年又要增加约 700 种新产品。我们没有足够的鼠、资金和时间去一一测试，更别说测试它们混合在一起的效果或比较早期暴露和晚期暴露的效果了。

自 1971 年起，国际癌症研究机构为世界卫生组织进行了一系列为期两年的啮齿动物活体试验。据最新统计，该机构已对约 900 种化学品进行了检测，其中有 400 种被确定为人类致癌物质或潜在致癌物。在美国，国家毒理学项目组承担了此类试验，并向全国通报了试验结果（发布于著名的《致癌物质通讯》杂志上，现在已经出版了第 11 期）。迄今为止，已完成了 600 多种化学品的啮齿动物癌症生物鉴定。证据表明，其中大约一半的化学物质具有致癌性。这并不是说，我们能够据此推断，市面上有一半的化学品会诱发癌症。为期两年的耗时耗资的生物试验所选的化学品并不是随机挑选的，被选中的化学品是有前科的。根据迄今为止获得的所有试验结果，毒理学家估计，在商业使用的化学品中，大约有 5%～10%可以确定是人类致癌物质。然而，上述的百分比却意味着有 4000～8000 种致癌化学品。该总数与政府毒理学项目以及相应的国际研究机构所界定的 300～400 种致癌物质相差甚远，这个差额大概能反映出仍在我们的生活中流通的、尚未被鉴定的致癌物质的数量。

面对被称作"普通化学品基本毒性数据缺失"这一巨大黑洞，许多科学家提出疑问，是否放弃以两年为周期的啮齿动物试验，去发掘新的化学品检验方法还为时
129 过早。在理想情况下，这些方法可以既快捷又经济地评估化学品和考察化学品可能致癌的整个机制。2007 年，"国家研究委员会"召开紧急对话，商讨如何借助基因组学和计算科学的发展优势，探索全新的毒性测试方法。这一展望的前沿和核心是高通量筛选试验。这些试验是全自动的(由智能机器人完成)，其特点是能够迅捷地完成对成千上万种化学品进行的大规模试验。新的试验方法不都是用动物做试验，而是人类细胞或细胞成分。

这些试验以已知的、因暴露于化学物质而紊乱的细胞内的生理过程为重点，主要是筛查诸如基因活动或细胞通讯等变化。要做到这点，研究人员要掌握维持细胞正常活动的基因、蛋白质和受体分子之间相互关联的新知识。已知的致癌化学物质会造成细胞网络内某些路径的紊乱。因此，不论哪种化学品，只要它以相同的方式扰乱相同的路径，我们都可推断它为致癌物质。不过，这只是理论。我们已经探讨过其中的一种路径：雌激素信号会导致乳腺细胞增殖。因此，任何能产生与使乳腺细胞增殖相同效果的化学品，都可以说它具有雌激素性质。所以，没有必要再去给大鼠注射有疑问的化学品，然后把它杀死，称量其子宫的质量了。

对数以万计的化学品而言，一窝蜂地进行高通量筛查试验并应用其他生物技术(其中很多名称都很古怪，如"毒理基因组学"和"生物信息学")，可能会产生大量我们无法解释的相关数据。假如翘首期盼的毒性测试的黎明真的来临了，那么，我们接着要做的第一件事就是用已熟知的化学品来检验新的验证法的有效性。新的验证方法能够准确地确定那些已表明能够诱发动物癌症的化学品是人类致癌物吗？在我撰写本书时，这项工作才刚刚开始。第二个问题就是，在毒理学家弄清这个问题之前，我们该做些什么呢？

～～～～～～～～

130 在一次全国性的乳腺癌工作会议上，经人介绍，我认识了一位知名度很高的研

究人员，我对他的研究工作非常敬仰。晚餐时，我们谈到了他近期所做的实验，我问他使用哪种细胞株做实验。

“MCF-7 细胞株。这是耳熟能详的细胞株。”

“您知道她是一位修女吗？”

他沉默了很久。我看得出他对这个突如其来的问题有些不知所措。他眨了眨眼，喝了几口玻璃杯里的冰水。

“这么说，MCF 就是她名字的首字母吗？”，他的声音低沉而柔和。

“其实不是……”

我建议把 MCF-7 细胞重新命名为 IBFM-7 细胞，即弗朗西斯·马龙之不朽乳腺的第七次试验。我们要让它成为一个广为人知的誓言：为你而破碎的是我的身体，人们会记住我。

~~~~~~~~~~~~~~~~~~~~~~

未检测的化学品让我们不堪重负，而我们的动物朋友们也无力再帮助我们弄清它们的毒性。实验使活蹦乱跳的动物们患上肿瘤，然后慢慢地痛苦死去。尽管一只小鼠的自然寿命仅有 2.5 年，大鼠 3 年，但现在的情况是我们需要测试成千上万种化学合成品，而且，我们现在就需要测试结果。不管怎样，一方面，我十分感激迄今为止动物给我们提供的癌症方面的知识；另一方面，一想到为了获取数据而杀死那么多动物，我们却在很大程度上没有利用它们所提供的信息有所作为，我就感到十分难过。作为膀胱癌患者，我亏欠狗的太多。

在动物身上进行致癌性试验的历史与有组织的劳工史密不可分。早在 1938 年，人们就进行了一系列在当时算是很经典的实验，发现暴露于由煤提炼出的合成
染料以及芳香胺类化学物质，狗会患膀胱癌。这些实验结果有助于解释为什么染 131
料工人患膀胱癌的概率如此之高。1854 年，随着苯胺紫的发明，布匹和皮革的印染中所使用的天然植物染料逐渐被合成染料所取代。20 世纪初，染料工人的膀胱癌发病率急剧上升，在活体狗身上进行的试验帮助我们揭开了这一谜团。几十年后，随着芳香胺作为加速剂和防锈剂添加到橡胶和切削油里，轮胎产业工人、机械师和金属行业工人开始患膀胱癌。原因究竟何在？对此，在活体狗身上进行的试验首先提供了解释。

作为人类日常生活中的宠物和伙伴，狗在为人类研究环境与癌症之间的关联方面依旧提供重要线索。一项针对 8000 多只狗进行的试验结果表明，它们所患的膀胱癌与生活在工业区密切相关，这一模式也映射出人类膀胱癌的地理分布情况。
~~~~~~~~~~~~~~~~~~~~~~

在很大程度上，宠物狗患膀胱癌与直接在它们身上使用消灭跳蚤的杀虫剂和杀死蜱虫的药液有关，如果狗长得肥胖或者生活在有杀虫剂污染源的地方，情况更是如此。在意大利，小狗们如果生活在非法随处处理垃圾的那不勒斯东北部，它们极有可能患上淋巴肿瘤。居住在这片有“死亡三角”之称的地区的人们死于癌症的概率也很高。在越南，接触过除草剂橙剂的军犬患膀胱癌的概率就会大大增加。根据一些兽医对苏格兰小猎犬癌症发病率的研究，苏格兰小猎犬很容易患膀胱癌，因此它们对环境中的膀胱癌致癌物质非常敏感。

对化学品检验的最佳筛查计划，人们议论纷纷，但无论人们垂青哪种计划，在培养皿中繁殖的人类细胞株具有局限性。在更为敏感的体外实验细胞被培植出来之前，实验室动物将继续为人类提供有关致癌物质是如何引发癌症的重要线索。比如，生命早期暴露于化学品会如何改变发育过程，进而导致后期的患癌风险。在
132 乳腺癌研究方面，这个问题的重要性无出其右。要回答该问题，不仅需要整个生物体，还需借以时日。

哺乳动物因其乳腺而得名。尽管啮齿动物的乳腺和人类的乳腺似乎毫无共同之处——鼠类有 10 个乳头，而我们人类只有 2 个乳头——但胸部的发育过程和解剖结果却有着惊人的相似之处。幼年时期，雌性啮齿动物和人类女性的胸部组织尚未发育成熟，它们由一连串被称为管道的细长管体组成。乳头基本上是一个滤筛，乳腺导管通向乳头。导管的末端，即胸壁背面，是泪滴状的端乳芽，每根导管都看似一条艇桨。到了青春期，在雌性激素的刺激下，导管以端乳芽为主导，出现分支和伸长，像小型的除雪机一样。一旦成熟，乳芽将自行消失，转变成一片片可以产生乳汁的小叶。脂肪包围着导管和小叶，使得其整体结构就像是结满果实的果园一般。尽管发育的时间不尽相同，但基于相同的原理，所有的雌性哺乳动物都要经历这样的过程。无论哪类物种，端乳芽出现的阶段都围绕在青春期之前、中间和之后这段时期。

化学致癌物质对端乳芽细胞的影响非常大。因此，致癌物暴露越少越好，青春期完成转化的时间也越早越好。在大鼠身上进行的实验结果表明，包括环境化学物质在内的一切物质，只要在生命初期使端乳芽细胞的数量有所上升或延迟乳芽的成熟，即便其基因没有受到破坏，乳腺癌发病风险也会大大增加。如果端乳芽在青春期后仍未消失，它将提高乳房对致癌物的敏感程度。如第一章所述，除草剂阿特拉津有以下功效：如果实验室里的啮齿动物在出生前暴露于阿特拉津，其青春期乳腺的发育将会延缓，端乳芽的数量也会增加。在大鼠出生之前，如果让其暴露
133 于少量的阿特拉津代谢混合物，雌性幼崽腺体的发育就会延缓，并且这种影响一直

会持续到其成年期。也就是说，出生前就暴露于阿特拉津的大鼠，其乳房内部解剖结构与未暴露于阿特拉津的大鼠的乳房大不相同。一旦这些老鼠繁殖后代，暴露于阿特拉津的母鼠所生的幼鼠，其哺乳期时的体重较轻。母鼠乳腺发育不良，极可能造成产奶量不足。毋庸置疑，只使用细胞株进行实验是不可能发现这些的。

然而，动物研究不能提供完全一致的结论，对阿特拉津的研究就是个教训：一些暴露于阿特拉津的实验鼠患乳腺癌的概率增大，但鼠乳腺癌发病的途径却与人类无关。具体地说，阿特拉津导致鼠的生殖器官过早老化，被认为与雌激素水平提高有关。相反，生殖器官老化降低人类体内雌激素的水平。2003 年，环境保护署决定允许继续使用阿特拉津，依据是：这种特殊鼠与人类之间存在着生理差异。有人说这是主观臆断。

当被确诊患了一种叫做移行细胞癌的膀胱癌时，我才刚 20 出头。我所得的病至少和圣劳伦斯河里的白鲸所得的病毫无差别。

圣劳伦斯河从安大略湖开始流向东北方向，斜贯加拿大魁北克省，像一只喇叭一样融入北大西洋，在河流与海洋潮汐的交汇处形成了世界上最深、最长的河口。这里曾经生活着成千只白鲸，现在只剩下大概 650 只还生活在这片过渡水域。该河口还汇集了一些横穿加拿大南部以及美国东北部工业区的支流。

白鲸体型小，长有牙齿，表皮为白色。

1985 年，在解剖一具被冲到岸边的白鲸尸体时，人们首次发现移行细胞癌。134
这个发现格外引人瞩目，因为在附近向圣劳伦斯河排放废水的炼铝厂工作的工人们也相继被查出患有此类膀胱癌。

肉眼血尿或尿液中明显带血是膀胱癌的常见症状。我不知道白鲸是如何感受这种症状的，也许是通过嗅觉器官吧。在汽车餐馆快下早班时，我才发现自己出现了肉眼血尿症状。送完最后一轮番茄酱瓶和果酱瓶后，我去了趟洗手间。冲洗便池时，我惊呆了，尿液就像樱桃饮料一样，我在那呆呆地站了很久。

突然间，我想起了甜菜，一片片的红甜菜。这是厨师特意为午餐准备的，我空闲时也吃了许多。莫非是甜菜导致我的尿液变红？还有什么其他的解释吗？

我发誓再也不吃红甜菜了。三周后，我从一家烘烤店下夜班回到家，脱下工作服，去了洗手间。冲厕的时候……发现便池里都是血，鲜亮而稠密，我赶快驾车去了急诊室。

红甜菜不是罪魁祸首。

对于生活在圣劳伦斯河里的白鲸而言，膀胱癌是使它们数量减少的几种癌症之一。1988 年，兽医在对四具白鲸进行尸体解剖时发现了肿瘤，这 4 头白鲸来自 13 头白鲸组成的鲸群，经过 10 个多月的漂流后，它们被冲到一条被污染的河岸上。此外，一头幼年雌白鲸尚未发育完全的乳腺导管反映出不正常的增殖状况。这种病症被称为导管增生，它使女性患乳腺癌的风险增大。(鲸是哺乳动物，因而也有乳腺;白鲸的乳腺位于阴道的两侧，仅能看见乳头，其腺体藏在一层鲸脂之下。)

1994 年，人们公布了另外 24 具搁浅的白鲸的尸检报告。在其中 12 具尸体里，
135 共发现了 21 个肿瘤，其中有 6 个是恶性肿瘤。到 2002 年，人们共解剖了 129 具搁浅的鲸的尸体，发现其中 27%患有癌症，这一比例接近该地区居民患癌症的比例。迄今为止，在白鲸体内发现的癌症包括膀胱癌、胃癌、肠道癌、唾腺癌、乳腺癌和卵巢癌，其中，肠道癌发病率特别高。生活在污染较轻的北冰洋的白鲸，竟无一例患癌症的报道。实际上，圣劳伦斯河的白鲸比北阿拉斯加的同伴死亡得更早，这在一定程度上是由于癌症病发率较高。研究人员这样总结道："这些观察表明，因为人类和寿命较长、高度进化的哺乳动物生活在同一片家园，暴露于相同的环境污染物，因此，他们面临相同的、特定类型的癌症的威胁。"

比癌症更为麻烦的是，圣劳伦斯河口的白鲸难以繁殖后代。当为找出问题的可能原因而对鲸脂进行化学分析时，人们发现在白鲸的脂肪里溶解了持久性有机污染物的混合物——含量之大是以前活的有机体内从未有过的。从猎鱼者靠飞镖和箭获得的活性切片组织的分析表明，随意游动的活鲸，其鲸脂内携带着相同的污染物，但浓度较低。多氯联苯和 DDT 这两种污染物在圣劳伦斯河流域的使用也有一段历史了。但另外三种杀虫剂：氯丹、毒杀芬和灭蚁灵却从未在此被用过。(早在 2004 年，以上几种化学品都在《斯德哥尔摩公约》禁止使用的化学品之列。)研究人员在河口水域和沉淀物中发现了毒杀芬和氯丹。据推测，这两种曾在美国南部被大量使用过的农药，随着从那里刮来的大风，被携带到这片海域。很久以前，灭蚁灵被用于控制南部的火蚁，但是无论在河口水域还是在淤泥中，都未曾发现灭蚁灵。在这片水域栖息的其他海洋类哺乳动物体内，也没有发现灭蚁灵。那么，灭蚁灵又是如何进入到生活在该水域里的白鲸的脂肪里的呢?

白鲸爱吃鳗鱼，答案或许就在鳗鱼身上。秋季，鳗鱼迁徙时会穿过安大略湖那冰冷而深邃的圣劳伦斯河道，游向马尾藻海的温暖水域。我们在这些劳伦斯鳗鱼
136 肉里发现了灭蚁灵。在作为鳗鱼发源地的安大略湖流域，灭蚁灵来自两个方面：

一是尼亚加拉附近的杀虫剂制造厂，二是曾发生灭蚁灵意外泄漏的奥斯威戈河。显然，在污染地带和 600 英里以外白鲸生活的水域之间，鳗鱼担当着信使的角色。

鳗鱼有些奇怪，它们在淡水和盐水流域穿梭。它们迁徙几千英里为了产卵，这一点颇似鲑鱼。但鳗鱼的迁徙之路却与鲑鱼恰恰相反：它们住在江河湖泊中长达 12～24 年的时间，之后游向海洋产卵。幼年鳗鱼，其体型和大小都像柳叶，出生后的第一年就准备游回湖泊。

人们对鳗鱼从其出生地——又一个污染地带——带回什么有毒物质知之甚少。椭圆形的马尾藻海位于墨西哥湾暖流的顺时针环流之中，水况极为平静。百慕大群岛位于马尾藻海的中部，来自北美、欧洲和非洲淡水流域的鳗鱼纷纷聚集到此地产卵。马尾藻海地处旋转环流的中心地带，所以，来自整个大西洋，尤其是来自美国和加勒比海岸的海草和海洋废弃物都聚集于此。大西洋的其他海洋残留物和化学污染物，如 DDT 和焦油球，也会慢慢漂过来，进入诗人埃兹拉·庞德曾描绘的“聚积残留物的海洋仓库”。

我尽量善待我病房里的室友，别人则不然。术后，我们都在慢慢地恢复。她的情况比发生在佩金的姑娘们身上的更为典型：超速驾驶与醉酒男孩儿。她是唯一的幸存者，这条新闻上了头版。因为护士不告诉她发生了什么事，因此我把报纸上的报道大声地读给她听。大部分时间里，她都在睡觉和看电视，而我却在凝视着她。

出了这间病房，我们俩的生活轨迹截然不同，至少我是这样认为的。我也曾想弄清楚，我怎么会和她一起待在这儿。我是生物学专业的高材生。我对现代诗歌颇感兴趣，认为酒精、毒品、电视和垃圾食品会让人毫无前途。我回到这个城镇，只是来度暑假，而现在新学期已经开始了，我却还在这儿。某种险恶的激流把我们卷 137
进了这家医院，但和邻床病友不同的是，没人对我的情况做出解释。报纸上说她没有生命危险，那我呢？

我凝视着薄毯下自己双腿的轮廓、投射到床单上的手的影子、床单和薄毯之间弯弯曲曲的是讨厌的导尿管。我感到像是只被残酷且毫无意义的事物所伤害的动物，感到自己被压扁了。我的室友双手托腮，脸色苍白，仔细打量着我，她的男友和哥哥都死了。

“我想这段时间我得停止开派对了。”

此时，悲欢已无区别，我们大笑了起来。

“我想我要重新开始。”

白鲸的遭遇既是区域性的，也是全球性的。沿着河流两岸的铝冶炼厂和其他化工厂排放的苯并芘污染了河水。这是一种众所周知的、毒性极强的致癌物质。

作为多环芳香烃(PAH)的一种，苯并芘很少有目的地生产。苯并芘的分子由20个碳原子组成，组合方式是上面两个六角形的环，下面三个六角形的环。焚烧木材、汽油和烟草等有机物都可能生成苯并芘。它还存在于煤焦油中，煤焦油经蒸馏后可制造几种人们熟知的产品。其中之一就是木馏油，用于木材防腐(不妨想想在炎炎夏日里电线杆发出的气味)；另一种是用于铺盖屋顶和冶炼铝所用的沥青。

苯并芘诱发癌症的方式既简单又直接。几乎一切生物都拥有一组类似的细胞酶，它对侵入机体的疑似有害化学物质进行脱毒和代谢。当遇到苯并芘时，细胞酶所采取的第一个行动就是通过向苯并芘分子内插入氧来分解它。然而，极具讽刺
138 意味的是，氧的添加不但不能脱毒，反倒激活了它。结果，被改变了的苯并芘分子获得了紧紧依附在DNA链上的能力。像这样依附着的化学入侵分子被称为DNA加合物，它可能造成基因变异。如果未修复，它们造成的损害就会更加严重，继而诱发癌症。(一些多氯联苯可以激活一系列酶，将苯并芘转化成变异的致癌物质，从而使这两种同时出现的有害物质产生致命的相互作用。)

附着在某一机体DNA上的加合物的数量被认为是测量苯并芘暴露程度的有效手段。搁浅在圣劳伦斯河里的白鲸，其大脑组织里的DNA所携带的加合物数量之大，令人咂舌。这些动物的苯并芘暴露水平接近在实验室动物体内足以引起生物鉴定反应的水平。相反，在生活于加拿大较原始河口的白鲸，其体内并没有检测出DNA加合物。

终于出院了，我打开宿舍的门，看到的是光秃秃的床垫。我的行为变得诡秘起来，并且有了领地意识，在女厕里隔出了一个自己喜欢的小隔间。自从返校后，我每隔3个月就去医院做膀胱镜、细胞和其他医疗检查，而且不告诉任何人我要去哪儿。差不多一学期或一个季度检查一次。时光荏苒，我仍在餐馆当服务生，学习成绩也很优异。本科毕业后，我开始攻读研究生，不再研究草类，转而研究树木。自从发现尿血后，我每次便后都不自觉地检查下便池，至今仍如此。

五年后，我的常规检查变成一年一次，我再也不用被医保制度束缚手脚了。这一改变令人惴惴不安，但对于把人的五脏六腑当做采集数据的研究中心似乎是件再平常不过的事了。我立马接受了哥斯达黎加提供的一个研究员职位，并开始在野外研究鬼蟹。这是一种脆弱的物种，它们在热带雨林带边缘的太平洋海岸上建造巢穴。在研究即将结束、就要乘飞机离开的前一天晚上，我做了个栩栩如生的梦。

梦里，我在海边散步时，发现一只奄奄一息的、像鲸一样大的淡橙色螃蟹被冲 139
到海滩上。我在它旁边躺下，慢慢地，它用它那巨大的钳子把我抱住。我把手放在它的躯壳上，拥抱了它。我并不害怕。就像电影的最后一个镜头一样，巨大的字母出现在我们上方的天空中，拼写成一个巨大的单词——G-R-A-C-E(恩泽)。

对于我们这些在热带骄阳下炙烤，试图监控那些神出鬼没、快如闪电的动物的行踪的人们来说，这个梦境相当滑稽。直到回家后，我才将这个梦和五年来对癌症可能发展状况进行的紧张监测联系起来。“巨蟹座”、“致癌物质”和“癌症”都来自希腊词汇 Karakinos(巨蟹座)。

鬼蟹。

在有关“白鲸的未来”的国际论坛上，生态环境保护者莱昂内·皮帕德提出了下列问题：

> 请告诉我，圣劳伦斯河里的白鲸嗜酒如命吗？它们是烟鬼吗？它们有不良的饮食习惯吗？……那么，它们为什么会生病？……你认为自己对此有免疫力，而只有白鲸才受此影响吗？

1964 年，病理学家及内科医生克莱德·达维在马里兰州大熊湖中发现了患有肝癌的白亚口鱼。这是首次在野生鱼体内发现该类疾病。对此，达维忧心忡忡。对个别鱼患肿瘤的孤立事件，以前也有过报道。但大量鱼体内出现肝癌的情况，此前却从未遇到过。对于其他鱼群或者其他物种而言，又将会发生什么呢？

第二年，在达维的敦促下，“国家癌症研究所”设立了“低等动物肿瘤登记处”，
旨在促进对冷血脊椎动物，例如，对鱼、两栖动物和爬行动物以及像珊瑚、螃蟹、蛤 140
蚌、蜗牛和牡蛎之类的无脊椎动物所患癌症进行的研究。在接下来的 40 年里，无论哪个野外生物学家发现长有肿瘤的动物，无论是活的、冷冻的或储藏的都可以送交登记处。任何人都可以这么做。实际上，关心此事的市民已提供 7700 只动物，1000 多个物种登记入册。2007 年，国家癌症研究所结束了登记资助。

登记处整理的资料和对野生动物所进行的癌症研究表明，至少某些低等生物所患的癌症，尤其是鱼类的肝癌，与环境污染密切相关。这些模式也给我们这些高级动物发出了紧急信号。首先，绝大多数患癌症的冷血动物，如褐色大头鲶鱼和英国鳎鱼，都是水生底栖动物，而河流湖泊以及海洋河口的底部，正是污染物高度聚集之地。不仅如此，如果把提取的沉淀物涂抹在实验室里的健康鱼身上、注射到鱼卵里或添加到鱼缸里，会使大量的鱼患上癌症。其次，患肝癌的鱼群大多聚集在存

在环境污染的区域——五大湖河口、普吉湾海港、东海岸港湾——而生活在无污染区域的同类几乎不患癌症。同无污染区域的近乎零癌症率相比，世界上海洋鱼群所患的癌症都与存在化学污染物有关。再次，实验室针对水族馆的研究显示，能同时诱发人类和啮齿动物患癌症的致癌物质，也会引起鱼类和软体动物患癌症，因为通常这些污染物被代谢的方式是相同的。

我提出了一个巡游的主意，参加者均为癌症患者，目的地是已知的患癌动物栖
141 息的各个水域，路线是从缅因州的考博斯库克海湾出发到普吉特海湾的达沃米士河流。活动包括在这些水域的河岸边集会，集体思考我们与水中动物的千丝万缕的联系。我们可以用里昂·皮帕德在白鲸大会上所提的问题作为开始：“你认为自己对此有免疫力吗？”。我想以福克斯河为旅行终点站。福克斯河从威斯康星向南流淌，汇入渥太华江城附近的伊利诺伊河，其上游离我家乡约 75 英里(1 英里＝1609.344 米)。福克斯河流的鱼群——大眼鱼、小梭鱼、大头鱼、鲤鱼和大头叶唇亚口鱼——都是最早被发现患癌症的鱼。我不愿带领大伙去这片应为污染负责的老工业区。我倒是愿带大家去水牛岩，这是一座 90 英尺(1 英尺＝0.3048 米)高的绝壁，离伊利诺伊河下游与福克斯河交汇处仅一两英里远。在这，整个河谷在眼前一览无余。

20 世纪 30 年代，水牛岩的生态环境遭到破坏，究其原因，是一座露天矿向表层土壤排放有毒页岩和黄铁矿所致。无论是动物还是植物，一切生命形态都惨遭灭顶之灾。几十年来，这里只剩下参差不齐的悬崖峭壁，任凭酸性物质流到河中。

1983 年，艺术家迈克尔·黑泽尔受命帮助修缮水牛岩。受到美国原始土著土丘的启发，黑泽尔使用推土机把 30 英尺的沟壑雕琢成 5 种水生动物的形状：水黾、青蛙、鲶鱼、啮龟和蛇。每个泥土雕刻都长达百余尺，上面黑麦草横生。你可以爬上鲶鱼腮须，走在水黾的腿上，躺在蛇的头上。

我想把巡游选在九月的某个下午，天空碧蓝，犹如矢车菊一般。癌症幸存者们将聚集在这些不朽的动物的背上，站在这个我们毁灭后又重修的地方，见证一切。

第七章 泥土

“凡有血气的，皆为劲草”——以赛亚书 40：6 143

听母亲说，屠宰日是个喜庆的节日。准备工作在几个星期前就已开始。祖母亲手为五个孙女儿缝制了被称为“屠宰礼服”的新衣服。母亲嘱咐说，这衣服不是普通的工作服，而是真正的盛装礼服。它们是主人对前来帮助屠宰和分享美食的客人的尊敬。

听露西阿姨说，屠宰日往往天还灰蒙蒙时就开始准备了。破晓前，院子里燃起炉火，把一锅锅水烧得沸腾。厨房里摆上了刀具，站着一些陌生人。她记得，当时她踮着脚穿过房间，竖着耳朵，终于听到……一声枪响。露西阿姨坚决反对穿屠宰礼服的习俗。

女孩们不会参与叔辈们的活动，因为在他们看来，屠宰日是男人的节日。男孩们跟着父辈们，一起杀猪，分享其中的秘诀，还可享用猪睾丸。

《农场屠猪》的故事因主要描写乡村盛宴的热闹场面、独特的服饰和杀猪的枪声而世代传颂，经久不衰，这后代中就包括我和我众多表兄弟和表姐妹们。我更喜欢母亲讲的故事，因为她可以把做腊肠的情节讲得活灵活现。她的故事从烫猪、刮
猪鬃的场面开始，然后详细地讲述女性们怎样清理猪肠(清理后的猪肠很快就变成 144
了肠衣)，最后就是桑德老伯拿手的压制腊肠的重头戏。桑德大伯在这一方面是最棒的，因为他总是能恰到好处地将灌满猪肉的肠衣变成一串完美的腊肠。人们将腊肠卷曲着存放在五加仑的瓦缸里，然后用融化的猪油覆盖。这些腊肠可以在农场的地窖中安然地度过冬天。

不管怎样，所有的这些场景说明了为什么在我的架子上摆满了大罐大罐的豆子、面粉、谷物、大米、麦片和面食。在我的厨房里，总是煮着或浸泡着什么东西，仿

佛有一大家子人要在这里吃饭。我喜欢购物，喜欢储备食物，喜欢满载而归的感觉。我喜欢看到水果盘里满是水果、保鲜盒里蔬菜充盈、橱柜里放着洋葱、水槽下面堆着土豆，还有在墙上钉着蒜头圈。胡萝卜上带的泥土越多，我就越喜欢。虽然我不存储腊肠，但我喜欢想象桑德老伯在挤压机边弯着腰，超长的腊肠花环绕过他的肩头，好像一串圣诞灯似的情景。

自从《寂静的春天》问世，美国的农业发生了翻天覆地的变化。先是农田数量的锐减。现如今，伊利诺伊州的农场数量不到1960年的一半。根据最后一次的统计数据，在我的家乡县里只有998个农场。另一个变化就是土地所有权与使用权的分离：如今，超过半数的美国农田是由非所有者耕种的。例如，我的表兄约翰把他在塞布鲁克附近耕种的1300英亩农田的大部分出租了。在这样的情况下，农业景观也变得更加统一，院场空地上的家畜都消失了，原因在于畜牧业已从种植业中分离出来，成为了独立的产业。2007年，有3%的伊利诺伊州农场饲养奶牛，8%的农场饲养鸡，而100年前，这些数字分别为80%和97%。与此同时，每一个农场里
145 农作物的种类不断减少。在过去的50多年里，伊利诺伊州的水果、蔬菜、干草、小麦和燕麦的产量一直在下降。很多果园、牧场、菜地还有林地均已被开发成大片的玉米田和大豆田。2007年，仅牲畜直接吃掉的玉米和大豆，就占伊利诺伊州农作物现金收入总额的90%还多。

所有这些变化都使农业离我们越来越遥远。对于吃的食物是怎么来的，从哪里来的，是谁种植的，我们知之甚少。甚至在我们身边了解这些事情的人也正在减少。农场的话题从我们的社区中消失了，虽然没有被写进农业统计数据里，但是改变依旧发生了。

在成长过程中，我很幸运，可以听到这样的农家话题，这不仅仅是因为母亲的祖辈都是农民，还跟我在路边餐馆做过招待有关。每逢下雨天，农民们就会从田里涌进餐馆，逗留一阵。有些人只是倒杯咖啡，然后，一边喝咖啡，一边听别人说话。还有一些人还没下田干活，就早早地来到这里。事实上，从凌晨四点到五点这段时间是最不可思议的，那个时候最后一拨值班工人在包间里还没有走，第一拨农民就开始在柜台前排起了长队。这边谈论着劳工合同，那边聊着天气和粮食价格。窗外，随着夜色的褪去，错落有致的玉米田和大豆田变得逐渐清晰可见。

我曾端着整盘的薄煎饼和辣味儿汉堡在那个咖啡馆里穿梭，如今，当我带着外甥们来到咖啡馆，却看不到几个农民，虽有人在闲谈，但显得那么冷清。

自从蕾切尔·卡森指出，人们对杀虫剂的依赖日益加深的趋势非常危险后，按

其他标准衡量，农业没有发生什么显著的变化。事实上，迄今为止人们所概括的许多变化已经直接或间接地发生了。正如在《寂静的春天》一书中所描述的那样，农业生产已经在以化学为依托的道路上越走越远。

二战后，人工合成化学物质被引进到农业中，这减少了农业对劳动力的需求。146
几乎与此同时，每英亩农作物的利润直线下降。所有这些变化迫使农民不得不经营更多的农田来养家糊口，农场的平均规模也因此变得更大。(或许，正如罗伊舅舅所言："如今你不耕上半个州的地，你都没法活"。)鼓励农民种植单一作物的联邦农场计划，进一步加大了对用于控制病虫害的化学杀虫剂的需求。而使用化学农药的行为本身也导致了更多的化学物质的生产，这样才能应对更多的生态变化。

例如，越来越多地使用除草剂破坏了传统的作物轮作。所谓作物轮作，就像保留剧目的轮演一样，人们在同一块田上依次循环耕种一系列作物，如从种玉米到种燕麦、干草、紫花苜蓿，然后再回到种玉米，每次轮作都会在不同程度上改变土壤的化学或物理特性。由于除草剂的残留物可以在土壤里越冬，因此它会影响到下季度土壤对化学敏感作物的播种。因此，农民可能会在同一块土地上年复一年地种植对除草剂不敏感的玉米(农民们将这种做法称之为"玉米接玉米")。因为害虫繁殖周期不再被植物类型的改变所打断，缺乏作物轮作反过来会致使病虫害增多，而这种做法的结果则是虫灾的泛滥又导致杀虫剂的大量使用。同玉米和其他谷物轮作的紫花苜蓿有着天然的抑制野草的效果，可由于用于农耕的牲畜没有了，紫花苜蓿在当地也就没了市场。简单的犁耕有助于控制多种野草和害虫的滋生，但是为了防止表层土壤流失，农民被迫对大片的农田采取少耕或不耕的做法。

～～～～～～～～～～

玉米田和大豆田大不一样。

大豆田是不起眼的，它们的外观保持不变。因为一些难以名状的原因，我觉得它们还有些令人伤感。而当穿行在大豆田里时，我更感到难过。大豆是种纤弱的植物，像苜蓿、豌豆、紫花苜蓿等其他豆科植物一样，大豆的叶子非常柔软。长成后的大豆秧就像一株小灌木，最高的恐怕也比人的腿高不了多少。但是到了秋天，枝 147
蔓不显眼的缠绕行为就显露出了其亚洲藤本植物的本性。尽管有着谦逊的特点，大豆的各种高产种类仍被赋予了"强壮"的名字：杰克、博利森、法老，听起来有点像避孕套的品牌。

伊利诺伊的大豆在仲夏时节开花，每株大概可结 60～80 个豆荚。多刺的豆荚摸起来毛茸茸的，很饱满。每个豆荚平均结 3 个圆圆的、浅黄色的豆粒儿。到了深秋，大豆的植株仿佛迷失了自我，它们由深绿色变成了金黄色，然后又莫名其妙地变成棕红色。几种色彩融为一体，落到地面，就好像铺了一层柔软的地毯，使人不禁想踏在上面，甚至想躺在上面。

玉米田与大豆田截然不同。玉米的形象很生动，发芽出土时簇拥的枝叶翠绿而肥大，并日趋长得高挑、挺拔，最后就像人一样一排排地伫立在那。玉米是骄傲的，似乎站在那里审判着什么。它张扬的枝干——穗、缨、须、秸秆——足以改变田地的景观。到了夏末，曾经让人放眼望去就可一切尽收眼底的乡间小路，已经变成了厚实的玉米墙之间的小斜槽。但是，这只是一维的视角。要想真正领略玉米田的浩瀚，你得掀开屏障，亲自深入其中。

穿越玉米田的时候，你会感到有种遮蔽感。也会产生疯狂的想法，甚至会感到有些恐慌，就像是在一个大湖里游泳却突然发现自己远离了河岸。当玉米长到一人多高时，它既能使人平静，也能使人迷失方向。七月末，俯瞰玉米田，密密麻麻的，看不到一点儿缝隙。穿越其中，它布满纤维的长叶子会划得你体无完肤。即使玉米还没成熟，叶子还没发黄，玉米田也在不停地沙沙作响。那是一种柔软的嘶嘶声，和雪花飘落的声音并无二致。“倾听玉米的成长”这句话表达了对它的崇敬之情，而不是一句无聊的调侃。

148 玉米就像是草，是草就要随风而动。玉米须包裹着的穗是玉米的雌花，每株玉米结 1～3 个穗。而玉米的丰收就要看花粉粒的表现了。花粉粒从金红色的缨顶上被零零散散地吹落，好像云朵一样飘在田野上，从穗上滚落到玉米须的末端。每一缕都将是一颗谷粒。就像沿着一条线穿过迷宫一样，一粒花粉把染色体沿着玉米须送到谷粒，从而完成受精。每个穗大约有 600 颗谷粒，每英亩土地大约有 3 万株玉米，这个过程必须独立，而且要无数次成功地完成。

在伊利诺伊州中部，人们用玉米而不是大豆来表达对生活的感受。“玉米生长天气”意味着炎热、日照强和潮湿的气候。这样的条件可能也适合大豆生长，但没有人叫它“大豆生长天气”。大豆是在 19 世纪末从中国引进的，对伊利诺伊州种植业来说，它还只是个新成员。我们还没来得及将大豆完全融入有关我们的“神话”之中，关于玉米的寓言却不胜枚举。我母亲擅长讲与玉米有关的故事，比如《疤痕膝盖的故事》。

当母亲还是个小女孩时，她在一块刚收割完的玉米田里跑来跑去，忽然摔倒了，膝盖也被割剩下的玉米秸那尖尖的茬划个口子。外祖母在处理伤口时，发现有一根茬还插在肉里。外祖母轻轻地将它拔出来。一段楔子状的玉米茬从母亲的腿里被拔了出来，足有小拇指那么长。

这个故事在于警示那些顽皮的孩子们不要冒失，而实践证明它很管用。只要一提起这个故事，我和姐姐立刻就会停下脚步。事实上，就算现在，每当我想起在玉米地里穿行，还会心有余悸。

听说饲料玉米不像甜玉米那样，在绿色时是不能收割的，许多城市里的朋友对此都感到非常吃惊。大豆未成熟同样也不能收割。这两种作物都需要在九月湛蓝
的天空下晒成褐色，从而使籽粒脱去水分。万圣节前夜装饰伊利诺伊百姓门廊的 149
干玉米秆象征的是富足而不是死亡。玉米和大豆几乎在相同的收获时节，用基本一样的一体化改良联合收割机收割。不过，两种收割方式给人的感觉却截然不同。收割玉米的过程近乎暴力，从联合收割机的驾驶室看去，场面甚至会更加激烈。当收割机那长长的尖齿沿着一行行玉米推进时，玉米秆开始抖动，易碎的叶子也跟着猛烈地抖动，然后突然被拉动、折断，继而消失。在司机看不见的脚下，一系列的推进器、链条、气缸、锉刀条、筛子、过滤器和风扇分解了玉米穗，将籽粒从玉米棒上剥离下来，再将碾碎的渣滓抛回地面。同时，从后视镜里可以看到，漏斗里装满了金色的籽粒。

从远处眺望，收获大豆的场景就和平多了。精密的旋转切割器将豆荚、茎、叶一并扫到联合收割机的密舱内（在这里，同一机械的不同装置将豆子同豆荚分离开来，就像将籽粒从玉米棒上剥离下来一样）。大量红色的发亮的豆壳轻轻地飘落到地面。然而，在这种表面的平静之下，却隐藏着深深的焦虑。大豆长得很矮，如果籽粒分离装置吸入一块足够大的石头，一台 25 英尺长的联合收割机就会失灵。此外，一进入收获的季节，豆荚变得不能承受反复浸泡和晾晒。按我表哥的话说，“10 月里，一场不合时宜的雨就把一切搞砸了。”

每蒲式耳玉米重约 56 磅，每蒲式耳大豆重约 60 磅。在伊利诺伊州，平均每英亩的玉米产量为 180 蒲式耳，大豆约为 43 蒲式耳。2009 年 7 月，玉米交易价格为每蒲式耳 3.57 美元，而大豆每蒲式耳为 10.06 美元。

伊利诺伊州中部是人类食物链的起点，这个链条以肉类和快餐食品为终点。从系统生物学的观点来看，伊利诺伊州中部的全景就是一台生产蛋白质的机器。
无论是在国内销售还是出口（伊利诺伊州生产的粮食几乎有一半是供出口的），在 150
美国生产的玉米和大豆的大部分是用来喂养牲畜的。伊利诺伊州生产的玉米和大豆是肉、蛋和奶制品的“原料”，而这已经不是什么新闻了。当我的曾祖父、祖父还在这里种田的时候，玉米和大豆就是用来喂养家畜的。有所不同的则是在农场里或农场附近现在已不再饲养牲畜了。伊利诺伊州的奶牛、鸡蛋、肉牛和鸡的数量分

别在 1935、1955、1957、1927 年达到巅峰。现在，由于廉价的石油和完善的基础设施，猪、牛和家禽可以在远离农场几个时区的地区进行饲养，即使在雨水不足而不产粮食的地方也可以饲养。所以，在伊利诺伊州中部，当我们去超市买汉堡、奶酪和一打打鸡蛋时，我们带回家的虽是我们自己本地的作物，但是它们却已经辗转了半个大陆，先是被动物们吸收……然后再以肉和奶的形式穿越半个大陆运给我们。只有上帝知道这一路耗费了多少加仑的柴油。同样，我们所生产的标志性作物——玉米糖浆和大豆油，变成了软饮料和饼干，它们也是在遥远的地方生产，被贴上低廉的标签，再打包运回给我们。

这与 20 世纪 30 年代我祖父的农场里的循环模式大不相同。那时，将田里收割的玉米喂牲畜棚里的奶牛，加工的奶油在当地的奶油公司出售，而脱脂牛奶则用来喂养住在奶牛棚隔壁的孩子，也用来喂养为农田提供农家肥的猪。祖父以脱了粒的玉米穗作为房中火炉的燃料来取暖。玉米保证了母亲家能源的自给、食物的充足。今天的“玉米—大豆—牲畜”这样的庞大输送线与我祖父时农场里环环紧扣的循环体系大相径庭，与 80 年前玉米、豆类、牲畜的巨大的生态关系网也没有多少相似性。这仅是其中的一部分而已。

“玉米带”工业化的食品体系靠补贴、价格支持、碳基金以及信贷来维持，仅仅由少数几家控制种子、粮食、蛋白质行业的公司来进行监管。这个体系招致“大嗓门”的批评者的猛烈抨击。其中一些批评者善于雄辩，直言不讳，创作出畅销书，并
151 鼓励公众参与讨论如何改善获得本地食品和有机食品的途径。即使生活在伊利诺伊州中心地带的最坚定的玉米支持者中，这些谈话也不绝于耳。使这些言论终结的似乎是 2006 年秋天的“菠菜恐慌”事件了。被大肠杆菌污染的袋装新鲜菠菜导致 200 人生病、3 人死亡、31 人肾衰竭。由于许多受害者住在位于玉米种植带的各州，公共服务部门发布公告，向惊恐万状的民众保证，此疫情仅限于加州的菠菜，本地菠菜并没有受到污染。于是，到了九月，伊利诺伊州的居民们开始寻购本地菠菜，而本地菠菜实质上根本不存在。(事实上，菠菜不在伊利诺伊州农业局的州特种作物名单上。但伊利诺伊州却种植芥菜，有 32 英亩。)伊利诺伊州中部的食品专栏作家特拉·布鲁克曼向《芝加哥论坛报》的读者温和地解释道：乡村农场里几乎没有食物了。随着牧场和果园的消失，我们州的粮食安全和自给自足的文化传统也在数年前就消失了。

许多芝加哥人认为他们生活在一个农业州，因此这个消息让他们感到震惊。在乡村，一些人也很吃惊。我们一直感到自豪，以为“我们州的农民养活了世界”，这个观念需要改变了。事实上，是加利福尼亚州的种植者养活了伊利诺伊州人。

公共健康界的人士也加入到以作家为先锋的、呼吁改变食品环境的行列。他们呼吁，我们应为消除肥胖症而战。他们的理由是：不健康、高热量的食物比水果和蔬菜还便宜，这导致了人们肥胖率上升。肥胖症继而又抬高了医保的费用。雪上加霜的是，2008年开始的经济萎缩，使胡萝卜和苹果在许多家庭的预算上砍掉了。经济不景气增加了商品型食品的消费，从而提升了肥胖率，增加了医疗成本，反过来又加剧了经济萎缩。

商品型食品是伊利诺伊州农民推波助澜的产物。

基于事实的论证是毋庸置疑的：在过去30年里，美国成年人的肥胖率增长了1倍，儿童肥胖率增长了2倍。(2005年，儿童肥胖率可能达到了顶峰。)1991年，
没有一个州的肥胖率超过20%；而在2009年，有2/3的州肥胖率超过了25%。在 152
过去的30年里，碳酸饮料和快餐的价格变化不大，但消费量却增长了近1倍。同一时期，新鲜水果和蔬菜的价格明显上升，其消费量则有所下降。

在认识到导致肥胖的一系列原因后，罗伯特·W·约翰逊基金会和美国健康信托基金会于2009年发布了一份报告，提出了一项国家总体战略，该计划不再只是要求人们节制饮食、加强体育锻炼来达到减肥的目的。报告中所提出的建议包括禁止向儿童出售垃圾食品、学校每天上体育课、支持农贸市场、向快餐食品征税等。这个战略还包括使社会上不健康的食品像香烟一样失去吸引力。在“城乡食品匮乏的社区”增加新鲜食品的供应，也是这个战略的一部分。

关于“肥胖方程式”，我想补充一个被这项颇有价值的报告所忽视的因素：土地的使用。刺激“食品匮乏”的农村社区消费新鲜农产品是件好事，若不改变耕作方式，很难想象在玉米和大豆这样的经济作物的种植面积达2135万英亩，而芥菜只占32英亩的州，增加新鲜食品供应的信息是怎么转换的。(我们还有50英亩西兰花)。伊利诺伊州全部人口每天5～9份的水果和蔬菜供应都来自哪里？它们是怎样被运到这里的？(是装在食品包装袋里从加州中央山谷用卡车运来吗?)难道我们不该问问，为什么所有地方的农村社区都变成了“食品沙漠”？

现在已经有30个州对营养价值低的食品进行征税，伊利诺伊州便是其中之一。对快餐食品征税这个主意不错，但由于作为快餐食品原料的玉米是由联邦政府补贴的，这如同一手给人家东西，另一手却往回要。对伊利诺伊州农民种植玉米给予补贴，然后对购买食品的消费者收税，其结果则是个前后矛盾的抗肥胖战略。

既然本书是关于癌症的，那就让我再谈几点相关诱因。肥胖与体重的增加可 153
能导致某些癌症，如食道癌、胰腺癌、子宫癌、结肠癌和绝经后的乳腺癌。虽然过度肥胖会诱发癌症，但我们对发病原理还不太了解，只是认为其极有可能与循环激素

水平发生改变有关——例如,体内脂肪形成雌激素和患炎症的过程。童年期肥胖会加快青春期的到来,从而增加患乳腺癌的风险。在同龄孩子中,肥胖女孩儿胸部的发育要早于那些纤瘦的女孩儿。众所周知,性成熟过早是导致成年后罹患乳腺癌的一个危险因素。过度食用红肉和加工过的肉类也会增加患癌症的风险。美国癌症协会在其公共教育宣传册中特别强调这一事实,即在所有被诊断为癌症的病例中,有 1/3 是由肥胖、体重增加、懒散的生活方式或蔬菜和水果摄入量不足所造成的。既然确定了癌症和食品有关,难道我们不该去检查一下我们食品的生产过程吗? 难道我们不该去田野里,看看那里生长着什么,我们向土地施加了什么,以及我们是如何给粮食定价的呢? 难道我们不该问一问,伊利诺伊的状况是如何致使癌症发生的呢?

怀着对玉米、大豆以及生产这些作物的农民们的最崇高的敬意,我提出了这些问题。我期待这个植物王国能尽快取代作为生产原材料的石油。我还盼望以大豆为基础的胶合板黏合剂能够取代致癌的二硝基苯胺。有人说用玉米酿造乙醇是摆脱对石油依赖的途径,对此我不敢苟同,但是我清楚,玉米可能会在生成新材料中发挥作用。(乙醇产生的净能量太少,而对水的需求量又太大,因而不能证明减少食品生产的土地面积是合理的。)

身为土生土长的伊利诺伊人和癌症幸存者,我对一件事情深感忧虑:在过去的 50 年里,人们大量种植玉米和大豆这两种商品型作物,结果导致了伊利诺伊州的农耕体系过于单调。这种状况所导致的结果是,在我的家乡伊利诺伊州,人们应该经常食用的、能够避免癌症和肥胖的食物的种植数量少得可怜。这些食物要长
154 途运输到伊利诺伊州就必须依赖廉价而储量丰富的石油,但石油的这种状况也不会维持多久。美国癌症协会建议人们每天摄入 5~9 份水果和蔬菜,而这个建议无疑是合理的,即四口之家每周共食用 140~188 份农产品。这一目标对于许多人来说,渐渐变得遥不可及。无论我们如何处理我们所种植的玉米和豆类,出口到亚洲或运送到堪萨斯的饲养场,或制成饮料、快餐、乙醇、胶水或生物柴油,伊利诺伊的 1290 万人口(12 901 563 个居民)依然需要吃饭。谁给他们提供粮食? 谁会为此买单?

农业改良已迫在眉睫!

~~~~~~~~

仅玉米这种农作物就要消耗美国一半的除草剂。玉米和大豆加起来则几乎消耗了除草剂总量的 3/4。实际上,玉米和大豆使用的除草剂占美国农用杀虫剂的 40%(杀虫剂包括杀真菌剂、杀昆虫剂和除草剂)。简而言之,玉米种植带的杂草已
~~~~~~~~

成为农业战争的头号敌人。

这些敌人包括天鹅绒草、狐尾草、苍耳、荨麻、豚草、牵牛花、藜草、曼陀罗、夹竹桃、马利筋、茄属植物、野高粱、油莎草和加拿大蓟。在伊利诺伊州的玉米和大豆田里生长的杂草都有各自的生存和繁衍方式。加拿大蓟属多年生草本植物，埋在地下的根茎逐渐蔓延，生出新的枝叶。苍耳的生长方式很普通，但苍耳为繁衍选择了双重保险：每个刺果里囤积两颗种子，一颗在春天发芽，另一颗在土壤里耐心等候，一年以后才发芽。藜草、狐尾草和豚草属于“机不可失，失不再来”的一年生草本植物。每年，它们的种子都如同骤雨般洒向大地，且繁衍数量大得惊人，而这些都跟草类科学家所说的一样。这三种杂草的种子在玉米种植带极为常见，一平方 155
米的田地就含 600～16 万颗有活力的杂草种子。

犁地、锄草和耙地曾经是除去玉米和大豆田里各种杂草的最常用手段。拖拉机后面牵引着多种工具，例如，常用的簧齿耙，在田野中穿行。对于多年生杂草，农耕作业可以通过反复铲除其露出地面部分而最终使其根茎饿死。对于一年生野草，需在其种子形成之前就将它们铲除。然而，20 世纪 60 年代和 70 年代，在“要么大面积种植商品型作物，要么出局”的政策引导下，广袤无垠的土地被开垦了，然而机械性的除草带来了严重的水土流失问题，结果农民们要么眼巴巴地看着土壤流失，要么就喷洒除草剂。对于传统的谷物农业来说，要抑制杂草生长就意味着要使用化学农药。鉴于高浓度除草剂会伤害到玉米，人们通过基因工程培育出抗除草剂作物。到 2004 年，伊利诺伊州有 1/3 的玉米都是转基因作物，这样，即便使用更加“强悍”的化学除草剂，玉米也能够承受得住。

生怕人们认为战争的行为不再是化学防治害虫的一部分，一些商标使用了如下名称：“军火库”、“守护者”、“二头肌”、“轰天雷”、“子弹头”、“燃烧弹”、“战斧”、“匕首”、“火焰风暴”、“潜行兽”和“猎枪”。如果你除草时喜欢有一个牛仔的主题，你可以选择“肚带”、“缰绳”、“套索”和“赶拢”之类的品牌。如果除草使你联想到一位征服欲很强的拓荒者，可以想想“北极星”和“育空”。

这些除草剂利用不同的毒杀机理来达到除草的目的。有些除草剂通过干扰植物激素的方式除草，例如，早期的合成除草剂——2，4-D，模仿生长激素，使目标作物疯狂生长，结果因养分供应不足而死。被喷洒过 2，4-D 的杂草，形状扭曲而古怪，枝干肿胀而弯曲。这种杂草由于器官组织胀裂，病原体入侵，而受到致命一击。而其他除草剂则通过抑制合成蛋白质的氨基酸的形成来杀灭杂草。还有的除草剂 156
通过直接干扰植物利用阳光把水和二氧化碳转化为糖和氧气来杀灭杂草。这和农药“阿特拉津”阻止植物光合作用的原理一样。

在《寂静的春天》一书里尚未提及那些具有抗除草剂的杂草，因为当时还没有这种杂草。如今，杂草学家已经发现了 330 种具有抗性的杂草。第一个在伊利诺伊出现的抗农药草种是 1985 年发现的，这是一种能对阿特拉津有抗性的藜草。伊利诺伊州的农场主们正在同 18 种对除草剂有抗性的杂草进行斗争。“美国杂草科学协会”为此制作了网站，以提供技术援助。在一项开始于 20 世纪 80 年代末的追踪调查中，研究人员对抗除草剂杂草肆虐的情况进行了详细调查，不得已得出结论：新型害虫控制技术的暂时胜利将会埋下长期失败的种子。

从 1959 年人们就开始使用阿特拉津，但多年以后才发现其可以杀死阔叶植物的确切机理。现在我们知道，三嗪除草剂——阿特拉津是其中一种——可能使树叶内叶绿体的反应链受到毒害(像玉米这样的草本作物，因其叶绿体依靠的是另一种不同的反应链，因此受阿特拉津毒性的影响较小)。分布在树叶表层中、有点儿像小型活动房屋的叶绿体，可以储存叶绿素，并与其余的细胞组织一起利用阳光，进行光合作用。

如同消防队员传递水桶那样，光合作用的中心环节就是电子从一个受体分子被传递到另一个分子。这些电子是由水分子裂解形成的，而氧气的形成与电子释放密切相关。植物要进行光合作用，其电子必须到达反应中心的核心，而这正是被阿特拉津所毒害的环节。如果阿特拉津与反应中心的蛋白质相结合就会有效地阻断电子的连锁反应。如果这些关键的电子中转过程被破坏了，那么整个反应过程也将随之终止。植物的绿色素里逐渐聚集了“过量的辐射兴奋元素”，并伴随着有毒氧化物的产生。在这种情况下，叶绿体将增大肿胀并自行分裂。

157 向农田大肆喷洒化学农药，从而破坏唯一能为人类提供氧气的、神奇的植物光合作用，这一举动本身是否明智值得怀疑。如果阿特拉津被直接向土壤喷洒，那么它就会被植物根部吸收，然后被输送到枝叶，毒性从植物内部扩散。阿特拉津是水溶性化学农药，所以它容易流到其他许多地方。

让我们来看看美国阿特拉津的使用情况分布图：伊利诺伊州是阿特拉津使用的中心区域，是被红色(表示使用了阿特拉津)完全覆盖的一个州。再看看阿特拉津残留物在地下水和地表水中的分布情况，伊利诺伊同样占据中心地位。不仅许多地下水源被阿特拉津污染，同时湖泊和溪水也未能幸免。喷洒过阿特拉津的土壤容易造成水土流失。即使阿特拉津“离开”农田，其抑制植物光合作用的效力仍然存在。阿特拉津对浮游生物、海藻、水族植物和其他含有叶绿体的有机生物表现出极强的毒杀能力，而这些物质是整个淡水食物链的基础。阿特拉津还破坏当地草原物种的生长。阿特拉津一旦进入水循环系统中，便成为沉淀物的组成部分，这样使得雨水也具有化学成分，从而神不知鬼不觉地使叶绿体肿胀爆裂。即便采用最好的管理手段，还是很难把阿特拉津的使用控制在田地的范围内，并防止其污染水源，因此欧盟决定禁止使用阿特拉津。

假如光合作用受抑制是唯一的问题，那么，在玉米种植带大面积使用阿特拉津足以让人忧心忡忡。但根据本书第一章和第五章所述的内容，一旦阿特拉津进入动物（包括人类）体内，它就会兴风作浪，扰乱内分泌系统。对实验室大鼠进行的实验表明，出生前就暴露于阿特拉津的大鼠，乳腺发育会发生改变。阿特拉津还会破坏源自脑垂体的激素信息传递，从而影响排卵活动。最新的几个病例表明，阿特拉津导致了青蛙出现性器官畸形发育。然而，对人类进行的研究显得比较混乱。尽管大部分研究结果未能找出成年人暴露于阿特拉津与患乳腺癌之间的关联，但没有一项研究关注在胎儿或儿童时期暴露于阿特拉津所造成的后果。非霍奇金淋巴
瘤的发病趋势令人担忧。在对意大利女性农民进行的调查研究中发现，暴露于阿 158
特拉津的女性患卵巢癌的概率要高于其他人，而来自美国加利福尼亚州的一项研究结果却不尽有说服力。我们非常清楚，在春耕时节的爱荷华州，农民尿液中的阿特拉津的含量高于平时，而其尿液中阿特拉津的浓度与其使用阿特拉津的量有关。在这些研究的基础上，我们现在可以更加深入地研究阿特拉津对细胞内部环境的影响。

像乳腺细胞这种对于雌激素敏感的细胞，在其细胞核膜上都有雌激素受体。雌激素或类雌激素的化学物质可结合在受体上，从而在某种程度上起到守护细胞核内的 VIP 室的作用。在这里，基因“上朝”，召见从异域客人中选出来的代表，并对他们的“奏折”进行批复。其中一些基因通过号令细胞进行分裂并增殖对雌激素作出回应（这是所有女性的胸部开始发育的原理）。然而，作为安全保卫部门的雌激素受体却非常容易上当受骗，这样使得大量化学物质附着其上，而那些激素骗子则随着它穿梭到细胞核内。显而易见，这些骗子不需要什么伪装就可以堂而皇之地通过雌激素受体进入细胞核的圣地，因为通行令亘古不变。

但是，阿特拉津长得不像雌激素，不具备后者的功能，也不对其模仿。阿特拉津对雌激素受体置之不理，转而侵入细胞内的其他成分——可能包括转录因子、调节因子、激活因子、NR5A 受体分子和帮助调节基因活动的化合物环磷酸腺苷。至少，在本书中它看起来是这样的。人们仍在研究阿特拉津亚细胞活动的细节和它们之间的相互关联。研究结果表明，阿特拉津可以通过神秘的途径来促进芳香酶的产生。这种酶能够将雄激素转化成雌激素。换言之，阿特拉津诱使某些细胞分
泌更多的雌激素，使之在有机体内循环，并附着在雌激素受体上，从而促使雌激素 159

效应的产生。因此,阿特拉津没有必要依赖对雌激素的模拟。还有一点变得越来越清晰:阿特拉津在浓度很低的情况下也能产生这些效果。一项实验结果显示,2ppb(2×10^{-9})的阿特拉津就会产生明显效果,这个比率远低于已净化的自来水中阿特拉津含量的法律限定。

激活芳香酶可不是阿特拉津耍的唯一把戏。一项 2008 年的病例研究结果表明,阿特拉津通过附着在一种截然不同的 GPR30 受体分子上,来促使卵巢癌细胞增殖。与此同时,韩国的一组研究人员正在检测阿特拉津暴露可能导致的其他后果。他们发现植物细胞里的叶绿体(已知可能被阿特拉津毒害)和动物细胞的线粒体(为细胞提供能量、控制新陈代谢)的亚细胞工程极其相似。他们正在研究阿特拉津对新陈代谢速率以及患肥胖症的风险的可能影响。2009 年对大鼠进行的初步研究发现,阿特拉津的确损害线粒体功能,影响胰岛素信号传输,引发胰岛素的抵抗性,从而导致大鼠发胖。

~~~~~~~~~~~~~~~~

在密西西比河入海口的墨西哥湾水域,有一片面积差不多有马里兰州大小的死亡地带。造成这种现象的原因很简单——合成化肥。添加了氮元素的化肥促进玉米迅猛生长。化肥随着雨水从农田流到水沟,然后又从水沟流向小溪,继而流入大河,最后汇入大海。它对海洋里的海藻生长有着相同的促进作用,这使得海藻疯狂生长,从而消耗掉海里的氧气,致使其他生命死亡。

合成化肥还使耕地景象发生巨大变化。把美国农场分隔为动物王国和植物王国的主要因素就是合成化肥。如今,种植粮食的商业农户,在很大程度上都是严苛
160 的素食主义者,他们不使用农家粪肥。合成化肥的故事与《圣经》里诺亚方舟的故事背道而驰:那些曾经在维持土壤肥沃方面起重要作用的动物从方舟的场院中被赶了出来,送到遥远的饲养场和各种围栏中。

正如第五章所述,德国人在一战时期学会了如何大量制造合成化肥。然而,直到二战后,化肥才被广泛地应用于农业耕作。从 20 世纪 50 年代开始,合成化肥的使用量增长了 5 倍。这期间,生产合成化肥的过程几乎没有改变,几乎所有的合成化肥都是以天然气或别的石油气体为原料。以这种方式生产的氨,80%以上被用于生产化肥。日常的氨都是水溶液。装载着无水氨的标志性的白色罐车沿着伊利诺伊州的乡村大道行驶着。"Anhydrous"一词是"无水"的意思,因为无水氨的沸点低于摄氏零度,因此,它需要被储存在高压环境中。高压罐车的白漆有助于保持箱内低温。农民们十分清楚无水氨的价格随着天然气价格的变化而变化。它还可以用作生产甲基苯丙胺的原料,这种用途反倒引起了遍及乡村地区的有组织犯罪,
~~~~~~~~~~~~~~~~

随之而来的是给乡村带来的痛苦。对此，农民们再熟悉不过了。

庄稼不只是从无水氨和粪肥这两个方面才能获得氮元素。一些豆科植物，如大豆和苜蓿，也能够从空气中吸收氮元素，并将其固定在植物所能使用的硝酸盐中。更确切地讲，这个固定过程发生在豆科植物根部的小瘤里，固定者就是共生在这些瘤内的细菌。这样，被固定的氮元素中的一部分供植物自己使用，其余的则被留在土壤里，作为留给下一批像玉米那样急需氮元素的作物的礼物。大豆根瘤固定氮元素的英雄事迹是每个伊利诺伊州的学生都要学习的一课。闪电这个疯狂的“科学家”，也能固定大气中的氮，这些氮伴着雨水滋润大地。我的表兄约翰认为自己是闪电的朋友，每个雷雨交加的夜晚，他都会从睡梦中惊醒，在天空中寻找闪电。

施加氮肥的农田如同施加了阿特拉津的农田一样，具有固有的渗漏性。我们 161
氮暴露的主要途径是通过饮用水。癌症与饮用受硝酸盐污染的饮用水有关，但据国家癌症研究所高级研究员玛丽·沃德讲，“我们还没有开始全面评估摄入硝酸盐对健康的影响，还没有确定目前的管制限定是否足够有效。”在人体内，细菌将硝酸盐转化成亚硝酸盐，然后再转化为亚硝基化合物，而这种化合物在动物研究中被证明是很危险的致癌物。从饮用水中摄取的硝酸盐越多，尿液中排泄的亚硝基化合物就越多。基于这些原因，2006 年国际癌症研究机构的总结这样写道：“摄入的硝酸盐很可能使人致癌。”对人类癌症研究的结果则相当复杂。在爱荷华州，暴露于含硝酸盐的公共饮用水的女性，其患膀胱癌和卵巢癌的概率较高。但是其他研究并没有发现这两者之间存在关联。在为了更好地了解合成肥料在诱发人类癌症方面所起的作用而设计的研究中存在着一个问题，那就是农药和硝酸盐在饮用水中经常同时存在，所以很难确定到底谁是真凶，或者说二者是如何狼狈为奸的。

~~~~~~~~~~~~~~~~~~~~

到目前为止，你或许认为我在为有机农业摇旗呐喊。确实如此。我想通过分析两个支持常规农业的重要论点来发表一下个人的见解。第一，使用农药的农耕比有机农耕产量高；第二，农药使农民可以以较低的价格在市场上出售所生产的水果和蔬菜。

现在，受美国农业部管制的有机农业，使用的是生态方式而不是通过石化杀虫剂和化肥来抑制害虫与增加作物营养的传统方式。以有机方式耕作的农民依靠一套作物轮作、覆盖栽培、诱集作物、循环放牧、秸秆还田、地面覆盖和绿肥等复杂的耕作手段来解决问题，将氮元素引向作物的根部。与常规农耕下的土壤相比，有机耕作下的 162
土壤拥有更多的真菌，而这些真菌可以帮助作物吸收水分。同时，在有机耕作下的土壤还有更多的微生物可以促进植物吸收营养，更多的蚯蚓来制造养料。另外，有机农
~~~~~~~~~~~~~~~~~~~~

业还可以为下次轮作提高土壤肥力。据说，有机农业的产量总体或在大多数情况下都低于常规农业模式下的产量(话虽这么说，但还是有明显的例外)。不过，有机农业也有其优势：消耗的能量相当少，而且，在极端天气下，产量要高于常规农业。

1981年，“罗代尔学院农业体系试验”对有机农业和传统农业的状况做了长时间的观察。20年来，该实验对以常规方式耕种的农田与以两种有机方式耕种的农田进行了对比研究。根据康奈尔大学生态农业学家戴维・皮门特尔的分析，我们得出这样的结果：在最初的5年，常规农田体系里的玉米产量，像龟兔赛跑故事中的兔子，产量迅猛增长。但是，随着比赛的继续，在这两个有机体系里种植的玉米扮演着乌龟的角色，最后迎头赶上了。在大旱之年，有机玉米的产量比常规的多出50%。22年后，有机大豆的产量胜过了常规大豆产量，但是在两种有机种植体系中只有一种获得胜利。在另一种有机种植体系下的大豆则最终出局。因此，常规的大豆产量仍然以很微弱的优势打败了两种有机大豆的平均产量。这些结果回应了美国和欧洲的其他实证研究的结果：在正常的条件或者湿润的气候下，常规农作物产量更高。然而在旱灾和干旱的气候下，有机农作物却更胜一筹(有机土壤能更好地保持水分)。就像市政债券一样，有机农业拥有所谓的“长期稳定的产量”。

在两种种植体系的其他指标上，罗代尔实验发现了更大的差异：20年后，有机农业体系下的土壤的有机物质和氮元素含量更高了。有机体系需要增加15%的
163 人力劳动，但是这些工作被更为平均地分配到一年中的各个月份中。家畜粪便的循环利用将污染物转化成养料，从而解决了废物处理问题。基于这点，22年后有机田里化石燃料投入的总量下降了30%。

我认为，将农业产生的碳足迹削减1/3的可能性是很大的。我还不很确定，在加强研发投入、提高有机农业实践力度的情况下，有机农业的产量是否有希望上升到跟常规农业持平的程度。目前，我们的农业政策向有机农场主提供的支持微乎其微，我们那些占地颇广的大学显然对于农业体系复杂的生态基础，以及对大学如何帮助预防虫害从而提高粮食产量方面明显不够重视。但这种状况是会改变的。

就成本而言，有机食品无疑要比用常规方式生产的食品更昂贵。出现这种高价的主要原因是有机农业更多依靠劳动力而不是化学农药来控制害虫。在美国，劳动力比化学农药要贵得多。有机食品较高的零售价格反映了其在生产中所投入的全部成本，然而，依靠化学农药生长的食品的价格却反映不出这些。农药使它们的成本转嫁到社会的其他方面，比如，测试食品中残留农药的成本，以及从饮用水中去除农药的成本等等。这些成本不会出现在任何人的消费账单上。经济学家称这些成本为外部效应。正如他们所解释的那样，最糟糕的是造成这样的市场结果：

有人悄悄地盈利，而社会却为其买单。皮门特尔·康奈尔博士对常规农业的外化成本进行了估算，这个工作并不轻松。2005 年，他估算的外化成本是 100 亿美元，其中包括用在深度中毒的农业工人身上的医疗开销，失去蜜蜂和其他传粉者造成的农业损失，河流中鱼类减少带来的经济损失以及净化水资源并将其转化为饮用水所用的成本。

在皮门特尔的农药经济成本评估表上出现的另一条目是因农药致癌而带来的 164
医疗花销。

我们已经看到家庭使用农药与儿童患癌之间存在关联的证据（第五章），以及使用某种农药的农民患某种癌症的上升比例的情况（第四章）。通过更深入地了解加利福尼亚州的情况，让我们来看看具体的外部效应的真实面目吧。这样做是因为在美国使用的杀虫剂有 1/4 是在加利福尼亚生产的，国内许多新鲜水果和蔬菜——我们抗癌战役的同盟军都是那里生产的。

每年，在加利福尼亚州所使用的杀虫剂中，有 1200 万磅很可能是致癌物，另外有 10 00 万磅是潜在致癌物。在加州使用含有致癌性杀虫剂最严重的地区住着多达 36.8 万 15 岁以下的儿童。我们怀疑住在这个地区的儿童受到附近农田所使用的杀虫剂的危害，因为研究人员所跟踪的杀虫剂可以穿过农田，并随风从使用地刮到半英里外的住户家中。我们非常肯定的是萨利纳斯谷场工人的孩子们受到了杀虫剂的危害。2006 年的一份调查报告显示，在农民及工人家中的尘埃里、衣服上以及孩子的尿液中检测到含量较高的新近使用的杀虫剂。

目前，我们还不清楚有多少人因暴露于这些已知和潜在的污染而罹患癌症。对此，人们进行过一些针对人类癌症的研究，但是没有得出清晰的研究模式。自 1991 年以来，加利福尼亚州是唯一一个全面进行杀虫剂登记的州。它从法律上规定，所有的种植者都要报告其所使用农药的情况。当把加州杀虫剂使用情况的地区分布图与从该州癌症登记处提取的癌症发生率情况图相比对时，我们并没有得出明确的结论。目前，还没有证据能证明住在近期大肆使用农业杀虫剂地区的加利福尼亚女性患乳腺癌的比例更高。（全国数据却显现出某种模式：一份探索性 165
的研究发现，农业活动越频繁的县，尤其是乡村土地用来耕种的面积至少有 60% 的地区，儿童罹患癌症的概率越大。）

另一方面，一项针对加利福尼亚州务农女性的专项研究揭开了一些癌症发病的态势。这些农家女性从孩童和青春期时起就开始在田里干活。所以，她们从年纪很小的时候开始就有可能受多种化学杀虫剂的污染。一项针对拉美裔务农女性的研究发现，较年轻的女性以及有早发性乳腺癌的女性患乳腺癌的概率有所增加。

经常暴露于农药的女性比那些较少暴露于农药的女性的癌症发病率要高40%。

“联邦杀虫剂、杀菌剂和灭鼠剂法案”(FIFRA)是用来保护人们免受杀虫剂之害并确保这些农药都已登记注册的法律。然而,该法律有一个成本或利益条款,就是允许在对人类(如农业工人)造成的危害与有争议的杀虫剂的经济效益之间权衡利弊。佛罗里达州立大学的琼·弗洛克斯对杀虫剂给美国农业工人造成的癌症威胁进行了调查。2008年10月,她在向“总统癌症专门小组”所提供的证词中谈到FIFRA:“如果FIFRA使公众相信农业工人受到了保护,并使其可以免遭潜在致癌物的危害,但实际上并非如此,那么这个监管有限的制度的存在就具有误导性。”

~~~~~~~~~~~~~~~~

农业已有6000年的悠久历史,其中的5940年是以有机农业为主导的。但是,60年——两代人的时间——对人类而言仍然是相当漫长的时期。当农业作为一种文化时,60年足以长到让我们失去整套技能;长到足够使那些为饲养提供粪肥的动物而建的牲口棚倒塌;长到足够让整个县的牧草打包机锈掉,长到足够让当地的罐头厂关门,长到足够使有关用羊群来抑制野草生长的知识消失;长到足够让我们用与癌相关的化学品来种植我们所吃的防癌的蔬菜和水果不再像我们的祖先所
166 认为的那样匪夷所思。蕾切尔·卡森,在这60年岁月之初便写道:生活在以致癌物为基本元素的食品生产体系里是一件多么奇怪的事情。现在想来仍然不可思议。然而,我们的困境几乎是无法解决的。事实上,在我们身边就有一些答案和解决办法,下面就有两个例子:

在伊利诺伊州中部,有一个名叫土地联合会的小型组织,试图通过建立小型、能够独立进行多种经营、满足人们对食品需求的有机农业网,来重新建立这个州的食物安全体系和自力更生的传统。他们通常是从退休的老农手中获得耕地,通过联系需要耕地的、主张有机耕作的年轻农民来实践这个理想。同时,这个联合会还致力于为那些以该生产模式生产的农作物寻找市场,并重新建设基础设施(比如肉类储存柜)来储存和分配该地区生产的食品。联合会还常年帮助培训新加入者,并制定指导计划,把刚入此行业的与那些经验丰富的有机农场主聚集在一块。

在爱荷华州的布莱克·霍克县,经过十年的努力,农民们与养老院、杂货店、饭店和大学食堂等部门的食品购买者建立了联系。2008年,他们创下了220万美元的销售额。这是曾经从州县流出的食物美元。通过在当地的融资与投资,农村经济得到了发展。事实上,投资1美元来促进当地县城的食品业发展就会为当地经济带来14.6美元的流通额。成功的关键因素是聘用一个当地的食物协调员,并让这个岗位成为有薪金的职位。另外,在2007和2008两个年度,布莱克·霍克县的
~~~~~~~~~~~~~~~~

食品大王——鲁迪炸玉米饼——从当地购买了 71% 的酸奶油和番茄等原材料。我吃过鲁迪店的玉米饼，味道非常鲜美。只是购买时要排很长的队。

从 1998～2008 年，随着有机农业逐渐盛行，发生了许多令人津津乐道的小故事，我在这里列举一二。然而，真正的问题却是如何更大规模地复制这些故事。(尽管有机农业开始复兴，但是，在 2008 年伊利诺伊州仍然只有 26 367 英亩 167
农田实行有机耕作，而这只占伊利诺伊州所有农田面积的 0.14%。)使美国农业摆脱对化学农药的依赖并非易事，需要各方的不懈努力。无论是受到减少暴露于可能致癌的农药的鼓舞，还是确保我们能吃到不需耗油驱车 1500 英里才能吃到的水果和蔬菜，我们这 1000 万癌症幸存者无疑将从中受益。当我们考虑如何重新规划农业体系时，如下想法值得考虑。

首先，不能期待玉米种植带的农民改变他们的习惯。除了玉米和大豆之外，那里没有其他作物的运输、储藏和销售的基础设施。即使当地的气候和土壤非常适合种植亚麻或者苋菜(这样可以进行良性轮作)，那里依然没有配备谷物提升机。农业生态学家劳拉·杰克逊指出，为人们提供农产品的农民们减少了适合获得玉米补贴的土地，从而降低它的市场价值，进而减少了他们用于贷款的抵押。别指望农民自身会改变耕作方式。

第二，呼吁禁止使用可能致癌的农业化学品，需要有更长远的、新的食品环境的眼光。在市场上仅仅停售某种除草剂，而不作出其他改变，只会使化学农药武器库中仅存的几种化学农药被更多地用于农田，从而加速杂草对除草剂产生抗性。2007 年，阿特拉津的发明者赞助了一项研究。这项研究预测如果农民停止使用阿特拉津，会给伊利诺伊州南部的经济带来怎样可怕的后果。20 世纪 60 年代，化学农业的支持者们对杀虫剂 DDT 做过类似的断言，这个回顾使这样的预言变得合情合理。然而，当我阅读这份分析报告时，我问自己：难道我家乡的经济完全依靠单一的商品(玉米)吗？而这种商品又全部依赖于这种被使用 50 年的化学农药(阿特拉津)吗？果然如此吗？因此，现在或将来无论我们得到的关于化学农药危险性的科学证据是什么，我们都陷入困境了吗？难道玉米茁壮到不可撼动的程度了吗？ 168

在经济大萧条时期，我的祖父母通过在伊利诺伊州种地，供 5 个孩子上了大学，他们常常把这种行为看做是把所有鸡蛋放到一个篮子里。他们一再告诫自己的 21 个孙辈，这种做法是不可取的。

～～～～～～～～～～～～

在大豆田里，我的表兄约翰大声地对我说，艾米丽刚才路过时在联合收割机上捡起了一块石头。联合收割机所有的工作部件看起来都没问题，发动机震耳欲聋的轰鸣声听起来也肯定是一样的。因此，对收割机进行简单检查后，我们爬回到驾驶室，发动了机器。通常是艾米丽驾驶联合收割机，然后她的丈夫用四轮马车来来回回地往储粮仓运货，但他们调换位置已有一段时间了。

当驾驶室安静下来时，我们开始攀谈起来，聊些家常。谈到彼此父母的各种怪癖时就哈哈大笑。我们不鼓励这种边开车边聊天的做法，这会使驾驶室里的驾驶员容易分心，具有安全隐患。约翰让我当心石头。

我们有一段时间没有说话。切割器的转动如同一艘大船的螺旋桨，非常迷人。艾米丽认为，如果天气保持晴朗，他们可以在午夜之前收完所有大豆。望着那剩下的、一望无际的玉米的海洋，我不知道他们如何收割完。此时，我收到了朋友从布卢明顿打来的电话，说那里正下雨。大豆价格已经降了一便士。看起来，雨天要北移了。

当我们开到较湿滑的地面时，联合收割机的头就会低下去。约翰用手指向那边长势已超过大豆的杂草——油亮的虎尾草、平滑的蔓生藜、花繁叶茂的绒毛绣线菊。他对那些杂草充满敬意。他说正是因为它们的存在，才会有人思考它们的用
169 处。有野草，说明这里的土地没有使用太多的农药。约翰和艾米丽有五个年幼的孩子。他们关于害虫防控的信息都来自于农药分销商。约翰强调，他们想用一种更环保的农业方法种植。

一声警报响起，说明漏斗满了。约翰摇着头说，“艾米丽会问我为什么在最后一次路过时没有卸下东西。”我们将不得不驱车返回田地的那头，但又无法收割大豆。无疑，这活儿对艾米丽来说，干得毫无效率。

他们种植的农作物都是用来出口的。就像艾米丽说的那样，他们要把粮食卖到河边的码头。他们收获的玉米都将用卡车运到佩金码头，然后再从佩金码头出发，通过驳船运到新奥尔良。从那以后，就没有人知道还要运往哪儿了。在那，种粮的农民就要与那些粮食的消费者分道扬镳了。

当约翰清空了漏斗，艾米丽向我们走过来。她没有像往常一样斥责我，却微笑着递给我一个塑料袋。

“这些是用来做豆腐的大豆”，她朝机器方向大喊到，“我们昨天刚收割的。现在，他们就要运往日本啦。”

我伸手抓了一把出来。它们比我们刚才卸到马车里的大豆更大、更圆、更白。约翰说他和艾米丽从来没吃过豆腐，我又何曾吃过呢？

事实上，在我的食品储存室里有几块真空包装的豆腐片。“它味道如何？”约翰大声喊道。站在租来的种满大豆的土地上，我扯着嗓门对他描述着豆腐片的味道。

第八章　空气

“大地与海洋滋养着空气；
空气支撑着空灵的火焰。”

——约翰·弥尔顿
《失乐园》第五卷

提到伊利诺伊州的空气，就是它特别充足。在我所住过的地方中，这里的空气 171
最不寻常，它似乎更深邃、更广阔、更实在。

当一位美术老师来我们小学教学的时候，我第一次学会观察空气。在她给我们介绍的很多概念中，只有“灭点”这个概念最吸引我——是一个平行线在视平线上神秘地交汇的、在平面上看不见的点。只要选一个点，用透视法画出一栋房子或是一条路，就可以画出空气。这是个伟大的发现。在伊利诺伊州的风景中，这种点到处都是，所有物体似乎都在竞相消失：铁轨沿线的谷物提升机，一片开垦过的土地，银白色的高塔和高压线的电缆线圈。最终，一切都消失在空气中。

我永远无法弄清如何描绘出空气转换的特性。在伊利诺伊州的乡村，事物呈现怎样的样貌取决于透过多少空气才能看到它们。如果距半英里，空中的一小片褐色物质就会变成一只盘旋的老鹰，飘扬的黑色斑点会变成黑色的手帕，而后又会变成一群乌鸦；路边的尸体最终也会变成一块地毯。

公元前 5 世纪，希腊哲学家和生理学家恩培多克勒宣称，空气并不是虚无的， 172
而是有生命的物质。1000 年后，帕拉塞尔苏斯把恩培多克勒的理论形象化(即著名的“剂量决定毒性”)，认为空气是元素生物，并称之为精灵的栖息地。当我冒着有史以来最寒冷的天气，在驾车穿越伊利诺伊州中部的途中，我一直在思考着这两位学者的学说。当时的气温达到零下几十度，冷得要命——设备发生故障、汽车失灵，广播每小时都发出不要冒险进行户外活动的警告。我真不该自己出门，但是，观赏这冬山如睡的景致似乎更为重要：构成这景致的分子的振动速度之慢前所未有，泥土和种子全部冻结，深达几英尺。水只是个回忆罢了。

车的发动机没有熄火，我下了车，站在已经冻得像石头一样硬邦邦的玉米地上。似乎只有空气还活着，每次吸气都让我感到疼痛，呼出来的气体马上结成冰霜。不管帕拉塞尔苏斯所说的精灵是什么，它们能够立即找到围巾和衣领、手套和衣袖间的空隙，乘虚而入。尽管我仍站在原地浑身裹得严严实实的，只一会儿的工夫，就被寒风吹透了。空气这个元素比以往任何时候都更不可见。即使在消失点的物体，似乎也是清晰可见，永恒不变的。即使是隔着几千米的空气，它们的样貌也不能改变。

~~~~~~~~~~~~~~~~

远离伊利诺伊州的怀特山脉，像一只变了形的皇冠横贯新罕布什尔北部。在最西边的木瑟洛克峰主峰下，有一大片林地，那是每个生态学学生都熟悉的哈伯德·布鲁克试验林。研究者们在这里进行了长期大规模的野外考察，来跟踪养分在整个生物群落的缓慢循环过程。例如，我们所知道的关于氮、磷、钙生态途径的许多知识，都来自于在这片森林里进行的考察。一些最早对酸雨的调查也是从这里开始的。

耶鲁大学生物学家威廉·史密斯领导的研究小组在对著名的哈伯德·布鲁克森林地面的研究中有了新发现。在新落下的树叶、松针及其下面的堆肥泥土中，发
173 现含有可检测量的DDT(每英亩含0.8磅)和多氯联苯(每英亩含2.3磅)。更令人惊讶的是，这两种早已被禁用的化学药物从未在样本采集区域中使用、分发或是生产过。从木瑟洛克山附近取样的土壤和落叶堆同样也被发现受到这两种物质的污染，而且污染物一直延续到被冻土苔原覆盖的山峰。显然，随着海拔的上升，环境污染程度加重，而西向山坡的污染程度更重。这种现象与大气沉积规律相吻合。

史密斯和他的同事据此推测，DDT和多氯联苯的分子是被盛行风带到哈伯德·布鲁克森林的。然而，它们的来源仍然是个谜。盛行风穿过美国主要农业和工业中心，也经常光顾新英格兰。很有可能是区域气团将这些半挥发、持久性分子从填埋场、垃圾场和农田带到了这个遥远的原始森林中，也有可能是全球大气环流充当了运输媒介。如同未注册的外国人，这些化学物质可能从其他国家，甚至是从另一个半球刮来的。在北美东部，人们对因雨水而形成的沼泽地带进行的研究结果支持这种可能性。在这些特殊的沼泽中，所有的污染物都来源于空气，而不是土地或地表水。因而，污染物就像活地图一样，能详细地显示出大气沉积的历史痕迹
~~~~~~~~~~~~~~~~

和地理轮廓。而且，泥炭几乎可以完整地保存有机化合物，因此，它们又是活档案。

世界各地的树木进一步证明了全球大气环流在污染中的作用。一项调查表明，在全球 90 个不同地区采集的树皮中，有 22 种有机氯杀虫剂，包括 DDT、氯丹和硫丹。树皮是油性极高的组织，容易吸收空气中的油溶性污染物。因此，人们在那些生长在美国中西部和东部农业区的树木中发现常用杀虫剂残留就不足为奇了。然而研究人员还在北极生长的树木中发现了杀虫剂的残留。而且，在当地居
民体内也发现杀虫剂残留。事实上，人们发现，20 世纪最危险的化学物质，在距离 174
产地源头最远的有机生物的表皮、血液和组织中残留浓度最高。这一现象被称为北极悖论。

新闻记者马拉・科恩在其 2005 年出版的《寂静的雪》一书中指出，这种悖论可以用所谓“全球蒸馏效应”的化学品漫游来解释。当持久性有机污染物在温暖的气候中被释放，它们就会蒸发并随风来到较冷的地区，凝聚后下沉回到地面。这些污染物在土壤、雪和水中度过漫长的冬季。当夏日的阳光再次使它们蒸发后，气流会把它们带到更远的极地。之后，它们再次向低纬度地区漂移。在这个过程中，不同的化学污染物在空间上是有区分的：在最低温度下可蒸发的物质不断挥发，并持续向北纬地区和高海拔地区移动。最后，当到达北极的时候，它们已无法再上升，这就是北极这个地球上最原始的角落，却是化学污染最严重的原因。全球蒸馏效应的升降运动不仅可以解释为什么稻田里使用的杀虫剂最终在北极的树皮中被发现，也解释了为什么育空地区拉伯格湖里的鱼体内会充满致癌的毒杀芬，即一种用于棉花的杀虫剂，这使加拿大政府不得不禁止在该区域进行垂钓。全球蒸馏也说明了为什么联合国在《关于持久性有机污染物的斯德哥尔摩公约》谈判期间，最有力的证据来自因纽特的母亲代表团，因为她们谈到了生态灭绝。

从全球蒸馏效应的现象看，并非所有致癌物质的危险都来自空气。其中还有一些来自食物。被倒入或混合到土壤当中的有毒物质被一点点地释放到空气当中，然后重新回到土壤中，从而进入到我们的食物里。简言之，因为空气的流动，我们每个人呼吸着有可能是在空间和时间上都距我们很遥远的人们所释放的可疑致
癌物质。我们体内的某些化学污染物可能是农民们喷洒的农药，而我们与他们素 175
昧平生，我们可能也不讲他们国家的语言，甚至对他们国家的农业生产方式也一无所知。我们体内所携带的某些污染物质可能来源于那些长期废弃的工业产品，即由我们的上代人所生产、使用或遗弃的物体。当我们坐下吃淡水鱼的时候，我们已经通过空气这个媒介和这些人联系到了一起。

同样，在社区、田地和垃圾填埋场里，被倾倒或喷洒的化学污染物，也会漂移到

遥远的地方，进入到生活在那里的人们的食物中。走在伊利诺伊州的玉米地和大豆田里，我不时地想到这种多重联系。令我百思不得其解的是，在我成长的过程中被喷洒在这里的农药，如今又在何方？在哪座山上？在哪片森林里？在哪个湖里？还是在哪些人的身体里？

~~~~~~~~~~~~

呼吸是种生态行为。我们每次呼吸会吸入 1 品脱(1 品脱＝0.5682615 升)的气体。但是，在我们的环境的所有元素当中，空气仍然是个谜。空气这种元素最分散，共享度最高，最不可见，最不可控制，且最难理解。

2007 年，在美国排放到环境中的所有有毒工业化学物质中，1/3 以上都被排放到了空气中。这些排放物含 9100 万磅已知的或疑似的致癌物。再加上汽车尾气，空气所负荷的致癌物就更多了。根据国际癌症研究机构的研究，城市和工业区的空气中一般含有 100 种不同的，且已知可以使实验动物患上癌症或引起基因突变的化学物质。尽管自 1970 年《清洁空气法》实施以来，美国的空气质量得到了改善，但是，60％的美国人——也就是我们当中的 1.86 亿人，仍生活在有危害健康的空气污染物的地区。

这些都是不争的事实。但是，空气中的致癌物质究竟在多大程度上使人类患上癌症，仍然是个让人难以捉摸的问题。空气至少可以通过三种方式逃过严密的科学分析。首先，空气的流动性使人类的致癌物暴露很难量化。风速和风向以及
176 当风吹过河谷、爬上山坡和掠过建筑物的时候，都大大地改变了空气中致癌物的移动路径。在大都市的某个城区里的居民可能饮用同一条河里的水，去同一家超市买食物，但是，他们不可能呼吸同样的空气。那些住在当地工业园区下风地带的人和住在上风地带的人呼吸的空气也会大不相同。位于市中心的空气检测系统无法说明微观气候中空气的差异。

其次，还有众多我们甚至都没有试图去监测的空气污染物，其中，主要是微粒(小于 2.5 微米)和超微粒(小于 100 纳米)。这当中，有一些颗粒小到只有在电子显微镜下才能看到。不管怎样，微粒和超微粒都是可见的：它们是模糊了夏日阳光的薄雾。但是，这个说法不够准确。确切地说，我们看到的不是颗粒本身，而是它们引起的散射光。吸入这些颗粒比吸入砂粒样的颗粒要危险得多，因为它们可以通过肺部纤毛的防御，直接穿过肺组织进入血液，之后，会造成多种后果，使血液中的血小板变得黏稠就是其中危害之一，这可能是微粒和超微粒引发心脏疾病的机理。

尽管微粒和超微粒极其微小，但种类繁多。它们的结构可能高度复杂，也可能
~~~~~~~~~~~~

就像许多碳元素颗粒(煤烟)一样简单。微粒不需要呈固体形态,而且很多都是超细液滴。有的液滴里有不同的液体组合,有的则是被液体包裹着的固体,还有的是被固体包裹着的液体,就像液体夹心巧克力一样。微粒和超微粒可能是金属、油类、酸或是碳氢化合物,或是以上所有物质的综合体。它们是由化合物组成的混合物。美国环保署监控 2.5 微米以上的目标颗粒,但是不包括微粒和超微粒,因为无法检测到它们。

第三个不确定的原因是,空气是转换介质,就像炼金术士的烧瓶,每加进去一样新的物质,空气中就会有新的成分出现。最近有证据表明,空气中的一些主要致
癌物质是不同来源的有机化学物之间相互反应生成的新物质。其中,很多物质的 177
性质目前都无法确定。近期,一组美国和中国的研究人员正在研究空气污染物。这些污染物从亚洲越过太平洋到达美国时转化成致癌物质。因此,类似《有毒物质排放清单》所列举的大气污染排放的细目清单,已无法完全包含我们接触到的、能够引发癌症的所有物质。

在稀薄的空气中出现的各种污染物中,臭名昭著的其实是臭氧。臭氧是氧气和紫外线在平流层相互作用下产生的分子。如此形成的臭氧层保护我们不受强紫外线照射的伤害,所以,我们有充分理由担心它消失。但是,地球表面的臭氧却是种有害的、对眼睛及肺部具有刺激性的非自然产生的气体。因此,在夏季,城市居民也同样有充分的理由担心空气中日常臭氧浓度百万分率的不断上升。(地表臭氧分子因为太重而无法上升到大气层中,因此,它会占据所有生命赖以生存的其他不稳定同类气体的位置。)

尽管地表臭氧是城市烟雾的主要成分,但是,它不是由某一已知的污染源排放到空气中的。相反,它是两种气体在日光催化下发生反应的产物:一是由尾气排气管和烟囱排出的氮氧化物;二是房屋粉刷、汽车加油、马路铺设和衣服干洗时挥发上升到大气中的挥发性有机化合物。

从“臭氧”一词的传统意义上讲,它不是致癌物质。但是,在复杂的揭示代表癌变的细胞活动中,臭氧似乎只起到了配角的作用。臭氧具有很强的毒性,它会导致呼吸道感染,从而干扰机体清除肺部中的外来颗粒,而其中的一些颗粒可能是致癌物质。同时,臭氧也会阻碍肺部巨噬细胞的活动。作为免疫系统的一部分,这些变形虫一样的清理者是身体抵抗各种病原体和外来物质的第一道防线。对动物实验的研究表明,臭氧似乎加强了肺致癌物质的作用并加剧了癌变过程。与呼吸清新
空气的大鼠相比,暴露在臭氧中的大鼠,其肺部肿瘤会产生明显不一样的基因 178
突变。

在人们试图解释空气中的物质是如何诱发癌症的过程中,臭氧问题引发了一系列棘手的疑问。我们如何评估暴露于与其他空气污染物通过化学重组产生的污染物?我们如何量化本身可能引发癌症,又可促使其他物质诱发癌变的物质呢?臭氧是多少癌症造成的死亡的罪魁祸首?死亡人数又是多少?

最近一次将癌症归因于空气污染的评估源自2009年国家环保署的一项"全国空气毒物评估"的调查。虽然该调查没有涉及以上问题,但是,它详细地研究了美国各县的空气污染物,并得出这样的结论,即所有2.85亿美国公民,因暴露于被污染的空气而患癌症的风险有所增加。但是,该风险大小的分布并不均衡,比如,同北达科他州相比,南加利福尼亚州、俄亥俄州、西弗吉尼亚州、印第安纳州部分地区和伊利诺伊州的县因空气污染而患癌症的风险会高很多。美国总共500个县的平均估计风险率是36/1 000 000,即我们每100万人当中,就会有36人因为吸入污染物而患上癌症。国家环保署的研究人员并没有进行进一步的计算,那么就让我来算一下:36×285=10 260名癌症患者。

~~~~~~

肺癌死亡率极高,5年生存率只有15%,所以,我们很少能够听到有关他们的故事。被诊断为乳腺癌的患者组成支援团队,著书立说、游说国会、组织集会争取福利待遇和治疗的机会。相比之下,肺癌患者们就那么悄无声息地从我们身边消失了。通常是在他们去世之后,才有一小部分公众注意到他们。使得肺癌患者保持沉默的还有内疚和自责,因为有人认为他们是咎由自取。

179 我们认为,无论是个体消费者还是企业生产者应对此负责,一个无可争辩的事实就是,在肺癌的流行病学描述中,烟草是罪魁祸首。吸烟是导致肺癌的主要原因。然而,除了烟草这一主要原因外,还有很多其他因素。但是,假如其他所有因素之所以相对而言微乎其微,原因只有一个,那就是烟草所扮演的杀手角色太突出了。在美国,非吸烟者因患肺癌而死亡在最常见的癌症死亡原因中占第6位。并不是所有不吸烟者死于肺癌的病例都与烟草毫无关系。其中大约有20%(每年死亡3000人)的死亡人群被认为与被动吸烟有关。这项统计结果让人如此震惊,它直接导致了有关工作场所、飞机、餐馆和其他一些公共区域的吸烟管理法规发生了实质性变化。然而,对于绝大多数非吸烟患者来说,患肺癌的原因仍无法解释。虽然空气污染并不是唯一可能致癌的原因,但是可以肯定的是,空气污染不可避免地会影响到我们每一个人,它还会与其他因素相互作用,从而加剧其他因素的危害程度。就凭这几点,这个话题就值得深入研究。而且,一系列证据表明,空气污染很可能是主要原因。
~~~~~~

首先，证据来自医生诊室，专门从事肺癌研究的肿瘤学家在报告中指出，在他们的病人中非吸烟者越来越多，而患有与烟草并无太大关联的特有的肺部恶性肿瘤的病人的激增，腺癌虽然不同于燕麦细胞癌和鳞状细胞癌，但二者都与吸烟有很大关联。

同时，流行病学家也一直致力于了解导致肺癌的城市因素。美国和欧洲的研究都一致表明，生活在城市的非吸烟者的肺癌患病率，要远远高于生活在乡村的非吸烟者。同时，研究也表明，在化工厂、纸浆厂、造纸厂和石油企业工作的人群，肺癌的患病率更高。卡车司机和工作中可能吸入柴油废气的工人患肺癌率也较高。一项针对 5000 名瑞典烟囱清洁工所做的定向人群研究表明，吸烟习惯并不能完全解释肺癌和其他的肿瘤死亡率的攀升，但可以肯定的是，它与暴露于致癌的煤烟环境有关。在吸烟率很低的犹他州，研究人员对两个县的肺癌发病率做了一项比较 180
研究。除了其中一个县有一家钢铁厂之外，两个县各个方面都很相似。最初，这两个县的肺癌发病率彼此相差无几。但 15 年之后，仍在受污染的县的癌症死亡率高于另一个县。在对 50 万美国居民的一项更大规模、具有前瞻性的研究发现，居住在空气中微粒密度高的县里的居民，肺癌的发病率较高。

作为空气进入体内的门户，细长的气管和肺泡是致癌物质与人体组织最先接触的唯一渠道。致癌物被肺部细胞膜吸收而进入血液，沉淀到身体的各个部位。虽然，人们对这些污染物与其他各类癌症的关系知之甚少，但这个问题却引起了越来越多的关注。

燃烧化石燃料所产生的副产物受到了特别的关注。正如我们所看到的那样，首先，乳腺癌与长岛的空气污染的潜在源头有关。随后发现，患早发性乳腺癌的风险与青春期暴露于交通工具尾气有关。也许，这并非是偶然现象。越来越多的证据表明，尾气排放物具有雌激素的作用。空气污染物可能会改变乳腺密度，从而加大患乳腺癌的风险概率。2007 年，有一份文献综述表明：因暴露于发动机尾气和其他一些芳香烃而诱发乳腺癌的发病风险，在发病数量上与一些我们所熟知、确定引起乳腺癌的风险大体相当，比如高龄女性第一次分娩和久坐的生活方式。更为确凿的证据来自于实验室：燃烧副产物的化学家族成员被称为芳香烃，苯并芘是其成员之一，可使动物患有乳腺癌。据位于纽约的阿尔伯特·爱因斯坦医学院的研究人员称，芳香烃被吸入肺部后，便会贮存、聚集并在乳房中代谢。因此，这里的导管细胞会成为这些致癌物的攻击对象。

有几项研究表明膀胱癌与空气污染也有关。最有力的证据来自中国台湾。那里的研究人员发现空气污染，尤其是石油化学工厂造成的空气污染，与导致膀胱癌 181

死亡的风险之间存在正相关。一项关于中国台湾地区儿童和青少年死于膀胱癌的调查发现，几乎所有死于膀胱癌的人都居住在三大石油石化工厂几英里内。

这引起了我的注意。

在助长癌细胞从其他器官扩散到肺部，从而完成导致癌症死亡的周期中，空气污染物始终参与其中。比如，与那些呼吸清洁空气的大鼠相比，长黑素瘤的大鼠在吸入被二氧化氮污染的空气后，其肺部会长出更多的肿瘤，而且，死得更快。这些癌本身不是肺癌，是转移性肿瘤，它们是从原始肿瘤脱离下来再次生成新的癌细胞。血液将这些癌细胞带入肺部，它们像植物的种子一样在那里生根发芽。癌症患者都知道，一旦癌细胞转移到肺部，那将是不祥之兆。作为离开大部分器官的血液遇到的第一个毛细血管床，肺部是转移后的癌细胞最常占据的地方。不管怎么说，至少小鼠是这样，吸入二氧化氮似乎会加快癌细胞的转移。

南加州大学的病理学家阿尼斯·瑞科特斯认为，至少有两个凶险的机制在起作用。首先，二氧化氮可以妨碍所谓的杀伤性 T 细胞，而该细胞可以清除体内游荡的肿瘤细胞。其次，二氧化氮会在肺腔深处形成水肿，从而使这些有问题的细胞困于肺腔内。瑞科特斯说："由于许多癌症患者体内都有循环性癌细胞，因此，有毒空气污染物在癌细胞传播过程中所起的作用很可能比我们当前对它的认识更加可怕。"

如同它的化学产物——臭氧一样，二氧化氮与癌症的因果关系也成了一个棘手的问题。据我们所知，二氧化氮并不是致癌物质。然而，对于我们这些得了癌症的人来说，空气中二氧化氮的出现可能会阻碍我们摆脱病魔，降低存活的概率。

182 我开车驶过我最爱的小镇一隅——邮局北边的老街坊。这里是佩金的老城区。但我喜欢这里却另有原因。这里的一切，如街道，都以女性的名字命名，而且，都不是一般的名字，如辛西安娜、汉丽埃塔、萨贝拉、卡罗琳、凯瑟琳、玛蒂尔达、露辛达、阿曼达、夏洛特、苏珊娜、密涅瓦，还有一个我从小就很崇敬的女性的名字——安·伊莉莎。这些街道一直伸展到河边。

一路都由两个小外甥陪伴，我们在帕特西的面包店停了下来，买了些吃的东西。这是二月底的一个周日早晨，也是数月来第一个温暖的日子。教堂的停车场停满了车，于是，我们只好驶向河边，因为绕来绕去的，我们驶过了所有的女人街。一路上，总能闻到一股气味，而且愈发地强烈。开着车，我还在琢磨着我所研究的几篇学术文章。

这些结果与我先前的分析结果一致，从而进一步证明了空气污染是导致肺癌的一个中度危险因素。

我绞尽脑汁，可是怎么也想不出来到底该如何形容这种气味。虽然这种气味可能没有几十年前我住在此地时那么浓烈，但是，我现在却对这种气味更加敏感了。形容这种气味的词似乎就在嘴边，但却说不出来。这是一种很混杂的气味，似乎包含了很多种气味，有点儿辛辣……看了一会儿驳船和渔船之后，我们转向了9号路线，驶过佩金大桥。

总之，研究表明某类企业的排放物可能增加周边人群患肺癌的风险。

在伊利诺伊河西岸，河滩就像舞厅里的舞池一样平坦而开阔。现在，这里几乎全是玉米地和大豆田，一直蔓延到发电厂、煤堆、专用线、铁路站场和食杂店。我爱这条河谷，还有峭立在河谷两岸的悬崖峭壁，因为这里有我童年的回忆。我希望两个外甥也能喜欢这里的风景——不过，需是在对这片土地有充
分了解，而不是简单地否认存在的问题的基础上。这就像要求一个人去爱自 183
己酗酒的父母一样，让人很难为情：别抛弃父母，别让他们过悲惨的日子；别让他们自暴自弃；别假装什么问题都没有。我不知道该如何向我这两个年轻的外甥解释这些，或许无需解释。我们这些做长辈的只需要对我们所生活的地方满怀激情、倍加关注就可以了。

"我们一起去察看下西边的悬崖吧！"我把车右转，驶向24号公路，然后向左驶上一条狭窄的岔路，这是一条陡峭的山路，只能用低档行驶。即使只挂了二档，车还是有些颠簸，吃剩的面包屑回落到大腿上。忽然，我们进入了密密的森林，漫野的河滩被遮挡在了身后。

总之，我们很难解释有关环境空气污染和肺癌之间的关联的流行病学证据。

到了城墙的顶部，我们再次回到阳光里，才发现我们已经到了塔斯卡洛拉，这里的房屋沿陡峭的地形顺势而建，稀稀落落。这些地方最终也要变成玉米田和大豆田，与东面悬崖相辉映。我的两个小外甥却不以为然，他们觉得西边的悬崖更为陡峭，因此在那驾驶会更有乐趣。尽管他们没有说服我，但这却不失为一次不错的辩论。

在伊利诺伊州，进入环境空气中的许多有毒化学物质没有得到常规化监管，我们对于这些化学物质在环境中的浓度及其不同来源的相对重要性更是

知之甚少。

19世纪，包括医生和政府官员在内的许多有正义感的人认为，传染性疾病是由被污染的空气所诱发的。这些人士是瘴气病因理论的追随者。他们认为当空气吹过沼泽、污水、尸体等腐烂掉的有机物质时，便被“腐蚀”了。根据瘴气学派的理论，呼吸来自这些地方释放的有毒气体，不仅对身体有害，还会引起可怕的疾病。

184 瘴气理论最终被与其针锋相对的病菌理论所取代。然而，在瘴气理论淡出主流理论之前，其追随者们对公共卫生政策实施了几项重大改革，具体内容包括封闭下水道系统、净化饮用水和深埋尸体。在发现疾病的真实微观起因之前，这些措施为抑制传染病传播作出了很大贡献。尽管瘴气理论是错误的，但却挽救了成千上万人的生命。

人们以前对伊利诺伊州荒野，包括我现在所驶过的这条山谷的描写，让我们详细地了解了当时人们对空气的感受是怎样的：它是那么的芬芳，或那么难闻；它的吹拂是多么有益健康的，或者那么有害健康。

> **城市的空气污染是否是造成肺癌高风险的原因，我们不能断然确定，但事实表明空气污染至少起到了推波助澜的作用。**

我沿着24号公路，向东驶过马克劳格大桥。桥下的这条河流有近3/4英里宽，我们正好从皮奥里亚县回到塔兹韦尔县的中间过桥。在我小时候，这条大桥就让我非常着迷。它是河的中间线！他们是如何确定它的准确位置的呢？陪同我的外甥们被我童年的故事(包括我对吊桥的恐惧，以及对拖船的着迷)所吸引。我也被他们的兴趣所打动。这就是我们的故乡。

我一直在想，我到底应不应该把两个外甥带到这来。年龄较小的外甥和他妈妈朱丽叶一样患有哮喘病，而她是在成年后得的这个病。朱丽叶是当地一所小学的教学秘书。她说，当看到那么多的孩子书包里放着呼吸器时，她感到很震惊。从那以后，她必须把那么多患哮喘的孩子从学校送回家，姐姐开始记录天气情况、风向、空气气味以及自己的呼吸是否困难。也许是为了节省时间，我们一致同意去看看周围的环境，去看看到底是什么让我们如此痛苦。也许，我们应该像我们的前辈那样，以错误的理由去冒险做一些正确的事情——他们在对含有细菌的污染物一
185 无所知的情况下，通过清除污染物来抑制传染病的传播。

儿童哮喘病的增加，空气污浊的城市周围肺癌集中发病的现象，正在向我们发出警示。设想，如果直到确切的病理机制被查明，暴露在污染环境下的事实被确定，彻底明确空气污染物如何组合在一起，以及污染物之间怎样相互作用，彻底明

白这些污染物同人体呼吸器官之间的关系，我们才有所作为的话，那么，我们难道不是在效仿那些人吗？那些因科学界还未确定哪种生物体是导致霍乱的元凶，所以，就没有足够的证据支持人体排泄物要远离饮用水的人吗？

我们的车开始爬坡。山顶是令人心碎的克里福柯镇[①]——佩金的一个小兄弟，卑鄙的醉鬼兄弟。克里福柯的另一面就是回家的路。我打开天窗，以示庆祝。

“桑迪阿姨，你是什么时候买这辆车的？”

“亲爱的，你还记得我跟你说过的话吗？我的一位住在波士顿的朋友生病了，需要经常去看病，所以，买了这辆车。”

“她去世了，是吗？”

“是的。”

“您也得癌症了，是吗？”

在没有其他数据为证的情况下，还是避免过多地、长期地暴露于这类致癌物质为好。

① 克里福柯，在法语中意思为“令人心碎的”。

第九章　水

"河中奇怪地悬浮着的鱼儿，
那美丽而怪诞的湖水；
还有河中的水草，
优雅地摇曳着它们扁扁的头，
所有这一切，都成了这孩子的一部分。"

——沃尔特·惠特曼
《有个孩子在长大》

187 我的母亲从小在弗米利恩河旁长大，父亲则成长在密歇根湖边，因此，我与伊利诺伊河没有任何瓜葛，也没有口口相传的故事可以讲给下一代听。为了了解这条哺育我成长的河流，除了靠自己的观察，多半得借助查阅的图书馆资料。有时候，我的所见所闻与资料上的记载南辕北辙。

在一张拍摄于20世纪早期的档案照片中，四个男人和两个男孩站在河岸边，旁边像是一大堆蝶状石块。站在前面的人非常严肃，他高举的手中托着一只张开翅膀的蝶状物。其他人穿着工作服，就像篱笆桩似地站在他的身后，身体挺直，面无表情。他们这些人其实是采蚌人，在炫耀自己的收获。他们将把这一大堆蚌卖给伊利诺伊河下游沿岸的15家纽扣工厂。

到了1948年，河沿岸的最后一家工厂也倒闭了。严重的污染和过度捕捞几乎使这一流域的蚌不复存在。过去用珍珠母制作的衬衫扣子也逐渐被塑料所代替，对我来说，对图片中的这些蚌的了解也就像将它们制作成衣服的纽扣的加工过程一样非常陌生。

188 1948年，潜水鸭开始从伊利诺伊河消失。环颈鸭、帆布潜鸭、宗硬尾鸭及小潜鸭，这些禽类是我通过观看标本并到很远的野外考察而逐渐认识的物种。我曾经学习过通过羽毛颜色和鸣叫声来辨别它们，几个世纪以来，这片哺育我成长的流域一直都是它们迁徙的必经之路，我却没有认出它们，不知道它们也是这里住户中的一员。

1955年，新婚不久的父母在河谷的山坡上安了家。也是在这一年，河谷中斑背潜鸭（“高度群居，头具紫色光泽，副翼羽长着白色醒目的条纹，发出短促而低沉的咕咕声”）的数量一下子跌到零。斑背潜鸭主要食物来源是指甲蛤，受到河底淤泥中有机氯污染物的毒害，在河中的指甲蛤大量消亡，调查者认为这是斑背潜鸭同时消失的原因。蛤蚌也一去不归。

钻水鸭类，如野鸭（“浅灰色的头，蓝色的喙”）和赤膀鸭（“很少成群结队，……叫声低沉……刺耳”），主要以水生植物的种子为食。除草剂的到来使它们离开了伊利诺伊。随着农业机械化程度愈高，对化学品的依赖愈严重，从周围田野冲刷下来的淤泥和除草剂使河流中苦草、金鱼藻和西米这些野生植物消失殆尽。据以前的记载，这些曾经在宁静的皮奥诺亚湖浅水滩里枝繁叶茂的物种在20世纪50年代已经完全消失，一同消失的还有以它们为食的鸟类。我不知道该如何识别这些消失的植物。

捕鱼的历史可以追溯到50年前。进入20世纪，有2000多从事商业捕捞的渔民来此进行捕捞，捕捞的鱼甚至远销波士顿。垂钓专列还带着运动垂钓者来往于佩金下游的水乡——哈瓦那。按照每英里河流产鱼的磅数来计算，伊利诺伊河被认为是北美最多产的内陆河。

伊利诺伊河丰富的水产资源得益于得天独厚的地理条件。大部分河流流经古 189
密西西比河形成的洪积平原。平坦的地势使伊利诺伊河形成了广袤而相互交织的水域，成为鱼类产卵、生长及越冬的绝佳水域。夏季，周期性的干旱使河床干涸，为植被的生长提供了条件。春秋两季洪水泛滥，溢出的河水流入周边的曲折的泥沼、低洼地、坑洼地和支流湖泊，茂盛的植被对防止强风搅动河中的淤泥发挥很大的作用。

下面是关于芝加哥环境卫生和航运运河（S&S）（Chicago Sanitary & Ship Canal）的历史。这段历史是中部伊利诺伊州全部传说的核心。S&S运河于1900年1月17日开通，成功地将密西根湖与伊利诺伊河相连接，从而，开通了通向新奥尔良的水上航道。这也是第二个S（航运）所代表的含义。第一个S（环境卫生）指芝加哥的城市污水流入运河，经德斯普兰斯河汇入伊利诺伊河。其结果是伊利诺伊河水猛涨，回水地带被淹，而且，水流不出去。低洼地带的针栎园和胡桃树园的果树被淹死。工业污染的浊浪向南缓慢而不可阻挡地推进（1915年左右抵达了佩金地区),这遭到了下游居民的强烈抵抗。最终,美国最高法院被迫于 1939 年将一半的污染水截流到伊利诺伊河。同时,水闸和堤坝使伊利诺伊河成为若干阶梯式航运水道。直到第二次世界大战,这条河才形成了现在的样子。在完成清理、筑堤、排水、筑坝后,伊利诺伊河变成了工业排放污水的河道和驳船通行的航道——S&S。在这一年发表的一份报告中,我看到伊利诺伊河中鱼类的特写照片,它们身上有开放性溃疡、鱼鳍一直腐烂到根部。

联邦政府于 1972 年颁布的《清洁水法案》使伊利诺伊河的环境得到些许改善。随着每年排放到河中的工业废水逐渐减少,河水的整体环境也得到改善。但是,长期的生态效应并不明显。它就像一件穿破的衣服,即使污染的压力降低,伊利诺伊
190 河仍显现出持续破坏的迹象。所以,充其量是得到不同程度的恢复。蚌类返回到了部分河段中,鱼鳍坏死的问题也不那么常见了;另一方面,杀虫剂污染程度依然很严重,水生植物无法扎根繁衍。

在伊利诺伊河上游,渔业顾问一再警告户外钓鱼者,要严格限制或禁止食用已知体内含有高含量致癌化学物质的鱼。对于处于生育年龄的女性和儿童更要格外注意,这些警告尤其强调了食用大鱼的危害。因为,鱼越大,生物放大作用的放大效应就越持久;鱼越大,其体内毒素含量越高。

这就是我所了解的伊利诺伊河。堤坝、工厂及农田将伊利诺伊河与其河漫滩分割开,任凭其默默地独自流淌。足球场大小的驳船船队在河水中卷起的层层尾浪,拍打在河的两岸,紧紧相随的拖船像打蛋器一样,不停地把河中的有毒物质搅拌上来。这是些老牌的化学物质,不仅有多氯联苯、DDT、狄试剂、氯丹和七氯等,还包括一些现代工厂排放的污染物、化学泄漏物和农场排放的废物等。行驶的船舶掀起的白浪把河中的淤泥和有毒物质带到仍然有鱼类产卵的水域。

仅在 1974 到 1989 年间,就有 350 多种不同的有毒的泄漏物被报告进入航道。由于依然见不到栖息在河底的动物的踪影,哈瓦那"伊利诺伊州自然历史调查局"的水生物学家道格・布洛杰特认为化学物质泄漏现象仍很频繁。杀戮仍在继续:每次泄漏都会形成一股有毒污染冲击波,并且,在几个小时内将有毒的物质扩散到某个河段。而每月一次的督察对大部分瞬时性化学物质泄漏所起到的作用微乎其微。当然,这种泄漏还不算常规的工业排放。

~~~~~~~~~~

沿着德比大街进入诺曼代尔是从父母家到伊利诺伊河最快捷的路了。高中
191 时,我就一直走这条路,父母对我抄近道并不知情,他们认为沿河边走是非常危
~~~~~~~~~~

险的。

德比大街让人非常怀旧，虽然它也是一条军火大街，却让人有思乡的情怀。沿着买卖各种枪支和弹药的店铺一路看去，是类似“凯伦乡间小屋”和“祖母羽毛床垫”这样一间间的店面。其中的一家因为在停车场展出的导弹和像奖杯一样嵌在一栋楼的一侧的半辆吉普车而出名，吉普车司机的座位上坐着一个美军假人。事实上，从这去到那条河还需要耍点小伎俩。先要走过一片住宅小区，爬过铁丝网围栏，再无视“禁止翻越”的提示牌，蓦然，那熟悉的棕色河水就会映入眼帘。

这里的宁静让人感到舒适，伊利诺伊河在此静静地流淌着。在我眼里，这条河就像一个十几岁的少年。他不会对别人构成多大威胁，别人对他也构不成多大威胁，这令人感到安心。

伫立河边，联想到这河水中已逝去的生灵，感到自己像是一个同鬼魂打交道的博物学家。自 1908 年以来，20 多种鱼类从这条河里相继消失，有 1/3 的两栖物种完全或几乎完全从这个州灭绝。绝迹的物种中，有 1/5 是小龙虾，超过 1/2 的是贻贝。这条河不禁让我想起了诗人罗伯特・弗罗斯特的诗句：“万物衰亡是为何故?”。诗人自己也没有回答这个问题。

～～～～～～～～～～

根据 1974 年生效的《安全饮用水法案》，公共饮水问题在全国范围内得到整治。该法案责令环境保护署制定公共饮用水污染物水平的上限，这意味着，根据法案，在公共用水方面允许设置某种有毒物质水平的最高标准。这样，所有的公共饮用水都不断地得到了常规监控，对于不同的污染物有不同的法规限制。例如，对于除草剂阿特拉津和干洗液全氯乙烯就设有最高的限制，分别为 3ppb[①] 和 5ppb。多氯联苯的最高限为 0.5ppb，废弃的杀虫剂和 PVC 的原料氯乙烯最高限为 2ppb。 192
邻苯二甲酸酯类增塑剂 DEHP 的法定限额为 6ppb。从 1999 年开始，修正案要求水务部门必须至少每年一次在水费账单上告知用户，他们在饮用水检查中查出何种污染物，是否违背水质标准等。根据这些监测报告，全国有 10% 的饮用水不符合环境保护署制定的饮用水污染物限值标准。

至少有两个原因说明这个数字没有充分体现问题的严重性。

首先，对所有杀虫剂的监控以及对每种化学品的法律限定，是公共安全和经济效益之间通过相互妥协而达成的协议。污染物最大限值不应仅是基于健康而制定的标准。人们还要考虑成本因素以及将污染物降低到一定水平的技术水平。这些

① ppb：parts per billion，一种浓度表示方法，为 10^{-9}

因素就成了制定法律的基准。对于许多化学品而言，存在着两个数据：强制性限值与基于健康考虑的污染水平极限目标。例如，对于致癌物质苯、氯乙烯和三氯乙烯的强制性限值，分别是5ppb，2ppb，5ppb，而污染水平极限目标则全部为零。

这就如同一名虽然精通个别数值的测算法和记录，但是却不擅长汇总结果的会计，控制水污染物的措施也受到每次检测一种化学品的束缚。这种做法忽略了暴露于协同发挥作用的化学混合物的状况。例如，致癌物质砒霜会自然地出现在某些地下水中，而且污染物含量水平也有一个最高限值。然而，如果含有砒霜的水同时带有微量除草剂、干洗液或工业溶剂，即使浓度远远低于各自法定的标准，所产生的混合物也会对健康构成极大的威胁，而这在单一化学品限定值这冗长的细目清单上无法识别。比如，暴露于某种混合物可能会降低机体对另一种物质的解毒能力。

这个监管措施还忽视了饮用水中许多一般化学物质，它们没有污染水平最大
193 限值。2009年，只对90种污染物实行了强制性标准限制，而其他化学物质都没有纳入监管，所以也没有得到常规的监控。例如，有216种化学污染物被认定是会引起动物乳腺癌的致癌物，其中至少有32种出现在饮用水中，只有12种根据《安全饮用水法案》的要求得到监管。据了解，在饮用水中至少有20种可导致乳腺癌的物质没有得到监管。联邦政府没有监管的还包括药品和许多个人护理用品的成分，如洗发水、化妆品、驱虫剂和除臭剂。此外，即使污染物含量超标，人们也不会总是把它与癌症联系起来。例如，硝酸盐，在饮用水中的污染物最高含量为10 000 ppb(10ppm①)，但这个标准只是为了防止食用乳制品的婴儿由于硝酸盐超标中毒而引发贫血。但它并没有反映硝酸盐如何在消化道内转化成致癌物质亚硝胺的新知识(第七章中涉及这种转化)。最近有证据表明，饮用水中低于法律限制标准的硝酸盐也可能增加患癌的风险。

饮用水监管是否建立在现代科学知识的基础上，答案是否定的。最令人深思的是，对某些污染物的监控是基于对四个季度抽查结果的年均测量值。换言之，只有当相关污染物含量年均浓度超过对污染物含量的法律限值时，才算违反饮用水标准。而一次性污染超标不会自动地构成违法。每当播种和雨水频繁的春季来临之际，以江河、溪流为源泉的饮用水中的除草剂浓度就会达到令人毛骨悚然的程度，这一特性在中西部尤为明显。1995年，首次开展了一项专项调查，从5月中旬到6月末，调查人员对整个玉米带社区的厨房、办公室及浴室中的自来水每三天进

---

① ppm：parts per million. 一种浓度表示方法，10^{-6}

行一次抽样调查。在对 29 个城镇和城市的自来水检测中，除了一座城市外，其他
城市均发现除草剂成分。包括丹威尔、伊利诺伊在内的 5 座城市饮用水中的阿特
拉津成分超标，其浓度高于法律限制含量的 5 倍。（丹威尔位于佩金东南，与印第 194
安纳毗邻。我的叔叔杰克就是在那长大的。）2009 年的一项研究表明，自来水的污
染状况并没有得到多大改善，从美国的中西部到南部，54 处公共饮用水源中的农
药成分含量峰值，超过了最大污染值上限。

从生物学角度而言，我们只活在现在。我们的机体不是在污染物达到平均限值时才有反应，它们必须不遗余力地应对已经进入体内及随时涌入体内的污染物之重压。如果住在伊利诺伊州乡下的小女孩，在 4 月～6 月间摄入过量的超过其自身解毒能力所能承受的除草剂成分，而自身不能将其排出，如果如动物实验所验证的那样，这些化学元素能够改变她的乳腺组织发育，那么，无论在 8 月、10 月或 1 月她的乳房发育情况如何，她的乳腺已经受到了损害。

许多调查者认为，在发育早期的某个时间点上，即使暴露于微量致癌物质也会大大增加其日后患癌症的风险。假如一个处于发育期关键阶段的尚在母体中的孩子，恰好赶在当地的饮用水中各种农业化学物质含量指标达到高峰值，那么，这会对这个孩子造成什么后果？对于一个处于青春期，恰好赶上一年中的某个季度，乳芽开始发育形成的女孩，那么，给她带来的后果又将是什么？

很多人都没有意识到暴露于因水而生的致癌物更为普遍。通过空气摄入污染物涉及我们吃的食物和呼吸的空气；通过自来水摄入污染物涉及呼吸、皮肤吸收和饮水。对于被称为挥发性有机物的合成类污染物，——一种比水更容易挥发的碳基化合物——上述不同的途径更为重要。干洗剂全氯乙烯就是较为普遍的一种。大部分合成类污染物都被认为是致癌物质。

我们在第八章中看到，挥发性有机化合物如何与氮氧化合物结合，生成一种主
要的空气污染物——有毒的沉降于地面的臭氧。作为一种产生于自来水的污染
物，它们还会带来其他危害。挥发性有机物很容易通过人类的皮肤被吸收，在挥发 195
时进入人们的呼吸系统。水温越高，挥发得越快。像烹饪一样，加湿器、洗碗机和
洗衣机会将挥发性水污染物转化为空气污染物。而暴露于这些污染源，对婴儿和
整日在家做家务的女性来说危害特别大。

轻松地洗个澡结果成了暴露于挥发性有机物的主要途径。至少有两项研究表明，刚刚淋浴或洗过澡的人所呼出的气息中，挥发性有机化合物，包括三氯甲烷，含量较高。事实上，在增大挥发性有机物的体内剂量上，淋浴 10 分钟或洗澡半小时的作用超过喝上半加仑的自来水。在密闭空间洗浴，体内挥发性有机物吸入量最

大,很有可能是因为体内吸入了蒸汽。

污染物暴露的具体途径对体内污染物的生物过程产生巨大影响。我们的日常和烹饪用水,首先经过肝脏代谢,再进入血液。洗澡时吸入体内的污染物,在进入肝脏之前就分散到了身体的各个器官。每种暴露于污染物途径的相对危害性要看污染物的生物活性、代谢后的分解物及由此途径暴露于污染物的各种组织的敏感性。

淋浴是饮用水污染物的暴露途径,这一重要发现纯属意外。1984 年,调查人员在对伊利诺伊州罗克福德的一家电镀公司排放的垃圾问题进行调查时,发现在地下水中含有少量的含氯溶剂。一口市区的井和 150 多口私人井受到了污染。井水受污染程度不同,有些井的污染水平超过了 500ppb。东南部的罗克福德公司(专门为棺材制作黄铜配件的电镀公司)也因此登上"超级基金国家优先清理场址名单"。

196 五年后,研究人员发现,在那些使用受污染水井的住宅空气以及居住者的血液中,这些相同的化学物质含量都较高。奇怪的是,血液中的化学物质浓度与居家空气浓度的关联比水中的实际浓度更为紧密。反过来,空气中污染物的浓度又与"淋浴所用时间"的长短大体成正比。这些结论是对数量不多的人群进行实验得出的,因此,从统计角度讲,其说服力不大。但是,它们却支持这一观点: 就算水污染十分严重,呼吸比饮水给身体带来的挥发性有机混合物负荷大。瓶装水本身解决不了问题。

1990 年,流行病学家研究伊利诺伊州癌症分布情况时发现,该州西北部膀胱癌死亡率很高。进一步调查证实了膀胱癌高发率的真实性,但发现癌症高发地主要局限于某一邮政编码的一个小城市。那座城市就是罗克福德。

不久前,我偶然间读到了 1918 年伊利诺伊州水井和水箱检察人员使用的一份调查表。这份表格设置了许多问题,其中之一要求检测被调查的水源与可能的污染源之间的距离。特别提到的地方包括饲养场、公厕、马厩、污水池和"倒泔水的地方"。这份调查还提出了这样的问题: 小动物是否有可能从顶部掉入水井中? 最重要的是,是否出现过因使用此处水源而引起的伤寒病例?

在我看来这种保护饮用水的调查方法很有先见之明。问卷的主要内容反映出了调查人员认识到饮水安全与水源周边各种活动之间的关系。"在采集和储存饮用水方面采取了哪些保护措施?”“说明使用此水的居民的总的身体状况。”“所有这些地区排放的污水是流向还是远离水井、小溪或地下蓄水层?”“如果有其他任何潜在的污染源,请指出。”很明显,从细菌感染时代到化学致癌物质时代的转变过程 197
中,这种保护水源的意识在某些地方丢失了。

1993年,一份关于我家乡地下水质量的长篇报告发表了。这份报告详细地描述了佩金地区七口饮水井中的两口井的污染情况。这两口井的井源都位于河边,距工业区、地下储油罐和当地的污水处理厂都很近。水中检测到的化学物质为四氯乙烯和三氯乙烷,可能是从哪个污染源漂流过来的。这两种化学物质都被认为是致癌物质。报告评估组对第二大街上的一处场址表示特别担忧,这曾是“峡谷化学与溶剂公司”的旧址。1989年,这家化工厂关闭,留下的是不光彩的土地和水源污染。可以说,他们留下的财产就是个垃圾倾倒场。

佩金市很快就对这份报告做出了反应:成立了管理委员会,并出台了相关城市管理条例。公立小学甚至还专门增设了一门保护地下水的课程。然而,在手忙脚乱地采取这些措施之前,当局的第一反应是吃惊。佩金市长在报上承认:“这么多年来,我们没有对含水层进行过任何保护。”“从没有人真正想过这个问题。我们以为自己一直喝的是干净水。所以,没有人想过会出问题。”

〰〰〰〰〰〰

“有没有因饮用水而引起的癌症病例?”这比询问伤寒病例更难。肯尼斯·康托是一位环境流行病学家,也是国家癌症研究所的资深专家。康托把职业生涯的大部分时间都奉献给研究水污染与人类癌症之间的关系。对于这个难题的性质,没有人比他更清楚。

在有关饮用水与癌症的一篇综述的引言中,康托和他的同事们指出,关于癌症 198
和饮用水化学污染关系的种种研究“无法直接得出结论”。这些研究所涉及的化学混合物,界定模糊,而且暴露于这些混合物的时间阶段也不清楚。饮用水的化学污染十分普遍,这也许是人类无意中进行的一场实验,但其运行却缺乏控制权收益或实验设计。

有史以来所实施过的最失控、最胡来的饮用水污染实验,莫过于列尊营(Camp Lejeune)事件了。早在20世纪80年代,在美国北卡罗来纳州的海军陆战队军营,人们发现两个饮水系统被两种不同的工业溶剂污染:一种是三氯乙烯,另一种是全氯乙烯。其他A级危险污染物,如苯、甲苯、氯乙烯也陆续浮出水面,其浓度还不低。在有些情形中,这些污染物的含量甚至超出最大污染限值几百倍,达到了公共饮水井测量到的最大浓度。受毒害的绝不仅仅是陆战队员，因为基地是很多年轻家庭的临时住所，许多怀孕的母亲也饮用了被污染的水。这里的污染可以追溯到 20 世纪 50 年代，也就是说在 1989 年列尊营成为超级基金清理场以前的几十年间，有上百万的人遭受污染水的毒害。这上百万人口，包括在列尊营出生和长大的孩子，现在已遍布全美各地，所以这使流行病学家寻找癌症地理分布的工作变得毫无意义。

联邦政府成立了专门调查委员会。几乎没得出什么调查结论，因而遭到了科学家和前海军陆战队员的一致质疑。2009 年 4 月，美国有毒物质与疾病登记署承认工作中存在纰漏，调查不够严谨。政府一反常态地撤回了 1997 年关于被污染的水源与基地健康问题毫无关联的调查结论。同时，人们期待已久的国家研究委员
199 会的 2009 年报告结论是：因为事件已经过去很多年，所以无法得出结论。哪些人饮用了这些水，饮用的频率如何，时间长短，均已无法考证。多年来由于受污染的水井里的水循环时断时续，想通过饮用水系统构建饮用水分布的模型十分困难。关于溶剂因有致癌性的证据自相矛盾。最令人吃惊的是，国家研究委员会竟做出了这样的结论：不论未来的研究如何设计，都不可能把这件事调查得水落石出。事实上，国家研究委员会已宣称所有的深入调查都将是浪费时间。“因为缺少数据，加之方法上的局限性，我们无法确定列尊营过去的居住者和工作人员经历的疾病和不适是否与暴露于污染的水有关，而且，追加调查也无法克服这些局限性。”

这份报告只是如实评价目前科学局限性吗？还是在为置若罔闻的态度寻找借口？其他许多科学家，还有海军陆战队员本人都提出这样的质疑。其中一些科学家相信深入调查会得到批准，而尚未使用的方法可以帮助解开谜团。其中一位陆战队员是男性乳腺癌幸存者，这种病在男性中极其罕见。在美国，男性一生得乳腺癌的概率是 0.1%。早在 2009 年 7 月，这位男性乳腺癌幸存者找到了其他 17 名前陆战队员，他们都是男性，都患有乳腺癌，都在列尊营驻扎过。这位幸存者说：“弄清楚我的癌症到底在哪里得的，这对我来说是一种安慰。”“我不是个无缘无故就得了乳腺癌的倒霉蛋。”不久之后，又有 25 名患有乳腺癌的男性陆战队老兵站了出来，列尊营的历史也浮出水面，进一步调查将继续展开。

尽管有关癌症和饮用水污染关系的研究并不完美，但推翻了癌症没有致病原因的观点。这些研究大多数是基于生态设计的，也就是说，他们只描述健康与环境问题之间的关联模式。可他们都在讲述一个千篇一律的故事。这些研究都足以使
200 那些居住在水污染社区的癌症患者认识到自己“不只是个倒霉蛋”。这也同样对我有所触动。

正如我们在第四章所看到的，在宾夕法尼亚州有个臭名昭著的德雷克超级基金清理场。它从前是个化学品倾倒场。它倾倒的垃圾都是已知的膀胱癌致癌物质，住在附近的男性(而不是女性)死于膀胱癌的概率比别处高得多。而在科德角，膀胱癌和白血病的高致病率与居住在含有乙烯基塑料供水管道的房子有关，这种水管可浸出全氯乙烯。再回顾一下第四章的内容，一项全国性的调查发现，在饮用水被危险的废弃物污染的美国各县，癌症死亡率也比别的地方高出许多。

在城市和乡村的其他地方，也进行过类似的调查。在新泽西州，研究人员发现，女性(而非男性)所患白血病与城市水源中的挥发性有机化合物有关联。在爱荷华州，以被狄氏剂污染的河流作为饮用水水源的县，其淋巴瘤发病率都较高。在马萨诸塞州的工业城市沃本，儿童白血病与两口被含氯溶剂污染的水井有关。北卡罗来纳州的一个叫做拜纳姆的乡村社区出现了癌症集群，这与饮用上游被工农业化学品污染的河水有关。这项调查十分有说服力，因为一旦将癌症的正常潜伏期计算在内，20 世纪 80 年代激增的癌症死亡率与他们暴露于河流中致癌物质的高峰期(1947～1976 年)高度对应。在沃本，儿童白血病的高发期与已知的水污染时间段相吻合。被诟病的水井关闭几年后，白血病也随之减少了。(公众对沃本儿童困境的呼吁，对马萨诸塞州癌症登记处的成立起到了至关重要的作用。这件事被写成小说《法网边缘》，后来，被改编成了电影。)

国外也传来了确凿的证据。一份来自中国的调查结果表明，肝癌与饮用被农业化学物质污染过的河渠里的水有很大关系。在一些靠近铀矿的德国村庄里，大
量的儿童因饮用被镭污染的水而患上白血病。在芬兰的一个农村社区，人们发现 201
非霍奇金淋巴瘤致病率很高，这与该社区的水可能被来自当地的锯木厂的氯酚污染有关。氯酚尽管被用来处理木材，在化学性质上，常常让人想到可能引发非霍奇金淋巴瘤的苯氧基除草剂。

~~~~~~~~

作为始于 20 世纪初的流行做法，芝加哥市从 1908 年起开始先将氯倒入废水中，然后再将废水排入河流的下游。同年，新泽西州布恩顿市的自来水厂首次将氯添加到饮用水中。在第一次世界大战中，加氯消毒被证明是一种阻止介水传染病的既经济又有效的手段。截至 1940 年，美国约 30%的社区饮用的都是加氯消毒的水，现在，10 个美国人中约有 7 个人喝的都是用氯消毒的水。

在过去 30 年中，有几十篇研究加氯消毒水与癌症关系的文章发表。肯尼斯·康托断言："越来越多的证据表明，膀胱癌与长期暴露于饮用水中的消毒剂副产物有关。"尽管这些数据是氯处理的水引起膀胱癌的强有力的证据，也有证据表明它
~~~~~~~~

还可引发直肠癌、结肠癌和食道癌。

听到这个结论，许多原本会心平气和的人也不禁仰天长叹，好像有人要他们必须从死于癌症和死于霍乱之间做出选择。幸运的是，我们现在的处境还没到那一步。接下来我们就可以看到，我们的选择不会那么悲惨。然而，除非我们确认当前消除饮用水中病原体的方法产生的危险，并基于这一点认识，坚持更安全的做法，否则我们不会面对这种悲惨的选择。

202 氯气是种有毒气体。然而，氯消毒饮用水的问题并不在氯本身。而是，当氯元素自发地与水中的有机污染物发生化学反应时，才出现问题。氯与有机污染物反应的产物被称为消毒副产物。现在，已发现了600多种消毒副产物，但其中只有小部分接受了致癌检测。有一种已经被证实了的消毒副产物是MX。MX是种复杂的有机氯，它的化学全名是3-氯-4-二氯甲基-5-羟基-2(5氢)-呋喃酮。由于它的名字过于拗口，因而只在科幻小说“诱变剂XD”中用过，或用听起来令人郁闷的首字母MX代替。MX在饮用水中是独有的，在用啮齿动物进行的生物检测中，MX被认为是乳腺癌致癌物质。正如MX这个名字所暗示的那样，它可以破坏生物的染色体，从而引发基因突变。饮用水中MX既不受控制，也不在例行监测之列。因此，如果要问MX是否助长了美国女性患乳腺癌，答案不得而知。我们没有任何暴露于MX的数据。一份2002年的全国调查报告表明，MX的含量确实比以前报告的高了，最高值是从应用二氧化氯消毒的容器上采集到的。

与MX相反，三卤甲烷和卤代乙酸这两小组消毒副产物是受严密控制与监管的。氯仿是第一组中最常见、也最熟悉的成员。不管是哪种介水挥发化合物，我们暴露于三卤甲烷和卤代乙酸的途径都是三重的：摄取、吸入和皮肤吸收。前面已讨论过的，在对沐浴的调查中，三卤甲烷是最主要的化学肇事者之一。不管混合物的个体成分如何，所有三氯甲烷和卤代乙酸都被分为两类管理。三氯甲烷的最大污染浓度是80ppb。卤代乙酸的最大污染浓度是60ppm。在美国环保署饮用水标准表中，沿着标注有“总三卤甲烷”和“总卤代乙酸”这两行，在标题为“潜在健康影响”一列的下面写着“癌症风险”。

203 许多研究都可以用“癌症风险”这几个字来概括。其中，最雄心勃勃的一项调查是由肯尼斯·康托在20多年前主持的。他的调查小组亲自对住在美国10个不同地区的9000名居民进行了采访。然后，将个人生活史与自来水公司的数据结合起来，生成每位调查对象终生饮用水使用情况档案。最后的分析结论是：

> 膀胱癌发病风险随着饮用自来水的数量的增加而加大，而风险加大也受

> 到在使用氯消毒地表水社区居住的时间长短影响。……对于大半生都生活在没有用氯消毒地表水的地方的人们，使用自来水则没有增加患癌的风险。

这些结果随后得到证实。

为了保障人们喝到安全的水而用消毒剂杀死引发疾病的微生物，从而使人们处于患癌的危险境地，这得不偿失。还有一种解决办法，可以广泛使用其他消毒措施，包括通过吸附并移除污染物的颗粒活性炭处理，在未净化水充入臭氧气体以杀死微生物的臭氧处理等。在美国和欧洲社区中，两种技术都得到了成功的运用。和氯气相比，臭氧处理在灭杀像隐孢子虫（*Crypto sporidium*）这样可导致腹泻的水生寄生物方面则更为有效。

再有一种解决方法是把研究资金投向对整个水消毒副产物进行识别和确认方面。要选择最明智的方法净化水，就要清楚净化过程中将生成哪些有害化学物。目前，在得到确认的600多种消毒副产物中，有一半是由美国国家暴露研究实验室的化学家苏珊·理查德森所领导的研究小组发现的。她和同事们正努力地寻找其他消毒副产物；她相信可能还有数以百计的消毒副产物未被发现。更重要的是，理 204
查德森试图揭示哪种水处理情况与哪种有毒化学物相关，然后，再说明哪种有毒化学物与癌症相关。她在调查过程中发现，臭氧氧化本身也会生成消毒副产物。能证明它们同氯化副产物一样有毒吗？对于这个特别困扰公共健康的谜团，众说纷纭，理查德森正努力工作在寻找谜底的前沿。

要解决问题，对制定饮用水消毒的新措施要有紧迫感、创新意识和开拓精神。毫无疑问，许多新技术有待发现，需要我们群策群力，集思广益，使之变成现实。

最后，作为解决办法之一，首先要消除饮用水中的含碳污染物。这最后的声明倍加重要，少一些有机成分，就少一些三卤甲烷。少一些有机成分也会减少微生物的数量，因而，减少消毒所需要的氯气数量。显然，湖泊、河流和水库中的水与氯气反应生成的三卤甲烷要多于从地下蓄水层抽取的水所生成的三卤甲烷。这是因为，总体上，地表水比地下水含有更多的有机物质。有些三卤甲烷的原本物质是天然的、不可避免的，如腐烂的叶子、脱落的羽毛和花粉颗粒等等。所有这些因素，都会使水体中总碳量增大。但许多其他三卤甲烷既不是天然的，也不是不可避免的，如下水道的污物、化学溢出物、工业排放物、煤烟和其他被污染空气中的沉降物、农业废物、发动机油等等。解决饮用水消毒副产物以及其他类似水污染问题，加大力度减少有毒污染物的排放，任重而道远。

解决这些问题，要求自来水公司及使用水的公众对保护地表水和地下水有警觉之心。肯尼斯·康托这样说道:“消毒是防止水生病原体传播的最后屏障,但它不应是唯一屏障,需要从源头开始保护。”

205 保护源头不只是禁止游泳者在水库里游泳,在水源周围竖起围栏。在一些地区,保护需要对农业具有全新的思维,要采用有机农业耕作方式取代现有的方式,避免土壤、杀虫剂进入河流。在一些地区,养牛场和养猪场定期将粪便倾倒到河里,需要对这些行业有新的思维。其他地区,在工业方面也要有新思维。有机溶剂和其他合成的含碳化学物被直接排放到河水里,运输中从驳船上落入水中,飘浮在空气中,然后随着雨水降落到他处,或者最终通过填埋场和垃圾场曲曲折折地流入水中。制造商必须为此找到更为有效的替代物。最后,对于所有地区的个体居民而言,水资源保护需要新思维。他们必须承担由其他人根据自身利益决定接受的、可怕的致癌风险。

对自来水厂而言,实施进一步的改进工作是有可能的。例如,将氯化处理作为水消毒的最后一步,而不是第一步,尤其是首先将水通过活性炭颗粒仔细过滤,可降低三卤甲烷的生成数量。人工膜可以去除大量污染物,包括杀虫剂和溶解物。水也可以敞露于空气中,使包括三卤甲烷在内的、易挥发的有机混合物挥发。这些手段可以把污染物从饮用水转移到其他环境媒介中,因此,该解决方式不如从源头阻止的综合治理措施有益。通风使水中有机混合物进入到空气中,我们会吸入这些混合物,过滤器和膜上充满有毒化学物后,需要找到合适的地方去处理它们。即使通过自来水暴露于污染物的状况得到了即时的缓解,这些技术骗局仍使致癌物质处于循环状态。

1910 年,新泽西的一位法院检察官宣布,用氯处理自来水“不会造成水中有毒物质残留。”他错了。即便加重了人类患癌风险负担,用氯对饮用水进行消毒,依然
206 防止了传染病的大面积发生和因此而造成的死亡。所以,我并不提倡禁止用氯来给饮用水消毒。但我也不会认为应当无所顾忌地继续使用消毒的老办法,好像我们的身体和供水还是 90 年前那样。1910 年,氯仿还没被认定为是种有害物质。后来当其毒性被发现时,它作为手术麻醉剂的用途也停止了。我们不必以饮用无传染病危险的水为代价,而被迫去喝有致癌危险的水。

~~~

在死气沉沉的伊利诺伊河中央是驳船行驶的航道,深度大概只有游泳池深水区那么深。如果你潜入水底,你首先要通过深达几尺、絮状沉淀的淤泥层。在这蓬松的沉淀物下面,是河床的淤泥槽。如果你还能设法继续下潜,钻透地基,最终你
~~~

会发现自己再次进入到水中——那是水下之水，是森科蒂地下含水层里闪闪发光的沙粒间储存着的水。

地下盆地不只位于伊利诺伊河下方，沿河东侧还向外绵延数里，南至哈瓦纳。在被冰川覆盖之前，这里曾是古密西西比山谷和蜿蜒的支流地带。森科蒂地下含水层是佩金地区饮用水的源头。

严格地讲，地下含水层并不仅指它所蓄有的地下水，还包括水流所流经的细砂、泥土和岩石。森科蒂含水层有 50～150 英尺厚，主要由从颗粒到大理石大小不等的石英砂颗粒组成。据说，它们呈鲜艳的粉红色。我听说森科蒂砂粒排列井然有序，以大小颗粒分层，这说明它们曾经被溶化的冰川河流冲刷到此，然后在此沉淀，因此产生的冰水沉积物被称为谷边碛。地下含水层可能包括任何松散的、能渗透的物质，如，被冰川刨蚀又沉落下来的杂乱的碎石——冰碛土或粉砂层，地质学家称之为黄土层。

不管由什么物质组成，地下含水层基本上就那么几种：基岩含水层为一层防 207
渗透的物质构成的顶板所覆盖；承压含水层，常常位于斜面之上处于静水压力作用下；潜水含水层像无盖的壶一样，雨水和融雪周期性地从上面的土壤中渗透下来。它的表层是含水层本身，随着季节性降水的变化而上升或下降。森科蒂是一个庞大的潜水含水层。

森科蒂地下含水层的化学污染物一直存在，无法确定始于何时，没有可界定的灾难性事件，尚无可以被合情合理地称作问题的答案。在 1993 年的评估引起佩金市民的抗议之前，就已经呈现出问题的迹象。作为 1989 年调查的一部分，伊利诺伊州环境保护局发现在一口佩金居民的饮用水井中 1,1,1-三氯乙烷含量“相当高”，在另外一口水井中发现微量的苯和四氯乙烯。一年后，因装载码头事故而将各种汽油添加剂，以及原油衍生物排放到克雷夫科尔的公共水井之后，伊利诺伊州环境保护局发表了两份有关地下水污染的通报。此后，在 1991 年的春天，河流水位升高，使化学污染物流入佩金北部社区的饮用水井中。

最后一项发现特别令人不安。地下水和地表水之间的互换通常是与含水层的单向行为，雨水蓄满，然后全部排入横穿其中的河流和小溪中。阻拦洪水时，不会发生河水流入地下水层的情况。然而，当河水体积突然增加，或从水井中过度抽水则可能改变这些暗流的方向，并可能使地表水转向流入地下含水层中。例如，森科蒂的某些水井水位随着伊利诺伊河的坝闸的开关而波动，这说明河水与井水之间的相互关系比想象的更为密切。

鉴于种种凶险的现实，伊利诺伊州环境保护局的地下水评估报告实际上显得

过于温和。工业化学物都可能出现在一些分散的地方，但是，这支实地考察队却并
208 没有在含水层发现污染的迹象。诚然，研究报告的作者对没有遇到更大的问题感到惊讶，尤其是在他们回顾了当地工业行为的历史后，更是如此。“过去可能产生的污染，几乎肯定都产生了。但是，我们并没有发现地下水环境中普遍存在的污染问题。”

这个结论不合常理，自相矛盾，真不知道是该提高警惕，还是该高枕无忧。当然，过早地放松警惕也会引发危险。就像出现在厨房洗涤槽中的一只蟑螂说明墙后还躲藏着数百只一样，地下含水层定期发现的污染物通常是大规模污染物将要到来的征兆。地下水沿着地下结构的孔隙，缓慢而顺畅地流动着，有时，每年只流动几英寸。因为流速缓慢，也没有旋涡，化学污染物的扩散也就很慢。久而久之，最初对一口水井所进行的间歇性检测，最终变成对几口水井的长期检测。此外，假如化学品像瀑布一样落到含水层的上覆介质上，检测的只是瀑布底边的一点，即使是最微量的污染物也预示着严重的问题。

一般情况下，在低地地区，地下含水层的水会流向河流与小溪；而高地地区，地下含水层从空气中吸收雨水或雪水。所以，与高地地区所接收的污染物相比，低地地区的污染物则被认为是次要问题。补水区域是地下含水层的源头，这里的污染呈扇形展开，注入整个补水区。无论哪种情况，一旦地下水被污染，就很难补救。与在露天流淌的地表水相反，地下水没有加速化学污染物分解的氧气，也没有加速溶解物和其他挥发性有机物挥发的开放性空气。污染物滞留在静止的、充满水的地下含水层的洞穴里。

~~~~~~~~~~~~~~~~

209 1995 年，伊利诺伊州的佩金市举行了隆重的仪式，通过了《地下水保护法案》。此后，这一法规一直被当做该州的宝典，受到人们的赞誉。实质上，该《法案》调控了三个补水区的土地使用，每个区域大概长约一英里的狭长地带，这下面的地下水流入城市的水井。另外，根据法令规定，在每口水井周围划出 2000 英尺的保护圈。在这七个圈定的保护圈内，城市应限制，甚至在某些情况下禁止经营大宗有害物质的新商家进入该区。现有的商家虽然承诺改善经营，但大都不受新条令限制。

自从《法案》起草之日起，对于补水、排放、地下水位深度、冰川沉积以及水文地质学所了解的详细知识，已变成了佩金市民的骄傲。被纵横交错的城市街道所覆盖的地下水概貌出现在报纸的头版，这样，居民可以找到与自己位置相对应的含水层。例如，同莎贝拉街、夏洛特街和亨利埃塔街一样，德比街的西端也位于补水区内，而东边的布拉夫却不在此范围内。当第四大街的加油站老板发现加油站就在
~~~~~~~~~~~~~~~~

保护区内时，保证安装双层油罐来防止漏油。在参加一场公共听证会后，他甚至对法令大加赞扬。“这样太好了，早在几年前就该这样做，但没有人关心。”

佩金地区颁布的《法案》是黑暗中的烛光。这一《法案》引发了对于健康和环境关系的公开讨论，也使人们对于自己脚下这片水域、饮用水的源泉产生了由衷的敬意。然而，在含水层地以上 90 英尺的地面上，危害环境的行为还在继续。法令是否有能力保护森科蒂地下含水层不受有毒物质污染，还不得而知。暴雨冲刷的污水汇成的溪流将有毒物质全部排入覆盖补水区内的几条河流和至少一个湖泊。正如自来水公司的主管所说，雨水本身就含有污染物。没有哪个地方法律可以立法禁止含有杀虫剂的雨滴，或者被溶剂污染的雪花落在补水区。这些问题的解决需要由高于小镇议会的州议会决定。

同时，工业化学品和杀虫剂仍旧偶尔出现在佩金的饮用水水井中，有时，浓 210
度超过最大污染限值，有时，低于法定标准。这些化学物质包括苯、四氯乙烯、1，1，1-三氯乙烷、酞酸盐、邻苯二甲酸酯增塑剂 DEHP，以及一些草坪用化学品。这把我们带回到当前。我们知道，森科蒂地下含水层的历史始于冰川时代。我们知道，迟早有一天有人会饮用被土地中的农药所污染的地下水。接下来将发生什么，将是还未书写的历史的一部分。

约 40％的美国人所使用的饮用水来自地下含水层，其余的人从河流、湖泊和溪流获得饮用水。当然，从生态角度上说，每个人的饮用水都来自地下含水层：所有流动的地表水都曾经是地下水，地下含水层是河流的母亲。正如蕾切尔·卡森所说，一旦地下水被污染了，一切水源就都被污染了。因为根据体重计算，人体的 65％都是水分，因此，所有的水源被污染，意味着所有的人都受到了污染。

2008 年 1 月，基于过去 18 年对地下水数据的分析，伊利诺伊州地下水保护研究项目公布了有关这个州的地下含水层情况的综合报告。报告的作者发现“根据统计，每年检测到的社区供水井中的挥发性有机化合物呈显著上升趋势。更重要的是，数据表明地下水水位也出现明显下降的趋势。”

2009 年 4 月，美国地质勘测局公布了有关美国国内饮用水水井状况的综合报告。报告指出，在取样的 2100 口水井中，有一半以上的水井含有合成有机化学品——硝酸盐、除草剂、杀虫剂、溶剂、消毒副产物、汽油成分、冷冻剂和熏蒸剂。大多数污染物的化学成分浓度都很低，但通常都呈现出混合物状态。报告人注意到混合物的毒性可能比任何一种单一的污染物的毒性都要大，但“现有的人类健康标
准，并不允许全面评估混合污染物对健康的潜在影响，这是因为只对少数几种特定 211
混合物设定了标准，而这对于所有污染物而言并不适用。”

地下水没有存档照片可供查阅。没有可散步的河岸，没有可窥视的反射面，没有鱼类，没有双壳类动物，没有青草，也没有鸟类可供查询。我们与地下含水层的关系深刻地体现在生物学理层面，而不是亲眼所见。

我曾经下到井底，以便看清地下水的自然状态。那是在夏威夷，饮用水抽取自局限于火山岩和海水之间的一扁平层的雨水。（淡水浮于盐水之上。）在哈拉瓦泵站，我乘坐缆车下到300英尺深的竖井，到达了一个爆破出来的装满水的洞穴。那里面很黑，很静。

我相信，伊利诺伊州会展示出更吸引人的地下景观。在那里，人可以仔细研究前冰河期森林、悬崖、沙丘、岛屿和峭壁上残留的泥土。基岩层嵌于古河床的沟壑中，地下水位起伏的上限基本反映出相叠的地貌特征。

我们迫切需要培养一种想象力，可以掌握我们脚下这些巨大的盆地。我们所需要的是一种心灵上的占卜棒，它可以将地下世界与我们每日所看到的图像联系起来：炉子上煮沸的水壶、花园里洒水用的洒水器以及装满水的浴缸。我们饮水时不应该充满对患癌的恐惧。无论地下水中的致癌物含量多微小，它都使我们在接受无法想象的、习以为常的事情上付出了太昂贵的代价。

第十章　火

“这宁静的世界，
这暗色花边装饰的庙宇，
原本不是为废墟场而建。”

——约翰·克内普夫勒

《合流》

母亲常说，“这南边是个不同的国度。”我也有同感。 213

我们沿着河谷向南，驶入了梅森县。这是一条弯弯曲曲的路，没有道路标识，附近的人都叫它马尼托柏油路。要走这条路，你先要乘坐 29 路车，途径诺曼代尔，然后一直前行，再经过酿酒厂，最后在联邦监狱右拐。这条柏油路似乎是由此通往发电厂的必经之路，当驶过银色森林般密集的变压器和输电塔线，在右侧看到伊利诺伊河时，你才知道你真正行驶在出城的道路上。

柏油路两边的房子，让人觉得杂乱无章，似乎在这条河边人们可以随意丢东西。在兜售自家菜园生产的农产品的广告牌边的斜坡院子里，摆满了丙烷气罐、闲置的汽车以及蝶形卫星天线。这里的土壤渗透性很好，看到像一群巨大蝙蝠的骨架一样置于田地上的中心支柱式喷灌机时，一切都一目了然了。它们把取自森科蒂含水层的水向四周喷洒着，灌溉着田地。在因土壤含沙过多而不适于种植对土质要求较高的饲料玉米的地方，人们种植绿豆、豌豆、甜玉米、大米、黄瓜、南瓜和其
他瓜类植物。这确实是伊利诺伊州屈指可数的几块仍然可以种植食用作物的粮田 214
地之一(被称为“特产农作物”)。小村庄马尼托自称是美国中西部的帝王谷，倾斜的道路弯弯曲曲地一直向右延伸。这儿的生活与东边方方正正的伊利诺伊平原上的生活截然不同，那里的农舍就像受命驶往漆黑海域的战舰，一片片地排列在草原上，而农民只能靠雨水来度过耕种季节。

总之，我认为母亲所指的差别就是这些吧。我们继续向南行驶，然后向西，朝哈瓦那方向驶去。那是 1994 年 9 月，政治、历史和个人等因素共同促成了这次旅行，而这一切都与垃圾焚化炉有关。

政治因素与 20 世纪 80 年代末通过的一项模棱两可的法律有关。这项被称为《伊利诺伊州零售率法》的法律，要求电力公司以售给普通消费者的零售价来购买由垃圾焚化炉产生的部分或所有电力。这些供电公司通过税收抵免弥补他们的经济损失。一夜之间，垃圾焚化炉成为伊利诺伊历史上享受补贴最多的研发项目。

立法者在吸引垃圾焚化炉建造商和投资者来伊利诺伊州方面，取得了巨大成功。先前，伊利诺伊州仅有一座垃圾焚化炉在芝加哥运营，而到了 1994 年，又有 12 座焚化炉处于论证、选址和建设过程中。其中，有 6 座考虑建在伊利诺伊的中部，而另外一座建在哈瓦那，其选址已于去年 12 月获得市议会的批准。需要特别说明的是，该计划试图在临近铁路煤炭码头的玉米地上建设一座占地 15 英亩的焚化炉，预计每天能够焚烧 1800 吨的垃圾。垃圾是由货车从芝加哥运来的。为了使以蒸汽为动力的涡轮机旋转发电，人们每天要从蓄水层抽取 300 万加仑的水，这就要求哈瓦那有双倍的抽水能力。

1994 年夏秋之际的历史环境与当时的政治环境格格不入。从国家层面看，成功地回收垃圾的确减轻了垃圾填埋的压力，但却造成了回收者与焚化炉开始争夺
215 可回收垃圾的局面。实践证明，建造焚化炉的成本很高。在觉察到可能带来的难于弥补的经济与环境问题后，俄亥俄州的哥伦布市准备关闭该区的产能焚化炉。头年一月，纽约州的奥尔巴尼市也曾为该区的垃圾焚化炉的去留问题争论不休。在经历一系列控制污染计划的失败后，焚化炉还是让降到地面上的雪蒙上了一层黑色的煤灰，而在此前，它为达到不污染空气的目标已面临着升级改造所需的昂贵费用。因此，它很快就被查封了。

新的环境研究表明，垃圾焚化炉会经常释放出含二恶英的有毒并可致癌的污染物，且数量大得令人不安。1994 年发表的几篇研究论文表明，即便暴露于比人们怀疑的量还要低得多的二恶英，也会对人体造成危害。只是兆分之几的微量二恶英，似乎也能严重地扰乱生理过程。1994 年秋天，美国环保署还公布了一份长达 3000 页的有关二恶英的再评估草案，并征求民众的意见和反馈。在起草评估草案的三年中，研究再次证明二恶英可能是人类致癌物。

这份草案还公布了其他三项研究成果。首先，二恶英对免疫系统、生殖系统及婴儿发育的影响远远超出人们以往的想象。其次，二恶英没有可确保它不会引起任何生物效应的安全剂量的底线。第三，大部分人体内呈现的二恶英及类似的化

学物质的含量，已经接近或达到在动物体实验中表明可造成危害的程度。最后，再评估报告确定，医疗废弃物和普通家庭垃圾的焚烧是美国二恶英排放的主要来源。而在一般人群的体内聚集的二恶英中，有 95%直接来源于受污染的食物(如肉、乳制品和鱼等)。

在该草案公布后的 15 年里，人们对二恶英的指控有增无减。二恶英这个臭名昭著的内分泌破坏者，现在已被列入《斯德哥尔摩公约》里在世界范围内废止的化学品明细表中。1997 年，国际癌症研究机构将二恶英从“可能是”升格为“已知是”
人类致癌物。2001 年，“美国国家毒理学研究项目”应运而生。作为已知最致命的 216
致癌物，二恶英是《有毒物质排放清单》中唯一年排放量是以克而不是以磅为计量单位的物质。截至 2009 年 7 月，美国环保署的草案报告仍在修订中，一直没能最终成稿出版。当前的版本是 2003 年的草案。2006 年，国家研究委员会建议重新修订该报告。

报告出版的传闻流传了好几个月，直到 1994 年 9 月我才看到第一稿。桃乐茜·安德森是位儿科医生，兼任梅森县公共卫生委员会主任，她有一份副本。我和我母亲要去的就是她家。

我们个人对焚化炉问题的态度很简单。福利斯特的村民委员会正在考虑另外一个垃圾焚化炉的建设方案，这与此前的做法如出一辙，由同一个开发商引进，同一组企业投资人投资，并打算在距离佩金东北方 80 英里远的利文斯顿镇进行建造。但这个焚化炉不是建在村内，而是要建在离村子有 3000 米远的普莱森特里奇镇。对于他们选中的这块玉米地，母亲非常熟悉，因为它就在离她弟弟罗伊的农场南面 1 英里、东面 0.75 英里远的地方。有一群农民已经组织起来，对在玉米地建垃圾焚化炉提出抗议。母亲知道罗伊也参加了。

无论你的看法如何，在我看来，将垃圾丢进焚化炉烧掉和在地上挖个坑埋掉是同样原始的方法，只是前者污染空气，后者污染地下水罢了。

几十年过去了，这两种当初被人们青睐的处理方式，也几度兴衰。1960 年，全国大约 1/3 的垃圾是经过焚化炉处理的。由于严重的空气污染问题，焚烧处理的方式逐渐退出历史舞台，取而代之的是填埋法。20 世纪 80 年代，焚化炉重返历史舞台，并标榜能以高科技手段控制污染，并能发电。焚化炉支持者将其称之为“废
物变能源”或“资源回收”的设备。考虑到当时的科技状况，1994 年在普莱森特里 217
奇筹建的焚化炉就是这种类型。筹建方对当地的市民说，焚化炉是以环保优先的

意识来解决垃圾危机的设施，在空气污染控制装置的设计上领先于先前任何一种焚化炉，而且，这种焚化炉排放的二恶英完全“符合”排放标准。然而，它现在却是一种过时的设备；其他类似的设施也由于事故频繁以及污染控制问题而备受诟病，结果不得不早早退出历史舞台。确实，现在看来整个20世纪八九十年代的焚化炉体系是过时的，而且已名声扫地。在佛蒙特州拉特兰县，价值5500万美元的废物能源转换焚化炉在运行9个月后，因其州空气质量许可证吊销而被关闭。另外，有一座与底特律的那座建造年份相仿的焚化炉，在运营的20年里，竟耗费了纳税人近10亿美元的资金，并阻碍了用在回收利用上的投资。2009年底，随着合同的结束，这座焚化炉也最终被关闭。

尽管屡屡受挫，但垃圾焚烧却再次受到推崇，这次它被重新包装成“可再生”能源的源泉。这些焚化炉拥有最先进的工程系统，可以进行气化、热分解和等离子体灰化处理。毫无疑问，新炉向空气中排放的二恶英要比以往的焚化炉（包括1994年建的那座炉，现在，它可能还在向我曾祖父最初犁过的田野上空排放二恶英）少得多。尽管将有毒物质捕获、浓缩在灰烬、炭和炉渣中的技术有所改进，但是，它依赖燃烧塑料及其他合成材料的技术并不能够杜绝有毒污染物的产生，这些灰烬仍然需要处理。焚化炉中残留的二恶英越多，说明排到空气中的二恶英越少，而埋入地下的越多。《有毒物质排放清单》所披露的二恶英排放最新趋势也表明：二恶英向空气中排放的减少与往向地下排放量的增加有关，它们之间此消彼长。

总之，无论怎么改进，如何称呼它，焚化炉总会带来地下填埋不会产生的两大问题。首先，焚烧只是改变了垃圾的形态，并没有为它提供最终的安息之地，因此
218 灰烬该往哪里放的问题还没有解决；其次，这些洞穴似的熔炉在焚烧填入的普通垃圾时，也生成了新的有毒化学物质。除了能够发电外，它们还生成危险的废物。

焚化炉的第一个问题源自于物理学的一个主要定律。我们绝大多数人在接受教育的某个阶段，都背过这个定律：物质既不能被创造也不能被毁灭。填进焚化炉的每个原子都不会消失。如果每天填进焚化炉内1800吨垃圾，就一定会有1800吨物质从焚化炉中释放出来，只是在化学形态上发生了变化而已。一些物质会转化为气体或微粒，并且以烟雾的形式排放到空气中（其中大部分气体是二氧化碳）；余下的部分则是以灰烬的形式存在，而且需要处理。

1993年，负责伊利诺伊州南部焚化炉提案的约翰·柯比向记者展示了一罐重3.7磅的灰烬。他十分得意地讲，经过废物能源转换炉的焚烧，每人每周平均产生的40磅的垃圾就变成很少一点了。柯比指出，填埋3.7磅灰烬比填埋40磅垃圾节省很多空间。在这一点上，他肯定说得没错。但是，从广义上讲，填埋3.7磅的

污染物，就意味着有36.3磅的垃圾被排放到空气中。焚化炉的支持者们不可能兼顾这两个方面：灰烬越少意味着对填埋空间的需求也就越小，但是，向空气中排放的污染物也就越多；而灰烬越多意味着对空气的污染越小，但处理起来就更难。物质不灭是至高无上的定律。

此外，无论原始垃圾中的有害物质是什么，经过燃烧都会化为灰烬。但像水银、铅和镉之类的重金属却无法烧掉。作为家用电池、灯泡、喷漆燃料和体温计的组成成分，它们很顽固。控制空气污染，主要取决于焚化炉冷却室能否将这些物质冷却压缩成金属微粒，然后用特殊的过滤设备获取它们。

这种转换的讽刺性再次暴露无遗：焚化炉造成的空气污染越少，灰烬的毒性就越大。例如，一个每天燃烧18车厢的垃圾的焚化炉，产生10卡车的灰烬。无论
什么样的天气，这些卡车都必须载着有毒的灰烬隆隆地驶向高速公路。焚化炉的 219
灰烬一旦在专门填埋垃圾的地方处置，就自然给地下水造成危害。

第二个问题与其说是物理问题，还不如说是化学问题。在焚化炉和填入的垃圾最高点之间，在粉尘颗粒薄薄的表层，在加热与冷却的炉缸内，碳原子和氯原子重新排列组合，形成二恶英分子和与之密切相关的有机氯分子，一种呋喃类化合物。

二恶英和呋喃种类繁多，但是，正如片片雪花一样，它们各自的化学结构都如同同一主旋律的变奏曲。回想一下，苯是由六边形的碳原子环组成。这个环可遍布着氯原子。两个氯化的苯环直接连在一起就会生成多氯联苯，即PCB。相比之下，如果两个氯化苯环通过一个氧原子和一个碳双键连接起来，就会产生呋喃。如果一对氯化苯环是通过两个氧原子连接起来的，那么，其生成物就是二恶英。这里一共有135种呋喃和75种二恶英，且每一个都是由不同数量和不同排列方式的氯分子组成的。

二恶英和呋喃对人体的危害是相似的，如前文所述，它们都在一定程度上引起一系列的生理反应。到目前为止，毒性最大的是一种叫做TCDD的二恶英。这种特殊的分子中包含4个氯原子，而且每个都与外侧角相连。因为这些附着点分布在序号为2,3,7,8的碳原子上，所以，它有个绕嘴的全称2,3,7,8-四氯二苯-*p*-二恶英。设想，从飞机的舷窗往下看一对特技跳伞员双手拉在一起做自由落体运动，他们展示的几何图形就是TCDD分子最逼真的模拟：跳伞员并拢的胳膊代表双氧桥，他们的身体代表苯环，而张开的双腿则代表4个氯原子。

TCDD之所以令人感到恐惧，是因为它极强的稳定性。它的氯原子的对称性结构可以防止人类或者其他生物体内的酶将其分解。在人类组织内，TCDD的半

220 衰期至少有7年。我们可以看到，这种特殊的几何体使TCDD能够进入细胞核内，甚至DNA内。

焚烧不是产生二恶英和呋喃的唯一源头。例如，它还可能伴随某种杀虫剂的生产，特别是含苯氧基的除草剂和氯酚以及纸张产品的漂白时也会产生这两种有害气体。这三个过程的共同点是都有氯的参与。在适合反应的环境下，如果将某类有机物和氯放在一起，就会合成二恶英。只要有旧报纸、塑料和火，就能满足二恶英生成的条件。

在炽热的焚化炉中，许多普通的合成品都可以成为生成二恶英和呋喃所需的氯的供体，如涂料稀释剂、杀虫剂和家用清洁剂。因为从质量上来说，PVC塑料(聚氯乙烯)的一半是氯，因此它成为氯的主要来源，在焚烧过程中，不经意间为二恶英的产生提供了原料。在泛滥成灾的废弃物中，PVC塑料可谓五花八门，如建筑垃圾、报废汽车的内部构件、废旧的浴帘、旧鞋子、破玩具、破裂的花园浇水用的软管和漏气的橡胶气垫，或许还有被剪断的、丢弃的、曾用来购买上面所提到的所有物品的信用卡。

桃乐茜用新烤的大块面包、院子里新摘的西红柿和大块的奶酪招待我们。在攀谈中，我母亲和桃乐茜得知她们属于同一座教堂，这让她们有心心相通的感觉。

现在，我们三个人坐在餐桌边讨论着约翰·柯比的野心。他是焚化炉开发商、议案的推动者和企业家。他的方案给我们带来了巨大的影响。桃乐茜的观点非常直白。她是位虔诚的卫理公会的信徒、执业医师和公共卫生委员会的负责人。她反对在哈瓦那建焚化炉，这既是她坚定信念的体现，更是一种防病救人的行为。

221 “即便没有其他原因，我也要履行应尽的义务。”

她认为哈瓦那这样的地方特别容易成为焚化炉开发商的开发目标，他们以提供就业机会和丰厚的“地主酬金”为诱饵，来诱惑农村社区。这笔酬金往往超过一个小镇整个年度的预算。

桃乐茜列举了一组数据：梅森县的失业率高达15%，有很多未婚先孕的少女，婴儿的死亡率也很高。这儿是全州最穷的几个县之一，有1/4的儿童生活在贫困之中。

“于是柯比为哈瓦那出资100万美元，”她耸耸肩，仿佛在说情况就是这样。

好长一段时间我们都沉默无语。

桃乐茜拿来了苹果和水果刀。母亲很快地挖出苹果的核，然后把它切成四瓣，没有谁的动作比她娴熟。我注意到，金发碧眼的桃乐茜博士，一位四个孩子的母亲，她在麻利地削着苹果，但我却怎么也削不好。我偷偷地安慰自己说，我会搞成这样只不过是因为有母亲在场罢了。一大块带着果柄的苹果被抛向桌子的另一边。母亲把我手里没削完的苹果接了过去，很快地切完了。然后，她开始说话。

她说，佛利斯特也处在类似的窘境中。开发商向那里的居民开出了一系列优惠条件，其中之一就是修建一所新的学校图书馆。但为了同样的目的而进行的一项学校全体表决却并未能通过。像在哈瓦那一样，原本紧密团结在一起的社区被柯比的提议弄得四分五裂。这个问题使得教师与家长之间，农民与粮食升降机操作员之间，牧师与教区居民之间，以及村委会成员之间都产生了意见分歧。那位把自己的土地交给焚化炉开发商来经营的农民，现在深感懊悔。母亲的弟弟罗伊加入了反对者的行列。罗伊是乡镇上的估税员，也是农民。我从母亲的话语中听出了她对弟弟的担忧。

“邻居们彼此都不说话了，甚至有的家人之间也不再说话了。只有钱在说话。”

桃乐茜认为，柯比在哈瓦那所犯的一个很小、但却很可能致命的错误，能够解
释他在佛利斯特的所作所为。1993 年 12 月，在一次争吵不休的选址听证会之后，
哈瓦那市议会议员投票表决，结果以 5∶2 的票数赞成兴建焚化炉。反对的一方， 222
也就是桃乐茜所在的那一方，就市议会的表决结果向伊利诺伊州污染控制局提出
上诉。

上诉方的律师认为，此次立项明显存在大量不正当的行为。从一开始，柯比和市长就在联手争取这个项目。此外，柯比的一家公司还用飞机把市议员们接到波士顿，在那儿他们参观了科德角附近的一座焚化炉，那座焚化炉将是哈瓦那焚化炉的模板。反对建造焚化炉的人却没被邀请，因此他们也就对应邀参观者所获取的重要信息毫不知情。

报纸披露了污染控制委员会听取关于不光彩的“波士顿之旅”证词的细节过程：

> 律师：你是乘坐大飞机还是小飞机去的？
>
> 议员：噢，在我看来飞机都很大，我以前从没坐过飞机。
>
> 律师：他们招待你晚餐了吗，托马斯先生？
>
> 议员：哦，是的。在那里想吃的东西应有尽有。我今晚吃螃蟹，明天吃龙虾。那真是美味极了。你知道，我之前从没吃过龙虾。
>
> 律师：那你无论走到哪里，都受到盛情款待了？
>
> 议员：哦，不只是我。我们所有人都得到了盛情款待。

六月,污染控制委员会做出裁决,支持焚化炉建造反对者的意见,至少,是暂时推翻了市议会的表决。柯比正在对此进行申诉。桃乐茜提醒到,他可能同时正在试图说服佛利斯特,以给自己留条后路。我们知道他最近把一个代表团从佛利斯特用船送到马萨诸塞州,但这次他很聪明,把反对建造焚化炉的人也放在受邀之列。

我闭上双眼。污染控制委员会的决定使我脑海中浮现出一个手无寸铁的人站在一队坦克前的画面。这个裁决能维持多久呢?在此之前,哈瓦那焚化炉提案已
223 经两次被官方宣布不予通过,而两次又都气势汹汹地卷土重来。柯比把他的提案
从县议会转到市议会,并且找到了新的投资者。

~~~~~~~~~~~~~~~~

这样一幅画面使我茫然无措,甚至无法接受:一座巨大的焚化炉坐落在寂静的普莱森特里奇玉米地上,装载着灰烬的卡车车队和满载垃圾的铁路机车不停地来回行驶着。

即使是最先进、最高级的焚化炉也会在空气中排放痕量的二恶英和呋喃。这些分子与尘埃和沉淀物的颗粒黏附在一起。顺风时,它们回落到泥土中或被雨水冲刷掉。它们附着在土壤和植被上——玉米、豆类、干草、西瓜等等,随后,这些化学污染物直接被我们吸收,或者储存在农场动物的肉、奶和蛋里。例如,欧洲的一些研究表明,在市政焚化炉附近的牧场放养的奶牛所产的奶中,二恶英含量较高。这些研究结果随后被证实。在焚化炉附近生产的食品和奶制品中,都发现二恶英含量较高。居住在垃圾焚化炉附近的人们,尤其是处于高暴露的风险中的焚化炉工人,血液中二恶英的含量比一般人要高。

每天全美的人都会坐在餐桌旁,享用由伊利诺伊州中部乡村生产的粮食所做的餐点。在我看来是否要在这种全国性农业基地建焚化炉,在 1994 年是一个全民的问题——一个应该由全民表决的问题。现在,这仍然是一个问题。因为我们受二恶英侵害的主要途径是食物的摄入,靠焚烧垃圾来发电是否如现在所宣称的那样真正是再生能源的一种形式,或者只是披着羊皮的狼,对我们每个人都是利害攸关的问题。焚化炉选址的决策往往是由在少数极其渴望促进社区经济发展的小城市的议会成员做出的。这是 1994 年的真实情况,而且,现在情况仍然如此。

224 谁又能责怪他们呢?谁又能拒绝工作机会和建学校图书馆呢?1994 年,大多数支持柯比计划的人的初衷都是好的,他们认为自己是在维护,而不是辜负公众的信任。尽管潜在的生物影响会波及整个城市、县以及州以外的地方,但是政策决策权还是在极少数人手里。
~~~~~~~~~~~~~~~~

对于公共健康研究人员来说，确定二恶英导致人类患癌的影响是令人沮丧的挑战之一。因为二恶英即使在含量小到难以察觉的程度也很有威力，测量是否暴露于二恶英的成本极其高昂。因为它的分布十分的广泛，没有未受其影响的人群可作为对照组。它还常常与其他致癌物混在一起，因此，有很多复杂因素。

动物研究为我们提供了一系列复杂的线索。在实验室里，二恶英是种确定的致癌物质。正如二恶英研究者詹姆斯·赫夫指出的那样，“迄今为止，无论以何种方式暴露于 TCDD 的物种……都已发现明确的致癌效应。”其中包括肺癌、口腔癌、鼻癌、甲状腺癌、肾上腺癌、淋巴癌以及皮肤癌。在大鼠和小鼠的实验中，二恶英还会诱发肝癌，但这种病变更多地见于雌性。然而，被摘除卵巢的雌鼠在暴露于二恶英时却不会病变为肝癌。它们更容易患上肺癌。显然，生物体自身的内部激素调节了二恶英的致癌效力，但调节的方式仍不明确。

现在我们知道，二恶英可以通过多种机制扰乱多个激素系统。它能改变激素的代谢，通过血液流动改变激素信息的传递。它能增加激素受体的数量，因此，使生物体对自身激素更加敏感。二恶英还会改变包括维生素 A、干扰素和白介素在内的大量生长因子。二恶英甚至会影响钙的动员以及血清中甘油三酯的水平。

这些特殊的影响不仅因物种不同而有所不同，也会因暴露于二恶英中的时机
的不同而不同。现在，二恶英被认为是发育的毒物，万能的致癌物。在实验室中进 225
行的动物实验表明，动物在生命早期暴露于二恶英，可能会导致其某些机体组织发生永久性的改变，例如，乳腺结构的改变。出生之前就暴露于二恶英的大鼠，成年后，乳房仍有较多的端乳芽。(回想一下，第七章提到的农药阿特拉津也有类似作用。)暴露于二恶英的大鼠，因未及时完成从青春期到成年的蜕变过程，所以其乳房内的端乳芽仍然处于不成熟状态。可以说，它们不知道什么时候才能成熟。缓慢的性成熟过程又增加了对致癌损害的敏感性。因此，正如 2006 年的一项研究所显示的那样，出生前就暴露于二恶英，可能使鼠更易患乳腺癌。

像阿特拉津一样，二恶英对发育改变的影响远不止癌症那么简单。出生前就暴露于二恶英的大鼠的乳房，只发育基本组织结构：它们的乳腺较少，乳腺的分支也少，而这些分支不能深入乳脂垫内。当暴露于二恶英的大鼠怀孕时，它们的乳房并不会为准备哺乳而迅速增大。另外，二恶英严重抑制产乳基因的活动。结果造成初为母亲的那些暴露于二恶英的大鼠无法为后代提供充足的乳汁。它们的幼崽因此被饿死。

研究二恶英的流行病学家开始关注在工作场所或因化学事故而暴露于二恶英的人群。一些流行病学家认为，癌症的整体发病率与暴露于二恶英有关。但是，除

了软组织瘤(肌肉、脂肪、血管或纤维组织中产生的肿瘤),没有哪种具体的癌症显示与二恶英有明显的关系。例如,1991 年,一项针对受雇于 12 家美国工厂的 5000 名暴露于 TCDD 的工人的研究结果显示,总的癌症死亡率呈显著升高趋势。

德国的几项研究颇为引人关注。在 1990 年的一项研究中,研究人员发现,在 1953 年德国一家化工厂爆炸时,当时严重暴露于爆炸所产生的 TCDD 的工人,其癌
226 症死亡率非常高。在另一项定群研究中,研究人员还发现在汉堡的一家受二恶英污染的化工厂里,工人的癌症死亡率有所上升。在化工厂工作 20 年或更久的工人的癌症死亡率是其他工人的两倍,并且女工的乳腺癌死亡率较高。同样,1996 年的一项定群研究显示,2400 多名生产除草剂的德国工人,因受 TCDD 污染,癌症死亡率显著增高。两项研究都显示,暴露于 TCDD 水平越高,患癌症的风险也越大。

迄今为止规模最大的一项研究仍在进行中。1976 年 7 月,意大利塞维索附近的一家农药厂发生爆炸,并向空气中释放出大量充斥二恶英的化学烟雾。几天后,树叶脱落,鸟类和其他动物死亡,儿童出现皮损症状。从那时起,流行病学家皮尔·阿尔贝托·波塔兹和同事们开始在监测塞维索及其附近的 45000 名男性、女性和孩子的血液和健康状况,他们被认为是受二恶英污染最严重的人群。

早在 1993 年,在受二恶英污染第二严重的地区——波塔兹 B 区,发现很多居民患上了某种癌症。与一般人群相比,B 区居民患肝癌的比率增长了 3 倍,患白血病、多发性骨髓瘤和软组织肉瘤的比率升高。与德国的调查结果相反,起初 B 区女性的乳腺癌发病率低于正常水平。子宫癌也是如此。

到了 2008 年,A 区居民患白血病、多发性骨髓瘤和非霍奇金淋巴瘤的死亡率明显升高。他们体内一种叫做免疫球蛋白 G 抗体的循环水平也较低。他们血液内的二恶英含量越高,其免疫球蛋白含量就越低。这种态势与实验室的研究结果一致:在大鼠实验中,二恶英抑制免疫球蛋白的分泌,并且降低其抗寄生虫和抗感染的能力。这些最新的调查结果都表明,免疫系统是对二恶英最敏感的器官之一。

后续研究还表明,乳腺癌的早期研究成果使人们错误地相信:当将暴露于二
227 恶英的年龄因素考虑进去时,血液中高二恶英水平确实提高了被诊断为患乳腺癌的风险。虽然 A 区或 B 区妇女整体乳腺癌死亡率既没升高也没降低,但其中那些在化工厂爆炸时还较年轻(40 岁以下)的女性,25 年之后,因当年暴露于高浓度的二恶英而使她们患乳腺癌的风险加倍。

这些结果与最近在密歇根州的调查结果如出一辙,在该州的米德兰镇及其周围的滩区的土壤中发现了二恶英。这种污染可能是陶氏化学公司的设施进行含氯基工业生产的历史产物。研究表明,生活在受二恶英污染的宅地上,以及食用在本

地水域中捕获的鱼，导致居民血液中的二恶英水平升高。此外，利用 GIS 制图和时空统计数据，研究人员能够观察到与土壤中的二恶英相关的乳腺癌集群。换句话说，越接近受二恶英污染的地区，患上这些疾病的风险就越高。

1994 年秋天，为了参加各种关于焚化炉的会议，驾车奔波在伊利诺伊的乡间道路上耗费了我大量时间。其中，有些会议在学校的健身房举行，另外一些在农舍的厨房里召开。从佛利斯特到比尔兹敦，各社区对柯比的提案处于不同的评议阶段。从我的观察来看，到处都在谈论同一个话题，好像有人给各个镇都发了相同的剧本。有些地方刚刚开始上演第一幕（市里的官员们小心翼翼地围绕着提案发表意见，一些选民以"提防来意不善的礼物"的台词发出警示）。有些地方已经处于第二幕的结尾阶段（在此阶段，城镇已分化为不同的阵营，两个阵营相互诋毁，多年的友谊变为仇视）。感觉整出戏剧的结局是预先注定的，但我却不能妄自猜测结局到底会怎样。

处于争议状态时间最长的是哈瓦那，那里的情形多次变得更加复杂。以可行性研究为例，它本应该一劳永逸地阐明焚化炉对于健康的危险。相反，它却进一步 228
加深了人们的恐惧、怀疑和蔑视。由独立的科学家小组进行的一项研究，因哈瓦那市负担不起经费而由柯比的公司出资赞助，研究结果在 1992 年春天发布。该小组的结论是，在可接受的水平排放二恶英，对人类健康或野生动物没有明显影响，对推荐项目予以批准。

两种反驳接踵而至，一种受托于民众，第二种受命于县农业局。前者通过一位无倾向的大学科学家所著的文章，批评建造焚化炉的可行性研究对食物摄入这一污染暴露途径轻描淡写，对风向判断失误以及对人体组织内已存在一定含量的二恶英这一事实的忽略。后者认为可行性研究夸大了焚化炉的经济效益。

县农业局和伊利诺伊州中部灌溉种植者协会公开表示反对。当一个国家性的爆米花采购商警告说，如果焚化炉威胁到爆米花作物，他将重新考虑与梅森县的长期购买承诺，他们的立场就被赋予了新的凭证。

1992 年仲夏，禁止焚烧的告示在草坪上随处可见，一年一度的 7 月 4 日游行车队中还有用一辆辆拖拉机牵引的、反对焚化炉的彩车。宣称"上帝回收，魔鬼焚烧"引人注目，但招致反对，一方面是由于其宗教狂热性，另一方面有人认为商会同时是焚化炉的支持者和游行的赞助方。

尽管每个社区具体的正论和驳论都各不相同，但也有其共同点，比如说，都存在虚伪论。在焚化炉倡导者看来，反对建造焚化炉的人事实上并没有权利反驳可能造成的环境风险，有两点理由，一是他们把自己的不可循环利用的垃圾运到其他社区处置，二是他们是大量农药的使用者。一封致哈瓦那编辑的信这样写道：

229 我要写信呼吁给焚化炉一个机会。你们说其他地方的垃圾将运到这里焚烧。那么，请问我们的垃圾正运往何处？……我要质问你们当中任何一个反对焚化炉的人，请向我证明你们所说的：一切有毒物质都将排到空气中，从而污染我们的空气，而且它比任何有毒喷雾剂、除草剂和农民现在所使用的数以百计的化学品毒性更大。

反对焚化炉的人同样也抨击对方的虚伪。他们反驳说，当焚化炉倡导者们只顾填满自己的腰包，而坐视邻居的农场面临灭顶之灾时，他们没有权利说他们关心的只是社区的福祉。一封致弗雷斯特编者的信这样写道："我们基督教的美德哪去了？'爱邻如己'的美德哪去了？为什么把美好的弗雷斯特的基督社区卖给财神？"

还有的人抛出信任论。焚化炉支持者强调，村委会和市委会成员都是自由选举产生的，其目的是让他们谋求社区发展的机遇。因此，社区的人要信任他们，让他们放手工作。如果反对者不满意的话，那么，下次让他们自己选定候选人吧。反对者把对官员们的信任放眼于更远的未来。他们指出，未来的子孙后代要仰仗现在这一代人对环境的保护，如果做不到这点，就是辜负了他们的信任。此外，公职人员，即使是自由选举选出的公职人员，也容易受到开发商的蛊惑，而一旦工程得以通过，开发商就会只顾着自己赚钱。所有参与者的一举一动都需要严格监督。一位热心的市民甚至写信提出质疑，认为柯比很难算是一个可靠的空气质量的管理者，因为他与市长一样是烟民。

最后是风险问题。焚化炉的支持者一向把风险说成机遇，把冒险行为当做勇敢。他们认为没有冒险精神的社区将没有出路："弗雷斯特会因为安于缓慢死亡的现状，而拒绝进取？任何新生事物都存在风险，只有死人才无忧无虑。"

230 持反对意见的人认为冒险是鲁莽的行为。一次污染控制的小事故、一次意大利塞维索式的爆炸、一次装灰卡车的翻车事故以及一阵清凉的风吹来都会使社区为其所做出的决定后悔不已。他们认为即使没有发生事故，据说那些现在只造成很小或不造成危险的排放物，其危险性终有一日会暴露出来。没人能真正了解垃圾中到底有什么，而开发商又如何确定一堆垃圾会产生什么呢？

二恶英是个“卧底”。在某种程度上，二恶英通过诱使细胞做出增加其自身容易受到其他致癌物损害的行为而为非作歹。已了解的二恶英的诡计之一，就是诱使细胞迅速生成一组叫做细胞色素 P450 的酶。这种酶的主要功能是代谢有毒物质。然而，有时这种转化的第一步却将一种无害的外来化学成分转化成了十分危险的物质。正如在第六章中我们所看到的白鲸的情形，通常是代谢分解物而非原材料带来致癌性的破坏。由于其外形特点，二恶英免遭被这些酶分解的“厄运”。因此即便浓度很低，二恶英依然破坏力十足。

二恶英对细胞色素 P450 的作用也说明了为什么它与如此众多的各种癌症有关。如果二恶英像现在看上去的这样，帮助并“唆使”各种各样的致癌物质“作案”(有些与这一类癌症有关，有些与那一类癌症有关)，那么，由于人们之前的致癌物暴露、自身激素的状态以及各自所处生命阶段的不同，不同的人会得不同的病。例如，一些二恶英暴露的人可能会患肝癌，另外一些人则会加速淋巴瘤的恶化。

我们还确切地了解二恶英最初是如何诱导细胞产生细胞色素 P450 的。一旦二恶英分子离开血液进入细胞内部，它便会与一种叫 Ah(芳香烃)受体的天然蛋白
结合在一起。这种复合体随后进入细胞核，即每个细胞中含 DNA 的分隔小室。 231
一旦进到那里，这三种物质便会结合并启动一组特别的基因，然后，被激活的基因会发出指令，生成特定的酶，即细胞色素 P450。

编码的细胞色素 P450 酶的基因并不是二恶英的唯一目标，但人们对其他目标知之甚少。这些目标可能包括生长调节基因，也可能有负责某些激素敏感性的基因和调控基因。每一种基因都和癌症有关。

在能与高效的小 Ah 受体相结合的污染物中，75 种二恶英中有 7 种，135 种呋喃中有 10 种，209 种多氯化二苯中有 11 种(四氯二苯二恶英是与之结合得最紧密的一种)。二恶英除了能使工业化学物质染指我们的基因外，它还有什么功能？它存在的理由是什么？Ah 受体应该与哪种自然生成的物质相接触呢？没有人真正了解这些，但画面已开始渐渐清晰。当不被二恶英侵害时，Ah 受体开始调控全套协助引导胚胎发育的基因的表达。在哺乳动物中，Ah 受体对脸部、头部、肾脏和心脏的基因都能有重要影响；相反，当二恶英出现时，Ah 受体会向一组完全不同的基因(负责解毒的基因)发出信号，以增加其活跃性。生命早期暴露于二恶英，可能会以某种方式永久性地改变其发育过程。

那年秋天我开车四处走，但从没遇见过柯比先生。可能是当他在一座城镇时，而我却在另一座城镇。我们也许还在高速公路上擦肩而过。每个和我谈过话的人

都说他是个好人。唯一一件大家都认同的事,可能就是柯比先生和蔼可亲的性格了。在刊登的照片中,他是个身材高大的男人,雪白的头发,有着农民般黝黑的皮肤,很爱穿五颜六色的衣服。

其实,他就是个农民,或者说,至少是在农场长大,而且还曾是一个农场主。他
232 的家禽饲养得如此成功,斯普林菲尔德报曾用整个版面报道对他的专访。然而,真正经营农场的却另有其人,而柯比的孩子们做了给鸡蛋分类和打包这样的活。这样的细节给人们留下了深刻印象。柯比是朝鲜战争的老兵。参军前,他的父亲在孩子中精心挑选了他去上大学。他还曾当过一所学校的校长。

柯比也是我母亲所称的精明人。他通过给州立学校的校长做助理而进入政界。他参加过州审计员竞选(但未成功),又在共和党人主选区参加了美国参议员竞选(竞选很短暂,也未获成功)。柯比与州长有私交,并且与总统罗纳德·里根以及参议院共和党领袖埃弗雷德·德克森交往甚密。20 世纪 70 年代,柯比是赛马场开发商的特别顾问,报纸称赞他才华横溢,但赛马场却没建起来。

显然,柯比是以传统的方式进入废弃物回收行业,即购买卡车、垃圾填埋场和中转站,然后卖掉它们以获取利润。后来,他一门心思地将其他垃圾运输和焚化炉从业者的劳动协议收拢到自己手中。至此,我对柯比到底以什么为生的那条线索就断了。他还干过以下这些行当,如游说政府、与保险经纪人斡旋、办理许可证和吸引风险投资。除此之外,他还同收益债券和投资公司打过交道。对他的职业感到迷惑不解的不止我一个人。《佩金每日时报》曾采访柯比本人,当问他如何看待自己时,他回答说"我认为我是个对自己想做什么非常明确的人。"

他还说"到世纪之交,伊利诺伊拥有 5～6 座每天能焚烧 1800 吨垃圾的焚化炉是不成问题的。"

~~~~~~~~~~

在我父母房子楼梯过道的墙上挂着一张大约摄于 1950 年的莫勒家庭农场的航拍照片。如果你确实不想听我母亲在一旁作专题报告似的讲解,通过楼梯时,你
233 就必须目不斜视,不能对照片表现出任何兴趣。当提到农场时,母亲的口吻总是带着令人敬畏的权威性,她的"专题演讲"包括每一间外屋的用途,住在农场上的三代人是怎样各自有了 6 个孩子,以及为什么猩红热爆发时期罗伊和鲍勃住在外面的牛奶房(房子被隔离了,他们要出去卖牛奶。)

这张照片似乎描绘的不只是这个农场,而是整个村庄。如果人们对它表现出好奇心,那么,我母亲就会责无旁贷地讲述下列内容。她会先从房子说起:房子建于 1908 年,主要有 2 个楼层和 8 个卧室,孩子们都是在楼下的那间卧室里出生的,
~~~~~~~~~~

在北边，靠路边的地方是果园。

在南边是花园、鸡舍、工具房、熏制房、草泥房和打谷机房。花园一直使用有机肥，直到今天还是这样。工具房里放着圆盘、耙、犁、施肥机和种植机；草泥房储藏着烧炉子用的玉米芯和煤；打谷机房的门很高大，以便用以分离草和燕麦的大机型器出入；鸡舍有专门供母鸡下蛋用的鸡窝。

在东边饲养其他动物。那有场院、谷仓、牛奶房、商店、猪圈和玉米穗仓库。西边是另外一个果园，有专门放牧牛犊的草地，还有一道梓树防风林。除了这些，剩下的就是莫勒家在普莱森特里奇镇上的 160 英亩地了——它位于弗雷斯特以北 4 英里，47 号线的西面，在利文斯顿镇的东南方，沿着县城公路 1200N 的方向。

在几乎是平地的普莱森特里奇镇，就连我也很难看到山岭[1]在哪里，开阔的原野就像一面黑色船帆，从地平线的这端伸展到那端。

在我们见到桃乐茜一个月后的一天晚上，我参加了由普莱森特里奇的农民举办的一次聚会，大吃了一顿馅饼，然后开车回我位于佩金的家。参加伊利诺伊农民的聚会，不吃馅饼是不能离开的。

这里的人们都叫我"凯瑟琳的女儿"（我母亲叫凯瑟琳）。我同他们交谈了两个
小时，气氛热烈。我们讨论了呋喃、Ah 受体、维尔米林河的流动模式，以及马萨诸 234
塞州焚化炉的细节问题。这些人都是我母亲上高中时认识的，这让我感觉到我同他们之间的交谈很特别。明天，这个被称为市民健康社团的组织要举行一个重要的关于焚化炉的宣讲会。他们希望这一宣讲会可以与由弗雷斯特发展有限公司（也就是柯比在当地的合作伙伴）一个月前赞助的那个宣扬乐观形势的介绍会相媲美。所有这些宣传教育活动都会在 11 月的全民公投前进行。

天晚了，我正好来到十字路口，这是 47 路和 24 路的交汇处，这时听到广播在播放交响乐的序曲。那序曲是现代管弦乐曲，但感觉却像是一个大合唱团在唱歌。播放的到底是什么呢？我立刻意识到我需要去个地方听这音乐，于是掉头向北开去。

开了 3 英里之后，我把车停到路边，打开双闪，调大了音量，打开车窗，然后径直朝那片 80 英亩矩形田野走去。那片被选中、被强占、有争议、被鄙视的土地正是焚化炉即将安置的地方。我身后的音乐依然伴随着我。

当晚，我和一位在农场上干活的农民聊天。他说："排污很麻烦。"接着他又讲到了另一个问题，但具体内容我忘了。现在，他为曾经抱怨过去的日子而后悔。

[1] 普莱森特里奇镇：Pleasant Ridge township，直译为愉悦岭镇。

"为了能一辈子在这边土地上耕作,我愿付出所有。"

音乐还在播放,曲调悲伤,但很优美。(几个月后,我才知道那是沃恩·威廉斯作曲的"托马斯·塔里斯主题幻想曲。")我一直走到音乐声音渐渐远去才躺下来,满脑子都是折断的玉米秆。我第一次感到过去的那个月所经历的一切,包括调查研究、出谋划策及预测未来在内的活动日程,已使我筋疲力尽。

美妙的音乐也让我另有所思。无论焚化炉情况如何,事实都令人震惊。所以人们还在争论到底多少微克的二恶英才会认定对土地、耕种者的身体、他们喂养的猪和火鸡的肉,以及他们在菜园里种植的蔬菜造成污染。人们还在议论,每天究竟
235 要从这片土地下面提取多少万加仑的水才可供焚烧垃圾使用;焚烧会生成有毒物质,而填埋则不可降解;同样争论的还有补贴焚烧优先于回收利用的强盗行为。

20 世纪 90 年代,美国约有 170 至 190 座焚化炉在规定时间内运营。这些焚化炉处理了全国约 17%的垃圾,而现在约占 12.5%。任何可行的回收计划都能让焚化炉关闭。

"零垃圾"概念正在深入人心。"零垃圾"是寻求通过减少垃圾、对垃圾进行再利用和回收以及堆肥化项目的投资,来消除对焚化炉和填埋处理的依赖性。当然,"零垃圾"要靠法律和技术的支持来重新设计可循环并且无毒害的产品。尽管在如何控制二恶英问题上犹豫不决,环境保护署还是就城市生成的垃圾,以最终形式发布了另一份非常尖锐的报告。环境保护署称,即使没有对那些泛滥成灾的废弃物进行脱毒的计划,大量被称之为垃圾的东西还是可以被再次利用、循环回收或堆肥。

也许,焚化炉排放的化学物质并不比进入相同土地的农业化学品的危害大。在这方面,焚化炉支持者们肯定也有他们的道理,但两害不能相互抵消。这块地一面临近维尔米林河北边的河岔口,另一面临近南边的河岔口。无论刮什么样的风,焚化炉都会污染这一流域。弗来利恩河的鱼已经受到了持久性有机物(如氯丹、DDT、狄氏剂、七氯和艾氏剂)的污染。在其中的一个支流中,仍然顽强地生存着一小群濒临灭绝的鱼——河川吸口鱼。

音乐时隐时现,就像有人在吟唱。

我试想着河川吸口鱼(无论它长什么样)在其他地方的水中安静地歇息,就像我在地上休息一样。一朵云飘来,遮住了星星,然后又飘走了。这时响起一种旋律,先由一种乐器演奏,然后又换成另一种乐器演奏,之后又消失了。

236 在今晚与我一起吃馅饼的人中,有些人无疑要为维尔米林河的鱼类污染负责。

但从更广泛的意义上说，我们都有责任。现在，我们有机会一起合作来预防问题的发生，而不是事后讨论损失。这种合作只是个开端。

我又想起了以北 1 英里远的自家农场，它现在比从前小多了。除了零星的一两只羊，其他动物已经全都不见了。谷仓、商店、棚子和草泥房等主要设施也都没有了。但土地还在，房子也还在，两侧还有一些银白色的粮仓，再就是安妮姨妈用有机肥种植的花园。音乐结束了，我走出这片土地，看见灯还在闪烁。

~~~~~~~~~~

1994 年 11 月 9 日，针对弗雷斯特发展公司的焚化炉项目的全民公投结果公布了：466 票反对，406 票赞成。弗雷斯特发展公司的一些成员郑重宣告，无论如何，他们都要继续他们的项目，但柯比不同意他们的意见。他说："如果得不到强有力的支持，我们会对投资此项目感到担心。我们不想每次为拓宽下水道而费尽口舌地去请求批准。"

翌年 9 月，伊利诺伊州的斯普林菲尔德上诉法庭，一致支持伊利诺伊州环境控制委员会所做出的哈瓦那焚化炉选址不当的决议。法官就柯比公司支付马萨诸塞州官员旅行费，及该公司对听证官员施加不当影响而传讯该公司。

1996 年 1 月 11 日，伊利诺伊州议会废除了《零售率法》。据州长讲："大部分社区不接受焚化炉。现在是停止让纳税人资助焚化炉的时候了。"

1996 年 1 月 25 日，约翰·柯比在伊利诺伊州斯普林菲尔德的疗养中心死于恶性胸膜间皮质瘤，该肿瘤是肺癌的一种，与石棉暴露有关。

2006 年 3 月 4 日，我 100 岁的外祖母因衰老而自然死亡。我 80 岁的舅舅罗伊
不再耕地，普莱森特里奇上的莫勒农场也被出售了。在土地中介(见第七章)的帮 237
助下，一群有机农场投资者买下了房子和土地，并实施监管。在三年的监管过渡期后，现已变成注册的有机农场。现在，农场由一位邻居承租。邻居斯科特·弗里德曼对学习更多的有机技术很感兴趣。新主人们通过作物分享租赁协议和他共享利润。他们都仔细研究过我母亲那张农场繁盛时期的航拍照片，它现在有海报大小，挂在土地中介办公室里。人们计划重建果园，讨论建造风力涡轮机。我最后一次开车路过农场是在初春，田野上亮晶晶的绿色波浪随风摇动，那是花苜宿覆盖下的有机冬麦。无论现在的主人是谁，我都希望有一天，能与他或她一同站在藤蔓围绕的门廊下。我要讲柯比先生的故事，然后我们会向西南的地平线望去，那块土地上再也没有焚化炉了。
~~~~~~~~~~

第十一章　烙印之躯

239 森林中，树木的高矮和树龄大相径庭。通常情况下，在树荫深处萌发的种子生长缓慢，很快就被附近阳光充足的地方的树苗所超越。被过路的鹿群啃咬的树木比周围难啃的树木相对矮小些。总之，在新树掩映下的老树能够活得更长久一些。

野外考察的生态学家依靠对树木年轮的分析来重构森林的历史。我曾经用了一个夏天，在明尼苏达州从事树木年轮的取样分析工作。取样过程是这样的：手持钻机，端至齐胸高度，钻头垂直对准树干，用力推压，慢慢地旋转手柄，使钻头旋转，径直进入树干的中心位置。用最小号的铲子将一小管凉飕飕、潮湿的树心取出，并用纸袋封好，与其他树心分门别类一并带回实验室研究。

这些树心都长有带色的年轮，每个年轮代表一个生长季。一位经验丰富的树木年代学家（我不是），可以根据年轮的细微纹络分辨出树的年龄、日照强弱变化以及虫害、干旱、水灾或火灾发生的阶段。一棵树的树干能够折射出整个森林的生态年代变化。

这方面，人类也一样。我们的身体在某种程度上也是活的卷轴。在我们的细
240 胞和染色体纤维里记录着我们暴露于环境污染物的状况。如同树的年轮，我们的机体组织就是机体的历史档案，供那些懂得如何解码的人破译。

身体负荷量是指暴露于污染的总和，包括所有的污染途径（吸入、摄入、皮肤吸收）和污染源（食物、空气、水、工作场所、居所等）。就具有脂溶性的持久性化学物质而言，身体负荷量提供了累积暴露于污染物的程度。有些暴露发生在婴儿期，有些在青春期，还有的在成年期。当化学物质被迅速代谢并排出体外，身体负荷更像是释放压力的指数，而不仅仅是个档案。它能够反映一个时点身体对特定污染物直接持续暴露的状况。

身体负荷分析通常需要大量的采样。通过尸体解剖或者检验已存档的人体组织,可以轻而易举地完成任务。在日本,研究人员对储藏的死于1928～1985年间的男性脂肪中的各种工业污染物的含量进行检测。检测发现,在DDT、多氯联苯和氯丹这些化学物质生产、进口和使用的高峰期,所采集的样品中这些化学品浓度相应也最高。对于活着的人,其体内总污染量的测量是通过微创方式完成的,可以通过检测血液、尿液、母乳、呼出的气体、精液、毛发、眼泪、汗液和手指甲进行测量。

通常采用检验尿液和血液的方式对人体污染物水平进行的监测,称作生物监测。这样生成的数据是暴露于污染物毋庸置疑的证据。生物监测是对生态世界的药物检测,借此,它回答一个简单的问题,"它存在于我体内吗?"生物监测并不依赖于电脑模拟、采访、调查问卷、日记,或是儿童时期骑车从DDT喷洒车旁经过以及吃在湖边码头捕捞的鱼的回忆。生物监测不需要回忆上大学前的那个夏天,你打工时所接触的化学物质,也不需要去查阅美国"有毒物质排放清单"。它不会受主观臆断的影响。如同一位支持者所说,生物监测是"对处于危险环境中的人体健康 241
状况的真实检测。"

然而,作为一种保护公共健康的工具,生物监测的数据是否可用,取决于两个附加条件:样本人群是否具有代表性,以及显现受污染趋势的取样的时间跨度是否足够长。例如,几十年的生物监测显示,汽油曾经是美国儿童遭受铅污染的罪魁祸首。20世纪70年代,美国通过立法,逐渐降低汽油中的铅,儿童血液中的铅含量也随之下降。1976～1980年间,汽油中的铅含量下降了55%,儿童体内的铅含量也同比下降。相形之下,新法律颁布之前的建模预测,禁止汽油添加铅仅仅会使儿童血铅含量略微降低。生物监测的数据令人如此信服,促使美国环保署加快了淘汰在汽油中添加铅的进程,1991最终实现了这个目标。

最新生物监测数据表明,在公共场合禁止吸烟的确减少了我们体内烟副产物的含量:20世纪90年代,不吸烟人群血液中可替宁(尼古丁代谢的副产物,标志着人体受被动吸烟的污染)的中值水平降低了70%。然而,生物监测还显示,50%的美国儿童仍然受被动吸烟的危害。禁止吸烟仍任重而道远。

1999年,美国疾病控制与预防中心开始对15个不同地区的5000名具有代表性的样本人群体内的各种环境化学物质进行检测。多年后,被评估的这一系列化学物质,已经由当初的27项扩大到现在的148项,除了其他物质外,还包括重金属、杀虫剂、二恶英、多氯联苯、多环芳香烃、阻燃剂和塑料中的两种内分泌干扰成分:邻苯二甲酸酯和双酚-A。疾病控制与预防中心调查的新报告有几点令人吃惊。首先,美国居民血管中流淌的溴化阻燃剂比欧洲人高7～35倍。这些物质是内分 242

泌干扰物，是持久性有机污染物，与多氯联苯(在苯环分子中用溴取代氯)有相似的结构和特性。然而，与多氯联苯不同，人体内溴化阻燃剂的含量随着年龄的增长而下降：儿童体内的溴化阻燃剂浓度比青年人高，青年人体内的该物质含量比成年人高。其次，双酚 A 是一种类雌激素物质，它在美国居民身体中也普遍存在，92.7%的人的尿液中含有双酚 A，儿童体内该物质的含量比成年人高。再次，生殖期妇女的内分泌干扰物含量特别高，而她们正是我们原来希望其体内这些物质含量最低的人群。当然，也有好消息：首次怀孕的女性样本群组，其血液中的持久性有机污染物含量比 50 年前孕妇的含量降低了，多氯联苯在体内的含量下降尤为明显。从铅和可替宁的演变趋势可以得到同样的结论：立法查禁可以降低对污染物的暴露。

生物监测方兴未艾。近 10 年来，分析化学的进步，使痕量化学物质检测变得更简单、经济。随着检测成本的降低，测量转向直接对人体污染物含量，而不再通过间接测量空气、水、土壤中的污染物含量的测量，然后建立复杂的电脑预估模型，计算人体受污染程度。正在进行的"农业健康研究"，对农民和他们的家庭成员进行生物监测。乳腺癌与环境研究中心对可能诱发女孩乳腺癌或青春期提前的化学物质进行生物监测。青春期提前也是诱发乳腺癌的风险因素。"寂静的春天研究中心"的研究人员，正在从科德角地区女性的血液及其房间的灰尘中寻找内分泌干扰物。国家儿童研究项目也准备实施类似的计划，跟踪 10 万名美国儿童从预产期到成年期的生物监测数据，并将其与环境监测数据进行综合研究。加利福尼亚州
243 已经通过立法，确立第一个州生物监测纲领，其他的一些州也相继出台类似的立法。

尽管生物监测数据本身是毋庸置疑的，对于数据的诠释却充满争议。仅仅通过生物监测，不能了解事情的来龙去脉，不能揭示污染的来源与路径。生物监测既不能告诉我们双酚 A 的来源，也无法使我们预见未来——它不能确定暴露于某种污染物会导致怎样的健康问题。监测数据无法预测普遍暴露于双酚 A 的美国儿童是否会像成年人一样，癌症发病率升高。因此，将生物监测的数据与其他调查结果进行综合考察，才会更有意义。

有时，巧妙设计的生物监测研究也可自圆其说。例如，2009 年韩国的一项研究显示，居住在钢厂附近的儿童，尿液里含羟基芘。羟基芘是一种已知的钢铁厂排放的多环芳烃化合物的代谢物。但是，碳氢化合物暴露有许多潜在的来源，包括食用烧焦的肉。因此，调查人员也对一些远离钢铁厂的儿童进行了生物监测。监测结果表明，住在离钢铁厂较近的儿童尿液中的羟基芘远远高于离钢铁厂比较远的儿童。此外，较高的羟基芘含量随季节的变化而波动，夏季升高，冬季降低，这与钢

铁厂周围环境污染程度的季节性变化相一致。生物监测数据的时空模式强烈地暗示钢铁厂就是危害儿童健康的罪魁祸首。

~~~~~~~~~~~~~~~~~~~~

人体是个永无休止的建筑工地，破坏和修复不停地同时进行着。不同组织的
破坏和修复速度不同：胃的内壁只需要几天就可以完全修复，而骨骼内侧的松质骨 244
则需要几年时间才能完全修复。所有的组织都是通过细胞的有序分裂，也叫细胞的有丝分裂，进行自我更新，在这个过程中，细胞一分为二，变成两个细胞。选定要移除的受损或衰老的细胞会经历一个死亡的程序，即细胞凋亡。所有的行为，都要通过复杂的通讯系统来协调。

受损细胞周围的组织会对修复提供一定的指导。来自周围细胞的化学信号(称作生长因子)控制着细胞分裂的速度。我们知道，行军令有时来自远端中枢指挥部，这通常是以激素的形式控制生长，如当女性卵巢分泌雌激素，会引起乳房细胞的分裂。

无论信号产生于何处，有丝分裂都开始于细胞中心的核心，即拥有 DNA 的细胞核中。

首先为染色体，即完成 DNA 链加倍。复制将会使所有子细胞都接受到一套完整的染色体。为完成这个任务，一组酶将合成与原始染色体完全相同的副本(原始染色体纵向分裂成原来的一半，作为独自复制的模板)。两条相同的链并排着，“铐”在一起，有时像瘦长的字母 H，有时像矮胖的字母 V。

人类拥有 46 条染色体，每一条染色体都包含卷曲的 DNA 序列对，并含有上千个基因。一旦 46 条基因染色体都复制完成，“舞蹈”就开始了。细胞膜破裂，染色体对移到细胞中心，并垂直排列。细细的纺锤丝从细胞相对的两端平行地延伸，并与每对染色体上的每个个体相连。纺锤丝收缩，与此同时，成对的染色体一分为二，H 型和 V 型的染色体在中间点分为左、右两部分，然后穿过液态染色质被拖向两极。在细胞开始一分为二时，膜状物将新形成的单条染色体组封闭，这些染色体
再一次被封闭在细胞核内。它们将待在那，引导蛋白质合成，一直到新一轮的有丝 245
分裂开始，将其再一次释放。

癌症的有丝分裂近乎疯狂。癌细胞置大量限制其胡作非为的指令于不顾，肆意妄为地、毫无章法地进行复制和分裂。癌细胞是不听舞蹈指导指令的舞者，是公然违反城市规划法令和建设蓝图的建造商。癌细胞是右侧超车、在四向停车标志处飞驰而过的司机。它们是“发疯的细胞”，目空一切、不守规矩、反复无常、杂乱无
~~~~~~~~~~~~~~~~~~~~

章。许多癌症生物学家认为,它们几乎是故意中断细胞的生物化学反应。例如,培养的正常细胞一旦相互接触,就会停止分裂,而癌细胞却不然。不受接触的抑制,它们在周围的细胞上繁殖。它们之所以能无限繁殖,是因为它们自身有不停地生成生长因子的能力。正常细胞依赖周围的细胞来传递诱使细胞分裂的生长因子。癌细胞可自我引发生长因子。最近的研究还表明,癌细胞能使其他正常细胞为其效命。从这个角度看,肿块不能与坏细胞组一概而论。确切地说,肿块是一个复合的组织,其中癌细胞和正常细胞共同存在,构成一个复杂群体,但控制整个肿块的是那些恶性癌细胞。

癌细胞除了具有无节制生长的趋势,还有其他两个特征——侵袭性和原发性。癌细胞具有侵润其他组织的能力,这使其有别于其他类似疣这样的异常生长的细胞。这种能力体现在两个方面:在局部,癌症置临界线于不顾;在远端,癌症从原发肿块向全身扩散转移。癌症之所以致命,是因为扩散转移的癌细胞摧毁健康组织,堵塞重要的生命通道。

所谓原发性,生物学家的意思是生成的癌细胞组织看似恢复到发育的某种更初始、原始、尚未形成的阶段。它们原是分化结构的一部分,但不再与分化结构有相似之处。通常,癌变为恶性肿瘤的乳房中的硬块,就是由黏附在细长的乳腺导管
246 内壁上的平滑细胞直接衍生出来的。但是,在显微镜下,肿瘤中的大量细胞看起来已与衍生它们的健康的乳房上皮组织无任何相似之处。一般来说,当组织与自己先前正常的分化体相差越大,癌症的恶性就越强。这种演变为不成熟的、无法识别的细胞的趋势是由于长期累积的伤害造成的。

癌细胞不是与生俱来的,是后天获得的。生成癌细胞的方式有几种。人们最熟悉的癌细胞生成方式是染色体 DNA 的一系列增殖变化。一些 DNA 的改变是遗传性的,但是,个体一生中 DNA 改变大都是获得性的,主要发生在受精时健康的基因受到了损伤的情况下。获得过程本身也有很多的方式。DNA 复制过程中路径错误就是其中之一,受致癌物质的破坏是其二。染色体串上大约有 25 000 种不同的基因,至少这些基因中的某些遇到致癌物的基因是控制细胞分裂的,才能导致癌症。

这些生长调节基因有两个基本的种类。第一类是原癌基因。在正常情况下,这些 DNA 传递信息,促进细胞分裂。然而,当发生突变时,原癌基因失去了它的前缀(原癌基因 proto-oncogenes,去掉前缀 proto,变成致癌基因——译者注),露出它的凶险的一面。致癌基因加速复制以达到超活跃状态,肿瘤抑制基因正好与此

相反。在正常情况下,肿瘤抑制基因抑制细胞分裂的速度。在某些情况下,一旦有迹象表明 DNA 受损,抑制基因就停止有丝分裂,因此,将可能的癌变基因扼杀在萌芽状态。抑制基因一旦丧失活性,可能导致肿瘤的形成。

到目前为止,人们确定了 300 多个导致癌症的基因,另外几百个被列为怀疑对象。不同类型的癌症与不同种类的基因变异有关。例如,在大多数结肠癌细胞中,
既包含超活跃的致癌基因,也包含失去活性的肿瘤抑制基因。在第 17 号染色体中 247
有一种特殊的肿瘤抑制基因,它出现在许多高发性恶性肿瘤中,包括肺癌、乳腺癌、结肠癌、食管癌、膀胱癌、脑癌和骨癌。50%的人类癌症都与这种叫 p53 的基因突变有关。如同枪伤能够显示受到何种武器的攻击一样,p53 突变的特性通常也能指明是何种致癌物质造成的破坏。吸烟引起某种器官损坏,紫外线辐射引起另一种病变,而氯乙烯暴露造成的则又是一种损伤。该基因的突变范围广,有时可仅根据变异的位置就可以确定是铀矿工人的肺肿瘤还是烟民的肺肿瘤。乳腺肿瘤常常表现出与肺肿块 p53 突变谱相似,但是在地理区域有所不同。

生长调节基因受损害的方式多种多样。苯并芘可以结合在染色体的某段上,生成 DNA 加合物。如同一块被咀嚼过的口香糖黏在一绺头发上,加合物可能造成下一轮 DNA 复制错误。其他致癌物质直接干扰细胞分裂,例如,通过使纺锤体失去功能而使染色体错误地分开。总之,子细胞最终要接受突变的致癌基因,或接受丧失或损坏的肿瘤抑制基因。DNA 修复基因的改变可能推进病变过程。通常,DNA 修复基因的功能是修复被变异体肆意破坏的,以及在正常有丝分裂过程中被意外损坏的染色体。因此,修复基因自身的损坏是非常危险的事,因为它可能导致各种基因损害的加剧,并最终导致染色体组失去稳定性。幸运的是,肿瘤的形成是一个长期而复杂的过程,通常需要几十年才显现。在肿瘤形成过程中的许多阶段,它都可以被遏制。

按癌症生物学的说法,癌细胞的形成经历三个相互重叠的阶段:启动阶段、促进阶段和演进阶段。要发展成恶性肿瘤,一定会经历这三个阶段。

癌变旅程的首个仪式——启动阶段,其特点是细胞 DNA 链结构发生了微弱 248
的改变。可能是自发的,也可能是由于接触致癌物而产生的,这些变化就像细小的文身,虽然迅速完成,但却留下永久的痕迹,令人难以捉摸。这儿一个小洞,那儿一个不起眼的反转。DNA 链发生改变的细胞,即使在显微镜下,也无法从外形或表现上看出与正常的细胞有何区别。然而,通过凋亡的筛选作用,许多启动阶段的细胞很快死亡。任何干预基因监督程序性细胞凋亡的介质,都是导致细胞癌变的同谋,因为它允许受损细胞继续分裂形成肿瘤。

免疫系统也参与选择性地杀死早期癌细胞，也许是通过识别异常细胞的生化特征而一显身手。免疫细胞在哪个特定的阶段作出反应尚不清楚。众所周知，包括二恶英在内的某些环境污染物抑制人体免疫力，而这种免疫抑制与几种癌症有关，尤其是白血病和淋巴瘤。

分子生物学家把启动癌细胞称为癌变。从细胞层面看，此刻已经完成癌变。然而，癌变细胞要想发展为恶性肿瘤，必须要躲避免疫系统的监控，并进入下一阶段——促进阶段，这一阶段需要更多地暴露于癌症刺激物。与癌细胞的启动阶段不同，促进阶段需要很长的时间才能显露，而且可能不会发生实质性突变。促癌剂是癌症的加速器。一般来说，促癌剂通过改变基因的活性促进细胞分裂。例如，通常静止的基因，可能被激活。雌激素就是携带雌激素受体的癌变细胞的促癌剂。动物实验表明，许多有机氯化合物也有促进癌变的作用。值得庆幸的是如果把这些媒介物质从体内清除，其影响就会消失。

促癌剂常常干扰“信号传导”这个错综复杂的通讯路径。该信号传导系统由一组蛋白分子组成，这些蛋白分子在细胞周边与细胞核之间来回传递信息。信号传导蛋白在影响细胞分裂时机和协调细胞分裂方面起关键作用。促癌剂会影响信使
249 分子的产生和行为，但不会永久性地破坏编码这些产物的基因。结果是癌变细胞群扩大。

演进阶段与癌症启动阶段相似，但与癌症促进阶段不同，经常伴有造成 DNA 分子的物理损伤的暴露行为。这样，就造成突变细胞堆积的状况。染色体受损失修，变得越来越不稳定。在这一阶段，活跃的介质使其所破坏的细胞获得一些致癌的最可怕的能力，包括扩散与侵润能力、对激素的敏感性增强、使血管靠近日益增大的肿瘤细胞。一些研究者认为，砷、石棉、苯能够起到促癌剂的作用。

新的证据表明：除了基因的物理损伤外，癌症演进也可能通过其他途径引起。就这一点而言，任何干扰帮助维护身体的组织结构的信息传导网络的介质都是嫌犯。从根本上说，肿瘤意味着身体组织出现不良状况。肿瘤的持续增长取决于它能否协调与给它支持的周围连接组织框架的关系。这个组织的生物名称叫间质（希腊文，意为“坐垫”）。对于癌变的新思路集中在这个问题上，即在新生癌细胞的生长阶段，在被间质包围的环境下，有害化学物质是如何影响组织结构的。

导致癌症的介质不能一概分成诱发剂、促进剂和演变剂。有些介质，如辐射，是完全致癌物，既是诱发剂、促进剂，也是演变剂。另外一些介质，在其低剂量时表现为促进剂，但在高剂量时则为彻头彻尾的致癌物质，这些介质还可能干扰细胞凋亡。还有一些介质在低剂量时引发癌变，当在体内含量上升时则起到促进和演变

的作用。

还有更深刻的见解，有些癌症研究者愈发意识到一些癌症可能是由某些其他机制引发的，这些机制不属于已公认的三种诱因的任何一种。干扰细胞发育的化学物质，如二恶英和阿特拉津，使有机体产生更多不成熟细胞，而不成熟细胞原本 250
就容易诱发癌变。因此，许多资深的研究人员呼吁扩大传统识别化学致癌物的检测范畴，把确定发育性毒素的检验也纳入其中。那些干扰细胞发育、破坏细胞组织结构的物质，都是不断增加的癌症启动性介质群的组成部分。

这些多变的生物可能性具有广泛的社会意义。首先，它们解释了为什么致癌物质没有安全剂量，不同的人暴露于相似的致癌物质，受到的危害却不同。例如，饮用水中微量的致癌农药对乳腺、前列腺、结肠或膀胱组织已受损的人，可能是绝对危险的。极少数先天携带突变基因者，易患癌症；机体组织处在生长发育阶段的胎儿、婴儿和儿童，也易患癌症。对成年人而言，基因物质受到的损害越少，就越能成功地抵御癌症促进剂的影响。一些幸运者碰巧拥有一组可以强效解毒、排出促癌物质的基因。

思考下面这些问题具有更广泛的社会意义。我们日常暴露于几十种已知或可疑的致癌物质，它们可能同时发挥作用，也可能随癌症的进程的某个阶段发挥作用。例如，一种叫做 2-乙酰氨基菲的化学物质可能诱发大鼠患瘤，而 DDT 则能加速该肿瘤的生长。相比之下，单独暴露于其中任何一种物质，都不会导致肿瘤发展到能够检测到的水平。

资深癌症生物学家罗斯·休谟霍尔说：“以往的癌症研究过于关注寻找致癌的关键因素，现在，是我们应该关注所有的致癌因素的时候了。”

~~~~~~~~~~~~~~~~~~~~

最近，又有两种可能致癌的途径引起癌症生物学家的关注——慢性炎症和异常的表观遗传调节。前者影响细胞周围所有组织的生态环境，后者影响细胞内基 251
因信号的颤动模式。这两个过程是细胞癌变或癌变细胞变成恶性肿瘤的重要因素，但这一逐步提高的认识并未颠覆在基因突变中寻找基因源的传统做法，也许有一天会彻底颠覆。当我写这本书时，这方面的科学正在发生着改变，并且很值得关注。

对于从事复杂的免疫监视、并以抗体形式清除体内出现的“外来之敌”的免疫系统，炎症不是其温文尔雅的、管理严格的分支机构的组成部分，它属于免疫系统更原始、更普通的分支，称为先天免疫。无论什么时候病原体通过伤口进入体内
~~~~~~~~~~~~~~~~~~~~

时，机体损伤的局部就会发炎，炎症所使用的武器除了发热、肿胀和充血以外，还包括炎症介质组胺和前列腺素。炎症利用这些展开防御，结果造成大量的附带伤害——杀死微生物的武器对周边组织也有毒害——但好处是你不会死于葡萄球菌感染。

当反应系统不能识别胜利，鸣锣收兵，或乱杀无辜、攻击自身的组织时，炎症就转化为慢性炎症，这对身体造成伤害，其结果是需要修复的组织损伤的恶性循环不断升级。这就需要更多的细胞分裂，从而增加了癌变的概率。不过，这只是最初的假设。

在过去的10年中，癌症生物学家发现炎症更为棘手的问题：有时，参与防御的免疫细胞不是攻击肿瘤，而是助其增长。免疫细胞诱使血管为肿瘤内的癌细胞提供营养，这是“变节行为”中最不可饶恕的。有间接证据表明，炎症是促使癌变的条件：有时，在肿瘤附近发现有炎症细胞活动。当机体组织发炎时，就促使一些癌细胞以更快的速度增长。一些癌症的发生并没有经过基因突变的积累过程。许多
252 癌细胞中含有过度活跃的前列腺素基因（*Cox*-2 基因）。人们已经知道引起炎症的感染加大患某些癌症的风险。（胃幽门螺旋杆菌感染使患胃癌的风险上升，它也是引起溃疡的原因。丙型肝炎病毒感染使患肝癌的风险上升。）

肥胖造成的代谢压力干扰胰岛素信号传递，也能够导致慢性炎症。结果可能导致糖尿病，也可能增加患癌症的风险。这种结果并不意味着免疫系统在患癌过程中只充当叛徒的角色，事实上，还有大量相反的证据——免疫细胞恪尽职守地识别新生癌细胞，并把它们消灭在摇篮中。换句话说，不是所有的警察都为罪犯卖命。新证据表明，免疫是复杂的，有可能腐化变质。这意味着，了解癌症起因的研究必须扩展到密切关注可改变免疫功能的物质。慢性炎症的上游机制是什么？没人知道。最新的观点认为慢性炎症是“免疫调控网络建立失败造成的”。在我看来，这意味着我们比以往更有理由来审查以免疫系统为破坏目标或破坏其发育的化学物质。

让我们将视线从整个免疫组织转回到细胞中来，再次把注意力集中到细胞核内的染色体串珠链上。附在DNA链上的各种各样的小球，在基因表达中起重要的作用。一些小球是简单的四个原子的甲基，另外一些小球则是被称为组蛋白的更奇特的蛋白。有人认为它们存在于细胞核内，开启和关闭基因，使暂时不用的信息的基因沉默，使余下的基因激活。与之相关的研究被称为表观遗传学，人们恰当地将其描述为“写在DNA序列上面的密码。”现在，人们已经明白，表观遗传调控
253 被扰乱，是导致癌症的另一方式，特别当扰乱影响了控制细胞生长的基因的时候。

例如，在一些大脑肿瘤中，本应积极遏制肿瘤形成的基因，不再起作用。这些基因并没有被破坏，只是异常的表观遗传变化使得这些基因不再发挥作用。

癌症是基因直接突变造成的，还是基因控制改变造成的，这似乎是一个学术上关注的问题。然而，这种差异至关重大，至少有两方面原因：一方面，表观遗传变化比基因突变更易发生；另一方面，如果我们只检测引发基因突变的致癌物质，就可能漏掉大量其他致癌物质。

环境表观遗传学，研究环境因素如何影响表观基因组——密码之上的密码。这个新领域的研究结果再次强调了生命早期的脆弱。在胎儿、婴儿以及青春期阶段，表观基因组会迅速移到基因组上，通过指令影响基因编程和印记。事实上，正常的表观遗传调控使发育成为可能：当甲基关闭一些对某些特定任务，如骨髓细胞或乳腺导管不再需要的基因链，同时激活那些执行任务所需要的基因链时，不成熟的细胞开始分化，并承担成熟细胞才能行使的功能。当表观遗传调控在生命早期被扰乱，细胞的分化进程可能会迷失方向，这就可能增加患多种疾病，包括癌症的风险。表观遗传学客观地解释了时机是如何变成毒药的。它也向我们表明，为什么现在应该停止反复无常的关于“先天和后天”的辩论：表观基因控制基因组，使基因组对外部环境传递的信息作出反应。先天与后天——基因与环境——互相影响，相互依存。

~~~~~~~~~~~~~~~~~~~~

环境表观遗传被比作脚印、指纹、涂鸦和印记，它们被比作解读身体解码的工具。它们就是生物标记，通俗地讲，是当人体细胞与环境致癌物相互作用时，造成的身体伤害的标记。因此，生物标记的作用能起到生物监测所无法完成的作 254
用——它们是过去致癌物质暴露的信号，未来也能预测癌症。

加合物是已有准确定义的生物标记，是与DNA结合、诱导基因突变的黏性化学物质的化学标签。与连接在染色体上的表观遗传甲基化基团不同，DNA加合物不该出现在那儿。它们是入侵者，能引起机体损伤。在第六章已讨论过，生活在被污染的圣劳伦斯河水域的白鲸的组织中，显示有高浓度的苯并芘加合物。同样，在大鼠实验中，研究人员有了一致的发现，某些组织的DNA加合物的浓度与暴露于已知致癌化学物质密切相关。DNA加合物是经过验证的生物标记——我们知道，它们的存在表明身体曾暴露于致癌物，而我们也知道致癌物暴露是导致癌症的风险因素。

直到最近，生物标记的寻找还主要集中在寻找那些基因毒性致癌物上，即通过损伤基因而致癌的化学物质。因此，生物标记的识别大多是真正的基因损伤的
~~~~~~~~~~~~~~~~~~~~

信号。DNA 加合物是这样的生物标记：被加合物固定的 DNA 链，在有丝分裂期间进行复制时总是出现错误。加合物本身不是突变，而是突变的标志。

随着对表观遗传在癌细胞产生方面的重要性认识的提高，出现了寻找表观遗传标记的新高潮。这些标记代表基因活动被中断的迹象。假设甲基化基团使肿瘤抑制基因沉默，可能使细胞有丝分裂速度失控，从而导致癌症。在撰写本书时，测试表观遗传标记的技术能力，远远超过验证它们的能力。现在，高通量分析这个令人钦佩的新领域，使一次性完成对数百种不同样品中上千种分子变化的搜索成为
255 可能。这种测试很快使研究人员确定，特定的化学物暴露如何迅速改变基因的活性、代谢过程或细胞内总蛋白的生成。这些改变如何预测或者不能预测癌症产生，现在还不太清楚。

不过，有几项有趣的新研究值得一提。

第一项研究来自西班牙。研究发现，当正常人的乳房细胞接触低剂量混合农药时，可能引发基因表达的改变。第二项研究涉及格陵兰岛的因纽特人。生活在格陵兰岛上的因纽特人，体内的某些持久性有机污染物含量比全球其他任何地方的人都高。由于全球性蒸发和北极过长的食物链（见第八章），因纽特人的身体已成为整个北半球所生产和使用的化学物的储藏室。一项 2008 年对因纽特人的研究发现，其体内 DNA 甲基化水平的降低与 DDT 和多氯联苯水平的升高有关。也就是说，体内污染物较多的人，甲基化基团就较少。试验表明，低甲基化基团与染色体的不稳定性有关，因为正常应该沉默的基因仍然活跃。这对健康造成的长期影响以及持久性有机污染物干扰甲基化基团的机理尚不清楚。但许多化学物质已被证实是内分泌干扰物，它们使甲基化的方式彻底紊乱，从而改变雌激素受体的活动。但是，没人真正理解这点。

相比之下，我们对那些引起突变的具有基因毒性的生物标记理解得更深。虽然，许多分子生物学家正竞相朝着表观遗传学新前沿前进，但是，我们千万不能把已有的知识置之脑后。在很多情况下，我们并没有完全根据已有的知识采取行动。一个典型的例子是哥伦比亚大学分子生物学家弗雷德里卡·佩雷拉在 20 世纪 90 年代中期发表的经典的研究论文，以引人注目的翔实资料揭示了从环境空气到恶性癌变这一因果关系的完整的分子链，因为它就发生在全球污染最严重的地区之一——波兰西里西亚。

256 西里西亚紧靠波兰南部边境，这里到处都是化工厂、铸造厂、钢厂、煤矿和干馏厂（巨大的炼焦炉把煤干馏成用于炼钢的焦炭）。这里的癌症死亡率也非常高，这

促使佩雷拉博士决定对西里西亚人进行 DNA 检测。佩雷拉和同事们把目光集中在被大量排放到西里西亚空气中的多环芳烃上，如苯并芘，这些多环芳烃主要是燃烧煤和焦炭所产生的副产物。只测量多环芳烃在该地区空气中的浓度，并不足以表明一个人所接触的致癌物质，因为，多环芳烃不仅可能被吸入到体内，而且也会黏附在皮肤上（从而被皮肤吸收），它们可渗透到食物中（被摄入）。此外，这些致癌污染物的危害程度因人而异，取决于遗传和其他影响代谢和排毒的因素。

证据就在细胞中。佩雷拉发现，西里西亚焦炭工人和城市居民的 DNA 上所携带的多孔环芳烃加合物的量相似，比农村居民细胞内的高出 2～3 倍。佩雷拉还发现了加合物明显的季节性效应：冬季，加合物的量上升，在这几个月里，除了工业排放外，家庭烧煤取暖也增加了空气中芳香烃的含量。此外，引起肺癌的染色体突变的存在与加合物的水平有关。结合其他的研究结果，肺癌患者体内的 DNA 比正常人的 DNA 含有更多的多环芳烃加合物，佩雷拉的调查结果“强烈表明，严重的空气污染确实能诱发肺癌。”可是，人们对这些研究结果迟迟才做出反应。

当我告诉人们，我 20 岁时就患了膀胱癌，他们通常会摇头。如果我接着提到我的家族癌症史，他们通常开始点头。“她出生在一个有癌症史的家庭”，此时，我几乎能猜到他们在想什么。有时，我到此不再多说什么。但如果别人茫然地看着我，我就告诉他们我是被领养的，并接着跟他们讲述对被领养者的癌症病例研究。 257
研究发现，癌症与领养者而不是直系亲属关系更为密切。（“养父母 50 岁之前死于癌症，使被领养者死于癌症的概率增大 5 倍……生身父母死于癌症对被领养者的癌症死亡率没有明显的影响。”）对此，大多数人会变得沉默。

这样的沉默使我想到，我们中有很多人对于一些概念是何等的陌生：家庭成员共享染色体的同时，也在共享着环境，我们的基因与从更广阔的生态环境进入人体的种种物质息息相关。家族性癌症史不一定与血缘有关。我们的基因不是有玻璃门封闭的、瓷器柜中的一套祖传的茶具，它们更像晚餐中频繁使用的盘子。日积月累，出现裂纹、缺口和剐痕，意外破损是常事。

我的姑妈简死于膀胱癌。雷蒙德和威尔莱特都死于直肠癌。勒鲁瓦现在正在接受治疗。他们都是我父亲的亲戚。对于我叔叔——雷，我几乎没什么印象，只记得他跟我父亲一样，也是斯坦格雷伯家的兄弟，寡言少语，也是干混凝土浇筑、砌墙这类活的。常常听到姑妈简爽朗的笑声，有一次她要我给她画一头猪，她要把它贴到冰箱门上。长着一头红发的姑妈薇，烧一手好菜，喜欢穿粉色衣服，嫁给了一个开朗的男人。她有一次说，他们夫妻俩非常清楚怎样享受生活。姑妈去世了。丧偶的姑父埃德加正在积极地接受前列腺癌治疗。尽管如此，最近听说，他一直在后花园，忙着为亡妻建造祭坛。为了哀悼逝者，我父亲的亲戚们打算大兴土木，建造陵园。

原本会成为我的姐夫的小伙子杰夫，21 岁就患了肠癌。他以清理化工桶为生。在杰夫被确诊患癌三年之前，我被诊断患有膀胱癌；而在我之前，我妈妈得知她的乳腺癌已经转移。现在，她仍然活着，这是个了不起的奇迹，因此，
258 成了她的医生们谈论的话题。如果谈及此事，妈妈会实话实说。尽管害羞，她会告诉别人，她比给她治病的肿瘤专家以及其他三个医生活得还久，其中两人死于癌症。

我母亲于 1974 年被确诊患了癌症，这是乳腺癌的历史上不同寻常的一年。有图表显示过去几十年美国乳腺癌发病率的变化，一条缓慢上升的曲线突然迅速提升，然后回落，又继续缓慢升高。人们把 1974 年癌症发病率回升背后的故事一直当做统计文献的典型案例。

这一年，第一夫人贝蒂·福特和第二夫人海佩·洛克菲勒都接受了乳房切除手术。“乳腺癌”这个词也因此成为公众话题。那些原本要推迟常规检查，对去医院寻求肿块诊治方案犹豫不决的女性不得不进入诊室。结果是短期内大量女性被确诊患乳腺癌，我母亲就是其中的一员。

15 岁那年，我问妈妈为什么住院了，得到的回答是“因为她得了与福特女士相同的病。”母亲 44 岁时曾问医生，她有没有必要做乳房切除术，医生告诉她：“如果海佩完全可以做，那你也完全可以。”

回到家，我父母卧室的梳妆台上多了一样东西：一个聚苯乙烯泡沫做的光头，还配有假发——妈妈不戴时，它就义不容辞地戴上——这就是我对于母亲病情最深刻的印象。这个假人非常奇特，没有耳朵，闭着的眼睛和小小的鼻子是半成型的，似乎是被水磨光了一般。它很安详，面无表情，像一个被淹死的人或腹中的胎儿。

这并不是说我们其他人更善于表露情感。我父亲一头钻进他的工作室就再也看不到他，我则是做作业和远足的女杰，我十二岁的妹妹写完长篇大论的表示愤慨的宣言后，把它撕成碎片。被撕碎的宣言被偷偷地拼接，然后由母亲宣读，她坚信和谐的家庭气氛会促进健康。

大约 20 年后，我和妈妈坐在我波士顿家的阳台上，喝冰茶。我跟她提到我正

面临的治疗抉择。她的建议很冷静，是经过深思熟虑的——这在我的意料之中。259
最后，我问她这些年来她是如何面对化疗、手术和坏消息的，这期间她是否感觉到了有人在支持她。

她凝视着远方。她说“太多的同情会削弱我的意志。”她没有准确地回答我的问题，所以我本想问她这话的含义，但我没有问。

我和姐姐坐在她的后花园喝啤酒，看着她的儿子们跑来跑去，追逐着萤火虫。我似乎第一次意识到，在她应该读大学的年纪她就看到自己的妈妈、妹妹和未婚夫都在接受癌症治疗。我问了她这个问题。

“灾难不断。”朱丽叶一边说，一边列举出我们都记得的被诊断患癌的年份。“你和我已经很久没聊天了，爸爸妈妈之间也不说话，我们都太沉默了。”

“我记得也是这样，每个人都沉默不语。”我想问她杰夫的死，以及聚苯乙烯泡沫做的光头，但我没有问。

第十二章　生态之根

261 我认识一对同卵双胞胎，额前都有一绺翘起的头发，但是，一个对胡桃严重过敏，而另一个却根本没有问题。2005 年发布的一项研究报告对此给出了合理的解释。出生时，基因完全相同，但表观基因组不同。也就是说，基因组结构上的一系列结构，即连接到他们相同的染色体上的甲基和组蛋白的方式并不相同。

此外，在一种称为表观遗传漂移的现象中，双胞胎随着年龄的增长差异变大。在成长过程中，幼年的双胞胎比年长时更相像。随着年龄的增长，双胞胎的基因活动越来越不相同。不管双胞胎的体貌特征如何持续相似，他们的“基因表达图像”随着时光推移差异愈发明显。而且，与朝夕相处的双胞胎相比，那些离多聚少的双胞胎在表观遗传标记上的共同点更少。研究报告的作者认为，这些研究结果表明，环境因素在使共同的基因出现生物差异方面起到了一定作用。

同卵双胞胎折射出被领养儿童的镜像。被领养的孩子和那些在同一张桌子共餐的人并没有共同的基因，因此，读了这份关于双胞胎的研究后，我在想，相反的过
262 程是否也会成立：像我和姐姐这样生活在同一个家庭的被领养的孩子，会不会经历类似表观遗传融合？（只有当我们长大，各奔东西时，表观遗传又发生漂移？）或从更广的意义上讲，撇开血统不谈，是不是人们在一起生活得越久，他们彼此的基因表现就越相像？

我们的表观基因是不是可以说明我们的生态根源？

1988 年，唯一一篇有关被领养者癌症状况的研究文章在丹麦发表。正如在前面章节所提到的那样，这项研究显示，死于癌症的被领养者和因癌症而去世的养父母紧密相关。据我所知，此后再没有关于被领养者患癌症情况的进一步研究。这并不是出于疏忽大意。流行病学家试图弄清楚基因和环境与被领养者的癌症风险之间的关系。他们认为对被领养者的研究是“最有力的设计”，因为顾名思义，领养

即是将基因起源从环境影响中分离出来。但是，由于美国对领养情况的保密措施，将其编为绝密档案和出生证明无法查询的文件，想要获取有关被领养者直系亲戚的病史几乎是不可能的，甚至，要了解被领养者本人的医疗史也是不可能的。（只有少数几个州公开了已成年的被领养者的领养信息。毋庸置疑，近来公开领养信息的举动是前所未有的。）

那么只有对双胞胎进行研究。研究同卵双胞胎和异卵双胞胎在癌症患病率上的差异，可以把 DNA 在癌症成因中的作用在最大程度上分离出来。最近的研究结果表明，基因的遗传因素对大多数癌症成因的作用微乎其微。在斯堪的纳维亚，有非常好的癌症资料库和长期的双胞胎资料库，研究者针对在斯堪的纳维亚双胞胎癌症进行的一项大型研究，得出的结论是“在偶发性癌症中，环境才是罪魁祸首”。同卵双胞胎患同一种癌症的概率是 11%到 18%；而相互间基因不相同的异卵双胞胎，其发病率则为 3%到 9%。可以肯定的是，这种两倍或多倍的差异说明了基因决定癌症发病率的影响力。但是如果遗传基因是癌症发病的主要原因，那么，同卵双胞胎癌症发病率的一致性应该接近于 100%，而不是连 20%都不到。 263

所谓癌症基因，即遗传基因自身的缺陷，极易造成患癌症风险。大量证据强调这种情况极其罕见。双胞胎研究是大量证据的组成部分。这也是最新的观点。20 世纪 90 年代，基因研究日新月异。随着“人类基因组计划”逐一破译人类细胞中所有 DNA，确认基因在 DNA 的位置工作的展开，这个项目在 2003 年大体完成。很多癌症研究人员期盼并坚信，认识癌症基因基础这一天即将来临。然而，研究人员得到的是一张比预期的更简单、也更复杂的基因图谱，人类基因远远少于研究人员所预测的 10 万个。实际上，我们大约只有 25 000 个基因，与大鼠体内的基因数量大致相同。同时，研究结果表明，我们与星罗棋布地分布在生命网中的生物，如植物、苍蝇、蠕虫等有着许多相同的基因元素（蛋白质家族）。人类基因组同人类自身一样，渺小却不孤单。

截然不同的两种研究方式反映出基因的复杂性。首先，不断有新证据表明，任何一个肿瘤的产生都不是由于基因的一次错误造成的，而是不断积累的结果。其次，受表观因素调控的那些基因是问题的所在，这种可能性似乎越来越大。如果真是这样，那么，可能有数百个基因联合作用，通常是在与更大的生态世界相互作用下，引发癌症的发病风险。在发育的不同阶段，这些基因的作用也有所不同。而且，我们并不知道这些基因的位置以及它们易受攻击的生死攸关的窗口何时打开。

总之，我们体内基因的数量比我们原来想象的要少得多，但是，那些与癌症有关的基因数量却比我们预期的要多，而且这些基因是否参与癌症的发生又受环境因素的制约。

264 无论这些研究结果如何令人震惊，它们却使得其他一些研究结果变得不足为奇。据世界上同类数据库中最大的瑞典家族癌症数据库的数据显示，癌症家族史对危险性疾病的影响并不大。根据2008年的一项研究分析，前列腺癌与癌症家族史存在紧密的关联。在被诊断患有前列腺癌的男性中，有20%的患者的父亲或兄弟曾被诊断患有前列腺癌。乳腺癌家族性遗传比例占13.6%，而膀胱癌的遗传比例只占5%。（如果用另外一种方式表达，这些数字表明在瑞典的膀胱癌患者中，95%的患者，其父母或兄弟姐妹没有膀胱癌病史。）

在美国，两种罕见的乳腺癌基因*BRCA* 1和*BRCA* 2引起了人们的特别关注，这两种基因确实增大了患乳腺癌的风险。那些想知道自己是否携带这两种基因的女性，可以进行基因测试。对很多女性来说，了解自己的基因状况很有益处。即使这样，基因也不一定决定命运。在*BRCA* 1和*BRCA* 2基因突变的女性携带者中，还有30%的人不会患乳腺癌。此外，年代不同，患乳腺癌的情况也不一样：在1940年以前出生的*BRCA*基因突变携带者中，其童年早期合成化学工业还没有出现，她们当中只有24%的人在50岁时患上乳腺癌；而在1940年后出生的携带者当中，却有67%的人在50岁时患有乳腺癌。这些研究结果表明，即使在继承单一个体基因突变，使携带者患癌症概率加大的特殊情况下，环境因素仍可对患癌风险具有调节作用。

同样，对胰腺癌这种最致命的癌症而言，家族史和环境暴露因素相互影响。根据约翰·霍普金斯大学国家遗传性胰腺肿瘤注册中心披露，胰腺癌的确具有家族性遗传因素。但是，根据2009年的一份研究报告给出的解释，家族史与暴露于石棉、氡和被动吸烟等多重因素相互作用（尤其是在儿童时期受影响），导致被诊断出
265 患癌的年龄段更小。多重相互作用是协同效应的一种标志：每个风险因素使其他因素更强劲；所有因素的累积效应超过各部分之和的效应。没有环境因素的影响，有家族史者发病会延迟，从而提高生存概率，人的寿命也将延长。

说实话，我喜欢令人目眩的科学。基因组和表观基因组能激发我的兴趣。作为被领养者，我希望了解自己的遗传史。这让我在确定医疗决策，力求说服保险公司支付某些疗程的费用方面，无疑更有主见。三十几岁时，我突然出现贫血症状，经过一系列筛查后发现，在我的结肠内有一块很大的处于癌前状态的肿瘤，这时我感到对自己的医疗史的认识严重匮乏。确实有家族性结肠癌，家族史的正面信息往往改变对患者筛查的时间、频率及方法的方案制定。种种原因，使我赞同改革领养制度，公开领养档案。（此外，不管你是否有结肠癌家族史，如果你已过了50岁，

还没有接受过大肠镜检查，放下此书，去预约做检查吧。）

无论是因为个人身世，还是因为职业习惯而对遗传学产生求知欲，证据对我来说似乎很清楚：盯着祖先的遗传基因不放，我们把注意力都集中于无解的癌症难题上。因为人们发现了新的癌症基因，年龄调整过的癌症发病率不再高于50年前。因为造成对致癌物作用的敏感，从而使机体容易患癌的罕见遗传基因，无疑已经长时间地存在于人体内。然而，通过降低人们所接触的环境致癌物含量，一些基因的不良影响可以减轻。以遗传性结肠癌为例，遗传给后代的是错误的DNA修复基因，因此，有这种遗传基因的后代在应对环境对基因的侵害，或修复细胞分裂期间所自发产生的错误方面，显得能力不足。

~~~~~~~~~~~~~~~~~~~~

1983年，我从密歇根坐火车前往伊利诺伊老家度假，看望家人，同时，按约定 266
到医院接受治疗。

癌症检查的日程总是要精心安排，所选的日期必须听着吉利。在星期一或者星期二安排检查最好，否则，恐怕就得等到周末过后才能拿到晚出来的化验结果或放射检验报告。如果就诊预约恰好赶上忙碌的月份，手头的活都到了截止日期，这也是就诊的最好时机，因为手忙脚乱的时候，你就顾不上烦恼了。我读研究生期间，最忙的时候总赶上学期末尾，这也是为什么大约有五、六支圣诞颂歌让我回想起在门诊部候诊室等待的情景。这种特别的预约注定会得出这样的检验报告："无明显异常"。（这是我最喜欢的医学用语了。）然而，我的这次旅行却是很不平常的。

伊利诺伊州北部和中部之间的景观突然发生一些奇妙的变化。我说不清到底在发生什么变化，但这种变化就发生在威尔明顿和德怀特这些小镇的周围。地平线渐行渐远，天空变得更加辽阔。随着距离越来越远，仿佛所有的物体都慢慢地相互分开。线条被勾勒得更加清晰。这些变化总是让我焦躁不安，开车时，也就开得飞快。不过，因为乘坐的是火车，我把阅读的书合上，把散落在邻座上的报纸拾起。

也就是这时，我看到了报纸最后一页上一篇文章的标题："科学家确认基因是人类膀胱癌之元凶。"把报纸放在腿上，我凝视着窗外。夜幕刚刚降临，但田野却已是漆黑一片，灯光星星点点的，到处都是。我寻找雪的迹象，但什么也没有看到。我终于还是拿起报纸看了那篇文章。

在小鼠实验中，麻省理工学院的研究人员利用人类体内的膀胱肿瘤DNA，将小鼠体内正常的细胞转变为癌细胞。通过实验，研究人员确定了造成转化的DNA片段的位置，并且能够确定导致基因变坏的具体改变。
~~~~~~~~~~~~~~~~~~~~

在这种情况下,基因突变就是在单个 DNA 链中,一组遗传物质单位被另一组
267 所替代。即,在 DNA 复制过程中的某个点上,一个名为鸟嘌呤的双环嘌呤碱基被单环胸腺嘧啶所替换。这就像排版错误一样,一个字母被印错为另一个字母,如把 show 错印成了 snow,把 black 错印成了 block,这样,由这个错误基因传递的信息内容就完全改变了。本来是指令细胞生成甘氨酸的基因,现在却变成了指令生成缬氨酸的基因。

鸟嘌呤取代胸腺嘧啶,缬氨酸取代甘氨酸。我再次向外望去,看到自己的脸被叠映在黑色玻璃窗所映出的风景上。如果我的癌症实际上也是变异造成的,那么是什么时候发生的变异?我当时在哪?为什么变异没有得到修复?我被出卖了。我是被谁出卖的呢?

9 年后,又有研究人员认为是点突变改变参与信号传导的蛋白质结构,信号传导是细胞膜与帮助协调细胞分裂的细胞核之间的重要通讯线路。从点突变中,有许多新的发现接踵而至。除了刚刚提到的致癌基因,研究人员还发现了两种肿瘤抑制基因 *p15* 和 *p16* 所起的作用。在我所患的移行细胞癌中,*p15* 和 *p16* 的缺失很普遍。它们就像特邀明星一样出现在许多不同的癌症中,在超过半数的侵润性膀胱肿瘤中,人们所熟悉的 *p35* 肿瘤抑制基因突变。导致移行细胞癌转移的还与数量过多的生长因子受体有关。这是恶性病变末期遗传损伤严重时所造成的基因超表达现象。在恶性病变初期,表观基因甲基化模式发生变化。

读了报纸上的那篇文章,我了解了"致癌基因"这个当时的新概念。又过去了若干年,其间,人们也认识了各种基因和膀胱癌致癌物之间关系的本质。称为芳香胺的一类导致膀胱癌的物质存在于香烟烟雾中,被添加到橡胶里,用来配制染料,
268 用于印刷,主要用于药物和农药的生产,想到这些,令人不寒而栗。邻甲苯胺是这类物质中的一种。关于合成染料工业的工人是膀胱癌高发人群的报告最早见于 1895 年。(参看第六章中有关威廉·辉柏的狗的部分。)一个多世纪后的今天,我们知道芳香胺通过在膀胱壁组织的细胞内生成 DNA 加合物而使人患病,而这些芳香胺来自于尿液中的污染物。

在这一个多世纪里,我们还对膀胱癌知道了许多。我们知道,如果男性体内也存在基因 *GSTM 1*、*GSTT 1* 和 *NAT 2* 的变异,那么,在暴露于芳香胺时,他们就更容易患膀胱癌。我们知道,基因变异可能改变负责修复膀胱内壁 DNA 损伤的酶的功能。我们已经识别出在暴露于膀胱癌致癌物后,修复所需要的三种主要的类型。如果这三种类型修复失败,那么会导致基因组出现不稳定现象,从而导致癌症。

我们还知道,芳香胺在体内可通过乙酰化过程慢慢被解毒。像所有这样的解毒过程一样,解毒由一组特殊的解毒酶完成,而每组解毒酶的行为是由若干基因来控制和修饰的。那些慢速乙酰化个体,他们的解毒酶水平很低,当暴露于芳香胺时,他们就更容易患膀胱癌。这类人很容易辨别,因为当暴露于同等水平的芳香胺时,与快速乙酰化个体相比,他们 DNA 加合物的量明显升高。遗传的敏感个体绝不是少数,在美国和欧洲,超过半数的人被认为是慢速乙酰化个体。

我很可能是其中的一员,你也许也不例外。

我们对膀胱癌已经有了较深的了解。膀胱癌致癌物是被识别出的最早的人类致癌物之一,而最早被破译的人类癌基因之一,就是从一个不幸的膀胱肿瘤患者的肿瘤中分离出来的。与其他大多数恶性肿瘤相比,膀胱癌给研究者们提供了连续的表观遗传和基因变化的图片,呈现了从最初发病到肿瘤发展直至扩散,从癌前病变到更加具有侵害性的肿瘤的全过程。

然而,所有对膀胱癌机理的认识,却没能变成预防这种癌症的有效行为。 269
1973～1991年间,膀胱癌的整体发病率增长了 10%,并且仍然呈上升趋势。对膀胱癌机理的认识,也没有在治疗上带来显著突破。在过去 20 年里,膀胱癌的术后 5 年死亡率仅仅降低了 5%。不过,值得期待的是,大量关于膀胱癌表观遗传和基因突变的新发现,会有朝一日给出可靠的尿液生物指标,可用作尽早检测疾病复发的手段。其中的一些新研究成果已经得到应用,而且,随着时间的推移,它们的专一性及准确性也会得到完善。关于这点,我有耐心等待。我在应用这些试验的成果。

发人深省的是有近一半的膀胱癌被认为是吸烟所致,这是目前为人所知的导致这种癌症的最大诱因。吸烟率一直在下降,随之下降的是(男性的)肺癌患病率。然而,膀胱癌患病率并没有同步下降,可能是由于膀胱癌比肺癌的滞后时间更长。我还是希望自己能够保持耐心。但是,仍然是这个问题:对于大部分膀胱癌患者来说,烟草并不是诱因,那么,不吸烟的膀胱癌患者是怎么患上膀胱癌的呢?

在本书的第一版中,我写下了如下一段话:"根据《有毒物质排放清单》所公布的内容,仅 1992 年一年就有总量为 14 625 磅的芳香胺邻甲苯胺被排放到环境中。"如下是更新的数据:根据《有毒物质排放清单》所公布的数据,2007 年释放到环境中的芳香胺邻甲苯胺的总量为 16 536 磅。

另外两种芳香胺也出现在 2007 年的《有毒物质排放清单》中。

显然,所有这些关于膀胱癌分子路径的新知识,并没有使人们对已知的和可疑的膀胱癌致癌物的评价予以应有的重视。除了芳香胺,导致膀胱癌的致癌物至少

270 还包括农药、溶剂、砒霜、多环芳烃类和水消毒所附带产生的有害物质。这些物质的混合物会相互作用吗？我们是通过哪些途径接触这些致癌物的呢？对于我们这些占半数的慢速乙酰化人群，每天暴露于膀胱致癌物已经超过我们代谢能力了吗？据我所知，这些问题在很大程度上仍还没有人能说清楚。在一个无法容忍空气、食物、水里存在致癌物质的文化中，体内致癌物质解毒基因的缺陷就不那么重要了。

人们不禁要问，在其中的一些致癌物已经被确认一个世纪后的今天，为什么类似芳香胺这种危害极大的膀胱癌致癌物质仍然在生产、进口、应用和释放到空气中？为什么还不用更安全的物质取而代之？在这个问题上，肿瘤协会、泌尿外科协会、癌症研究协会以及公共健康协会到底是什么态度呢？

膀胱癌是男性中第四大常见癌症。在女性中，膀胱癌占第八位，但是存活率却非常低。膀胱癌是各种癌症中复发率最高的。膀胱癌需要终生监测，所以，也是治疗费用最昂贵的癌症之一。在医保患者中，膀胱癌患者人均医疗费是所有癌症患者中最高的。2008 年，有 68 810 人被确诊为膀胱癌，其中 14 000 人死亡。关于这点，我真的没有耐心了。

妨碍我们解决癌症的环境根源的障碍之一，是“生活方式”这个词语。生活方式的隐患与环境风险并不无关系。毕竟，我们生活在生态世界里。是人都要吃饭，吃什么是自己的事，但是，食物也有特定的环境根源。有关癌症的公共教育活动一直都在强调生活方式这个诱因，却对环境因素轻描淡写，或者有时干脆把两者混为一谈。在医院和诊所，我收集了一些关于癌症的五花八门的小册子。20 世纪 90 年代，我一面在大学教生物，一面抽出大量时间去医生诊室就诊。医生候诊室里有
271 个细细的银色架子，架子下面是杂志，上面是宣传册子，介绍癌症的种种情况。从那时起，我开始将小册子里对癌症的描述与我学生所使用的基因学教材里关于癌症章节的描述进行比较。以下就是我的发现。

关于有多少癌症患者这个话题，“美国公共卫生及服务部”的粉蓝相间的小册子提供了如下信息：

> “好消息：不是每个人都会患上癌症。2/3 的美国人是永远不会患上癌症的。”

然而在《人类基因学：现代合成论》教程上这样写道：

> “1/3 的美国人，在一生中都有可能患上某种癌症，而且 1/5 的人还会因此死亡。”

(自从这些材料出版后,美国人癌症的患病率就从30%上升到40%。)

关于癌症的成因,小册子是这样写的:

> "在过去的几年间,科学家们已经确认了很多导致癌症的原因。现在,我们知道大约80%的癌症病例与人们的生活方式有着密切的关联。"

然而,教程却认为:

> "大约90%的癌症与特定的环境因素有关。"

关于预防,小册子强调个人的选择和责任。

> 你可以控制许多导致癌症的因素。这就意味着你可以自我保护避免患癌症。你可以决定如何生活——保持什么样的习惯,改掉什么样的习惯。 272

《基因学》一书所持的观点截然不同:

> "由于暴露于这些环境因素基本上是可以控制的,所以,大多数的癌症是可以预防的……减少或避免暴露于环境致癌物,可以延缓美国居高不下的癌症患病率。"

教程还指出了其中一些致癌物质、暴露途径以及所导致的癌症类型。相反,小册子更强调个人习惯的重要性,例如,它认为日光浴能够增加患癌的风险。在我所使用的学生教科书中,氯乙烯是其生产者们接触的一种致癌物质;而在小册子里,某些与化学物质生产相关的职业被认为是种危险因素。教程里宣称"辐射是致癌物质";小册子建议我们"避免不必要的X射线"。两者都强调不良饮食习惯和烟草的副作用。

在热衷于把矛头指向生活方式方面,"好消息"这本册子在我的收藏中是教育类的典型。通过强调个人的生活方式而不是致癌物所起的作用,他们把导致疾病的原因定格在行为方式问题上,而不是暴露于导致疾病的因子上。这种观点充其量在实践中给我们以指导,并使我们确信,我们个人可以采取措施保护自己。(顶多是不要吸烟,仅此而已。)往最坏处说,生活方式致癌论忽略了那些不以人们的意志为转移的危害。就像狭隘地关注基因机理一样,只狭隘地盯住生活方式这个因素,人们就模糊了对致癌的环境根源的认识。生活方式致癌论认为,目前的空气、食物和水污染是我们必须适应的、无法改变的生存环境。当我们被敦促要尽量"避免环境和工作场所"中的致癌物质时,我们回避了问题的实质。我们的环境和工作 273

场所里为什么会有致癌物质？我们为什么还在继续生产致癌物质？

癌症不是第一个传递上述危险信息的疾病了。1832 年，流行性传染病肆虐，纽约市医学委员会宣称，那些患霍乱的通常都是生活态度轻率、放纵或在使用药物不当时易受伤害的人。他们在公共场所张贴了预防霍乱的告示，建议人们不要喝生啤酒、不吃“未经加工的生菜”、戒酒等。保持“有规律的生活”也可预防霍乱。几十年后，尽管对导致霍乱的生物机制和分子途径一无所知，甚至连病原体都没有确认，公共卫生的改善使霍乱得到了控制。（1883 年，细菌学家罗伯特·科赫最终将导致霍乱的病原体分离出来。）

当然，1832 年那些传单中催促人们改变行为方式的建议并不是毫无意义的。实践证明，没煮熟的农副产品是感染霍乱的主要途径，这是粪便传播的细菌所致，与吃沙拉的习惯没有关系。

自 1990 年我开始收集这类小册子以来，生活方式是疾病诱因的正统论开始流行。多年来，人们很少在美国癌症协会的相关文献中看到“致癌物质”或“环境”这样的字眼。现在，这些词语偶尔出现。一位住在爱荷华州患白血病的朋友称，他最近在血液科医生办公室里拿了一本宣传册，在这本册子里他的病因被间接归咎于农药。但是，在如何预防部分里，“农药”一词（如“避免接触农药”）却没有提到。

美国癌症协会在其网站上向公众发布的有关白血病病因的信息证实了上述宣传册中的前后不一致的说法。该网站在解释白血病病因的时候提到了农药，但是，在如何预防部分却没有再提农药，当然也没提倡有机农业。对于白血病与甲醛暴
274 露有关，该网站的信息里只字未提，也没有提及采用绿色化学的预防办法。该网站却真真切切地写着这样一段文字：

> 尽管通过改变生活方式而避免某些风险因素，多种癌症是可以预防的，但是，对导致慢性淋巴细胞白血病（CLL）的风险因素的了解几乎为零。对大多数慢性淋巴细胞白血病患者的致病风险因素不得而知，所以，没有办法预防这些癌症。

这种说法在介绍儿童白血病知识的初级读本中竟然如法炮制。

> 尽管通过改变生活方式……许多成人所患的癌症是可以预防的，但是，目前对大多数儿童癌症的预防却没有什么办法。对大多数患白血病的成人和儿童来说，并不清楚致病的风险因素是什么，所以，没有办法预防他们所患的白血病。

这种说法并非完全不合逻辑。风险因素并不是针对个人而言，而是针对整个人群。但是，这种失败主义的言论却预示这样一个假定，即癌症的预防仅仅是个人的责任。好像我们庞大的工业和农业体系与癌症没有关系似的。好像那些允许或禁止使用致癌物质和未被检测的化学物质的法律也与我们的公共健康状况无关。

相比之下，其他国家的抗癌组织对如何预防癌症的困惑似乎少得多。记得加拿大的癌症协会公开支持立法，严禁在装饰品中使用杀虫剂，就是因为杀虫剂暴露和儿童癌症之间的关系令人棘手。早在 2009 年 4 月 22 日地球日这天，安大略省的所有五金店和花草园艺专卖店，都被要求对 245 种化学杀虫剂和灭草剂进行下架处理。从那天起，作为减少暴露于与癌症相关的有害化学品计划的一部分，安大略省的居民再不能在草坪和花园中使用农药，商店也不再销售农药。（只有灭杀白蚁、蚊子和毒藤的杀虫剂不在禁止之列。）

在欧洲，在一次被称为“巴黎呼吁”的《化学污染国际宣言》中，法国的癌症研究
组织 ARTA（癌症研究与治疗协会）呼吁禁止一切“确定具有或有可能具有致癌性 275
质”的产品。2006 年，代表着 200 万欧洲医生的数千名科学家和医生在《宣言》上签名，该宣言明确了造成环境变化的化学物质和给人类健康造成危害的化学物质之间的关联。在《宣言》所使用的许多“鉴于”中，有如下一段内容：

> 鉴于全球癌症发病率的上升；鉴于自 1950 年以来高度工业化国家人口癌症发病率的持续上升；鉴于无论任何人，年轻人或老年人，都可能患上癌症；鉴于化学污染对于癌症发病有着直接的影响，虽然影响的程度还有待考证……

《宣言》的发起人是多米尼克·贝尔鲍姆，一位肿瘤内科医师。他强烈要求联合国接受呼吁中所提出的建议，强调在欧盟区内令人震惊的新的发病趋势与地理区域相关：在新生儿中，癌症患病率在上升。为了回应“巴黎呼吁”以及来自其他方面的压力，2009 年 6 月欧盟宣布开展建立“欧洲抗癌行动合作伙伴关系”活动，旨在协调欧盟各国间防癌以及癌症早期检查工作。在调查生活方式的同时，合作伙伴也会调查职业和环境因素。

美国的公共健康机构之所以对癌症负荷中的环境因素缺乏清醒的认识，是因为受流行了 1/4 世纪的饼状图概念的影响。这个图表不是某个人的统计结果，而是 1981 年由美国国会委托，随后在《（美国）国家癌症研究所杂志》上发表的题为“癌症的原因”论文的一部分。在这篇文章里，作者理查德·多尔和理查德·皮托
试图把每种导致癌症的原因用分数表达出来。分析结果看似一张被切割开的大 276
饼，呈现出不同致癌因素的相应比重。代表吸烟的楔形部分占很大比例，占饼状图

的 30%；饮食因素所占的比例更大，为 35%；饮酒因素所占比例较小；等等。环境污染和工作场所的致癌物质暴露所占很小比例，两个部分总共才占 6%。报告的结论是，改进饮食习惯、杜绝抽烟可以避免大多数患者因癌症死亡。1996 年，哈佛癌症预防中心重提该结论。哈佛癌症预防中心虽然对报告数据做了一点调整，但却复制了先前对环境污染和工作场所的致癌物质暴露的估算：6%。

这个饼状图和由此而得出的结论影响巨大，因为相关机构都是依此制定癌症控制政策和教育计划的。生活方式成为癌症预防工作的重点，而环境因素因为被视为引发癌症的次要诱因，所以，把环境因素作为重点被认为没有多大用处。例如，几年以后，在对癌症发病率进行逐县分析时，伊利诺伊州卫生局重新印刷了 1981 年的饼状图，并总结到“如果以更健康的方式生活，定期到医院做与癌症相关的检查，很多人就会减少患癌症或死于癌症的概率。”然而，伊利诺伊州是有毒废弃物的主要生成源，是严重使用杀虫剂的地区，同时也是众多超级基金垃圾场所在地，这些事实既没有提到，也不予以考虑。多尔和皮托的分析只限于白人这个事实也被忽略了。

这张图表很显然已经过时了。自从 1981 年起，吸烟率和饮酒者比例均已下降，而肥胖率却在上升。我希望，我们中的绝大多数人已经意识到，白人的经历不能一概代表所有人的经历，肯定更不能代表儿童，因为他们的癌症患病率上升的速度远远超过成年人。

更有甚者，过于简单化的统计方法本身存在致命的缺陷，因为它把癌症的百分比归因于互不相干的、孤立的致癌因素，认为每个因素都单独发挥作用。我们怎样
277 解释因酗酒和工作风险而导致的恶性肿瘤，比如，某些肝癌？怎么解释由作业风险和吸烟共同引起的肺癌和膀胱癌？农药残留物的影响应该归因于环境“污染”还是“饮食”习惯？如何理解污染的间接影响，如造成激素紊乱或者免疫系统受抑制，以及这种相互影响加大临界风险因素的危害性？怎么解释有毒物质改变幼儿发育途径，因而使他们在日后更易患癌症？如何说明污染物混合物扰乱代谢途径从而造成肥胖？（对此，也已有科学证据。）如果肥胖是由体内残留的污染物引发的，又怎样呢？（这方面也有证据。）除了风险因素相互作用，对商业中大量的工业化学品的致癌性还未做过检测，我们如何评估环境因素致癌的比例呢？

波士顿大学流行病学家理查德·克拉普和肿瘤学家多米尼克·贝尔鲍姆等众多公众健康专家都指出，把具体的癌症风险比例归因于孤立的原因是愚蠢的做法。既然我们已经认识到，多数癌症是由于很多基因和非基因因素日积月累发生细微改变而造成的，其间身体患有炎症、内分泌失调、组织结构改变、细胞信号发生变化

可能起到推波助澜的作用，所以，任何肿瘤的形成都可能有多种原因。将致癌的比例归结于单一因素的做法已经过时，不能反映当今对于致癌的复杂成因网络的理解。

然而，美国癌症学会在“2008 年癌症现状与统计数据”中再次运用此方法，且照搬了初始数据。此报告不折不扣地将 30%的癌症死亡率归结于吸烟这种不良嗜好，35%归结于食物、体力活动和肥胖，认为只有 6%的癌症是由于工作场所和环境中的污染物所致。这些数据让我们觉得好像还活在 1981 年那个没有内分泌失调、流行病学、地理信息系统、生物标记和生物监测的单一变异或单一癌症的世界。如果被困在时间舱里，我们就不可能看到新科技带给我们的成果——癌症是生态问题引起的疾病，在我们将癌症归因于孤立原因之前，就处在与来自源头的种
种因素相互影响的复杂状态。癌症就如同一条河流，源头不是单一的，而是由既散 278
漫又相互联系的各个支流共同组成的。

在蕾切尔·卡森去世的那年，她曾在美国参议院分委会上提出环境污染和人权关系的新思想。她指出，在《寂静的春天》一书中所提到的因对生态环境的肆意污染而给人类健康造成的威胁只是冰山的一角。对这种虽然感觉不到的、但令人恐惧的危险，普通居民毫不知情，在没有获得他们同意的情况下，仍要求他们忍受，这无疑是让潜在的威胁放任自流。在《寂静的春天》一书中，蕾切尔·卡森预言到，当我们充分认识到我们所处的危险境地时，我们就会抵制那些声称世界充斥有毒物质实属无奈的论调。她还呼吁，当他人把污染物排入到我们的环境中时，应认可我们应有的知情权，以及对抵制污染、自我保护的权力。这些主张是卡森留给我们的最后遗产。

主张对环境中污染物有知情权的结果是个探索过程，是任何探索者都没走过的旅途。然而，我相信对所有人来说，探索需要三个阶段。就像狄更斯笔下的埃比尼泽斯·克鲁奇那样，我们必须先回顾过去，重新评估现在，最终鼓足勇气想象另一种未来。

旅途的第一阶段主要是探寻我们的生态之根。就像意识到我们的家族根系会让我们拥有传承和文化身份感一样，我们的生态之根会让我们懂得生物意义上的自己。这需要我们了解自己生长在怎样的环境，了解哪些分子与我们从祖先那里继承的哪些基因组错综复杂地交织在一起。总之，除了含有为数不多的基因的
DNA（脱氧核糖核酸）以外，我们身上的所有物质，从骨头、血液到胸部组织，都来 279
自环境，甚至，可能也包括我们基因自我表达的方式。

我们既要从内在寻找生态之根，也要从遥远的外部寻找。这意味着，我们需要了解我们的饮用水源(过去的和现在的)，了解从我们社区吹过的盛行风，了解给我们提供食物的农业体系，包括走访农田、放牛场、果园、牧场和乳品场。我们需要对事物抱有好奇心，比如，我们的公寓大楼是如何被拆除的，衣物是怎样清洗的，高尔夫球场是怎样维护的。这意味着，主张对家用清洁剂、染料和化妆品等产品中任何有毒物质的知情权。需要下决心查清地下蓄水层的位置，住宅小区建成之前土地曾如何使用，道路两旁过去和现在所喷洒的是什么物质，街道尽头被带刺的铁丝网拦着的地方究竟在干什么勾当。一些人把知情权的诉求更推进一步，将他们的血液和尿液递交上去进行生物检测。确实，一部崭新的环境传记也许即将问世，其中，我们身体的历史将被解读为一部暴露于化学污染的历史。生物检测的结果证实了有毒物的入侵，即人们不自觉地充当了别人排放化学物的容器。

开始知情权旅程可以从较简单的获取一份自己所在县的《有毒物质排放清单》和一份当地区危险废弃物场的清单开始。(参看《编后记》中提供的网址)。1987年以来各年度的此类信息都可以查到。这些档案通常也可以提供更早时期的线索：比如，在废弃的超级基金旧址残留的有毒化学品可以揭示几十年前那里所从事的活动。

当我们完全掌握了自己的生态之根后，我们就可以开始调查我们现有的状况。
280 这需要从人权视角出发。人权观点认为，现有的制度只是规范已知和疑似致癌物的使用、排放和清除，而不是首先阻止它们的产生，这令人难以忍受。允许未经检验的化学品在最终被检测出含有致癌有毒物质前，可以随意侵入我们的身体，这种决定同样令人无法忍受。这两种做法都无异于草菅人命。

人权观点还承认，当允许致癌物质在我们的环境中流通时，我们每个人所承受的风险却不同。生产致癌物质的工人对有害致癌物的暴露程度较为严重，那些住在作为致癌物质最后停放地的化学垃圾场附近的人也一样。我们知道，有毒物质垃圾场大都位于贫困和少数民族社区，分布比例严重失调。我们还知道，美国白人和黑人在癌症患病率上也存在差异，这很难用基因差异来解释。(值得称道的是，美国癌症协会指出了这一点。)

人们受环境中致癌物质危害的程度也不尽相同。最易受致癌物质危害的人群包括细胞信号路径还未发育成熟的婴幼儿，身体正在受性激素影响的青少年和排毒机制逐渐退化的老年人，有遗传上易感倾向和早期过多暴露于致癌物质的人也更易受侵害。癌症可能像一场赌注，不是每个人都有均等的机会中奖。当致癌物质被有意或无意释放到环境中时，那些易受侵害的人就将面临死亡的危险。将准确的死亡人数制成表格是不可能的，也不会改变上述事实。从人权角度出发，这些死亡数字必须公布于众。下面的方法不妨一试。为了推论上的需要，我们假定1981年对于因环境影响造成的癌症死亡率的估算完全准确。那些试图忽略环境因素影响的人所做出的估算是6%的癌症患者死于环境因素。(其中，2%死于污染引发的癌症，4%死于职业性致癌物质暴露。)美国癌症协会指出，这6%意味着，
在美国，每年有33 600人因被动受有毒化学品的毒害而死于癌症。仅凭这一点，环 281
境因素引起的癌症死亡就占美国主要死亡原因的第11位。美国每年死于凶杀的人数被认为是美国的羞耻，而33 600这个数字比美国全年死于凶杀的人数还多。这个数字也超过了美国每年自杀的人数——这个自杀的数字让人如此悲痛，以至于防止自杀的热线电话印在很多电话册的封面。为解决遗传性乳腺癌问题，美国启动了数百万美元的专项研究，而33 600这个数字也远远超过每年因遗传性乳腺癌而死亡的女性人数。每年有很多不吸烟者，因被动吸烟而死于肺癌，这个问题如此严重，促使立法部门对调控公共场所空气质量的法律进行修改，而33 600则是死于被动吸烟人数的10倍。

每年有33 600个美国人都是在漫长而痛苦的过程中死去的。他们将被截肢、接受射线治疗和化学疗法。他们将在医院或晚期病人护理机构里默默地死去，悄悄地被埋葬；每天都会有92个这样的葬礼。其中的一些人还是孩子。他们遗体的照片不会刊登在报纸上，所以，对于其中大多数死者，我们也不会知道他们是谁。然而，悄然而去的逝者却不能让这种草菅人命的行为有所收敛。据行业报道称，2007年有834 499 071磅已知或可疑的致癌物质被释放到空气、水和土壤中。从这个角度看，每年这33 600个人的死亡相当于被谋杀。

在认真评估我们所遭受的化学致癌物质所带来的风险和损失后，我们可以想象一下未来，在那时要求环境中没有有害物质的权力将得到尊重。让所有的有害物质在我们的环境中永远消失似乎是不可能的。然而，就像蕾切尔·卡森自己注意到的那样，铲除大量的致癌物质会减少我们所承受的患癌负担，这样也会使人们避免遭受巨大的痛苦和生命代价。这方面，"预防原则"可以给我们以帮助。(参照《编后记》中"温斯布莱德宣言预防原则"全文。)

预防原则的要旨是公共和个人利益相关者都应该采取行动以防患未然。该原
则要求只要是有灾害的迹象，特别是在假如行动迟缓就可能带来不可挽回的灾难 282
的情况下，不管是否有灾害的证据，就应采取行动。欧洲环境署对此所做的说明是，采取预防行动的目的在于阻止"无法控制后果的渠道"的形成。缓解气候改变的行动，就是基于预防性原则而实施的。这个原则的核心是要人们认识到我们有

责任保护人的生命。与此相反，根据我们的研究人员的话理解，我们现在的管理方法是反预防原则的，即任何人都可以随意将新的有害物质排放到环境中，而只有当破坏的证据确凿无误，管理者才采取补救措施。这种制度就相当于肆无忌惮地拿活生生的人做实验。

现在是我们坚决要求做反向实验的时候了。（可以将此实验称作干预研究。）我们声明，致癌物质和可疑的致癌物质都是过时的科技产物，我们要投资绿色化学。我们需要争取实现零垃圾的目标，消除将垃圾埋到饮用水源上以及将垃圾填到焚化炉中焚烧的必要性。我们要投资多样化、本地化的有机农场。这将直接给我们带来五点好处：降低在长途运输食品所产生的可致癌的柴油废气的排放量；减少食品中的农药残留物；减少饮用水中的农药残留物；降低人们对石化肥料的依赖；增加更多健康食物的获取，从而达到抑制肥胖的作用。我们可以投资绿色能源，从而减少空气中的超微粒子、多环芳香烃和芳香胺的含量。让我们结束50年来以石油化工和煤炭为主导的时代。然后，让我们再关注癌症发病率、医疗和护理所耗费的资金情况如何。

预防原则包括举证责任倒置原则，这意味着不是证明某种物质有害，而是说明其无害。举证责任倒置原则从根本上将举证责任从公众一方转移到了生产、进口和使用可疑有害物的一方。举证责任倒置原则要求那些将化学品释放到环境里的
283 人，必须证明他们要释放的物质经过检验，证明是无害的。这已经是我们对制药商所坚持的标准，但是，对于众多的工业化学品，提前证明其安全性还没有严格的要求。在制定有关新的有毒化学品政策中，欧洲已经在逐步采纳此标准。

最终，任何有可能危害公共健康的活动都应该以替换性评估原则为指导，也就是说，只要有其他办法解决问题，就不可使用有毒物质。这意味着不论是除掉田地里的杂草、消灭学校食堂的蟑螂、除掉狗身上的跳蚤、清除羊毛上的污点还是饮用水中的病原体，我们都要选择最无害的方法解决问题。我们需要计算出每种解决方法的耗费，包括子孙后代将要承受的代价，而算出全部成本，有助于替代性评估原则的执行。如何量化每种释放到环境中的致癌物质将带来的癌症风险，并设定存在于空气、食物、水、工作场所和消费品中的致癌物质的合法最高限值，替代性评估原则让我们不再和这些持久的、少有胜算的争论纠缠不休。这个原则着眼于未来的那么一天，那时人们可以选择更安全的方法，人为地将化学致癌物周期性地释放到环境中的行为会像实行奴隶制一样，令人难以想象。

探究癌症生态的根源是个断断续续的过程。一方面，我们生活在毒理基因组学研究时代，这使得我们有可能对有毒物质造成危害，使人的细胞发生癌变的生化

途径进行同步研究。调查生成的数据如此之多,为了对所有的数据进行分析,生物信息学这一计算生物学的全新领域已应运而生。另一方面,我们仍在烧煤来发电照明,为了得到煤而炸毁山顶,这些过程的每个环节都将数以吨计的已知致癌物质排放到空气中。为了出行,我们仍要往内燃机里加注汽油以发动引擎,100 年前我们就用这种交通方式,这样一来,空气中就会充斥更多的致癌物质。我们还在用氯来净化饮用水,100 年前,我们就用这种消毒方式。长此以往将衍生出新的含碳化学致癌物,而 100 年前水中不会总出现这些有害物质。

一方面,生物监测可以检测出人体血液中亿万分之几的污染物浓度。另一方 284
面,在美国 50 个孩子中就有一个孩子住在离超级基金垃圾点不足 1 英里的地方。一方面,我们确定了人类染色组中所有 30 亿个碱基对的位置。另一方面,我们还不知道在商业活动中,有多少化学物质会诱发乳腺癌。(最近,为了对已知会诱发乳腺癌的化学物质数据库进行整合,有人要求开展一项大规模的调查活动,而在 2007 年前,没有人会想到要进行这样的调查。)一方面,我尿液中的细胞要接受最新的荧光原位杂交检测,以检查是否有同膀胱癌相符合的生物指标。另一方面,我家乡的农业严重依赖沿用了 50 年的、可能扰乱脑垂体激素,也可能会引起乳腺癌的化学品。

我们现在所需要的不是更多的数据,而是那些在危机时刻所需要的东西——远见、勇气和不会被不确定因素所麻痹的意志。我坚信癌症患者及其支持者们一定具备这些品质。我坚信我们可以发出更强的声音。1965 年,当我还只有六岁,医学统计学家和随机临床试验的创始人布拉德福德·希尔就这样告诉我们:

> “所有的科学工作,无论是观察性的,还是实验性的,都不可能是尽善尽美的。所有的科学工作都有可能被新的知识所否定或修正。这并没有赋予我们忽视现有知识的自由,也没有赋予我们在需要行动的时候延迟行动的自由。”

坐在书桌旁,我浏览着杂志上一篇关于幼年雌鼠激素紊乱的文章。这项研究不同寻常,因为这些动物并不是暴露在单一化学物质下,而是暴露于现实生活里低
浓度的化学物质混合物中,这些化学物质是来自被二恶英污染的垃圾填埋场中的 285
灰尘、泥土和空气。经过短短两天,实验动物的肝脏、生殖器官和甲状腺就出现异常的变化。甚至,只暴露于垃圾填埋场散发的空气,就使大鼠的发育发生巨大的变化。这些结果表明,现今从混合化学品中测量健康风险的方法低估了某些生物效果。

看到报告的开头，一个熟悉的单词映入眼帘：伊利诺伊。在研究中，污染的灰尘、泥土和空气混合物都是从我家附近一个陈旧废弃的垃圾填埋场中采集的。

尘埃，土壤，空气。在被诊断出癌症的第二年，我报名参加了野外生态学习班，学会如何在伊利诺伊凤毛麟角的栖息地——黑土地大草原，识别出植物的种类。这黑土地大草原只剩下拓荒者墓地那么大的地方了。我蹲在墓碑间，手捧着不熟悉的植物，想象当时成千上万亩的草地和繁茂的植物，还有动物奔跑、野火燃烧的情景和小鸟歌唱的声音。

我对伊利诺伊大草原愈加痴迷，然而，我却发现自己仍然不能释怀这大草原的敌人——外来入侵物种。野胡萝卜花、法兰西菊、菊苣、狐尾草、波罗门参、起绒草，这些都是来自欧洲的植物，也是我们所熟悉的，在路边或未开垦土地上生长的植物。它们中的大部分名字，我妈妈都教过我。我尤其喜欢起绒草。它是威胁大草原植物的典型代表，因为，悼念者会带着成束的起绒草来到这片古老的大草原墓地，在这里，起绒草的种子会生根、发芽、成长壮大。冬日，它的干枝傲然于雪中，就如昆虫触角末端的松球一样。我在桌边养了一些起绒草，它能让我想起故乡。因为这个原因，我在书架上放了一本关于大草原植物的科学专著。

在我完成关于微量混合化学物质对健康危害的文章后，我望着那褐色、多刺的花朵，然后向窗外望去，尘埃、土壤、空气，家乡隐隐约约地浮现在我眼前。

后　记

1998年1月，我应邀加入一个由科学工作者、律师、农民、政府官员、医生、城 287
市规划师、环保顾问等组成的国际团体，参加一个有关“风险预防原则”国际会议。这也是《生活在下游》一书中最后一章的主题。会议在威斯康星州拉辛市附近由建筑大师弗兰克·劳埃德·赖特所设计的温斯布莱德国际会议厅举行，被积雪包围的会议厅让人感到一种优雅的幽闭，在这里，我们讨论了风险预防原则的真正意义以及如何实现该原则所赋予的理想。

我们的《共同声明》的文本仍充满生机，不断再版，被视为伦理决策新标准的权威论述。

作为创造历史的见证者，我可以自豪地说在起草这份闻名遐迩的《声明》中，我尽到了自己应尽的义务。事实上，我那时刚刚怀上我的女儿菲丝，因为妊娠反应，那个周末的大部分时间我都待在卫生间里。基于我们的共识而形成的各种草案，不管我的贡献多么微不足道，我都在为实践信仰而努力。我正吸收着来自我生活环境中的空气、食物和水分子，孕育着一个新的生命。同时，我的身体为被称之为胚胎的穴居细胞球体努力营造一个适合生存的环境。这个胚胎里有我一半的染色体，其表观遗传编程也在进行，并开始了由激素引导的发育之旅。(她现在就坐在
隔壁房间的沙发上，一边将头发烫成卷，一边读着情节曲折的长篇小说。)那个周 288
末，如果有谁需要环境预防原则的保护，那就是我们母女俩。

作为两个学龄前孩子的母亲，风险预防原则已经成为指导我每天，甚至是每小时，做任何决定的准则。我认识的家长几乎也都是这么做的。今晚早些时候，七岁的孩子想要到社区周围骑自行车，我没有同意。其实，我几乎已经同意了，但我突然想起星期一是街区尽头的教堂举行每周一次的青年集会学圣经的日子。如果在那些已迟到的少年行驶的道路上骑自行车，我无需证明儿子是否会受到身体上的

伤害。我只需要对固然存在的危险处境加强认识。这种固有危险是促使我阻拦儿子出去的原因。正是预防原则让我说出了这样的话："再等一个小时,你就可以去了。"

实际上,有两个教堂可供青年团体活动,它们分别位于我所住的街道的两端。在拐角处还有一所音乐学校,我的孩子们在那上钢琴课。在邮局旁边,有每周一次的农贸集市;一个公交汽车站;有一所开展美妙的夏季读书活动的图书馆;有可以步行去那的人行道。村外还有一个湖,在那儿既可以游泳又可以观赏瀑布,冬天,人们可以在山坡滑雪。人们十分热爱这个社区。

人们对坐落在镇北的焚化炉议论纷纷。小学旁边有一个加油站在运营。在湖的对岸有一座燃煤发电厂,这是伊利诺伊州最脏的电厂之一。草坪被化学物质污染,有时空气质量很差。在易侵蚀的山上,人们年复一年地耕种玉米,而山下就是公共饮用水井。

我并不希望我的孩子出于无奈被迫地学一些本领,比如,如何在大学考试期间见缝插针安排癌症检查之类,所以,我一定要让作为环境决策的工具的"风险预防原则"不仅仅在我的家里,而且在公共领域也能得以实施。"风险预防原则"强调防患未然以求安全,这要胜过发生灾难再作道歉,这个原则不是指手画脚的说教,而
289 是从现在做起,面向未来,以无害的方式取代存在隐患的行为方式,并以此作为常识性解决方案而受到拥护。正因如此,我把1998年声明的全文收录于此。下面的文献出处目录会给我们更大的启迪。

这些启迪正是我们所需要的。如今,我的孩子们渐渐长大,开始对我所从事的事业以及为什么从事这个事业问个究竟。对于人生应该追求什么以及追求的理由是什么,我的忠告是:我坚信我们都是人类交响乐团的一员,现在该是演奏"拯救世界交响曲"的时候了。这是一曲宏大的乐章,而你只是其中的一个演奏者。不要求你独奏,只要求你弄清自己手中的乐器是什么,并且尽你所能把它演奏好。

最后,对环境的忧虑并非是杞人忧天,它关系到我们所忧虑的方方面面:我们的孩子、健康、家园和我们的挚爱。

关于风险预防原则的温斯布莱德声明

有毒物质的使用和释放,资源的过度开采,环境的物理变化造成了意想不到的严重后果,对人类的健康和生存环境构成威胁。随着全球气候的变化,平流层臭氧的耗竭,以及全球范围内有毒物质及核原料污染,导致人类学习能力缺陷、哮喘、先

天畸形及物种的灭绝的惨剧。

我们认为，现有的环境保护条例和相关决策，尤其是那些基于风险评估做出的决策，没能充分保护人类健康和环境——而人类在这个更大的系统中，只是一小部分。

确凿的证据表明，污染给人类和全球范围内的环境造成巨大的危害和严重的后果，我们认为迫切需要制定指导人类行为的新准则。

尽管我们认识到人类活动可能存在危险，但我们必须比以往任何时候都要更
加小心谨慎。公司、政府部门、机构、团体、科学家和其他各个行业的人们，对所有 290
的人类行为都必须采取防患于未然的态度。

因此，在如下情形下，有必要实施风险预防原则：

当一项活动对人类健康或环境有造成危害的危险时，即使其因果关系还没有得到科学上的充分确定，也应当采取风险预防措施。在这种情况下，应当由活动的主体，而不是公众，承担举证责任。

风险预防原则的运用过程必须公开、民主，让公众知情，而且必须包括潜在受影响的各方的参与。风险预防原则必须包括对所有替代方案（包括零行动）的审核。

补充文献来源

291 **超越杀虫剂组织**

www. beyondpesticides. org

非营利组织，宗旨是识别杀虫剂带来的风险，推广应用非化学替代制剂，帮助高尔夫球场、学校、草坪维护，以及食物生产等受杀虫剂困扰的个人和以社区为依托的组织排忧解难。该组织提供杀虫剂相关数据库和污染情况简报。

乳腺癌行动

www. bcaction. org

会员制组织，设在旧金山。将乳腺癌看做大众健康危机，应对非自愿性暴露于有害化学物质，从而使女性患乳腺癌的风险增大等社会不公平现象。

乳腺癌基金

www. breastcancerfund. org

基于风险预防为主的组织，主张识别和消除造成乳腺癌的环境因素。

安全化妆品运动

www. safecosmetics. org/

www. cosmeticdatabase. org

要求个人护理品生产企业停止使用可能导致癌症和婴儿先天畸形的化学品的
292 组织联盟。作为联盟的创始会员之一的“环境工作组”，已经建立可以搜索到的“皮
肤深层数据库”，数据库包含 25000 种个人护理品及其产品成分说明。

加拿大癌症协会

www. cancer. ca

加拿大国家机构，支持社区对知情权和风险预防原则的诉求。加拿大癌症协会致力于鉴别和消除工作场所、家庭和环境中的致癌物。

加拿大儿童健康与环境合作伙伴

www. healthyenvironmentforkids. ca

联合团体，致力于提高加拿大儿童的环境健康。

健康与环境协作组织

www. healthandenvironment. org/

www. database. healthandenvironment. org/

拥有超过 3000 名个人和组织用户的网络，致力于探讨日益备受关注的人类健康和环境因素之间的关系问题。该网站的"有毒物质和疾病数据库"总结了化学污染物与 180 种人类疾病之间的关系。

内分泌干扰信息交流机构

www. endocrinedisruption. com

非营利性组织，汇编有关干扰激素的化学物质暴露所引起的健康与环境问题的科学证据，特别关注发育问题。

环境健康新闻

www. environmentalhealthnews. org

每日由《环境健康科学》发布的报刊辛迪加服务，它既发表内部文章，也发表供
引用参考的学术期刊的摘要，还发表关于环境健康话题的每日文摘，如世界新闻机 293
构每天发布的关于癌症的信息。我订阅了免费的每日电子报：《头版头条》。

环境工作团体

www. ewg. org

非营利性组织，介绍公众健康和环境方面的简明信息。提供遍及全美的市政饮用水供应网所发现的化学品的数据库。

健康与环境联盟

www. env-health. org/

www. chemicalshealthmonitor. org

“健康与环境联盟”是“健康与环境合作组织”在欧洲的姊妹组织。设在比利时首都布鲁塞尔的“健康与环境联盟”,监管“化学品健康监控”项目,该项目全面汇集有关环境化学污染物和人类健康问题之间相关联的信息和证据。“健康与环境联盟”提供与化学品安全政策相关的消息,尤其是欧盟的《化学品注册、评估、许可与限制》的立法和人类生物监测方面的信息。

国际化学品秘书处

www. chemsec. org

国际化学品秘书处是设在瑞典的非营利性组织,对 2007 年 6 月生效的欧盟化学品政策 REACH 的法律程序和实施情况进行监督。它寻求消除有害物质,是欧洲风险预防原则的倡导者。

土地联合会

www. thelandconnection. org

土地联合会是依托伊利诺伊州的非营利组织,通过培训新型农民,让他们管理农田,从而促进以社区为依托的有机粮食生产系统的构建。承蒙该组织,我家延续四代的农场得以再一次进行有机耕作。

美国国家癌症研究所监测、流行病学与最终结果规划

http://seer. cancer. gov/

作为美国癌症统计数据的主要来源,“监测、流行病学与最终结果”(SEER)数据库搜集了代表美国 26%的地区的癌症发病率以及全美癌症死亡率的信息。“癌症统计情况表”提供了每种癌症的最新统计数据。

294 国家污染物释放清单

www. ec. gc. ca/inrp-npri/

可供公众访问的加拿大网站,可以查询排放到空气、水和土地的污染物目录。

北美杀虫剂行动网

www. panna. org/

www. pesticideinfo. org/

非营利组织，旨在促使停止使用高危害杀虫剂，提供有关杀虫剂毒性和管理信息的数据库，如加利福尼亚州杀虫剂使用情况的数据。

寂静的春天研究所

www. silentspring. org

www. silentspring. org/sciencereview

由科学家、医生、公共健康倡导者和社区积极分子组成的团体，致力于研究环境与女性健康，尤其是与乳腺癌之间的关联。"寂静的春天研究所"数据库涵盖216种已表明可以引起动物乳腺癌的化学物质，这些数据包括个人研究成果、化学监管状态和可能接触的污染源。它还提供了另外一个可供搜索的数据库，收录了450篇主要关于乳腺癌和环境污染物关系的流行病学研究论文。

关于持久性有机污染物的斯德哥尔摩公约

http://chm. pops. int/

这是旨在保护人类健康和环境免遭那些在环境中长期处于非活性状态并且从加工地和使用地长距离移动的有毒化学物质侵害的国际公约。因持久性有机污染物具有远距离迁移性，没有哪个国家可以靠一己之力使其国民免受侵害。在联合国主持下，该《公约》于2001年被采纳，并于2004年生效，成为国际法。在撰写本文时，该《公约》呼吁在全球范围内停止使用和生产21种有毒化学物质，并且要求各成员国采取措施终止或降低这些物质向环境释放的数量。目前，已有164个国 295
家成为《斯德哥尔摩公约》的成员国。截至本文撰写时，美国还不是该《公约》的成员国。

有毒物质排放清单

环境保护署：www. epa. gov//triexplorer

知情权网：www. rtk. net

根据《应急计划和社区知情权法案》(EPCRA)，公众可以通过以下两种途径获得环境污染状况的信息，一是向美国环境保护署，也就是联邦政府分管"应急计划和社区知情权"以及《有毒物质排放清单》(TRI)的部门获取。另一个途径就是查询知情权网站，该网站主张改善获得政府掌握的有关环境、健康和安全的信息途径。实时动态网络将 TRI 数据以及其他环境信息，比如有害垃圾、有害物质泄露和污染事故报告兼收并蓄。EPA 和 RTK 这两个网络都拥有优秀的贴图功能网站，可以通过化学物质、设备名称或者邮政编码搜索信息。

毒物百科

www. toxipedia. org

为提供环境和公共健康相关的教育材料，维基网把专家和外行聚集在一起。

注　　释

注释中所使用的缩写词 297

ACS	American Cancer Society	美国癌症学会
AEH	*Archives of Environmental Health*	环境健康档案
AJE	*American Journal of Epidemiology*	美国流行病学杂志
AJPH	*American Journal of Public Health*	美国公共卫生杂志
ATSDR	Agency for Toxic Substances and Disease Registry	有毒物质与疾病登记处
CDC	Centers for Disease Control and Prevention	美国疾病预防和控制中心
EDF	Environmental Defense Fund	美国环保基金会
EHP	*Environmental Health Perspectives*	环境健康展望
EPA	U. S. Environmental Protection Agency	美国环境保护署
FDA	Food and Drug Administration	美国食品和药物管理局
GAO	General Accounting Office	审计总署
IARC	International Agency for Research on Cancer	国际癌症研究机构
IASS	Illinois Agricultural Statistics Service	伊利诺伊州农业统计处
IDA	Illinois Department of Agriculture	伊利诺伊州农业厅
IDC	Illinois Department of Conservation	伊利诺伊州自然资源保护厅
IDENR	Illinois Department of Energy and Natural Resources	伊利诺伊州能源和自然资源厅
IDPH	Illinois Department of Public Health	伊利诺伊州公共卫生厅
IEPA	Illinois Environmental Protection Agency	伊利诺伊州环境保护局
IFB	Illinois Farm Bureau	伊利诺伊州农业局
INHS	Illinois Natural History Survey	伊利诺伊州自然历史调查局
ISGS	Illinois State Geological Survey	伊利诺伊州地质勘探局

	ISGWS	Illinois State Geological and Water Surveys	伊利诺伊州地质与水文勘探局
	ISWS	Illinois State Water Survey	伊利诺伊州水文勘探局
	JAMA	*Journal of the American Medical Association*	美国医学学会杂志
298	*JNCI*	*Journal of the National Cancer Institute*	国家癌症学会杂志
	JTEH	*Journal of Toxicology and Environmental Health*	毒理学与环境卫生杂志
	MDPH	Massachusetts Department of Public Health	马萨诸塞州公共卫生厅
	NCI	National Cancer Institute	国家癌症研究所
	NEJM	*New England Journal of Medicine*	新英格兰医学杂志
	NIH	National Institutes of Health	美国国立卫生研究院
	NIOSH	National Institute for Occupational Safety and Health	国家职业安全与健康研究所
	NRC	National Research Council	国家研究委员会
	NRDC	National Resources Defense Council	国家资源保护委员会
	NTP	National Toxicology Program	国家毒理学规划处
	OSHA	Occupational Safety and Health Administration	职业安全与健康管理局
	PDT	*Pekin Daily Times*	佩金每日时报
	PJS	*Peoria Journal Star*	皮奥里亚星刊
	SSJR	*Springfield State Journal Register*	斯普林菲尔德市杂志文摘
	USDA	U. S. Department of Agriculture	美国农业部
	USDHHS	U. S. Department of Health and Human Services	美国卫生与公众服务部
	WHO	World Health Organization	世界卫生组织

注解：以下根据页码①排列的引文，是我查阅信息的主要来源，目的并不是要对相关科学文献作全面评述。该书引用的一些文章、专著和文本很难获得，有的则专业性太强。每当认识到这些，我会参考大众刊物上那些我认为非专业读者更容易接受的文章。

vii　vii（引语）：《生活在下游》中的寓言来自"人口健康上游展望（Population Health Looking Upstream）"（社论），*Lancet* 343 (1994)：429—430.

第二版前言

前言开头部分在 S·斯坦格雷伯(S. Steingraber)所撰写的"生态、经济与人权的三大赌注(Three Bets on Ecology, Economy, and Human Rights)"一文中曾出现过，此文刊登在《奥赖恩杂志》

① 本处所指页码为英文原页码，即本书中的边码。——编辑注

(*Orion Magazine*)(2009 年 5—6 月)上.

xii 追溯百年前的数据：这个证据具有很强的说服力，因此，国际劳工组织在 1921 年宣布两种芳香胺为致癌物质. P. Vineis and R. Pirastu, "Aromatic Amines and Cancer," *Cancer Causes and Control* 8 (1997): 346—355.

xiii 化学物质管控：M. Schapiro, Exposed: *The Toxic Chemistry of Everyday Products and What's at Stake for American Power* (White River Junction, VT: Chelsea Green, 2007). 299

xiii 216 种乳腺癌致癌物：R. A. Rudel et al., "Chemicals Causing Mammary Gland Tumors in Animals Signal New Directions for Epidemiology, Chemicals Testing, and Risk Assessment for Breast Cancer Prevention," *Cancer* 109 (2007): 2635—2666.

xviii 复杂的癌症成因：F. Mazzocchi, "Complexity in Biology— Exceeding the Limits of Reductionism and Determinism Using Complexity Theory," *European Molecular Biology Organization Reports* 9 (2008): 10—14.

xix 表观遗传学：B. Sadikovic et al., "Cause and Consequences of Genetic and Epigenetic Alterations in Human Cancer," *Current Genomics* 9 (2008):394—408.

xix 内分泌紊乱：内分泌干扰物与内源激素的表现不尽相同. 它们的强度不同，甚至在激活细胞内的激素受体时，两者的基因表达方式可能也有所不同. A. K. Hotchkiss, "Fifteen Years after 'Wingspread'— Environmental Endocrine Disrupters and Human and Wildlife Health: Where We Are Today and Where We Need to Go," *Toxicology Sciences* 105 (2008): 235—259; A. Kortenkamp, "Low Dose Mixture Effects of Endocrine Disrupters: Implications for Risk Assessments and Epidemiology," *International Journal of Andrology* 31 (2008): 233—240.

xx 时机致使中毒：2007 年 5 月，200 位顶尖环境科学家聚集在苏格兰北部的法罗群岛，签署了《法罗宣言》，列举了两种现象之间存在关联的证据：即人类在胎儿和婴儿期暴露于低浓度普通环境化学物与其长大成人后所出现的包括癌症在内的健康问题风险之间的关联. P. Grandjean et al., "The Faroes Statement: Human Health Effects of Developmental Exposures to Chemicals in Our Environment," *Basic & Clinical Pharmacology & Toxicology* 102 (2008): 73—75. See also S. A. Vogel, "From 'The Dose Makes the Poison' to 'The Timing Makes the Poison': Conceptualizing Risk in the Synthetic Age," *Environmental History* 13 (2008): 667—673.

xx 使生命早期乳房发育发生改变的化学品：J. L. Rayner et al., "Adverse Effects of Prenatal Exposure to Atrazine During a Critical Period of Mammary Gland Growth," *Toxicological Sciences* 87 (2005): 255—266; L. S. Birnbaum and S. E. Fenton, "Cancer and Developmental Exposure to Endocrine Disruptors," *EHP* 111 (2003): 389—394. 300

xx 化学混合物：S. Jenkins et al., "Prenatal TCDD Exposure Predisposes for Mammary

Cancer in Rats," *Reproductive Toxicology* 23 (2007): 391—396; A. Kortenkamp, "Breast Cancer, Oestrogens and Environmental Pollutants: A Re-evaluation from a Mixture Perspective," *International Journal of Andrology* 29 (2006): 193—198.

xx 化学物与其他压力源的混合体:由各种因素混合体,如心理压力、营养不良及环境暴露造成的紧急癌症风险的研究大体处于空白状态. T. Schettler, "Toward an Ecological View of Health: An Imperative for the 21st Century," presentation before the Robert Wood Johnson Foundation, Sept. 2006.

xx (风险)预防原则: A. Stirling, "Risk, Precaution and Science: Towards a More Constructive Policy Debate: Talking Point on the Precautionary Principle," *European Molecular Biology Association Report* 8 (2007): 309—315; D. Gee, "Late Lessons from Early Warnings: Toward Realism and Precaution with Endocrine-Disrupting Substances," *EHP* 114 (2006; S-1): 152—160; J. G. Brody, "Breast Cancer and Environment Studies and the Precautionary Principle," *EHP* 113 (2005): 920—925.

xxi 阿巴拉契亚煤炭开采的代价:煤炭行业创造 80 亿美元的经济效益,但是,矿区居民的过早死亡却产生了 420 亿美元的医疗费用,其中,还不包括因疾病而导致的生产力水平的下降因素. M. Hendryx and M. M. Ahern, "Mortality in Appalachian Coal Mining Regions: The Value of Life Lost," *Public Health Reports* 124 (2009): 541—550.

xxi 污染让加利福尼亚州工人和儿童付出的代价: M. P. Wilson et al., *Green Chemistry: Cornerstone to a Sustainable California* (Berkeley and Los Angeles: University of California Centers for Occupational and Environmental Health, 2008).

xxi 医疗保健费用:碱性固体聚合物电解质问题摘要, *Long Term Growth of Medical Expenditures—Public and Private* (USDHHS, Office of the Assistant Secretary for Planning and Evaluation, May 2005); M. W. Stanton and M. K. Rutherford, *The High Concentration of U. S. Health Care Expenditures*, Research in Action Issue 19, AHRQ Pub. No. 06—0060 (Rockville, MD: Agency for Healthcare Research and Quality, 2005).

301 xxii 美国石油工业: Commission for Environmental Cooperation, *Taking Stock: 2005 North American Pollutant Releases and Transfers* (Montreal, June 2009).

xxii 癌症死亡率的趋势: T. R. Frieden et al., "A Public Health Approach to Winning the War Against Cancer," *The Oncologist* 13 (2008): 1306—1313.

xxii 癌症的发病趋势: L. A. G. Ries et al. (eds.), *SEER Cancer Statistics Review*, 1975—2004 (Bethesda, MD: NCI, 2007); J. Ahmedin et al., "Annual Report to the Nation on the Status of Cancer, 1975—2005, Featuring Trends in Lung Cancer, Tobacco Use, and Tobacco Control," *JNCI* 100 (2008): 1672—1694. 还可以参考 R. Clapp 等对各种趋势的总结, "Environmental and Occupational Causes of Cancer: New Evidence 2005 -2007," *Reviews on Environmental Health* 23 (2008): 1—37; R. W. Clapp et al., "Environmental and Occupational Causes of Cancer Re-visited," *Journal of Public Health Policy* 27 (2006): 61—76.

xxiii 罹患癌症人数增长 45%: B. D. Smith et al., "Future of Cancer Incidence in the United States: Burdens upon an Aging, Changing Nation," *Journal of Clinical Oncology* 17 (2009): 2758—2765.

xxiii 戒烟使死亡率下降: Frieden et al., "Public Health Approach."

xxiii 肺癌与结肠癌发病率的下降: Clapp et al., "Environmental and Occupational Causes of Cancer: New Evidence 2005—2007."

xxiv 吸烟导致肺癌的证据: 1996 年,当研究人员确定烟草导致肺癌的亚细胞途径时,肺癌的机理证据被揭示出来:由烟生成的化学物质苯并[a]芘导致基因 *p*54 变异,正是这种变异使肺细胞形成肿瘤. M. F. Denissenko, "Preferential Formation of Benzo[a]pyrene Adducts at Lung Cancer Mutational Hotspots in *p*53," *Science* 274 (1996): 430—432. 内科医生泰德·施泰尔认为,1964 年的决议只是警告大家,烟草公司正在否认人所共知的事实.从这个角度来看,美国公共卫生部部长的发言表明了其说出真相的勇气和政治意愿.事实上,从 20 世纪 40 年代开始的病例对照研究表明,吸烟与肺癌之间的关联具有计量特征.对于非主观性接触其他致癌物的证据往往不可能收集到.我们不应该坐等有朝一日,证据能使 302
烟草非正常化.

xxiv 总统癌症专家组: "Consensus Statement on Cancer and the Environment: Creating a National Strategy to Prevent Environmental Factors in Cancer Causation," submitted by the Collaborative on Health and Environment to the President's Cancer Panel, October 2008.

xxiv 各种癌症的发病率呈上升趋势: L. A. G. Ries et al. (eds.), *SEER Cancer Statistics Review*, 1975—2004 (Bethesda, MD: NCI, 2007); J. Ahmedin et al., "Annual Report to the Nation on the Status of Cancer, 1975—2005, Featuring Trends in Lung Cancer, Tobacco Use, and Tobacco Control," *JNCI* 100 (2008): 1672—1694. 还可以参考 R·克拉普等对各种趋势的总结, "Environmental and Occupational Causes of Cancer: New Evidence 2005—2007."

xxiv 儿童罹患癌症的趋势: Clapp et al., "Environmental and Occupational Causes of Cancer: New Evidence 2005—2007."

xxv "无视科学证据": Clapp et al., "Environmental and Occupational Causes of Cancer Re-visited."

xxv 膀胱癌与芳香胺的历史研究: 这些研究在 Vineis 和 Pirastu 所撰写的 "Aromatic Amines and Cancer." 一文中已经做了回顾.芳香胺是指包括吸烟所吐出的烟雾中的成分在内的各类化学物质.根据芳香胺有害的事实,个别芳香胺物质在工作场所被禁止使用或被严格管制.自从某些芳香胺在化学工业中被消除后,受其毒害的工人的膀胱癌发病率大幅下降.也可参照 S. P. Lerner et al. (eds.), *Textbook of Bladder Cancer* (London: Taylor and Francis, 2006).

xxv 农民患膀胱癌: S. Koutros et al., "Heterocyclic Aromatic Amine Pesticide Use and Human Cancer Risk: Results from the U. S. Agricultural Health Study," *International Journal of Cancer* 124 (2009):
1206—1212.

第一章 痕量

2 穆罕默德河: J. P. Kempton and A. P. Visocky, *Regional Groundwater Resources in Western McLean and Eastern Tazewell Counties with an Emphasis on the Mahomet Bedrock Valley*, Cooperative Groundwater Report 13 (Champaign, IL: ISGWS, 1992); J. P. Kempton et al., "Mahomet Bedrock Valley in East-Central Illinois: Topography, Glacial
303 Drift Stratigraphy, and Hydrogeology," in N. Melhorn and J. P. Kempton (eds.), *Geology and Hydrology of the Teays-Mahomet Bedrock Valley System*, Special Report 258 (Boulder, CO: Geological Society of America, 1991); J. P. Gibb et al., *Groundwater Conditions and River-Aquifer Relationships along the Illinois Waterway* (Champaign, IL: ISWS, 1979); M. M. Killey, "Do You Live above an Underground River?" Geogram 6 (Urbana, IL: ISGS, 1975).

2 古老的密西西比河峡谷: M. A. Marion and R. J. Schicht, *Groundwater Levels and Pumpage in the Peoria-Pekin Area, Illinois*, 1890—1966 (Champaign, IL: ISWS, 1969), 3; S. L. Burch and D. J. Kelly, *Peoria-Pekin Regional Groundwater Quality Assessment*, Research Report 124 (Champaign, IL: ISWS, 1993), 6.

2 伊利诺伊州农业统计数据: IFB, *Farm and Food Facts* 2007 (Bloomington, IL: IFB, 2008).

3 消失的伊利诺伊州大草原: IDENR, *The Changing Illinois Environment: Critical Trends*, summary report and vol. 3, ILENR/ RE-EA-94/05 (Springfield, IL: IDENR, 1994); S. L. Post, "Surveying the Illinois Prairie," *The Nature of Illinois* (Winter 1993): 1—8; R. C. Anderson, "Illinois Prairies: A Historical Perspective," in L. M. Page and M. R. Jeffords (eds.), *Our Living Heritage: The Biological Resources of Illinois* (Champaign, IL: INHS, 1991).

4 伊利诺伊州的杀虫剂使用情况: 54 亿磅农药代表活性成分的数量.这是 1995 年的一项小规模调查所得出的推断: L. P. Gianessi and J. E. Anderson, *Pesticide Use in Illinois Crop Production* (Washington, DC: National Center for Food and Agricultural Policy, 1995), table B-2. 除了加利福尼亚州和纽约州进行杀虫剂登记外,其他州只有在杀虫剂被限制使用的情况下,才会对其进行跟踪. 参考 IDENR, Changing Illinois, summary report, 81. 近年来,伊利诺伊州不再发布杀虫剂使用总量评估报告. 根据国家农业统计服务中心(NASS)的统计数据,伊利诺伊州在 2005 年用于玉米田的阿特拉津达 141.43 亿磅. 国家农业统计服务中心估计,伊利诺伊州在 2005 年用于玉米田和大豆田的杀虫剂和除草剂达 465.44 亿磅. 自 2005 年以来,美国农业部就没有对农业化学品的使用信息进行收集. 数据的缺乏使《皮奥里亚星刊》对 2006 至 2008 年间杀菌剂使用趋势的调查难上加难. S. Tarter, "Illinois Farmers Have Increased the Use of Plane-Sprayed Fungicides," 304
PJS, 26 July 2009.

5 1950 年玉米田使用化学剂的百分比：IDENR, *Changing Illinois* 3, 78.

5 2005 年 81%的玉米田使用了这种除草剂：选自 the USDA National Agricultural Statistics Service, www.nass.usda.gov/.

5 伊利诺伊州阿特拉津的使用情况：D. Coursey, *Illinois Without Atrazine: Who Pays? Economic Implications of an Atrazine Ban in the State of Illinois* (University of Illinois Harris School of Public Policy Working Paper, Feb. 2007).

5 杀虫剂扩散：C. M. Benbrook et al., *Pest Management at the Crossroads* (Yonkers, NY: Consumers Union, 1996); C. A. Edwards, "The Impact of Pesticides on the Environment," in D. Pimentel et al. (eds.), *The Pesticide Question: Environment, Economics, and Ethics* (New York: Routledge, 1993); D. E. Glotfelty et al., "Pesticides in Fog," Nature 325 (1987): 602—605; C. Howard, "Chemical Drift a Growing Concern for Rural Residents," PJS, 25 July 2009; S. M. Miller et al., "Atrazine and Nutrients in Precipitation: Results from the Lake Michigan Mass Balance Study," *Environmental Science & Technology* 34 (2000): 55—61.

5 伊利诺伊州地表水与地下水中的杀虫剂：M. Wu et al., *Poisoning the Well: How EPA Is Ignoring Atrazine Contamination in Surface and Drinking Water in the Central United States* (New York: NRDC, 2009); IDA, Pesticide Monitoring Network (Springfield, IL, 2006); R. B. King, *Pesticides in Surface Water in the Lower Illinois River Basin* 1996—1998 (U.S. Geological Survey Water Resources Investigations Report 2002—4097, 2003); A. G. Taylor and S. Cook, "Water Quality Update: The Results of Pesticide Monitoring in Illinois' Streams and Public Water Supplies" (paper presented at the 1995 Illinois Agricultural Pesticides Conference, University of Illinois, Urbana, 4—5 Jan. 1995); A. G. Taylor, "The Effects of Agricultural Use on Water Quality in Illinois" (paper presented at the 1993 American Chemical Society Agrochemicals Division Symposium, "Pesticide Management for the Protection of Ground and Surface Water Resources," Chicago, 25—26 Aug. 1993); S. C. Schock et al., *Pilot Study: Agricultural Chemicals in Rural, Private Wells in Illinois*, Cooperative Groundwater Report 14 (Champaign, IL: ISGWS, 1992).

5 2009 年度饮用水系统状况报告：Wu et al., *Poisoning the Well*. 伊利诺伊州阿特拉津水平长期呈上升状态的两个社区：蒙特奥利夫和埃文斯维尔.

305 5 凋零的葡萄园：C. Howard, "Chemical Drift a Growing Concern for Rural Residents," *PJS*, 25 July 2009.

6 DDT——鱼类体内最常见的杀虫剂：R. J. Gilliom et al., *The Quality of Our Nation's Waters: Pesticides in the Nation's Streams and Ground Water*, 1992—2001 (U.S. Geological Survey Circular 1291, 2006).

6 厨房地面的 DDT 残留物：相同的研究发现，74%美国家庭厨房地面的灰尘中残留农药氯丹，78%家庭的地面有毒死蜱残留，35%的家庭含有二嗪杀虫剂. 此外，还屡屡检测到氟虫腈和氯菊酯. 部分家庭的垃圾中含 24 种杀虫剂. D. M. Stout et al., "American Healthy Homes Survey: A National Study of Residential Pesticides Measured from Floor Wipes," *Environmental Science and Technology* 43 (2009): 4294—4300.

6 DDT 对健康的影响：B. Eskenazi et al., "The Pine River Statement: Human Health Consequences of DDT Use," *EHP* 117 (2009): 1359—1367.

6 阿特拉津暴露对激素的影响：H. Shibayama et al., "Collaborative Work on Evaluation of Ovarian Toxicity. 14) Two-or Four-week Repeated-Dose Studies and Fertility Study of Atrazine in Female Rats," *Journal of Toxicological Sciences* 34 (2009, S-1): SP147—155; J. R. Lenkowski et al., "Perturbation of Organogenesis by the Herbicide Atrazine in the Amphibian *Xenopus laevis*," *EHP* 116 (2008): 223—230; M. Suzawa and H. A. Ingraham, "The Herbicide Atrazine Activates Endocrine Gene Networks via Non-Steroidal NR5A Nuclear Receptors in Fish and Mammalian Cells," *PLoS ONE* 3 (2008): e2117; R. L. Cooper et al., "Atrazine and Reproductive Function: Mode and Mechanism of Action Studies," Birth Defects Research (Part B), 80 (2007): 98—112; R. R. Enoch et al., "Mammary Gland Development as a Sensitive End Point after Acute Prenatal Exposure to an Atrazine Metabolite Mixture in Female Long-Evans Rats," *EHP* 115 (2007): 541—547; V. M. Rodriguez et al., "Sustained Exposure to the Widely Used Herbicide Atrazine: Altered Function and Loss of Neurons in Brain Monoamine Systems," *EHP* 113 (2005): 708—715; T. Hayes et al., Hermaphroditic Demasculinized Frogs after Exposure to the Herbicide Atrazine at Low Ecologically Relevant Doses," *Proceedings of the National Academy of Sciences* 99 (2002): 5476—5480.

6 伊利诺伊州有毒物质释放：伊利诺伊州 2007 年有毒物质释放清单数据，源自"知情权"网站数据库 www.rtknet.org.

306 6 乙醇：IDA, *Facts about Illinois Agriculture* (Springfield, IL: IDA, 2001).

6 金属脱脂剂和干洗液：IDPH, *Chlorinated Solvents in Drinking Water* (Springfield, IL: IDPH, Division of Environmental Health, n. d.).

6 干洗剂：对伊利诺伊州克雷斯特伍德地区饮用水被溶剂污染事件的调查，Illinois. M.

Hawthorne, "Dry Cleaners Leave a Toxic Legacy—Despite Cleanup Effort, Chemicals Still Taint Hundreds of Illinois Sites," *Chicago Tribune*, 26 July 2009.

6 引自一份州评估报告：IDENR, *Changing Illinois*, summary report, 6.

7 美国水域中的阿特拉津：R. J. Gilliom et al., *The Quality of Our Nation's Waters: Pesticides in the Nation's Streams and Ground Water*, 1992 - 2001 (U. S. Geological Survey Circular 1291, 2006).

7 伊利诺伊州鱼体内的多氯联苯：C. L. Straub et al., "Trophic Transfer of Polychlorinated Biphenyls in Great Blue Heron (*Ardea Herodias*) at Crab Orchard National Wildlife Refuge, Illinois, United States," *Archives of Environmental Contamination and Toxicology* 52 (2007): 572—579; IDPH, "Illinois Fish Advisory: Illinois River, Contaminant—PCBs" (Springfield, IL: IDPH, 2005).

7 加利福尼亚海岸的 DDT 污染：J. Gottlieb, "EPA Seeks to Clean Up DDT—tainted Site off Palos Verdes Peninsula," *Los Angeles Times*, 12 June 2009.

7 出现在蕾切尔·卡森《寂静的春天》一书中的档案电影片段，这是由和平河电影制片厂拍摄的纪录片，并由美国公共广播公司(PBS)播映，*The American Experience*, 8 Feb. 1993.

7 在 E. P. Russell III 撰写的 "'Speaking of Annihilation': Mobilizing for War Against Human 307
and Insect Enemies, 1914—1945,"一文中引用了旧杂志上的 DDT 广告，*Journal of American History* 82 (1996): 1505—1529; and in J. Curtis et al., *After Silent Spring: The Unsolved Problem of Pesticide Use in the United States* (New York: NRDC, 1993), 2.

8 用于控制小儿麻痹症的 DDT：T. R. Dunlap, DDT: *Scientists, Citizens and Public Policy* (Princeton, NJ: Princeton University Press, 1981), 65.

8 涂料中的 DDT：1946 年为美国宣威涂料公司制作的广告. 参考 E·C·赫尔夫里克(E. C. Helfrick)与 M·里德尔(M. Riddle)的对话，"Mass Murder Introduces Sherwin-Williams' 'Pestroy,'" *Sales Management*, 15 Oct. 1946, 60—64. 另外参考 E. P. Russell Ⅲ, *War and Nature: Fighting Humans and Insects with Chemicals from World War* Ⅰ *to Silent Spring* (New York: Cambridge University Press, 2001).

8 引自婴儿潮时期同胞的话语：Jean Powers of Dover, MA, and John Gephart of Ithaca, NY.

8 "所熟悉事物的无害方面"：R. Carson, *Silent Spring* (Boston: Houghton Mifflin, 1962), 20.

8 "这不是我的论点……"：出处同上，12.

9 卡森论后代：出处同上，13.

9 "杀手中的杀手"，"昆虫世界的原子弹"：J. Warton, *Before Silent Spring: Pesticides and Public Health in Pre-DDT America* (Princeton, NJ: Princeton University Press, 1974), 248—255.

9 DDT 的减弱：Carson, *Silent Spring*, 20—23, 58, 103, 107—109, 112, 113, 120—122,

125, 143—144, 206—207, 225, 267—273; Dunlap, DDT, 63—97.

9 母乳中的 DDT: E. P. Laug et al., "Occurrence of DDT in Human Fat and Milk," *AMA Archives of Industrial Hygiene and Occupational Medicine* 3 (1951): 245—246. DDT 一直是人类母乳与血液中极为常见的污染物. 在迁徙的夜莺体内,以及森林的土壤中也发现了 DDT. USDA, *Pesticide Data Program, Annual Summary Calendar Year* 1994 (Washington, DC: USA, Agricultural Marketing Service, 1994), 13; R. G. Harper et al., "Organo chlorine Pesticide Contamination in Neotropical Migrant Passerines," *Archives of Environmental Contamination and Toxicology* 31 (1996): 386—390; ATSDR, "DDT, DDE, and DDD" (fact sheet) (Atlanta: ATSDR, 1995); R. G. Lewis et al., "Evaluation of Methods for Monitoring the Potential Exposure of Small Children to Pesticides in the Residential Environment," *Archives of Environmental Contamination and Toxicology* 26 (1996): 37—46; W. H. Smith et al., "Trace Organo chlorine Contamination of the Forest Floor of the White Mountain National Forest, New Hampshire," *Environmental Science and Technology* 27 (1993): 2244—2246; EPA, *Deposition of Air Pollutants to the Great Lakes: First Report to Congress*, EPA-453/R-93-055 (Washington, DC: EPA, 1994).

10 林丹的历史: 林丹曾经被广泛应用于圣诞树制造业,现在被 50 多个国家及美国加利福尼亚州禁止使用. 根据《关于持久性有机污染物的斯德哥尔摩公约》的规定,人们正在全球范围内逐步淘汰林丹. 该《公约》是在瑞士日内瓦的联合国环境项目署的监督下协议签署的,但是,美国没有签署该《公约》(http://chm.pops.int). M. P. Purdue et al., "Occupa-
308 tional Exposure to Organochlorine Insecticides and Cancer Incidence in the Agricultural Health Study," *International Journal of Cancer* 120 (2007): 642—649; EPA, "Lindane; Cancellation Order," *Federal Register* 71 (Dec. 13, 2006), 74905; M. Moses, *Designer Poisons: How to Protect Your Health and Home from Toxic Pesticides* (San Francisco: Pesticide Education Center, 1995); EPA, *Suspended, Cancelled and Restricted Pesticides*, 20T-1002 (Washington, DC: EPA, 1990); Curtis, After Silent Spring.

10 1992 年我对林丹的调查发现: 20 世纪 70—80 年代禁止使用的杀虫剂仍然从美国出口到那些对杀虫剂限制较为宽松的国家,这种状况至少一直延续到 20 世纪 90 年代初期. 现在,这种做法似乎已经停止. 我家乡的化学品公司可能一直在研发可供出口的林丹,但我无法证实这一点. 1992 年,从美国各港口运出了 60 万磅的 DDT. 一些分析家怀疑,这些货物意味着转运——先进口货物,然后再将其出口. 出口的杀虫剂标签混乱,因此,很难跟踪调查. J. Raloff, "The Pesticide Shuffle," *Science News* 149 (1996): 174—175; Foundation for the Advancement of Science and Education, *Exporting Risk: Pesticide Exports from U.S. Ports* (Los Angeles: Foundation for the Advancement of Science and Education, 1996); J. Wargo, *Our Children's Toxic Legacy: How Science and Law Fail to*

Protect Us from Pesticides (New Haven, CT: Yale University Press, 1996), 163—164; D. J. Hanson, "Administration Seeks Tighter Curbs on Exports of Unregistered Pesticides," *Chemical and Engineering News*, 14 Feb. 1994, 16 - 18; Monica Moore, Pesticide Action Network, 私人通信.

10 阿尔德林和狄氏剂: J. B. Barnett and K. E. Rodgers, "Pesticides," in J. H. Dean et al. (eds.), *Immunotoxicology and Immunopharmacology*, 2nd ed. (New York: Raven Press, 1994); R. Spear, "Recognized and Possible Exposures to Pesticides," in W. J. Hayes an E. R. Laws Jr. (eds.), *Handbook of Pesticide Toxicology*, vol. 1. (New York: Academic Press, 1991); EPA, 1990, *Suspended*; *Carson*, *Silent Spring*, 26.

10 氯丹和七氯: J. J. Spinelli et al., "Organochlorines and Risk of Non-Hodgkin Lymphoma," *International Journal of Cancer* 121 (2007): 2767—2775; Spear, "Possible Exposures," 245; P. F. Infante et al., "Blood Dyscrasias and Childhood Tumors and Exposure to Chlordane and Heptachlor," *Scandinavian Journal of Work Environment and Health* 4 (1978): 137—150.

10 婴儿食品中的杀虫剂: Dunlap, DDT, 68. 309

11 在患乳腺癌女性肿瘤中,发现较高含量的 DDE 和 PCBs: M. Wasserman, "Organochlorine Compounds in Neoplastic and Adjacent Apparently Normal Breast Tissue," *Bulletin of Environmental Contamination and Toxicology* 15 (1976): 478—484.

11 其他研究随之而来: H. Mussalo-Rauhamaa et al., "Occurrence of Beta-Hexachlorocyclohexane in Breast Cancer Patients," *Cancer* 66 (1990): 2124—2128 (lindane is the gamma bisomer of hexachlorocyclohexane); F. Falck Jr. et al., "Pesticides and Polychlorinated Biphenyl Residues in Human Breast Lipids and Their Relation to Breast Cancer," *AEH* 47 (1992): 143—146.

11 沃尔夫的研究: M. S. Wolff et al., "Blood Levels of Organochlorine Residues and Risk of Breast Cancer," *JNCI* 85 (1993): 648—652; D. J. Hunter and K. T. Kelsey, "Pesticide Residues and Breast Cancer: The Harvest of a Silent Spring?" *JNCI* 85 (1993): 598—599; M. P. Longnecker and S. J. London, "Re: Blood Levels of Organochlorine Residues and Risk of Breast Cancer" (letter and response by M. S. Wolff), *JNCI* 85 (1993): 1696—1697.

11 乳腺癌激进主义在矫正科学调查方向中的作用: 参看 Phil Brown, *Toxic Exposures, Contested Illnesses and the Environmental Movement* (New York: Columbia University Press, 2007)的第二章.

11 自《寂静的春天》发表以来的杀虫剂使用情况: 从 1964 年到 1982 年间,以活性杀虫剂成分的重量计算,杀虫剂的使用量翻了一倍. 参考 Wargo, *Toxic Legacy*, 132.

11 1947 年到 1958 年出生的女性罹患乳腺癌的情况: D. L. Davis et al., "Decreasing Cardi-

ovascular Disease and Increasing Cancer among Whites in the United States from 1973 through 1987: Good News and Bad News," *JAMA* 271 (1994) 431—437.

12　相互矛盾的研究结果：É. Dewailly et al., "High Organochlorine Body Burden in Women with Estrogen Receptor-Positive Breast Cancer," *JNCI* 86 (1994): 232—234. 从 19 世纪 70 年代中期到 80 年代中期，乳腺癌发病率上升，这在很大程度上是由受体阳性乳腺癌发病率上升造成的. 参考 A. G. Glassand and R. N. Hoover, "Rising Incidence of Breast Cancer: Relationship to State and Receptor Status," *JNCI* 82 [1990]: 693—696; N. Krieger et al., "Breast Cancer and Serum Organochlorines: A Prospective Study among
310 White, Black and Asian Women," *JNCI* 86 (1994): 589—599; B. MacMahon, "Pesticide Residues and Breast Cancer?" *JNCI* 86 (1994): 572—573; S. S. Sternberg, "Re: DDT and Breast Cancer" (and responses by the authors), *JNCI* 86 (1994): 1094—1096; J. E. Brody, "Strong Evidence in a Cancer Debate," New York Times, 20 Apr. 1994, C-11; D. A. Savitz, "Re: Breast Cancer and Serum Organochlorines: A Prospective Study among White, Black, and Asian Women," *JNCI* 86 (1994): 1255; M. S. Wolff, "Pesticides—How Research Has Succeeded and Failed in Informing Policy: DDT and the Link with Breast Cancer," *EHP* 103, S-6 (1995): 87—91.

12　《新英格兰医学杂志》研究：D. J. Hunter et al., "Plasma Organochlorine Levels and the Risk of Breast Cancer," *NEJM* 337 (1997): 1303—1304.

12　动物研究及生命早期暴露于致癌物：L. S. Birnbaum and S. E. Fenton, "Cancer and Developmental Exposure to Endocrine Disruptors," *EHP* 111 (2003): 389—394.

13　科恩的研究：B. A. Cohn et al., "DDT and Breast Cancer in Young Women: New Data on the Significance of Age at Exposure," *EHP* 115 (2007): 1406—1414.

13　在多氯联二苯(PCBs)造成的癌症风险中，基因-环境的交互作用：J. G. Brody et al., "Environmental Pollutants and Breast Cancer: Epidemiologic Studies," *Cancer* 109 (2007; S-12): 2667—2711; Y. Zhang et al., "Serum Polychlorinated Biphenyls, Cytochrome P-450 1A1 Polymorphisms, and Risk of Breast Cancer in Connecticut Women," *AJE* 160 (2004): 1177—1183.

14　阿特拉津的排名：按活性成分的磅数排名，从 1987 到 2001 年，在被草甘膦超过之前，阿特拉津是美国使用最频繁的农药. KRSNetwork, 2005 *U. S. Pesticide Industry Report* (Covington, GA, 2006).

14　阿特拉津与人类癌症：例如，D. W. Gammon et al., "A Risk Assessment of Atrazine Use in California: Human Health and Ecological Aspects," *Pest Management Science* 61 (2005): 331—355; J. A. Rusiecki et al., "Cancer Incidence Among Pesticide Applicators Exposed to Atrazine in the Agricultural Health Study," *JNCI* 96 (2004): 1375—1382; P. A. MacLennan et al., "Cancer Incidence Among Triazine Herbicide Manufacturing

Workers," *Journal of Occupational and Environmental Medicine* 45 (2003): 243—244.

14　需要对人在生命早期的阿特拉津暴露进行研究: J. R. Roy et al., "Estrogen-like Endocrine-Disrupting Chemicals Affecting Puberty in Humans—A Review," *Medical Science* 311 *Monitor* 15 (2009): RA137—145; D. A. Crain et al., "Female Reproductive Disorders: The Role of Endocrine-Disrupting Compounds and Developmental Timing," *Fertility and Sterility* 90 (2008): 911—940.

15　美国对阿特拉津实行监管的决定及其后果: T. B. Hayes, "There Is No Denying This: Defusing the Confusion about Atrazine," Bioscience 54 (2004): 1138—1148. J. Huff, "Industry Influence on Occupational and Environmental Public Health," *International Journal of Occupational and Environmental Health* 13 (2007): 107—117 and J. Huff and J. Sass, Atrazine—A Likely Human Carcinogen?" [letter] *International Journal of Occupational and Environmental Health* 13 (2007): 356—357; Wu et al., *Poisoning the Well*.

15　欧洲禁止使用阿特拉津: 该禁令的实施是因为欧盟无法避免阿特拉津进入到饮用水中. J. B. Sass and A. Colangelo, "European Union Bans Atrazine, while the United States Negotiates Continued Use," *International Journal of Occupational and Environmental Health* 12 (2006): 260—267.

15　针对癌症与环境关系所进行的研究的失败: 匹兹堡大学环境肿瘤学研究所主任、公共健康学博士德芙拉·戴维斯(Devra Davis)在其撰写的《抗癌症战争秘史》(*The Secret History of the War on Cancer*)(New York, Basic Books, 2007)一书中对这个问题做了精辟的论述.

第二章　缄默

我对蕾切尔·卡森发表的文章对我写作风格的影响进行了较为深入的研究,"寂静的春天: 父女之舞"(Silent Spring: A Father-Daughter Dance)被收录在彼得·马西森(Peter Matthiessen)主编的《捍卫地球的勇气:作家、科学家与环保主义者纪念蕾切尔·卡森的一生及其著作》(*Courage for the Earth: Writers, Scientists, and Activists Celebrate the Life and Writing of Rachel Carson*) (Boston: Houghton Mifflin, 2007)一书;另一篇是"生活在沉默溪流的下游"(Living Downstream of Silent Stream),被收录在丽莎·赛德里斯(Lisa Sideris)与凯瑟琳·迪恩·摩尔(Kathleen Dean Moore)合编的《蕾切尔·卡森:遗产与挑战》(*Rachel Carson: Legacy and Challenge*)(Albany: State University of New York Press, 2008)一书中. 这两本文集都是为纪念出生于 1907 年的卡森 100 周年诞辰而出版的.

18　卡森对有关农药问题辩论的关注: L. J. Lear, "Rachel Carson's Silent Spring," *Environmental History Review* 17 (1993): 23—48. See also Lear's definitive biography, *Rachel Carson: Witness for Nature* (New York: Holt, 1997).

312 19 达克斯伯里的信: T. T. Williams, "The Spirit of Rachel Carson," Audubon 94(1992): 104—107; P. Brooks, *The House of Life*: *Rachel Carson at Work* (Boston: Houghton Mifflin, 1989), 229—235.

19 "知道我在做什么…": 卡森致弗里曼的信, June 28, 1958, reprinted in M. Freeman (ed.), *Always*, *Rachel*: *The Letters of Rachel Carson and Dorothy Freeman* (Boston: Beacon, 1995), 259.

19 易洛魁县: Rachel Carson, *Silent Spring* (Boston: Houghton Mifflin, 1962), 91—100.

20 科学家们拒绝向卡森提供信息: 琳达·李尔(Linda Lear)博士, 私人通信.

20 威胁收回科研经费,取消资助: Carson, *Silent Spring*, 94—95.

20 "几天前…… ": 援引自卡森于 1962 年 6 月 27 日写给弗里曼的信,发表在 Freeman, *Always*, *Rachel*, 408. 这句引用不太可能出自亚伯拉罕·林肯. "沉默是一种罪孽"出自埃拉·维勒·威尔考克斯(Ella Wheeler Wilcox)所作的一首题为"抗议"的诗,该诗发表于其诗歌集《问题之诗》(*Poems of Problems*)(Chicago: W. B. Conkey, 1914)中. 据说,维勒·威尔考克斯受林肯影响颇深.

20 卡森的演讲:引自 Brooks, *House of Life*, 302—304。

23 平均寿命缩短 20 年: Devra Lee Davis 博士, 私人通信.

24 在癌症诊治过程中卡森所遭受的身体上的痛苦: 卡森致弗里曼的信, 1960 - 1964, 引自 Freeman, *Always*, *Rachel*; Brooks, *House of Life*; Linda Lear 博士, 私人通信.

24 写完《寂静的春天》的卡森如释重负: 卡森致弗里曼的信,6 Jan,1962,引自 Freeman, *Always*, *Rachel*, 391.

24 引自"卡森致弗里曼的信": 3 Nov. 1963 and 9 Jan. 1964,出处同上, 490, 515. See also letters dated 6 Jan. 1962; 2 Mar. 1963; and 25 Apr. 1963.

27 卡森致弗里曼的公开信: 3 Jan. 1961; 23 Mar. 1961; 25 Mar. 1961; and 18 Sept. 1963, 出处同上, 326, 364, 365—366, 469.

27 委婉表达的信件: 17 Jan. 1961; 15 Feb. 1961; 25 Oct. 1962; 25 Dec. 1962; and 2 Jan. 1964,出处同上, 331, 346, 414, 420, 508.

28 弗里曼谈卡森的乳房切除手术: 弗里曼致卡森的信, 30 Apr. 1960,出处同上, 305.

28 她们的恳求与准许: 参考,例如,弗里曼致卡森的信, 6 Mar. 1963,出处同上, 441.

28 更悲惨的故事: 弗里曼致卡森的信, 4 and 17 Mar. 1961,出处同上, 356, 363.

313 28 道歉以及收回说过的话: 卡森致弗里曼的信, 23 Jan. 1962; 26 Mar. 1962; 10 Apr. 1962; 14 Feb. 1963; 18 Feb. 1963; 2 Mar. 1963; 14 Jan. 1964,出处同上, 395, 399, 404, 434—437, 439—440, 516.

28 卡森禁止讨论她的健康问题: M. Spock, "Rachel Carson: A Portrait," *Rachel Carson Council News* 82 (1994): 1—4; Linda Lear 博士, 私人通信.

28 指导多萝西的话: 卡森致弗里曼的信, 1 Apr. 1962 and 20 May 1962, 引自 Freeman, *Al-*

ways, *Rachel*, 401, 405.

29　旧照片与老电影片段：耶鲁大学拜内克图书馆档案室；和平河电影制片厂拍摄的纪录片“卡森的《寂静的春天》”，该片在 PBS 电视台《美国经验》（*The American Experience*）（1993 年 2 月 8 日）节目中播出过.

30　罹患癌症的农民和家庭主妇：Carson, *Silent Spring*, 227—230.

30　第一条证据：出处同上，219—220.

31　第二条和第三条证据：出处同上，221.

31　“无论恶性肿瘤的种子是什么…”：出处同上，226.

31　死亡证书与儿童癌症：出处同上，221—222.

31　罹患癌症的动物：出处同上，221—222.

31　细胞致癌的机理：出处同上，231—235.

32　对性激素的影响：出处同上，235—237.

32　对代谢的影响：出处同上，231—232. 卡森在这一点上具有独到的先见之明。某些化学物质具有改变新陈代谢过程的能力，这样可使其他化学物质转变成基因毒性代谢产物. 在 2009 年的一篇论文中，卡森将这一改变视为肿瘤形成的重要非传统途径. L. G. Hernández et al., “Mechanisms of Non—Genotoxic Carcinogens and the Importance of a Weight of the Evidence Approach,” *Mutation Research* 2009 [in press].

32　卡森的预言：出处同上，232—233.

32　物种间的易感性差异：H. C. Pitot III and Y. P. Dragan, “Chemical Carcinogens,” in D. Klaassen (ed.), *Casarett and Doull's Toxicology: The Basic Science of Poison*, 5th ed. (New York: McGrawHill, 1996); NRC, *Animals as Sentinels of Environmental Health Hazards* (Washington, DC: National Academy Press, 1991).

32　不受控制的人类实验：由于缺乏未暴露于致癌物人群对照，针对人类癌症的研究变得异常困难，但是，这绝非不可能. 从理论上讲，此类研究所需要做的，是对不同人群暴露于致癌物的程度上的差异进行测量. 例如，有人认为我们所有人的身体组织中都含有可检测到的二恶英. 但问题是，造成人类癌症的二恶英是否能通过对比人体暴露于二恶英中的不　314
同程度，例如重度、中度和轻度，来说明其与人类癌症发病率的关系. 在其他条件相当的情况下，正向趋势表明了人体二恶英含量与患癌反应之间的关系，而这被癌症研究者认为是强有力的证据. 如果确实存在这种关系，那么，暴露的面越大，这种关系就越可能表现得明显. 正因如此，那些对人类研究感兴趣的研究者们经常寻找“自然的实验”，即某种使可确定的人群暴露于高强度的有毒物质的不幸事件中，如有毒物质泄漏事件；然后，将该人群的发病率同不间断地暴露于这种低浓度的有毒物质的一般人群相比较.

34　奥尔加·欧文·哈金斯，反大规模中毒委员会，《纽约客》：L. Lear, *Rachel Carson: The Life of the Author of* Silent Spring (New York: Henry Holt, 1997), 312—338; S. Steingraber, “*Silent Spring*: A Father-Daughter Dance,” in Matthiessen, *Courage for the Earth*.

第三章 时代

除非在下面另有说明，本章所引用的相关癌症统计数据均出自以下两个来源：U. S. Cancer Statistics Working Group. *United States Cancer Statistics*: 1999—2005 *Incidence and Mortality Web-Based Report*. (Atlanta: USDHHS, CDC and NCI, 2009)，网址为 www. cdc. gov /uscs; Surveillance, Epidemiology and End Results Program, Delay-Adjusted Incidence Database: SEER Incidence Adjusted Rates, 7 Registries, NCI, 2008. 网址为 www. seer. cancer. gov /.

36 2009 年确诊癌症病例数量：ACS, *Cancer Facts & Figures*— 2009 (Atlanta: ACS, 2009).

39 数据勘定中的定量与更正问题：H. Menck and C. Smart (eds.), *Central Cancer Registries: Design, Management, and Use* (Chur, Switzerland: Harwood Academic Press, 1994); O. M. Jensen et al. (eds.), *Cancer Registration: Principles and Methods*, IARC Scientific Publication 95 (Lyon, France: IARC, 1991). 关于美国癌症登记的优良传统，参考 E. R. Greenberg et al., "Measurements of Cancer Incidence in the United States: 315 Sources and Uses of Data," *JNCI* 68 (1982): 743—749. 关于州级登记制度纵览，请参阅 USDHHS, *A National Program of Cancer Registries At-a-Glance*, 1994—1995 (Atlanta: CDC, 1995), 69—72.

39 因早期诊断而上升的乳腺癌百分比：R. N. Proctor, *Cancer Wars: How Politics Shapes What We Know and Don't Know about Cancer* (New York: Basic Books, 1995), 251; J. M. Liff, "Does Increased Detection Account for the Rising Incidence of Breast Cancer?" *AJPH* 81 (1991): 462—465.

40 乳腺癌发病率上升的现象早于乳房 X 光检查的引入：E. J. Feuer and L. M. Wun, "How Much of the Recent Rise in Breast Cancer Incidence Can Be Explained by Increases in Mammography Utilization?" *AJE* 136 (1992): 1423—1436; J. R. Harris, "Breast Cancer," *NEJM* 327 (1992): 319—328.

40 近期乳腺癌发病率的下降：P. M. Ravdin et al., "The Decrease in Breast-Cancer Incidence in 2003 in the United States," *NEJM* 356 (2007): 1670—1674; S. L Stewart et al., "Decline in Breast Cancer Incidence—United States, 1999—2003," *Morbidity and Mortality Weekly Report* 56 (2007): 549—553.

40 2002 年对雌激素的警示：Writing Group for the Women's Health Initiative Investigators, "Risks and Benefits of Estrogen Plus Progestin in Healthy Postmenopausal Women: Principal Results from the Women's Health Initiative Randomized Controlled Trial," *JAMA* 288 (2002): 321—333.

40 加利福尼亚州激素替代物使用的下降：C. A. Clarke et al., "Recent Declines in Hormone

Therapy Utilization and Breast Cancer: Clinical and Population-Based Evidence," *Journal of Clinical Oncology* 33 (2006): 349—350.

40 只有雌激素依赖型肿瘤发病率下降: J. Gray et al., "State of the Evidence: The Connection Between Breast Cancer and the Environment," *International Journal of Environmental Health* 15 (2009): 43—78.

41 乳腺癌发病率的种族差异:出处同上.

41 乳房 X 光检查率的下降: A. Jemal et al., "Annual Report to the Nation on the Status of Cancer, 1975—2005, Featuring Trends in Lung Cancer, Tobacco Cancer, and Tobacco Control," *JNCI* 100 (2008): 1672—1694.

41 其他致癌因子暴露可能减少: Gray et al., "State of the Evidence," 43—78.

42 西班牙人的研究: J. J. Ibarluzea et al., "Breast Cancer Risk and the Combined Effects of 316
Environmental Estrogens," *Cancer Causes and Control* 15 (2004): 591—600.

42 康涅狄格州登记处: W. Haenszel and M. G. Curnen, "The First Fifty Years of the Connecticut Tumor Registry: Reminiscences and Prospects," *The Yale Journal of Biology and Medicine* 59 (1986): 475—484.

43 伊利诺伊州数据交换: H. L. Howe et al., *Effect of Interstate Data Exchange on Cancer Rates in Illinois*, 1986—1990, Epidemiological Report Series, 94:1 (Springfield, IL: IDPH, 1994).

43 17 个地理区域:这是州与都市登记处的结合体.它们分别是亚特兰大、康涅狄格、底特律、夏威夷、爱荷华、旧金山-奥克兰、西雅图的普吉特湾、新墨西哥、犹他、佐治亚农村、洛杉矶、圣何塞、蒙特利、阿拉斯加原始肿瘤注册、加利福尼亚、肯塔基、路易斯安那和新泽西. NCI "Seer Data, 1976—2006." 相关网址 www.seer.cancer.gov/data/.

43 SEER 和 NPCR: P. A. Wingo, "Building the Infrastructure for Nationwide Cancer Surveillance and Control—A Comparison Between the National Program of Cancer Registries (NPCR) and the Surveillance, Epidemiology and End Results Program (United States)," *Cancer Causes and Control* 14 (2003): 175—193.

44 总的癌症发病率趋势: R. W. Clapp et al., "Environmental and Occupational Causes of Cancer Revisited," *Journal of Public Health Policy* 27 (2006): 61—76.

44 更加可靠的死亡率:例如,著名的生物统计学家约翰·贝勒(John Bailar)持有这种看法. J. C. Bailar III and E. M. Smith, "Progress Against Cancer?" *NEJM* 314 (1986): 1226—1232; J. C. Bailar III, "Observations on Some Recent Trends in Cancer," 对总统癌症专家小组所作的陈述, NIH, Bethesda, MD, 22 Sept. 1993.

44 60 年的死亡率没有太大改变: Clapp et al., "Environmental and Occupational Causes of Cancer Revisited," 61—76; D. L. Davis, "The Need to Develop Centers for Environmental Oncology," *Biomedicine and Pharmacotherapy* 61 (2007): 614—622.

44 癌症死亡率的趋势：T. R. Frieden, "A Public Health Approach to Winning the War on Cancer," *The Oncologist* 13 (2008): 1306—1313; Davis, "Need to Develop Centers."

45 儿童所面临的更严重污染：J. Wargo, *Our Children's Toxic Legacy: How Science and Law Fail to Protect Us from Pesticides* (New Haven, CT: Yale University Press, 1996); L. Mott et al., *Handle with Care: Children and Environmental Carcinogens* (New York: NRDC, 1994).

45 儿童癌症：P. J. Landrigan, "Childhood Cancer and the Environment," testimony before
317 the President's Cancer Panel, East Brunswick, NJ, Sept. 16, 2008; Clapp et al., "Environmental and Occupational Causes of Cancer Revisited."; L. A. G. Ries and S. S. Devesa, "Cancer Incidence, Mortality, and Patient Survival in the United States," in D. Schottenfeld and J. F. Fraumeni (eds.), *Cancer Epidemiology and Prevention*, 3rd ed. (New York: Oxford University Press, 2006); L. L. Robison et al., "Assessment of Environmental and Genetic Factors in the Etiology of Childhood Cancers: The Children's Cancer Group Epidemiology Program," *EHP* 103 (1995, S-6): 111—116; S. H. Zahm and S. S. Devesa, "Childhood Cancer: Overview of Incidence Trends and Environmental Carcinogens," *EHP* 103 (1995, S-6): 177—184.

47 超过40%的美国人有可能患上癌症：ACS, *Cancer Statistics*—2009.

47 癌症是85岁以下人群死亡的首要原因：Clapp et al., "Environmental and Occupational Causes of Cancer Revisited."

47 肺癌的发病趋势：M. R. Spitz et al., "Cancer of the Lung," in Schottenfeld and Fraumeni, *Cancer Epidemiology and Prevention*.

47 因吸烟导致的肺癌死亡比率：A. Jernal et al., "Annual Report to the Nation on the Status of Cancer, 1975—2005, Featuring Trends in Lung Cancer, Tobacco Use, and Tobacco Control," *JNCI* 100 (2008): 1672—1694.

47 非吸烟因素导致的肺癌死亡：A. Jernal et al., "Annual Report to the Nation on the Status of Cancer, 1975—2005, Featuring Trends in Lung Cancer, Tobacco Use, and Tobacco Control," *JNCI* 100 (2008): 1672—1694.

48 睾丸癌：R. W. Clapp et al., "Environmental and Occupational Causes of Cancer: New Evidence," *Reviews on Environmental Health* 23 (2008): 1—37.

48 癌症的类型在增加:出处同上.

48 甲状腺癌：L. Enewold, "Rising Rates of Cancer Incidence in the United States by Demographic and Tumor Characteristics, 1980—2005," *Cancer Epidemiology, Biomarkers and Prevention* 18 (2009): 784—791.

48 引自休珀和康威的话：W. C. Hueper and W. D. Conway, *Chemical Carcinogenesis and Cancers* (Springfield, IL: Charles Thomas, 1964), 17, 158.

49 有关国际癌症协会(ISCR)的引述：IDPH, *Cancer Incidence in Illinois by County*, 1985—1987 (Springfield, IL: IDPH, 1989). 318

49 全国儿童研究：Landrigan, "Childhood Cancer and the Environment."

50 环境肿瘤学中心：Davis, "Need to Develop Centers."

51 出生群组研究：D. L. Davis, "Decreasing Cardiovascular Disease and Increasing Cancer Among Whites in the United States from 1973 through 1987: Good News and Bad News," *JAMA* 271 (1994); 431—437. 这些研究成果已在瑞典得到推广.利用世界上最古老也是最可靠的癌症登记系统,那里的研究人员发现 20 世纪 50 年代出生的人群的癌症发病率在增加：H-O. Adami et al., "Increasing Cancer Risk in Younger Birth Cohorts in Sweden," *Lancet* 341 (1993): 773—777.

51 戴维斯引用的话：私人通信.

54 非霍奇金淋巴瘤的趋势：P. Hartge et al., "Non-Hodgkin Lymphoma," in Schottenfeld and Fraumeni, *Cancer Epidemiology and Prevention*.

54 艾滋病与非霍奇金淋巴瘤：L. K. Altman, "Lymphomas Are on the Rise in the U. S., and No One Knows Why," *New York Times*, 24 May 1994, C-3; P. Hartge et al., "Hodgkin's and Non-Hodgkin's Lymphomas," in R. Doll et al. (eds.), *Trends in Cancer Incidence and Mortality*, Cancer Surveys 19/20 (Plainview, NY: Cold Spring Harbor Laboratory Press, 1994).

54 职业与非霍奇金淋巴瘤：Hartge et al., "Non-Hodgkin Lymphoma."

55 与非霍奇金淋巴瘤相关的化学品:出处同上.

55 非霍奇金淋巴瘤与 PCBs：暴露于现已禁止使用的白蚁农药与氯丹也有患淋巴瘤的风险. J. S. Colt et al., "Organochlorine Exposure, Immune Gene Variation, and Risk of Non-Hodgkin Lymphoma," *Blood* 113 (2008): 1899—1905; L. S. Engel et al., "Polychlorinated Biphenyls and Non-Hodgkin Lymphoma," *Cancer Epidemiology, Biomarkers, and Prevention* 16 (2007): 373—376; K. Hardell et al., "Concentrations of Organohalogen Compounds and Titres of Antibodies to Epstein-Barr Virus Antigens and the Risk for Non-Hodgkin Lymphoma," *Oncology Reports* 21 (2009): 1567—1576; J. J. Spinelli et al., "Organochlorines and Risk of Non-Hodgkin Lymphoma," *International Journal of Cancer* 121 (2007): 2767—2775.

55 非霍奇金淋巴瘤与农药：Hartge et al., "Non-Hodgkin Lymphoma"; S. H. Zahm and A. 319
Blair, "Pesticides and Non-Hodgkin's Lymphoma," *Cancer Research* 52 (1992, S): 5485s—5488s; S. H. Zahm, "The Role of Agricultural Pesticide Use in the Development of Non-Hodgkin's Lym phoma in Women," *AEH* 48 (1993): 253—258.

55 苯氧除草剂的军用历史：D. E. Lilienfeld and M. A. Gallo, "2,4-D, 2,4,5-T, and 2,3,7,8-TCDD: An Overview," *Epidemiologic Reviews* 11 (1989): 28—58.

56　行业名称：S. A. Briggs, *Basic Guide to Pesticides: Their Characteristics and Hazards* (Bristol, PA: Taylor & Francis, 1992).

56　相关联的证据：Hartge et al., "Non-Hodgkin Lymphoma"; Institute of Medicine, *Veterans and Agent Orange: Health Effects of Herbicides Used in Vietnam* (Washington, DC: National Academy Press, 1994); D. D. Weisenburger, "Epidemiology of Non-Hodgkin's Lymphoma: Recent Findings Regarding an Emerging Epidemic," *Annals of Oncology* 1, (1994, S-5): s19—s24; Zahm and Blair, "Pesticides and Non-Hodgkin's Lymphoma"; S. Zahm et al., "A Case-Control Study of Non-Hodgkin's Lymphoma and the Herbicide 2,4-Dichlorophenoxyacetic Acid (2,4-D) in Eastern Nebraska," *Epidemiology* 1 (1990): 349—356; L. Hardell et al., "Malignant Lymphoma and Exposure to Chemicals, Especially Organic Solvents, Chlorophenols and Phenoxy Acids: A Case-Control Study," *British Journal of Cancer* 43 (1981): 169—176.

56　高尔夫球场管理者的淋巴瘤：B. C. Kross et al., "Proportionate Mortality Study of Golf Course Superintendents," *American Journal of Industrial Medicine* 29 (1996): 501—506.

56　犬类淋巴瘤：H. M. Hayes et al., "A Case-Control Study of Canine Malignant Lymphoma: Positive Association with Dog Owner's Use of 2,4-Dichlorophenoxyacetic Acid Herbicides," *JNCI* 83 (1991): 1226—1231.

56　住宅使用除草剂：P. Hartge et al., "Residential Herbicide Use and Risk of Non-Hodgkin Lymphoma," *Cancer Epidemiology, Biomarkers and Prevention* 14 (2005): 934—937.

56　2006年关于非霍奇金淋巴瘤的综述：Hartge et al., "Non-Hodgkin Lymphoma."

57　马萨诸塞州东南部的白血病：M. S. Morris and R. S. Knorr, "Adult Leukemia and Proximity—Based Surrogates for Exposure to Pilgrim Plant's Nuclear Emissions," *AEH* 51 (1996): 266—274; M. S. Morris and R. S. Knorr, *Southeastern Massachusetts Health Study Final Report: Investigation of Leukemia Incidence in 22 Massachusetts Communities*, 1978—1986 (Boston: MDPH, 1990); L. Tye, "Screening Sought in Cancer Link to Pilgrim," *Boston Globe*, 19 Sept. 1989, 21, 25; R. W. Clapp et al., "Leukemia Near Massachusetts Nuclear Power Plant," *Lancet* 2 (8571) 1987: 1324—1325. 320

57　关于白血病风险的例证：Morris and Knorr, *Southeastern Massachusetts*, 2.

第四章　空间

59　诺曼代尔的历史与环境问题：T. L. Aldous, "Community Dreads Threat of Disease," *PDT*, 14 Sept. 1991, A-2, A-12.

60　癌症发病率的全球模式：IARC, *World Cancer Report*, 2008 (Lyon, France: IARC,

WHO, 2009). 关于癌症地理分布情况中欧洲部分的数据,请查询欧洲数据库.自 1994 年以来,欧洲社团统计机构一直都在采集并传递欧盟各成员国的健康数据.欧洲癌症观测台提供欧盟各国的各类癌症数据.

61　严重污染地区: D. Biello, "World's Most Polluted Places," *Scientific American*, Sept. 13, 2007; Blacksmith Institute, *The World's Worst Polluted Places: The Top Ten (of the Dirty Thirty)*, (New York: Blacksmith Institute, 2007).

61　中国与煤炭: The World Bank and State Environmental Protection Administration, P. R. China, *Cost of Pollution in China: Economic Estimates of Physical Damages* (Washington, DC: World Bank, 2007).

61　史蒂芬·里贝尔的报道: S. Ribert, "Horrors of Hongwei," *The Standard* (Hong Kong), 16 June 2007.

62　中国的癌症村: J. Watts, China's Environmental Health Challenges, *Lancet* 372 (2008): 1451—1452; J. F. Tremblay, "China's Cancer Villages," *Chemical and Engineering News* 85 (2007): 18—21.

62　中国的癌症发病趋势: IARC, *World Cancer Report*, 2008 (Lyon, France: IARC, WHO, 2009).

62　移民研究: 移民情况在 J. Gray et al., "State of the Evidence: The Connection Between Breast Cancer and the Environment," *International Journal of Occupational and Environmental Health* 15 (2009): 43—78 中进行了综述.还可参考 E. M. John et al., "Migration History, Acculturation, and Breast Cancer Risk in Hispanic Women," *Cancer Epidemiology, Biomarkers and Prevention* 14 (2005): 2905—2913; E. V. Kliewar and K. R. Smith, "Breast Cancer Mortality Among Immigrants in Australia and Canada," *JNCI* 321
87 (1995): 1154—1161; N. Angier, "Woman's Move Can Change Her Risk of Breast Cancer," *New York Times*, 2 Aug. 1995, A-17; H. Shimizu et al., "Cancers of the Prostate and Breast Among Japanese and White Immigrants in Los Angeles County," *British Journal of Cancer* 63 (1991): 963—966; L. Tomatis (ed.), *Cancer: Causes, Occurrence and Control* (London: Oxford University Press, 1990); D. B. Thomas and M. R. Karagas, "Cancer in First and Second Generation Americans," *Cancer Research* 47 (1987): 5771—5776.

63　诺曼代尔的癌症: Aldous, "Community Dreads Threat."

63　引自诺曼代尔居民的话:出处同上.

64　癌症的地理分布: 从美国癌症研究所官方网站上可以看到关于美国癌症死亡率的图文,网址是: www3. cancer. gov/atlasplus/index. html; L. W. Pickle et al., "The New United Sates Cancer Atlas," *Recent Results in Cancer Research* 14 (1989): 196—207; C. S. Stokes and K. D. Brace, "Agricultural Chemical Use and Cancer Mortality in Selected Rural Counties in the U. S. A.," *Journal of Rural Studies* 4 (1988): 239—247; B. A. Goldman, *The Truth About Where You Live: An Atlas for Action on Toxins and Mortality* (New York: Random House, 1991); S. S. Devesa, "Recent Cancer Patterns Among Men and Women in the United States: Clues for Occupational Research," *Journal of Occupational Medicine* 36 (1994): 832—841; and S. H. Zahm et al., "Pesticides and Multiple Myeloma in Men and Women in Nebraska," in H. H. McDuffie et al. (eds.), *Supplement to Agricultural Health and Safety Workplace, Environment, Sustainability* (Saskatoon, Saskatche wan, Canada: University of Saskatchewan Press, 1995); J. L. Kelsey and P. L. Horn-Ross, "Breast Cancer: Magnitude of the Problem and Descriptive Epidemiology," *Epidemiologic Reviews* 15 (1993): 7—16; Pickle, "New United States."

65 英国儿童癌症发病的地理分布: E. G. Knox and E. A. Gilman, "Hazard Proximity of Childhood Cancers in Great Britain from 1953—1980," *Journal of Epidemiology and Community Health* 51 (1997): 151—159.

65 工作场所中的致癌物质: P. R. Infante, "Cancer and Blue-Collar Workers: Who Cares?" *New Solutions* (Winter 1995): 52—57; J. Randal, "Occupation as a Carcinogen: Federal Researcher Suggests Change in Cancer Registries," *JNCI* 86 (1994): 1748—1750; J. Landrigan, "Cancer Research in the Workplace," 对总统癌症专家小组的陈述, NIH, Bethesda, MD, 22 Sept. 1993.

322 65 农民的高患癌率: S. H. Zahm and A. Blair, "Cancer Among Migrant and Seasonal Farmers," *American Journal of Industrial Medicine* 24 (1993): 753—766; A. Blair et al., "Clues to Cancer Etiology from Studies of Farmers," *Scandinavian Journal of Work Environment and Health* 18 (1992): 209—215; D. L. Davis et al., "Agricultural Exposures and Cancer Trends in Developed Countries," EHP 100 (1992): 39—44. 大量的非霍奇金淋巴瘤和脑癌不总具有统计学意义.

66 农业健康研究: 所有发表的文章都可以在 AHS 网站 http://aghealth.nci.nih.gov/查询到. 这里引证的是 M·C·R·阿拉芬尼亚等人(M. C. R. Alavanja et al.)的研究, "Cancer Incidence in the Agricultural Health Study," *Scandinavian Journal of Work and Environment* 31 (2005; S1): 39—45; G. Andreotti et al., "Agricultural Pesticide Use and Pancreatic Cancer Risk in the Agricultural Health Study Cohort," *International Journal of Cancer* 124 (2009): 2495—2500; A. Blair et al., "Mortality Among Participants in the Agricultural Health Study," *Annals of Epidemiology* 15 (2005): 279—285; B. D. Curwin et al., "Urinary Pesticide Concentrations Among Children, Mothers and Fathers Living in Farm and Non-Farm Households in Iowa," *Annals of Occupational Hygiene* 51 (2007): 53—65; L. S. Engel et al., "Pesticide Use and Breast Cancer Risk Among Farmers' Wives in the Agricultural Health Study," *AJE* 161 (2005): 121—135; S. L.

Farr et al. , "Pesticide Exposure and Timing of Menopause," *AJE* 163 (2006): 731—742; S. L. Farr et al. , Pesticide Use and Menstrual Cycle Characteristics Among Premenopausal Women in the Agricultural Health Study," *AJE* 160 (2004): 1194—1204; K. B. Flower et al. , "Cancer Risk and Parental Pesticide Application in Children of Agricultural Health Study Participants," *EHP* 112 (2004): 631—635; J. A. Rusiecki et al. , "Cancer Incidence Among Pesticide Applicators Exposed to Permethrin in the Agricultural Health Study," *EHP* 117 (2009): 581—586.

67 癌症病高发的其他职业: R. W. Clapp et al. , "Environmental and Occupational Causes of Cancer: New Evidence 2005—2007," *Reviews on Environmental Health* 23 (2008): 1—37; R. W. Clapp et al. , "Environmental and Occupational Causes of Cancer Revisited," *Journal of Public Health Policy* 27 (2006): 61—76; E. L. Hall and K. D. Rosenman, "Cancer by Industry: Analysis of a Population—Based Cancer Registry with an Emphasis on Blue-Collar Workers," *American Journal of Industrial Medicine* 19(1991): 145— 323
159; J. M. Stellman, "Where Women Work and the Hazards They May Face on the Job," *Journal of Occupational Medicine* 36 (1994): 814—825.

67 消防员罹患癌症的情况: G. K. LeMasters, "Cancer Risk Among Firefighters: A Review and Meta—analysis of 32 Studies, "*Journal of Occupational and Environmental Medicine* 48 (2006): 1189—1202. 随着工龄的增长,消防员患癌的概率会增加,患白血病和大肠癌、脑癌及肾癌的概率都会增大. S. Youakim, "Risk of Cancer Among Firefighters: A Quantitative Review of Selected Malignancies," *Archives of Environmental and Occupational Health* 61 (2006): 223—231; G. Tornling et al. , "Mortality and Cancer Incidence in Stockholm Firefighters," *American Journal of Industrial Medicine* 25 (1994): 219—228.

67 芬兰女工的癌症: M. L. Lindbohm, "Risk of Liver Cancer and Exposure to Organic Solvents and Gasoline Vapors Among Finnish Workers," *International Journal of Cancer* 124 (2009): 2954—2959; J. Lohl et al. , "Occupational Exposures to Solvents and Gasoline and Risks of Cancers in the Urinary Tract Among Finnish Workers," *American Journal of Industrial Medicine* 51 (2008): 668—672.

67 中国台湾地区电子产业员工罹患乳腺癌: T. I. Sung et al. , "Increased Standardized Incidence Ratio of Breast Cancer in Female Electronics Workers", *BMC Public Health* 7 (2007): 102.

67 对美甲店的担忧: 加利福尼亚健康美甲沙龙合作社开始关注这些问题.

67 癌症发病率较高的职业: Clapp et al. , "Environmental and Occupational Causes of Cancer: New Evidence," 1—37; Clapp et al. , "Environmental and Occupational Causes of Cancer Revisited," 61—76; E. A. Holly, "Intraocular Melanoma Linked to Occupations

and Chemical Exposure," *Epidemiology* 7 (1996): 55—61; B. B. Arnetz et al., "Mortality Among Petrochemical Science and Engineering Employees," *AEH* 46 (1991): 237—248.

67 牙医、牙医助理及化疗室护士的患癌情况: L. M. Pottern et al., "Occupational Cancer Among Women: A Conference Overview," *Journal of Occupational Medicine* 36 (1994): 809—813.

67 与父母致癌物暴露有关的儿童癌症: L. M. O'Leary et al., "Parental Exposures and Risk of Childhood Cancer: A Review," *American Journal of Industrial Medicine* 20 (1991): 17—35. 在某些癌症中,性别比例失调也表明职业暴露的严重性. W. J. Nicholson and D. L. Davis, "Analysis of Changes in the Ratios of Male-to-Female Cancer Mortality: A Hypothesis-Generating Exercise," in D. L. Davis and D. Hoel (eds.), *Trends in Cancer Mortality in Industrial Countries* (New York: New York Academy of Sciences, 1990).

324 67 性别比例失调:W. J. Nicholson and D. L. Davis,"Analysis of Changes in the Ratios of Male-to-Female Cancer Mortality: A Hypothesis-Generating Exercise," in D. L. Davis and D. Hoel (eds), *Trends in Cancer Mortality in Industrial Countries* (New York Academy of Sciences, 1990).

68 诺曼代尔的两项健康研究: IDPH, "Incidence of Cancer in Pekin (Tazewell County), Illinois" (Springfield, IL: IDPH, 1991); G. Poquette, "Normandale Cancer Study" (memorandum) (Tremont, IL: Tazewell County Health Department, 5 Mar. 1992.)

68 头条新闻: T. L. Aldous, "Study: Area Cancer Rates Normal," *PDT*, 19 Dec. 1991, A-2, A-12.

69 超级基金: 1980 年, 美国国会通过了有危害垃圾场综合环境处理法令,即"赔偿及责任法案(CERCLA)",这个法案通常被称为"超级基金". 该法案的目标是清查有害垃圾场,根据危害程度确定首先要清除的有危害垃圾场,直至最终清出所有有害垃圾场,从而,改善环境. 但是,相关术语"有害废弃物"比较模糊. 出现在"国家优先整治清单"上的废弃物存放地被称作"超级基金场". 但是,在此整治项目的范围内,却又不在"国家优先整治清单"上的垃圾场被称作"赔偿及责任法案(CERCLA)"要求清理的垃圾场. 清理"国家优先整治清单"上的垃圾场的信托基金是通过公司的"污染费用"税收创立的,但这个基金到 1995 年就停止了. 超级基金也在 2003 年走向终结。若想了解这个项目的辉煌历史,并打算查明自己社区的超级基金垃圾场,请参考"公共廉政中心"2007 年网上项目, *Wasting Away: Superfund's Toxic Legacy*: http://projects.publicintegrity.org/Superfund/. 也可在环保局超级基金数据库网站 www.epa.gov/superfund/sites/index.htm 搜索到. 基于网络的公共艺术项目 Superfund365 是由数字艺术家布鲁克 · 辛格发起的,它的基础是走访全国各地的 365 个超级基金场址:www.superfund365.org.

69　生活在超级基金垃圾场附近的儿童：ATSDR, *Children Living Near Hazardous Waste Sites* (*Atlanta*: USDHHS, ATSDR, 2003).

69　7.5 亿吨：J. Griffith and W. B. Riggan, "Cancer Mortality in U. S. Counties with Hazardous Waste Sites and Ground Water Pollution," *AEH* 44 (1989): 69—74.

69　新泽西的癌症问题：G. R. Najem et al., "Female Reproductive Organs and Breast Cancer Mortality in New Jersey Counties and the Relationship with Certain Environmental Variables," *Preventive Medicine* 14 (1985): 620—635; G. R. Najem et al., "Clusters of Cancer Mortality in New Jersey Municipalities, with Special Reference to Chemical Toxic Waste Disposal Sites and Per Capita Income," *International Journal of Epidemiology* 14 (1985): 528—537; G. R. Najem et al., "Gastrointestinal Cancer Mortality in New Jersey 325
Counties and the Relationship to Environmental Variables," *International Journal of Epidemiology* 12 (1983): 276—289.

70　在拥有有害垃圾场与地下水被污染的乡村的癌症死亡率：Griffith and Riggan, "Cancer Mortality in U. S. Counties." See also R. Hoover and J. F. Fraumeni Jr., "Cancer Mortality in U. S. Counties with Chemical Industries," Environmental Research 9 (1975): 196—207. Bladder cancer is linked to living near toxic waste sites. L. J. Gensburg," Cancer Incidence among Former Love canal Residents," *EHP* 117 (2009):1265—1271.

70　获取公共数据:Goldman, *Where You Live*, 116.

70　生态谬误：也可以指将群体属性应用于个别属性的错误. 例如,在对 19 世纪欧洲人自杀与宗教关系的著名研究中,研究人员发现,自杀率随着某地区的新教徒数量的增加而上升. 但是,这不一定得出明显的结论,即新教徒比天主教徒更倾向自杀. 在以新教徒为主的地区,自杀的都是天主教徒这一假设也是完全可能的,也许当人们越发孤立,就会越脆弱,进而选择自杀. 情况并不像后一种解释那样,群体生态学研究也无法解释这两个互相矛盾的结论. 关于这项研究的激烈争论,请参考 J. Esteve et al., *Descriptive Epidemiology*: *Statistical Methods in Cancer Research*, vol. 4 (Lyon, France: IARC, Scientific Pub. No. 128, 1994), 150—154.

72　关于流行病的研究方法及其各自局限性的不同看法,可以参考 K. J. Rothman and C. Poole, "Causation and Causal Inference," in D. Schottenfeld and J. F. Fraumeni Jr. (eds.), *Cancer Epidemiology and Prevention*, 2nd ed. (Oxford, England: Oxford University Press, 1996); N. Krieger, "Epidemiology and the Web of Causation: Has Anyone Seen the Spider?" *Social Science and Medicine* 39 (1994): 887—903; D. Trichopoulos and E. Petridou, "Epidemiologic Studies and Cancer Etiology in Humans," *Medicine, Exercise, Nutrition, and Health* 3 (1994): 206—225; S. Wing, "Limits of Epidemiology," *Medicine and Global Survival* 1 (1994): 74—86; M. S. Legator and S. F. Strawn 326
(eds.), *Chemical Alert! Community Action Handbook* (Austin: Texas University Press,

1993).

72　玛丽·沃尔夫的研究：M. S. Wolff et al., "Blood Levels of Organochlorine Residues and Risk of Breast Cancer," *JNCI* 85 (1993): 648—652.

73　集群研究的烦扰：参考《美国流行病学》(*AJE*)增刊第 132 期(1990 年)，该增刊收录了 1989 年 2 月 16—17 日在亚特兰大举行的"健康问题的分类归并全国会议"上的文章，还可以参考 G. Taubes, "Epidemiology Faces Its Limits," *Science* 269 (1995): 164—169; Legator and Strawn, *Chemical Alert*; CDC, "Guidelines for Investigating Clusters of Health Events," *Morbidity and Mortality Weekly Report* 39/RR-11 (1990): 1—23; and K. J. Rothman, "Clustering of Disease," *AJPH* 77 (1987): 13—15.

74　公然不屑一顾：例如，M. J. Thun and T. Sinks, "Understanding Cancer Clusters," CA 54 (2004): 273—280. See also J. D. Besley et al., "Local Newspaper Coverage of Health Authority Fairness During Cancer Cluster Investigations," *Science Communication* 29 (2008): 498—421.

74　有限的力量：力量和意义可以从几个方面描述. 流行病学最常用的措施之一是置信区间，这是一个有给定概率(95%)的计算范畴，变量的真值就在其间. 非专业人士想对流行病统计有进一步的了解，可参考 M. J. Scott and B. L. Harper, "Lots of Information: What to Do with It: Statistics for Nonstatisticians," in Legator and Strawn, *Chemical Alert*.

74　高出 8 到 20 倍：R. R. Neutra, "Counterpoint from a Cluster Buster," *AJE* 132 (1990): 1—8.

75　三氯乙烯(TCE)：ATSDR, *Case Studies in Environmental Medicine: Trichloroethylene Toxicity* (Atlanta: ATSDR, 1992).

75　引用护士的话：D. Robinson, "Letter in Response to 'Cancer Clusters: Findings vs Feelings,'" *Medscape General Medicine* 4 (2002): 4.

76　11 个蓝皮肤的人：B. Roueche, *Eleven Blue Men and Other Narratives of Medical Detection* (Boston: Little, Brown, 1954). 诺伊特拉(Neutra)在"庞大集群的对应物"(Counterpoint)一文中对癌症集群案例研究的意义已有论述。

77　地理信息服务(GIS)与致癌物暴露评估：B. S. Kingsley et al., "An Update on Cancer Cluster Activities at the Centers for Disease Control and Prevention," *EHP* 115 (2008): 165—171.

327　77　对于随机检验的统计：M. Kulldorff et al., "Cancer Map Patterns: Are They Random or Not?" *American Journal of Preventive Medicine* 2006; F. Wang, "Spatial Clusters of Cancers in Illinois, 1986—2000," *Journal of Medical Systems* 28 (2004): 237—256.

77　地理信息服务(GIS)的局限性：D. C. Wheeler, "A Comparison of Spatial Clustering and Cluster Detection Techniques for Childhood Leukemia Incidence in Ohio, 1996—2003," *International Journal of Health Geographics* 6 (2007): 13.

77　邮政编码问题：T. H. Grubesic and T. C. Matisziw, "On the Use of ZIP Code and ZIP Code Tabulation Areas (ZCTAs) for the Spatial Analysis of Epidemiological Data," *International Journal of Health Geographics* 5 (2006): 58.

77　最大的障碍是无知：Pew Environmental Health Commission, Environmental Health Project Team, *America's Environmental Health Gap: Why the Country Needs a Nationwide Health Tracking Network* (Baltimore: Johns Hopkins School of Hygiene and Public Health, 2000); N. S. Juzych et al., "Adequacy of State Capacity to Address Noncommunicable Disease Clusters in the Era of Environmental Health Tracking", *American Journal of Public Health* 97 (2007, S-1): S163—169.

78　集群研究：A. M. Nieder et al., "Bladder Cancer Clusters in Florida: Identifying Populations at Risk," *Journal of Urology* 182 (2009): 46—51; J. Dahlgren et al., "Cluster of Hodgkin's Lymphoma in Residents Near a Non—Operational Petroleum Refinery," *Toxicology and Industrial Health* 24 (2008): 683—692; R. W. Clapp and K. Hoffman, "Cancer Mortality in IBM Endicott Plant Workers, 1969—2001: An Update on a NY Production Plant," *Environmental Health* 7 (2008):13; M. Gilbert, "Cancer Cluster is Confirmed in Clyde," *Toledo Blade*, 30 May 2009.

79　两种极端现象具有统计意义：波士顿大学流行病学家、前马萨诸塞州癌症注册中心总监理查德·克拉普(Richard Clapp)对此进行了再分析和研究.

79　长岛地区的乳腺癌与化学工厂：E. L. Lewis-Michl et al., "Breast Cancer Risk and Residence Near Industry or Traffic in Nassau and Suffolk Counties, Long Island, New York," *AEH* 51 (1996): 255—265; J. Melius et al., "Residence Near Industries and High Traffic Areas and the Risk of Breast Cancer on Long Island," (Albany: New York State Dept. of Health, 1994).

79　关于长岛的早期研究：New York State Department of Health, Department of Community 328
and Preventative Medicine at the State University of New York at Stony Brook, Nassau County Department of Health, and Suffolk County Department of Health Services, *The Long Island Breast Cancer Study*, Reports 1—3 (1988—1990).

79　美国疾病预防和控制中心(CDC)：G. Kolata, "Long Island Breast Cancer Called Explainable by U.S.," *New York Times*, 19 Dec. 1992, A-9.

80　长岛乳腺癌研究项目：M. D. Gammon et al., "Environmental Toxins and Breast Cancer on Long Island: II. Organo chlorine Compound Levels in Blood," *Cancer Epidemiology, Biomarkers and Prevention* 11 (2002): 686—697.

80　长岛女性罹患乳腺癌与使用杀虫剂之间的关系：S. L. Teitelbaum et al., "Reported Residential Pesticide Use and Breast Cancer Risk on Long Island, New York," *AJE* 165 (2007): 643—651.

81　具有 DNA 受损迹象的长岛女性罹患乳腺癌的情况：这些物质都以 DNA 加合物的形式为人们所了解. M. D. Gammon et al., "Environmental Toxins and Breast Cancer on Long Island: I. Polycyclic Aromatic Hydrocarbon DNA Adducts," *Cancer Epidemiology, Biomarkers and Prevention* 11 (2002): 677—685; J. G. Brody and R. A. Rudell, "Environmental Pollutants and Breast Cancer: The Evidence from Animal and Human Studies," *Breast Diseases: A Year Book Quarterly* 19 (2008): 17—19.

81　科德角北部的历史：S. Rolbein, *The Enemy Within: The Struggle to Clean Up Cape Cod's Military Superfund Site* (Orleans, MA: Association for the Preservation of Cape Cod, 1995).

81　科德角北部地区的癌症发病率：*MDPH, Cancer Incidence in Massachusetts*, 1982—1990 (Boston: MDPH, 1993).

81　1991 年的研究：A. Aschengrau and D. M. Ozonoff, *Upper Cape Cancer Incidence Study. Final Report* (Boston: Mass. Depts. of Public Health and Environmental Protection, 1991).

82　寂静的春天研究所：J. G. Brody et al., "Mapping Out a Search for Environmental Causes of Breast Cancer," *Public Health Reports* 111 (1996): 495—507; "Cape Cod Breast Cancer and Environment Study Overview" (Newton, MA: Silent Spring Institute, July 12, 1995).

82　科德角地区的研究：V. Viera et al., "Spatial Analysis of Lung, Colorectal, and Breast Cancer on Cape Cod: An Application of Generalized Additive Models to Case-Control Data," *Environmental Health* 4 (2005): 11; W. McKelvey et al., "Association between
329 Residence on Cape Cod, Massachusetts, and Breast Cancer," *Annals of Epidemiology* 14 (2004): 89—94; L. D. Standley et al., "Wastewater-Contaminated Groundwater as a Source of Endogenous Hormones and Pharmaceuticals to Surface Water Ecosystems," *Environmental Toxicology and Chemistry* 27 (2008): 2457—2468; J. Brody et al., "Breast Cancer Risk and Drinking Water Contaminated by Wastewater: A Case-Control Study," *Environmental Health* 5 (2006): 28.

83　引自 1991 年的调查研究：Aschengrau and Ozonoff, *Upper Cape*, ix.

83　科德角的水管：A. Aschengrau et al., "Cancer Risk and Tetrachloroethylene-Contaminated Drinking Water in Massachusetts," *AEH* 48 (1993): 284—292; T. Webster and H. S. Brown, "Exposure to Tetrachloroethylene via Contaminated Drinking Water Pipes in Massachusetts: A Predictive Model," *AEH* 48 (1993): 293—297.

84　干洗店：N. S. Weiss, "Cancer in Relation to Occupational Exposure to Perchloroethylene," *Cancer Causes and Control* 6 (1995): 257—266.

84　1983 年的研究：C. D. Larsen et al., "Tetrachloroethylene Leached from Lined Asbestos-

Cement Pipe into Drinking Water," Journal of the American Water Works Association 75 (1983): 184—188.

85　引自 1993 年的研究：Aschengrau, "Tetrachloroethylene-Contaminated," 291.

85　诺曼代尔：T. L. Aldous, "State to Probe Cancer in Normandale," *PDT*, 4 Oct. 1991, A-2; T. L. Aldous, "Study: No Cancer Cluster," *PDT*, 6 Mar. 1992, A-1, A-12.

86　报纸对死亡证明的调查：出处同上.

87　引自诺曼代尔鳏夫的话：Aldous, "Area Cancer Rates Normal."

第五章　斗争

90　《寂静的春天》中的二战：R. Carson, *Silent Spring* (Boston: Houghton Mifflin, 1962). (详见第二章和第三章)

91　所有生灵都在劫难逃：出处同上，8.

91　化学品生产图表：华盛顿哥伦比亚特区国际贸易委员会；R. C. Thompson et al., "Our Plastic Age," *Philosophical Transactions of the Royal Society* B 364 (2009): 1973—1976.

92　石油是大多数合成化学品的原料：现在使用的合成化学物质中大约 90%是石化产品. E. Grossman, *Chasing Molecules: Poisonous Products, Human Health, and the Promise of Green Chemistry* (Washington, DC: Island Press, 2009). 330

94　聚氯乙烯(PVC)的生命周期：S. Steingraber, "The Pirates of Illiopolis—Why Your Kitchen Floor May Pose a Threat to National Security," *Orion*, May/June 2005, 16—27.

94　机体组织内脂肪高度堆积：J. D. Sherman, *Chemical Exposure and Disease: Diagnostic and Investigative Techniques* (Princeton, NJ: Princeton Scientific Publishing, 1994); L. S. Welch, "Organic Solvents," in M. Paul (ed.), *Occupational and Environmental Reproductive Hazards: A Guide for Clinicians* (Baltimore: Williams & Wilkins, 1993).

95　氯仿：ATSDR, *Toxicological Profile for Chloroform* (Atlanta: USDHHS, ATSDR, 1997).

95　二战中的 DDT：E. P. Russell III, "'Speaking of Annihilation': Mobilizing for War Against Human and Insect Enemies, 1914—1945," *Journal of American History* 82 (1996): 1505—1529; T. R. Dunlap, DT: *Scientists, Citizens, Public Policy* (Princeton, NJ: Princeton University Press, 1981), 61—62; J. Whorton, *Before* Silent Spring: *Pesticides and Public Health in Pre-DDT America* (Princeton, NJ: Princeton University Press, 1974), 248—255.

96　希特勒的头像：这则广告出现在 1994 年 4 月的贸易杂志《肥皂与卫生化学品》(*Soap and Sanitary Chemicals*)上，之后，在罗素三世的"论歼灭战(Speaking of Annihilation)"一文中被转载.

96 苯氧基除草剂：D. E. Lilienfeld and M. A. Gallo, "2,4-D, 2,4,5-T, and 2,3,7,8-TCDD: An Overview," *Epidemiologic Reviews* 11 (1989): 28—58.

96 硫磷与其他有机磷酸盐：Sherman, *Chemical Exposure and Disease*, 24; H. W. Chambers, "Organophosphorous Compounds: An Overview," in J. E. Chambers and P. E. Levi (eds.), *Organophosphates: Chemistry, Fate, and Effects* (San Diego: Academic Press, 1992).

96 行为机制：L. J. Fuortes et al., "Cholinesterase-Inhibiting Insecticide Toxicity," *American Family Physician* 47 (1993): 1613—1620; F. Matsumura, *Toxicology of Insecticides*, 2nd ed. (New York: Plenum, 1985), 111—202.

96 作为德国神经毒气原料的有机磷酸酯：Sherman, *Chemical Exposure and Disease*, 161; J. Borkin, *The Crime and Punishment of I. G. Farben* (New York: Harper & Row, 1978) 722—723.

331 96 战争中的苯氧基除草剂：*P. F. Cecil, Herbicidal Warfare: The Ranch Hand Project in Vietnam* (New York: Praeger, 1986); A. Ihde, *The Development of Modern Chemistry* (New York: Harper & Row, 1964), 722—723.

97 到1960年,2,4-D的生产占除草剂生产量的半数：Lilienfeld and Gallo, "2,4-D, 2,4,5-T."

97 想更多了解美国除草剂使用量增加的情况,可参考 NRC, *Pesticides in the Diets of Infants and Children* (Washington, DC: National Academy Press, 1993),15.

97 杀虫剂使用情况图表：W. J. Hayes Jr. and E. R. Laws (eds.), *Handbook of Pesticide Toxicology*, vol. 1, *General Principles* (New York: Academic Press, 1991), 22.

97 抢占90%的市场：NRC, Pesticides in the Diets,15.

97 农药使用的趋势：美国农业使用的农药半数以上是除草剂,其余的是杀虫剂、杀菌剂和其他农药.有间接证据表明,除草剂使用量已经跃居第一,而杀虫剂使用量则有所下降.目前尚没有准确数字,因为在撰写此书时,环保总署已经八年没有发布有关农药使用的数据了.S. K. Ritter, "Pinpointing Trends in Pesticide Use—Limited Data Indicate that Pesticide Use Has Dropped Since the 1970s," *Chemical and Engineering News* 87 (2009).

97 杀虫剂在家庭中的使用：T. Kiely et al., *Pesticides—Industry Sales and Usage, 2000 and 2001 Market Estimates* (Washington, DC: U. S. EPA Office of Prevention, Pesticides, and Toxic Substances, 2004).

97 地毯纤维中的农药：R. G. Lewis et al., "Evaluation of Methods for Monitoring the Potential Exposure of Small Children to Pesticides in the Residential Environment," *Archives of Environmental Contamination and Toxicology* 26 (1994): 37—46; M. Moses et al., "Environmental Equity and Pesticide Exposure," *Toxicology and Industrial Health* 9 (1993): 913—959.

97　住房及城市发展部(HUD)对厨房地面的调查研究：D. M. Stout et al.,"American Healthy Homes Survey：A National Study of Residential Pesticides Measured from Floor Wipes," *Environmental Science and Technology* 43 (2009)：4294—4300.

98　儿童癌症与家庭杀虫剂的使用：C. Infante-Rivard and S. Weichenthal, "Pesticide and Childhood Cancer：An Update of Zahm and Ward's 1998 Review," *Journal of Toxicology and Environmental Health*, *Part B* 10 (2007)：81—99; X. Ma et al., "Critical Windows of Exposure to Household Pesticides and Risk of Childhood Leukemia," *EHP* 110 332
(2002)：955—960; C. Metayer and P. A. Buffler, "Residential Exposures to Pesticides and Childhood Leukemia," *Radiation Protection Dosimetry* 132 (2008)：212—219; A. L. Rosso et al., "A Case-Control Study of Childhood Brain Tumors and Fathers' Hobbies：A Children's Oncology Group Study," *Cancer Causes and Control* 19 (2008)：1201—1207; J. Rudant et al., "Household Exposure to Pesticides and Risk of Hematopoietic Malignancies：The ESCALE Study (SFCE)," *EHP* 115 (2007)：1787—1793; O. P. Soldin et al., "Pediatric Acute Lymphoblastic Leukemia and Exposure to Pesticides," *Therapeutic Drug Monitoring* 32 (2009)：495—501.

98　石化行业异军突起：R. F. Sawyer, "Trends in Auto Emissions and Gasoline Composition," *EHP* 101 (1993, S-6)：5—12; Ihde, *Modern Chemistry*.

99　德国的人工化肥：Ihde, *Modern Chemistry*, 680—681.

99　氯气与氯化溶剂：International Programme on Chemical Safety, WHO, "Chlorine and Hydrogen Chloride," *Environmental Health Criteria* 21 (1982)：54—60; Dr. Edmund Russell III, 私人通信.

99　战争结束以后：A. Thackary et al., *Chemistry in America*, 1876—1976 (Dordecht, Netherlands：eidel, 1985).

99　到了 20 世纪 30 年代：Ihde, *Modern Chemistry*.

99　二战的全面出击:出处同上.

99　国家领导人的恐惧： Dr., Edmund Russell III, 私人通信.

99　亚伦·伊德如是说：Ihde, *Modern Chemistry*, 674.

99　从碳水化合物经济到石化经济的转变：D. Morris and I. Ahmed, *The Carbohydrate Economy*：*Making Chemicals and Industrial Materials from Plant Matter* (Washington, DC：Institute for Local Self-Reliance, 1992). 由植物制成的塑料与石化塑料代替物的有趣历史,请参考 S. Fenichell, *Plastic*：*The Making of a Synthetic Century* (New York：Harper-Business, 1996).

100　塑料消耗掉全球 8%的石油：4%用于饲料加工,另外 4%用于制造业. 每年生产的塑料中有 1/3 用作一次性方便袋。塑料占城市垃圾总量的 10%,塑料生产年增长率大约为 9%.
R. C. Thompson et al., "Our Plastic Age," *Philosophical Transactions of the Royal So-* 333

ciety 364 (2009): 1973—1976; R. C. Thompson et al., "Plastics, the Environment, and Human Health: Current Consensus and Future Trends," *Philosophical Transactions of the Royal Society* 364 (2009): 2153—2166.

100 甲醛: L. E. Beane Freeman et al., "Mortality from Lymphohematopoietic Malignancies Among Workers in Formaldehyde Industries: The National Cancer Institute Cohort," *JNCI*, 101 (2009): 751—761; NCI, "Fact Sheet: Formaldehyde and Cancer Risk," May 2009; NTP, "Formaldehyde," *Report on Carcinogens*, 11th ed. (USDHHS, Public Health Service, 2005).

100 泡沫绝缘体中的甲醛: IDPH, "Urea Formaldehyde Foam Insulation"(宣传册)(Springfield, IL: IDPH, 1992).

100 污染室内空气的甲醛: M. C. Marbury and R. A. Krieger, "Formaldehyde," in J. M. Samet and J. D. Spengler (eds.), *Indoor Air Pollution: A Health Perspective* (Baltimore, MD: Johns Hopkins University Press, 1991).

100 关于拖车内甲醛的新闻标题: 例如, M. Engel, "Fuming over Formaldehyde," *Los Angeles Times*, 7 Oct. 2008.

100 入殓师: "Formaldehyde," NTP, *Report on Carcinogens*, 11th ed. (USDHHS, Public Health Service, 2005).

101 作为甲醛前身的大豆: Morris and Ahmed, *Carbohydrate Economy*.

101 其他油基植物:出处同上。

101 机械工厂中的人造切削油: Y. T. Fan, "*N*-Nitrosodiethanolamine in Synthetic Cutting Fluids: A Part-per-Hundred Impurity, "*Science* 196 (1977): 70—71.

101 切削油中的污染物: NTP, *Seventh Annual Report*, 282.

101 切削油研究引证: Fan, "*N*-Nitrosodiethanolamine,"71.

101 2009 年秋季发布的通告: K. Zito, "EPA Wants More Oversight on Chemicals," *San Francisco Chronicle*, 30 Sept. 2009.

101 美国有毒物质控制法(TSCA)的缺陷: 我的分析是基于下列文献: A. Daemmrich, "Risk Frameworks and Biomonitoring: Distributed Regulation of Synthetic Chemicals in Humans," *Environmental History* 13 (2008): 684—695; M. Schapiro, *Exposed: The Toxic Chemistry of Everyday Products and What's at Stake for American Power* (White River
334 Junction, VT: Chelsea Green Publishing, 2007); U. S. GAO, Chemical Regulation: Options Exist to Improve EPA's Ability to Assess Health Risks and Manage Its Chemical Review Program (U. S. Government Accountability Office, GAO-05-458, June 2005); M. P. Wilson et al., *Green Chemistry in California: A Framework for Leadership in Chemicals Policy and Innovation* (University of California, California Policy Research Center, 2006); M. P. Wilson and M. R. Schwartzman, *Green Chemistry: Cornerstone to*

a Sustainable California (Centers for Occupational and Environmental Health, University of California, Jan. 2008).

103 《联邦食品、药品与化妆品法(FFDCA)》与《联邦杀虫剂、杀菌剂和灭鼠剂法(FIFRA)》:针对两项法律的漏洞与缺点的严肃讨论,参看 J. Wargo, *Our Children's Toxic Legacy: How Science and Law Fail to Protect Us from Pesticides* (New Haven, CT: Yale University Press, 1996); and GAO, *Food Safety: Changes Needed to Minimize Unsafe Chemicals in Food*, Report to the Chairman, Human Resources and Intergovernmental Relations Subcommittee, Committee on Government Operations, House of Representatives, GAP/RCED-94—192, Sept. 1994.

103 给每一个人发一本驾照: D. Ozonoff, "Taking the Handle off the Chlorine Pump" (presentation at the public health forum "Environmental and Occupational Health Problems Posed by Chlorinated Organic Chemicals," Boston University School of Public Health, 5 Oct. 1993).

103 《知情权法》的历史:《应急计划和社区知情权法(EPCRA)》是在州和地方层面对民众请愿的回应.也是对 1984 年印度博帕尔化学污染惨案的直接反应.事情的经过是,杀虫剂原料从联合碳化物公司泄漏,毒死了附近数以千计正在熟睡中的居民.当时因为没有人知道毒死他们的化学品是什么,因此,无法实施紧急医疗救助.后来,在美国西弗吉尼亚的一家同类化学厂也发生了一场类似的泄漏事故.此后不久,议会投票通过了《应急计划和社区知情权法》.《法案》的关键部分仅以一票优势通过. B. A. Goldman, "Is TRI Useful in the Environmental Justice Movement?" (1994 年 12 月 6 日在波士顿"有毒物质排放清单"数据使用会议的发言),转载在 *EPA Proceedings: Toxics Release Inventory (TRI) Data Use Conference, Building TRI and Pollution Prevention Partnerships*, EPA 749-R-95—001 (Washington, DC: EPA, 1995), 133—137; and Paul Orum, Working Group on Community-Right-to-Know, 私人通信.

104 对于"有毒物质排放清单"(TRI)的描述: Commission for Environmental Cooperation, 335
Taking Stock: 2005 North American Pollutant Releases and Transfers (Montreal: CEC, 2009).

104 在国土安全的幌子下,知情权数据消失了: B. Allen, "Environment, Health, and Missing Information," *Environmental History* 13 (2008): 659—666.

104 设施报告的数量在下降: Commission for Environmental Cooperation, *Taking Stock*.

104 出现了倒退现象: OMB Watch, "The Toxics Release Inventory Is Back," Press Release, 24 Mar. 2009.

104 排放数量的减少只是幻觉而已: Working Group on Community Right-to-Know, "New Toxics Data Show Little Progress in Source Reduction," Press Release, Washington, DC, 27 Mar. 1995.

105　排放量下降不等于生产量下降：Inform, Inc., *Toxics Watch* 1995 (New York: Inform, Inc., 1995).

105　"有毒物质排放清单"(TRI)报告的影响力：J. H. Cushman, "Efficient Pollution Rule under Attack," *New York Times*, 28 June 1995, A-16; K. Schneider, "For Communities, Knowledge of Polluters Is Power," *New York Times*, 24 Mar. 1991, A-5.

105　引自化工企业代表的话：转载自 *Working Notes on Community-Right-to-Know* (Washington, DC: Working Group on Community Right-to-Know, May—June 1995), 3.

105　最新 TRI 数据：Carcinogens are as defined by OSHA. TRI Explorer, "Releases — Chemical Report for Release Year 2007" (EPA, 2009). Available at www.epa.gov/triexplorer/chemical.htm.

106　整个北美大陆的数据：Commission for Environmental Cooperation, *Taking Stock*: 2005 *North American Pollutant Releases and Transfers* (Montreal: CEC, 2009).

106　皮奥里亚县的危险垃圾填埋场：T. Bibo, "Peoria County Climbs Toxic Rankings," PJS, 26 April 2009; Commission for Environmental Cooperation, *Taking Stock*.

108　水文专家的描述：L. Hoburg et al., *Groundwater in the Peoria Region*, Cooperative Research Bulletin 39 (Urbana, IL: ISGWS, 1950), 53.

336 108　佩金的历史：*Pekin*, *Illinois*, *Sesquicentennial* (1824—1974): A History (Pekin, IL: Pekin Chamber of Commerce, 1974).

108　佩金的一家酿酒厂：Midwest Grain Products, 1994 *Annual Report*.

109　战争中的"卡特彼勒"：P. A. Letourneau (ed.), *Caterpillar Military Tractors*, vol. 1. (Minneapolis: Iconografix, 1994).

109　甜菜地与淀粉激增：*Pekin*, *Illinois*, *Sesquicentennial*, 68.

109　阿文丁出版社披露的《有毒物质排放清单》(TRI)："职业安全与卫生条例管理局"(OSHA)所定义的致癌物. TRI Explorer, "Releases — Chemical Report for Release Year 2007" (EPA, 2009). 获取网址：www.epa.gov/triexplorer/chemical.htm.

109　来自鲍威尔顿的污染："Pekin Edison Plant Named Worst Pollutor," *Bloomington Daily Pantagraph*, 10 Aug. 1974; J. Simpson, "Conservationist Blasts Pekin Energy Plant," *Bloomington Daily Pantagraph*, 30 July 1971.

110　吉斯通：E. Hopkins, "Keystone Plans Costly Cleanup," *PJS*, 3 July 1993, A-1; E. Hopkins, "Region Awash in Toxic Chemicals: Study," *PJS*, 25 July 1993, A-2.

111　引自毒理学家和报纸的结论：E. Hopkins, "Emissions List Ranks Region 13th," *PJS*, 19 Mar. 1995, A-1, A-22.

111　佩金-皮奥里亚地区的有毒物质排放数据：数据来自 TRI. 还可参考 Hopkins, "Region Awash."

111　克菌丹：EPA, *Suspended*, *Cancelled*, *and Restricted Pesticides*, 20T1002 (Washington,

DC: EPA, 1990).

111 文件：来自美国环保署“有毒物质排放清单”，“私人通讯服务”(PCS)及 FINDS 数据库知情权法网络备份. 这些调查是凯西 · 格兰菲尔德在 1995 年 1 月 1 日进行的. 塔兹韦尔县其他数据是由斯普林菲尔德国际经济政策协会(IEPA)“有毒物质排放清单”协调员乔 · 古德纳提供的.

112 塔兹韦尔的有害物质增加了一倍：IEPA, *Summary of Annual Reports on Hazardous Waste in Illinois for* 1991 *and* 1992: *Generation*, *Treatment*, *Storage*, *Disposal*, *and Recovery*, IEPA/BOL/94-155 (Springfield, IL: IEPA, 1994), 61.

112 接受了超出其产生量四倍的垃圾：IEPA, *Illinois Non-hazardous Special Waste Annual Report for* 1991 (Springfield, IL: IEPA, 1993), table K.

112 漏油报告：本报告是伊利诺伊州塔兹韦尔县区域报告的一部分，选自美国环保署“紧急响应通告系统”(ERNS)数据库中知情权法的网络拷贝.

112 氯甲烷：ATSDR, *Toxicological profile for Chloromethane* (Atlanta: USDHHS, ATSDR, 1998).

113 具有雌激素特征的战后化学品：D. M. Klotz et al., “Identification of Environmental Chemicals with Estrogenic Activity Using a Combination of *In Vitro* Assays,” *EHP* 104 337
(1996): 1084—1089; “Masculinity at Risk” (editorial), *Nature* 375 (1995): 522; R. M. Sharpe, “Another DDT Connection,” *Nature* 375 (1995): 538—539; “Male Reproductive Health and Environmental Oestrogens” (editorial), *Lancet* 345 (1995): 933—935; Institute for Environment and Health, *Environmental Oestrogens*: *Consequences to Human Health and Wildlife* (Leicester, England: University of Leicester, 1995); J. Raloff, “Beyond Estrogens: Why Unmasking Hormone-Mimicking Pollutants Proves So Challenging,” *Science News* 148 (1995): 44—46.

113 二氯苯基二氯乙烯(DDE)：W. R. Kelce et al., “Persistent DDT Metabolite *p,p'*-DDE is a Potent Androgen Receptor Antagonist,” *Nature* 375 (1995): 581—585.

113 睾丸发育不全综合征：N. E. Skakkebaek et al., “Testicular Dysgenesis Syndrome: An Increasingly Common Developmental Disorder with Environmental Aspects,” *Human Reproduction* 16 (2001): 972—978; S. E. Talsness et al., “Components of Plastic: Experimental Studies in Animals and Relevance for Human Health,” *Philosophical Transactions of the Royal Society* 364 (2009): 2079—2096.

114 邻苯二甲酸酯对雄性发育的威胁：National Toxicology Program Center for the Evaluation of Risks to Human Reproduction, “Expert Panel Review of Phthalates,” final report, National Toxicology Center, 2000.

114 尿液中的邻苯二甲酸酯：CDC, *Second Annual Report on Human Exposure to Environmental Chemicals* (NCEH Pub. No. 02-0716, 2003); B. C. Blount et al., “Levels of

Seven Urinary Phthalate Metabolites in a Human Reference Population," *EHP* 108 (2000):979—982.

114 婴儿研究：S. H. Swan et al. , "Decrease in Anogenital Distance Among Male Infants with Prenatal Phthalate Exposure," *EHP* 113 (2005)：1056—1061.

114 成人研究：S. M. Duty, "The Relationship Between Environmental Exposures to Phthalates and DNA Damage in Human Sperm," *EHP* 111 (2003)：1164—1169.

114 人群中的邻苯二甲酸酯：CDC, *Second Annual Report on Human Exposure to Environmental Chemicals* (NCEH Pub. No. 02-0716, 2003); B. C. Blount et al. , "Levels of Seven Urinary Phthalate Metabolites in a Human Reference Population," *EHP* 108 (2000)：979—982.

114 对有机氯农药的描述：J. Thornton, *Pandora's Poison：Chlorine, Health, and a New Environmental Strategy* (Cambridge, MA：MIT, 2000).

115 PCBs 多氯联苯降低睾酮：A. Goncharov et al. , "Lower Serum Testosterone Associated with Elevated Polychlorinated Biphenyl Concentrations in Native American Men," *EHP* 117 (2009)：1454—1960.

117 加拿大禁止农药用于美化：魁北克省的哈德逊是第一个通过法令，禁止在公有或私有土
338 地上使用非农用杀虫剂的加拿大城市. 2001 年,加拿大最高法院支持哈德逊法律,并在 2005 年,驳回了一家化学企业对多伦多地方法规的指控. L. Armstrong et al. , *Cancer：101 Solutions to a Preventable Epidemic* (Gabriola Island, British Columbia：New Society Press, 2007); CBC News, "Cancer Society Pushes for B. C. Pesticide Ban," 5 April 2009; "Canadian Activists Win Pesticide Bylaws," Global Pesticide Campaigner 14 (2004); N. Arya, "Pesticides and Human Health：Why Public Health Officials Should Support a Ban on Non-Essential Residential Use," *Canadian Journal of Public Health* 96 (2005)：89—92.

118 安大略医师学院：K. L. Bassil et al. , "Cancer Health Effects of Pesticides, Systematic Review," *Canadian Family Physician* 53 (2007)：1704—1711.

118 引自旅游杂志：G. Deacon, "Green Dream," *Toronto*, 2009.

119 化学品注册、评估、授权与限制法(REACH)：例如，H. Foth and A. Hayes, "Concept of REACH and Impact on Evaluation of Chemicals," *Human and Experimental Toxicology* 27 (2008)：5—21. 对美国和欧盟有毒物质政策异同的高度总结,参见 M. Schapiro, *Exposed：The Toxic Chemistry of Everyday Products and What's at Stake for American Power* (White River Junction, VT：Chelsea Green Publishing, 2007).

119 《关于持久性有机污染物的斯德哥尔摩公约》：United Nations Environment Programme, "Ridding the World of POPs：A Guide to the Stockholm Convention on Persistent Organic Pollutants," April 2005. 网址为 http://chm. pops. int/. 美国不是《公约》的缔约方.

"REACH"公民监督团体设在瑞典的国际化学秘书处：www . chemsec. org. 还可以参考 C. Hogue, "Persistent Organic Pollutants— Treaty Now Includes PFOS and Brominated Flame Retardants," *Chemical and Engineering News* 87 (2009): 9.

120 癌症幸存者的数量：ACS, *Cancer Facts and Figures*—2008 (Atlanta: ACS, 2008).

120 绿色化学：P. Anastas and J. Warner, *Green Chemistry: Theory and Practice* (New York: Oxford University Press, 1998); Grossman, Chasing Molecules; W. McDonough and M. Braungart, *Cradle to Cradle: Remaking the Way We Make Things* (New York: North Point Press, 2002).

120 绿色化学十二条原则：伊丽莎白·格罗斯曼(Elizabeth Grossman)的《追踪分子》(*Chasing Molecules*)一书，对付诸行动的每条绿色化学原则进行了详尽的描述，并列举了很好的例 339
子. 如下是不加注释的各条原则：防止垃圾产生；设计更安全的化学产品；设计危害性更小的合成物；使用可再生原料；使用催化剂，而不是计量试剂；避免化学衍生物；将原子效率最大化；使用更安全的溶解物和反应条件；增加能源效能；设计使用后可降解的化学产品；实时分析以防止污染；将事故的可能性减到最小. (源自 P. Anastas and J. Warner, *Green Chemistry: Theory and Practice* (New York: Oxford University Press, 1998).

121 大豆基胶黏剂获奖：Grossman, *Chasing Molecules*.

121 绿色化学成为主流的障碍：出处同上；Joseph Guth，私人通信；M. P. Wilson et al., *Green Chemistry in California: A Framework for Leadership in Chemicals Policy and Innovation* (University of California, California Policy Research Center, 2006); M. P. Wilson and M. R. Schwartzman, *Green Chemistry: Cornerstone to a Sustainable California* (Centers for Occupational and Environmental Health, University of California, Jan. 2008).

第六章 动物

124 雌激素类似物的加成效应：A. M. Soto et al., "The E-SCREEN Assay as a Tool to Identify Estrogens: An Update on Estrogenic Environmental Pollutants," *EHP* 103 (1995, S-7): 113—122. See also A. M. Soto et al., "The Pesticides Endosulfan, Toxaphene, and Dieldrin Have Estrogenic Effects on Human Estrogen-Sensitive Cells," *EHP* 102 (1994): 380—383.

124 各种农药的雌激素活性：A. M. Soto et al., "The Pesticides Endosulfan, Toxaphene, and Dieldrin Have Estrogenic Effects on Human Estrogen-Sensitive Cells," *EHP* 102 (1994): 380—83.

124 硫丹：ATSDR, *Toxicological Profile for Endosulfan* (USDHHS, 2000); J. Sass et al., "We Call on the U. S. Environmental Protection Agency to Ban Endosulfan" (open letter to Stephen Johnson, Administrator, U. S. Environmental Protection Agency, 19

May 2008); US EPA Endosulfan Updated Risk Assessment, *Federal Register* 72 (16 Nov. 2007), docket ID HQ-OPP-2002-0262-0067; V. Wilson et al., "Endosulfan Elevates Testosterone Biotransformation and Clearance in CD-1 Mice," *Toxicology and Applied Pharmacology* 148 (1998): 158—168.

125 加利福尼亚州的硫丹: T. M. Ole et al., *Water Woes: An Analysis of Pesticide Concentrations in California Surface Water* (San Francisco, CA: California Public Interest Research Group and the Pesticide Action Network Regional Center, 2000).

340 125 引自"有毒物质与疾病登记处": ATSDR, *Toxicological Profile for Endosulfan*.

125 长生的癌细胞株: G. B. Dermer, *The Immortal Cell: Why Cancer Research Fails* (Garden City Park, NY: Avery, 1994).

126 乳腺癌细胞株的名称: A. Leibovitz, "Cell Lines from Human Breast," in R. J. Hay et al. (eds.), *Atlas of Human Tumor Cell Lines* (New York: Academic Press, 1994); Dr. Carlos Sonnenschein, 私人通信.

126 人类乳腺癌细胞系(MCF-7)的起源: J. Ricci, "One Nun's Living Legacy," *Detroit Free Press*, 30 Sept. 1984, F-1, F-4; H. D. Soule, "A Human Cell Line from a Pleural Effusion Derived from a Breast Carcinoma," *JNCI* 51 (1973): 1409—1416.

127 啮齿类动物实验以及 IARC 和 NTP 的工作情况: S. M. Snedeker, "Perspectives on Approaches to Identify Cancer Hazards," *The Ribbon* [newsletter of the Cornell University Program on Breast Cancer and Environmental Risk Factors] 13 (2008): 1—2.

128 对商业活动中致癌物的估计: V. A. Fung et al., "The Carcinogenesis Bioassay in Perspective: Application in Identifying Human Cancer Hazards," *EHP* 103 (1995): 680—683.

128 科学家们要求继续下去: J. Huff et al., "The Limits of the Two-Year Bioassay Exposure Regimens for Identifying Chemical Carcinogens," *EHP* 116 (2008): 1439—1442.

129 对高通量检测方法的需求: B. E. Erickson, "Next-Generation Risk Assessment — EPA's Plan to Adopt In Vitro Methods for Toxicity Testing Gets Mixed Reviews from Stakeholders," *Chemical and Engineering News* 87 (2009): 30—33; National Research Council, *Toxicity Testing in the 21st Century: A Vision and a Strategy* (Washington, DC: National Academies Press, 2007).

130 1938年对狗进行的研究: W. C. Hueper et al., "Experimental Production of Bladder Tumors in Dogs by Administration of beta-Naphthylamine," *Journal of Industrial Hygiene and Toxicology* 20 (1938): 46—84. 因为这项研究以及其他的研究的结果,威廉·休博遭受资方的刁难、开除及企图撤销其科研基金的威胁. 他对狗进行实验的经历和他所遭受的政治迫害在芙拉·戴维斯(Devra Davis) 所著的《与癌症抗争的秘密历史》(*The Secret History of the War on Cancer*) (New York: Basic Books, 2007)一书中进行了回

顾. 在《癌症战争：政治如何左右我们对癌症的认识》(*Cancer Wars: How Politics Shapes What We Know and Don't Know about Cancer*)(New York: Basic Books, 1995, 36—48)一书中，对于休博与癌症的抗争，科学历史学家罗伯特·普洛克特(Robert Proctor)也做了很好的描述.

130 合成染料与纺织工人罹患膀胱癌风险的同步上升：E. K. Weisburger, "General Princi- 341
ples of Chemical Carcinogenesis," in M. P. Waalkes and J. M. Ward (eds.), *Carcinogenesis* (New York: Raven Press, 1994); NIOSH, *Special Occupational Hazard Review for Benzidene-Based Dyes*, DHEW (NIOSH) Pub. 80—109 (Cincinnati: NIOSH, 1980).

131 橡胶与金属行业工人的膀胱癌：P. Vineis and S. Di Prima, "Cutting Oils and Bladder Cancer," *Scandinavian Journal of Work Environment and Health* 9 (1983): 449—450; R. R. Monson and K. Nakano, "Mortality among Rubber Workers: I. White Male Union Employees in Akron, Ohio," *AJE* 103 (1976): 284—296; P. Cole et al., "Occupation and Cancer of the Lower Urinary Tract," *Cancer* 29 (1972): 1250—1260.

131 犬类所患癌症：L. Marconato et al., "Association Between Waste Management and Cancer in Companion Animals," *Journal of Veterinary Internal Medicine* 23 (2009): 564—569. L. T. Glickman et al., "Herbicide Exposure and the Risk of Transitional Cell Carcinoma of the Urinary Bladder in Scottish Terriers," *Journal of the American Veterinary Medical Association* 224 (2004): 1290—1297; L. T. Glickman et al., "Epidemiologic Study of Insecticide Exposures, Obesity, and Risk of Bladder Cancer in Household Dogs," *JTEH* 28 (1989): 407—414; H. M. Hayes, "Bladder Cancer in Pet Dogs: A Sentinel for Environmental Cancer?" *AJE* 114 (1981): 229—233.

132 乳房发育的描述：C. W. Daniel and G. B. Silverstein, "Postnatal Development of the Rodent Mammary Gland," in M. C. Neville and C. W. Daniel (eds.), *The Mammary Gland: Development Regulation, and Function* (New York: Plenum, 1987); J. Russo and I. H. Russo, "Development of the Human Mammary Gland," 出处同上; S. Z. Haslam, "Role of Sex Steroid Hormones in Normal Mammary Gland Function," 出处同上.

132 端乳芽：L. S. Birnbaum and S. E. Fenton, "Cancer and Developmental Exposure to Endocrine Disrupters," *EHP* 111 (2003): 389—394; S. E. Fenton, "The Mammary Gland: A Tissue Sensitive to Environmental Exposures," presentation before the President's Cancer Panel, Indianapolis, IN, 21 Oct. 2008; S. E. Fenton, "Endocrine Disrupting Compounds and Mammary Gland Development: Early Exposure and Later Life Consequences," *Endocrinology* 147 (supplement): S18—S24; A. Kortenkamp, "Breast Canc-
er, Oestrogens, and Environmental Pollutants: A Reevaluation from a Mixtures Perspec- 342

tive," *International Journal of Andrology* 29 (2006): 193—198.

132 阿特拉津对乳房发育的影响: L. S. Birnbaum and S. E. Fenton, "Cancer and Developmental Exposure to Endocrine Disrupters," *EHP* 111 (2003): 389—394; R. R. Enoch et al., "Mammary Gland Development as a Sensitive End Point After Acute Prenatal Exposure to an Atrazine Metabolite Mixture in Female Long-Evans Rats," *EHP* 115 (2007): 541—547; J. L. Rayner et al., "Adverse Effects of Prenatal Exposure to Atrazine During a Critical Period of Mammary Gland Growth," *Toxicological Science* 87 (2005): 255—266.

133 阿特拉津与人类的关联及鼠类乳腺癌研究: 由 R. A. Rudel et al. 所做的综述 "Chemicals Causing Mammary Gland Tumors in Animals Signal New Directions for Epidemiology, Chemicals Testing, and Risk Assessment for Breast Cancer Prevention," *Cancer* 109 (2007): 2635—2666. 还可参考 California Breast Cancer Research Program, *Identifying Gaps in Breast Cancer Research: Addressing Disparities and the Roles of the Physical and Social Environment* (Oakland, CA: University of California Office of the President, California Breast Cancer Research Program, 2007), 报告草案.

133 环境保护署决定允许继续使用阿特拉津: 环保署的理由是"引发雌性 SD 鼠乳腺肿瘤的阿特拉津的机理不可能在人类身上发挥作用". EPA, *Decision Documents for Atrazine: Atrazine IRED* (January 2003).

133 鲸和冶铝工人的膀胱癌: P. Béland, "About Carcinogens and Tumors," *Canadian Journal of Fisheries and Aquatic Sciences* 45 (1988): 1855—1856; D. Martineau et al., "Transitional Cell Carcinoma of the Urinary Bladder in a Beluga Whale (*Delphinapterus leucas*)," *Journal of Wildlife Diseases* 22 (1985): 289—294.

134 1988 年的研究: D. Martineau et al., "Pathology of Stranded Beluga Whales (*Delphinapterus leucas*) from the St. Lawrence Estuary, Québec, Canada," *Journal of Comparative Pathology* 98 (1988): 287—311.

135 1994 年的尸检报告: S. de Guise et al., "Tumors in St. Lawrence Beluga Whales," *Veterinary Pathology* 31 (1994): 444—449.

135 白鲸癌症研究的最新情况: C. Cirard et al., "Adenocarcinoma of the Salivary Gland in a Beluga Whale (*Delphinapterus leucas*)," *Journal of Veterinary Diagnostic Investigation* 3 (1991): 264—265; D. Martineau et al., "Cancer in Wildlife, a Case Study: Beluga
343 from the St. Lawrence Estuary, Quebec, Canada," *EHP* 110 (2002): 285—292; D. Martineau, "Intestinal Adenocarcinomas in Two Beluga Whales (*Delphinapterus leucas*) from the Estuary of the St. Lawrence River," *Canadian Veterinary Journal* 36 (1995): 563—565; D. McAloose and A. L. Newton, "Wildlife Cancer: A Conservation Perspective," *Nature Reviews* 9 (2009): 517—526; D. E. Sargent and W. Hoek, "An Update of

the Status of White Whales *Delphinapterus leucas* in the St. Lawrence Estuary, Canada," in J. Prescott and M. Gauquelin (eds.), *Proceedings of the International Forum for the Future of the Beluga* (Sillery, Québec: Presses de l'Université du Québec, 1990).

135 圣劳伦斯鲸的短命: McAloose and Newton, "Wildlife Cancer."

135 有关白鲸的引证: Martineau et al., "Cancer in Wildlife."

135 白鲸不再繁殖: Martineau et al., "Cancer in Wildlife." See also S. de Guise et al., "Possible Mechanisms of Action of Environmental Contaminants on St. Lawrence Beluga Whales (*Delphinapterus leucas*)," *EHP* 103, S-4 (1995): 73—77; A. Motluk, "Deadlier Than the Harpoon?" *New Scientist*, 1 July 1995, 12—13; D. Martineau et al., "Levels of Organochlorine Chemicals in Tissues of Beluga Whales (*Delphinapterus leucas*) from the St. Lawrence Estuary, Québec, Canada," *Archives of Environmental Contamination and Toxicology* 16 (1987): 137—147; R. Masse et al., "Concentrations and Chromatographic Profile of DDT Metabolites and Polychlorobiphenyl (PCB) Residues in Stranded Beluga Whales (*Delphinapterus leucas*) from the St. Lawrence Estuary, Canada," *Archives of Environmental Contamination and Toxicology* 15 (1986): 567—579.

135 野生鲸: K. E. Hobbs et al., "PCBs and Organo chlorine Pesticides in Blubber Biopsies from Free-Ranging St. Lawrence River Estuary Beluga Whales (*Delphinapterus leucas*), 1994—1998, *Environmental Pollution* 122 (2003): 291—302.

135 空气中沉积的氯丹和毒杀芬: D. Muir, "Levels and Possible Effects of PCBs and Other Organochlorine contaminants and St. Lawrence Belugas," in Prescott and Gauquelin, *Future of the Beluga*.

135 鳗鱼、鲸与灭蚁灵: P. Béland et al., "Toxic Compounds and Health and Reproductive Effects in St. Lawrence Beluga Whales," *Journal of Great Lakes Research* 19 (1993): 766—775; T. Colborn, *Great Lakes, Great Legacy?* (Washington, DC: Conservation 344
Foundation, 1990), 140.

136 鳗鱼的生活史: R. Carson, *Under the Sea Wind* (New York: Penguin Books, 1941), 209—272; 比作柳树叶, 265.

136 引自埃兹拉·庞德: "Portrait d'une Femme," *Personae* (New York: New Directions, 1926).

137 苯并芘与圣劳伦斯白鲸: P. Béland, "The Beluga Whales of the St. Lawrence River," *Scientific American*, May 1996, 74—81; D. Martineau et al., "St Lawrence Beluga Whales, the River Sweepers?" *EHP* 110 (2002): A562—A564; McAloose and Newton, "Wildlife Cancer."

137 苯并芘的化学性与致癌性: NTP, *Report on Carcinogens*, 11th ed. (USDHHS, Public Health Service, 2005)—多环芳烃.

138 作用机制：M. E. Hahn and J. J. Stegeman, "The Role of Biotransformation in the Toxicity of Marine Pollutants," in Prescott and Gauquelin, *Future of the Beluga*.

138 鲸与 DNA 加合物：D. Martineau et al., "Pathology and Toxicology of Beluga Whales from the St. Lawrence Estuary, Québec, Canada: Past, Present and Future," *Science of the Total Environment* 154 (1994): 201—215; L. R. Shugart and C. Theodorakis, "Environmental Toxicology: Probing the Underlying Mechanisms," *EHP* 102, S-12 (1994): 13—17; L. R. Shugart et al., "Detection and Quantitation of Benzo[a]pyrene-DNA Adducts in Brain and Liver Tissues of Beluga Whales (*Delphinapterus leucas*) from the St. Lawrence and Mackenzie Estuaries," in Prescott and Gauquelin, *Future of the Beluga*.

139 引自里昂·皮帕德：L. Pippard, "Ailing Whales, Water and Marine Management Systems: An Urgency for Fresh, New Approaches," in Prescott and Gauquelin, *Future of the Beluga*.

139 克莱德·达维的新发现：J. C. Harshbarger, "Introduction to Session on Pathology and Epizootiology," *EHP* 90 (1991): 5.

139 低等动物肿瘤登记处：J. C. Harshbarger, "Role of the Registry of Tumors in Lower Animals in the Study of Environmental Carcinogenesis in Aquatic Animals," *Annals of the New York Academy of Sciences* 298 (1977): 280—289; J. C. Harshbarger, "The Registry of Tumors in Lower Animals," in *Neoplasia and Related Disorders in Invertebrates and Lower Vertebrate Animals*, *NCI Monograph* 31 (1969); J. C. Wolf et al., "Upda-
345 ting the Registry of Tumors in Lower Animals," 28th Annual Eastern Fish Health Workshop, April 2003.

140 与被污染的沉积物有关的肿瘤：McAloose and Newton, "Wildlife Cancer"; M. J. Moore and M. S. Myers, "Pathobiology of Chemical-Associated Neoplasia in Fish," in D. C. Malins and G. K. Ostrander (eds.), *Aquatic Toxicology: Molecular, Biochemical and Cellular Perspectives* (Boca Raton, FL: Lewis, 1994).

140 针对被污染的沉积物进行的实验室研究：J. C. Harshbarger and J. B. Clark, "Epizootiology of Neoplasms in Bony Fish of North America," *Science of the Total Environment* 94 (1990): 1—32; Dr. William Hawkins, Gulf Coast Research Laboratory, 私人通信.

141 伊利诺伊州的福克斯河：J. A. Couch and J. C. Harshbarger, "Effects of Carcinogenic Agents on Aquatic Animals: An Environmental and Experimental Overview," *Environmental Carcinogenesis Reviews* 3 (1985): 63—105; E. R. Brown et al., "Frequency of Fish Tumors Found in a Polluted Watershed as Compared to Nonpolluted Canadian Waters, *Canada Research* 33 (1973): 189—198.

141 水牛岩上的土丘：D. C. McGill, *Michael Heizer: Effigy Tumuli: The Reemergence of Ancient Mound Building* (New York: Abrams, 1990). 西北内陆健康服务局(NHS)的苏

珊提醒我不要到正在被侵蚀的土丘上行走.

第七章　泥土

144　伊利诺伊州农场的数量：1960：159,000；2008：75,900. IFB, *Farm and Food Facts*, 2008. 网址为 www.ilfb.org.

144　奶牛与家禽的数量：出处同上.

145　农耕的变化：J. Bender, *Future Harvest*: *Pesticide-Free Farming* (Lincoln: University of Nebraska Press, 1994), 2; IDENR, *The Changing Illinois Environment*: *Critical Trends*, *Summary Report*, IDENR/ RE-EA-94/05 (Springfield, IL: IDENR, 1994), 54—55.

145　玉米和豆类的销售额占现金收入总额的 90%：IFB, *Farm and Food Facts*, 2008.

146　战后的农业经济变化：F. Kirschenmann, "Scale—Does It Matter?" in A. Kimbrell (ed.), *Fatal Harvest*: *The Tragedy of Industrial Agriculture* (Washington, DC: Foundation for Deep Ecology and Island Press, 2002). A. Rosenfeld et al., *Agrichemi-* 346
cals in America: *Farmers' Reliance on Pesticides and Fertilizers*, *A Study of Trends over the Last 25 Years* (Washington, DC: Public Voice for Food and Health Policy, 1993); Dr. David Pimentel, Cornell University, 私人通信.

146　轮作：Bender, *Future Harvest*.

146　苜蓿：出处同上.

146　大豆的自然史：American Soybean Association, *Soy Stats*: *A Reference Guide to Important Soybean Facts and Figures* (St. Louis: American Soybean Association, 1994); S. L. Post, "Miracle Bean," *The Nature of Illinois* (Fall 1993); 1, 3; Illinois Soybean Association, *Soybeans*: *The Gold That Grows* (pamphlet) (Bloomington, IL: Illinois Soybean Association, n. d.).

147　玉米的自然史：*The Nature of Corn* (小册子) (Springfield: Illinois State Board of Education, 1996).

149　伊利诺伊州就是一台生产蛋白质的机器：L. L. Jackson, "Who 'Designs' the Agricultural Landscape?" *Landscape Journal* 27 (2008): 23—40.

150　畜牧业生产的高峰年：IDA, Facts About Illinois Agriculture—Economic History. Available at www.agr.state.il.us/about.

150　远隔数个时区饲养的牲畜：美国 99%的猪、火鸡和牛是在隔离设施内生产的. 大多数肉牛是在牧场上放养的. Jackson, "Who 'Designs' the Agricultural Landscape?" 23—40.

150　工业食品制度：出处同上.

150　大声疾呼的批评家：我个人最喜欢的批评家是温德尔·贝里(Wendell Berry)、特拉·布鲁克曼(Terra Brockman)、卡姆亚·恩莎岩(Kamyar Enshayan)、维斯·杰克逊(Wes Jackson)、劳拉·杰克逊(Laura Jackson)、芭芭拉·金索沃(Barbara Kingsolver)、弗雷德·克申曼(Fred Kirschenmann)和米甲·普兰(Michal Pollan).

151 2006 年的菠菜恐慌: D. G. Maki, "Don't Eat the Spinach—Controlling Foodborne Infectious Disease," *NEJM* 355 (2006): 1952—1955.

151 芥菜: IFB, *Farm and Food Facts*, 2008.

151 《芝加哥论坛报》(*Chicago Tribune*)的特拉·布鲁克曼(Terra Brockman): B. Mahany, "Dirty Stories," *Chicago Tribune* 24 Sept. 2006. 在 *The Seasons on Henry's Farm: A Year of Food and Life on a Sustainable Farm* (Evan ston, IL: Agate Surrey, 2009)—书中重申.

151 关于公众健康的讨论: D. S. Ludwig and H. A. Pollack. "Obesity and the Economy: From Crisis to Opportunity." *JAMA* 301 (2009): 533—535.

347 151 肥胖趋势统计与 2009 年肥胖报告: Robert Wood Johnson Foundation and the Trust for America's Health, *F Is for Fat: How Obesity Policies Are Failing in America*, July 2009.

153 肥胖如何导致癌症: F. Osorio et al., "Epidemiological and Molecular Mechanisms Aspects Linking Obesity and Cancer," *Arquivos Brasileiros de Endocrinologia e Metabologia* 53 (2009): 219—226.

153 乙醇: 伊利诺伊州的乙醇生产处于全国领先地位. IFB, *Farm and Food Facts*, 2008. 在乙醇净能量平衡上,我认同北爱荷华大学环境工程师卡姆亚·恩莎岩(Kamyar Enshayan)的结论. K. Enshayan, *Living Within Our Means: Beyond the Fossil Fuel Credit Card* (Cedar Falls, IA: UNI Local Food Project, 2005).

154 用于玉米和大豆生产的农药: R. Gilliom et al., *Pesticides in The Nation's Streams and Ground Water*, 1992—2001 (USGS, Circular 1291, 2006).

154 伊利诺伊州的杂草: IDENR, *The Changing Illinois Environment: Critical Trends*, vol. 3, IDENR/RE-EA-94/05 (*Springfield*, IL: *IDENR*, 1994), 84; R. L. Zimdahl, *Fundamentals of Weed Science* (San Diego: Academic Press, 1993); M. J. Chrispeels and D. Sadava, *Plants, Food, and People* (San Francisco: Freeman, 1977), 163—164.

155 种子库的密度: F. Forcella et al., "Weed Seedbanks of the U.S. Corn Belt: Magnitude, Variation, Emergence, and Application," *Weed Science* 40 (1992): 636—644.

155 杂草控制研究的方向: D. D. Buhler et al., "Integrated Weed Management Techniques to Reduce Herbicide Inputs in Soybeans," *Agronomy Journal* 84 (1992): 973—978.

155 转基因玉米: D. Coursey, *Illinois Without Atrazine: Who Pays? Economic Implications of an Atrazine Ban in the State of Illinois* (University of Chicago, Harris School of Public Policy Working Paper, 2007).

155 除草剂的毒性机理: A. Cobb, *Herbicides and Plant Physiology* (New York: Chapman

& Hall, 1992).

155 伊利诺伊州的 2,4-D：IASS, *Agricultural Fertilizer and Chemical Usage*: *Corn*—1993 *and Agricultural Fertilizer and Chemical Usage*: *Soybeans*— 1993.

156 美国杂草科学学会：www. weedscience. org /In. asp

156 抗除草剂杂草：C. A. Edwards, "Impact of Pesticides on the Environment," in D. Pimentel and H. Lehman (eds.) *The Pesticide Question*: *Environment, Economics, and Ethics* (New York: Routledge, 1993); S. B. Powles and J. A. M. Holtum, *Herbicide Resistance in Plants*: *Biology and Biochemistry* (Boca Raton, FL: Lewis, 1994), 2. 348

156 毒性机理：J. W. Gronwald, "Resistance to Photo-System II Inhibiting Enzymes," in Powles and Holtum, *Herbicide Resistance in Plants*; M. D. Devine et al. , *Physiology of Herbicide Action* (Englewood Cliffs, NJ: Prentice Hall, 1993), 113—140.

157 阿特拉津使用分布图：例如，R. Gilliom et al. , *Pesticides in the Nation's Streams and Ground Water*, 1992—2001 (USGS, Circular 1291, 2006).

157 水中的阿特拉津：Gilliom et al. , *The Quality of Our Nation's Water*; Wu et al. , *Poisoning the Well*: *How the EPA Is Ignoring Atrazine Contamination in Surface and Drinking Water in the Central United States* (New York: NRDC, 2009); EPA, *The Triazine Herbicides, Atrazine, Simazine, and Cyanazine*: *Position Document* 1, *Initiation of Special Review*, OPP-30000-60, FRL-4919-5 (Washington, DC: EPA, 1994).

157 阿特拉津是已被确认的内分泌干扰物：R. L. Cooper et al. , "Atrazine and Reproductive Function: Mode and Mechanism of Action Studies," *Birth Defects Research*, *Part B*, 80 (2007): 98—112.

157 阿特拉津与排卵：R. L. Cooper et al. , "Atrazine Disrupts the Hypothalamic Control of Pituitary-Ovarian Function," *Toxicological Sciences* 53 (2000): 297—307.

157 阿特拉津与青蛙：T. B. Hayes, "There Is No Denying This: Defusing the Confusion About Atrazine," *Bioscience* 54 (2004): 1138—1149.

157 阿特拉津与人类癌症：D. A. Crain, et al. , "Female Reproductive Disorders: The Roles of Endocrine-Disrupting Compounds and Developmental Timing," *Fertility and Sterility* 90 (2008): 911—940; A. Donna et al. , "Triazine Herbicides and Ovarian Cancer Neoplasms," *Scandinavian Journal of Work and Environmental Health* 15 (1989): 47—53; J. A. Rusiecki et al. , "Cancer Incidence Among Pesticide Applicators Exposed to Atrazine in the Agricultural Health Study," *JNCI* 96 (2004): 1375—1382; H. A. Young et al. , "Triazine Herbicides and Epithelial Ovarian Cancer Risk in Central California," *Journal of Occupational and Environmental Medicine* 47 (2005): 1148—1156.

158 农民尿液中的阿特拉津：B. Bakke et al. , "Exposure to Atrazine and Selected Non-Persistent Pesticides Among Corn Farmers During a Growing Season," *Journal of Exposure*

Science and Environmental Epidemiology 19 (2009): 544—554.

349 158 阿特拉津的细胞内影响: L. Albanito et al., "G-Protein-Coupled Receptor 30 and Estrogen Receptor-α-Are Involved in the Proliferative Effects Induced by Atrazine in Ovarian Cancer Cells," *EHP* 116 (2008): 1648—1655; W. Fan et al., "Atrazine-Induced Aromatase Expression Is SF-1 Dependent: Implications for Endocrine Disruption in Wildlife and Reproductive Cancers in Humans," *EHP* (2007): 720—727; Tyrone Hayes, "The One Stop Shop; Chemical Causes and Cures for Cancer," white paper submitted to the President's Cancer Panel, Indianapolis, IN, 21 Oct. 2008; M. Suzawa and H. A. Ingraham, "The Herbicide Atrazine Activates Endocrine Gene Networks via Non-Steroidal NR5A Nuclear Receptors in Fish and Mammalian Cells," *PLoS ONE* 3 (2008): e 2117.

159 阿特拉津与肥胖: S. Lim et al., "Chronic Exposure to the Herbicide, Atrazine, Causes Mitochondrial Dysfunction and Insulin Resistance," *PLoS ONE* 4 (2009): e 5186.

159 氮的生态效应: S. Fields, "Global Nitrogen: Cycling out of Control," *EHP* 112 (2004): A556—563.

160 脱水肥料: J. M. Shutske, "Using Anhydrous Ammonia Safely on the Farm," University of Minnesota Extension, FO-02326, 2005.

160 无水和甲基苯丙胺: S. Simstad and D. Jeppsen, "Preventing Theft of Anhydrous Ammonia," Ohio State University: OSU Extension Fact Sheet, AEX-594. 1

160 闪电产生的固氮: R. D. Hill et al., "Atmospheric Nitrogen Fixation by Lightning," *Journal of the Atmospheric Sciences* 37 (1980): 179—192.

161 尿液中的亚硝化合物: S. S. Mirvish et al., "*N*-nitrosoproline Excretion by Rural Nebraskans Drinking Water of Varied Nitrate Content," *Cancer Epidemiology, Biomarkers and Prevention* 1 (1992): 455—461.

161 国际癌症研究机构对硝酸钾的总结: Y. Grosse et al., "Carcinogenicity of Nitrate, Nitrite, and Cyanobacterial Peptide Toxins," *Lancet Oncology* 7 (2008): 628—629.

161 喜忧参半的人类研究结果: M. H. Ward, "Too Much of a Good Thing? Nitrate from Nitrogen Fertilizers and Cancer," presentation before the President's Cancer Panel, Indianapolis, IN, 21 Oct. 2008.

161 硝酸钾和膀胱癌: M. H. Ward et al., "Nitrate in Public Water Supplies and Risk of Bladder Cancer," *Epidemiology* 14 (2003): 183—190.

350 162 有机农场的产出: I. G. Malkina-Pykh and Y. A. Pykh, *Sustainable Food and Agriculture* (Southampton, UK: WIT Press, 2003), 205—207; P. Mader et al., "Soil Fertility and Biodiversity in Organic Farming," *Science* 296 (2002): 1694—1697.

162 罗代尔田野实验: D. Pimentel et al., "Environmental, Energetic, and Economic Comparisons of Organic and Conventional Farming Systems," *Bioscience* 55 (2005): 573—582.

162　其他研究：T. Gomiero et al., "Energy and Environmental Issues in Organic and Conventional Agriculture," *Critical Reviews in Plant Sciences* 27 (2008): 239—254; R. Welsh, *The Economics of Organic Grain and Soybean Production in the Midwestern United States* (Greenbelt, MD: Henry A. Wallace Institute, 1999).

163　杀虫剂的外化成本：D. Pimentel, "Environmental and Economic Costs of the Application of Pesticides Primarily in the United States," *Environment, Development and Sustainability* 7 (2005): 229—252.

164　致癌杀虫剂在加利福尼亚州的使用：Peggy Reynolds, "Agricultural Exposures and Children's Cancer," presentation before the President's Cancer Panel, Indianapolis, IN, 21 Oct. 2008.

164　杀虫剂的漂移：L. Lu et al., "Pesticide Exposure of Children in an Agricultural Community: Evidence of Household Proximity to Farmland and Take Home Exposure Pathways," *Environmental Research* 84 (2000): 290—302.

164　暴露于杀虫剂的农场工人：A. Bradman et al., Pesticides and Their Metabolites in the Homes and Urine of Farmworker Children Living in the Salinas Valley, CA," *Journal of Exposure Science and Environmental Epidemiology* 2006. 美国3/4的农业工人出生在墨西哥. U. S. Department of Labor, *Findings from the National Agricultural Workers Survey (NAWS), 2001—2002: A Demographic and Employment Profile of United States Farm Workers* (USDL, May 2005).

164　杀虫剂登记：California Department of Pesticide Registration, Pesticide Use Reporting: An Overview of California's Unique Full Reporting System (Sacramento, CA: California Department of Pesticide Regulation, 2000). Available at www.cdpr.ca.gov/docs/pur/purmain.htm.

164　加利福尼亚州大肆使用杀虫剂地区的癌症情况：Reynolds, "Agricultural Exposures and Children's Cancer."

164　加利福尼亚州罹患乳腺癌的情况与使用杀虫剂无关：P. Reynolds et al., "Residential 351
Proximity to Agricultural Pesticide Use and Incidence of Breast Cancer in California, 1988—1997," *EHP* 113 (2005): 993—1000.

165　在农场工作的女工罹患乳腺癌的情况：P. K. Mills, "Breast Cancer Risk in Hispanic Agricultural Workers in California," *International Journal of Occupational and Environmental Health* 11 (2005): 123—131.

165　引自琼·弗洛克斯："Pesticide Policy and Farmworker Health," 向总统癌症专家组所做的介绍, Indianapolis, IN, 21 Oct. 2008.

166　卡森的评论：R. Carson, *Silent Spring* (Boston: Houghton Mifflin, 1962).

166　土地联合会：Described in Brockman, *The Seasons on Henry's Farm*. See also www.thelandconnection. org.

166 爱荷华州的锡达福尔斯市：K. Enshayan, Northern Iowa University, 私人通信.

167 伊利诺伊州实行有机生产的土地面积：IFB, *Farm and Food Facts*, 2008.

167 劳拉 · 杰克逊：Jackson, "Who 'Designs' the Agricultural Landscape?" 23—40.

167 2007 年研究预测的可怕结果：Coursey, *Illinois Without Atrazine*.

第八章　空气

172 帕拉塞苏斯：M P. Hall, *The Secret Teaching of All Ages* (Los Angeles: Philosophical Research Society, 1988), 107—108.

173 哈伯德布鲁克实验林:DDT and PCBs: W. H. Smith et al. , "Trace Organochlorine Contamination of the Forest Floor of the White Mountain National Forest, New Hampshire," *Environmental Science and Technology* 27 (1993): 2244—2246; "DDT and PCBs, Long Banned in the U. S. , Found in Remote Forest, Suggesting Global Distribution via the Atmosphere" (Yale University Press release, 14 Dec. 1993).

173 因雨水而形成的沼泽：R. A. Rapaport et al. , "'New' DDT Inputs to North America: Atmospheric Deposition," *Chemosphere* 14 (1985): 1167—1173.

173 世界各地的树木：S. L. Simonich and R. A. Hites, "Global Distribution of Persistent Organochlorine Compounds," *Science* 269 (1995); 1851—1854.

352 174 北极悖论：M. Cone, *Silent Snow: The Slow Poisoning of the Arctic* (New York: Grove Press, 2005).

174 全球蒸馏：J. Raloff, "The Pesticide Shuffle", *Science News* 149: 174—175; B. G. Loganathan and K. Kannon, "Global Organochlorine Contamination Trends: An Overview," *Ambio* 23 (1994): 187—191; F. Wania and D. Mackay, "Global Fractionation and Cold Condensation of Low Volatility Organochlorine Compounds in Polar Regions," *Ambio* 22 (1993): 10—18.

174 拉柏格湖：K. A. Kidd et al. , "High Concentrations of Toxaphene in Fishes from a Subarctic Lake," *Science* 269 (1995): 240—242. See also J. Raloff, "Fishy Clues to a Toxaphene Puzzle," *Science News* 148 (1995): 38—39.

174 释放到空中的致癌物质：EPA, 2007 *Toxics Release Inventory* (*TRI*) *Public Data Release Report* (EPA 260-R-09-001, Mar. 2009) and www. rtk. net . org /db /tri.

175 由空气传播的致癌物：A. Pintér et al. , "Mutagenicity of Emission and Immission Samples around Industrial Areas," in H. Vainio et al. (eds.), *Complex Mixtures and Cancer Risk*, IARC Scientific Pub. 104 (Lyon, France: IARC, 1990).

175 60%的人生活在被污染的空气中：61. 7%的美国人暴露于臭氧或在危害健康等级以上的特殊物质. American Lung Association, *State of the Air*, 2009 (Washington, DC: Ameri-

can Lung Association, 2009).

175 实际作用难以捉摸: G. Pershagen, "Air Pollution and Cancer," in Vainio, *Complex Mixtures*.

176 空气的流动性: F. E. Speizer and J. M. Samet, "Air Pollution and Lung Cancer," in J. M. Samet (ed.), *Epidemiology of Lung Cancer* (New York: Marcel Dekker, 1994); K. Hemminki, "Measurement and Monitoring of Individual Exposures," in L. Tomatis (ed.), *Air Pollution and Human Cancer* (New York: Springer-Verlag, 1990).

176 超微粒: American Lung Association, *State of the Air*, 2009 (Washington, DC: ALA, 2009); J. Raloff, "Bad Breath: Studies are Homing In on Which Particles Polluting the Air Are Most Sickening— And Why," *Science News* 176 (2009): 26.

176 空气质量的演变: L. Fishbein, "Sources, Nature, and Levels of Air Pollutants," in Tomatis, *Air Pollution*; L. Lewtas, "Experimental Evidence for Carcinogenicity of Air Pollutants," 出处同上.

177 可变成致癌物的空气污染物: "OSU to Study Air Pollutant's Impact on Chinese, U. S. 353
Health," press release, Oregon State University, Corvallis, OR, 28 Apr. 2009.

177 臭氧: K. Breslin, "The Impact of Ozone," *EHP* 103 (1995): 660—664; G. J. Jakab et al., "The Effects of Ozone on Immune Function," EHP 103, S-2 (1995): 77—89.

178 全美空气毒性评估: 2009 年 6 月,美国环境保护署发布了 2002 年的空气评估结果。EPA, 2002 *National-Scale Air Toxics Assessment* (Washington, DC: EPA, 2009). Available at www.epa.gov/nata2002/.

178 5 年生存率: M. P. Spitz et al., "Cancer of the Lung," in D. Schottenfeld and J. F. Fraumeni (eds.), *Cancer Epidemiology and Prevention*, 3rd ed. (New York: Oxford University Press, 2006).

178 内疚与自责: "Lung Cancer: Dying in Disgrace?" *Harvard Health Letter* 20 (1995): 4—6.

179 烟草是罪魁祸首: Spitz et al., "Cancer of the Lung."

179 非烟民因得肺癌而死排在常见癌症死亡原因的第六位: 每年,约有 17,000 到 26,000 人死于因被动吸烟而造成的肺癌,其中,15,000 人是终生不吸烟的. M. J. Thun et al., "Lung Cancer Deaths in Lifelong Nonsmokers," *JNCI* 98 (2006): 691—699.

179 非吸烟者中得肺癌的情况: T. Reynolds, "EPA Finds Passive Smoking Causes Lung Cancer," *JNCI* 85 (1993): 179—180; Spitz et al., "Cancer of the Lung."

179 环境污染影响的不可避免性与相互作用: K. Hemminki and G. Pershagen, "Cancer Risk of Air Pollution: Epidemiological Evidence," *EHP* 102 (1994): 187—192.

179 腺癌: A. Charioux et al., "The Increasing Incidence of Lung Adenocarcinoma: Reality or Artefact? A Review of the Epidemiology of Lung Adenocarcinoma," *International Journal*

of Epidemiology 26 (1997): 14—23.

179 肺癌的城市因素: A. J. Cohen, "Outdoor Air Pollution and Lung Cancer," *EHP* 108 (2000, S-4): 743—750; R. W. Clapp et al., "Environmental and Occupational Causes of Cancer: New Evidence 2005—2007," *Reviews on Environmental Health* 23 (2008): 1—36; P. Vineis and K. Husgafvel-Pursiainen, "Air Pollution and Cancer: Biomarker Studies in Human Populations," *Carcinogenesis* 26 (2005): 1846—1855.

354 179 其他流行病学研究: American Lung Association, *State of the Air*, 2009; W. J. Blot, and J. F. Fraumeni Jr., "Geographic Patterns of Lung Cancer: Industrial Correlations," *AJE* 103 (1976): 539—550; D. W. Dockery, "An Association Between Air Pollution and Mortality in Six U. S. Cities," *NEJM* 329 (1993): 1753—1759; P. Gustavsson et al., "Excess Mortality Among Swedish Chimney Sweeps," *British Journal of Industrial Medicine* 44 (1987): 738—743; Hemminki and Pershagen, "Cancer Risk of Air Pollution," 187—192; D. Krewski et al., *Extended Follow-Up and Spatial Analysis of the American Cancer Society Study Linking Par-ticulate Air Pollution and Mortality* (Boston: Health Effects Institute, Report 140, 2009); J. M. Samet and A. J. Cohen, "Air Pollution," in Schottenfeld and Fraumeni, *Cancer Epidemiology and Prevention*.

180 乳腺癌与空气污染: J. G. Brody et al., "Environmental Pollutants and Breast Cancer: Epidemiologic Studies," *Cancer* 109 (2007, S12): 2667—2711; N. M. Perry et al., "Exposure to Traffic Emissions Throughout Life and Risk of Breast Cancer," *Cancer Causes and Control* 19 (2008): 435; J. M. Melius et al., *Residence near Industries and High Traffic Areas and the Risk of Breast Cancer on Long Island* (Albany: New York State Dept. of Health, 1994); J. E. Vena, "Lung, Breast, Bladder and Rectal Cancer: Indoor and Outdoor Air Pollution and Water Pollution," presentation before the President's Cancer Panel, Charleston, SC, 4 Dec. 2008. See also M. Spencer, "Overlooking Evidence: Media Ignore Environmental Connections to Breast Cancer," Extra! (Fairness and Accuracy in Reporting, Feb. 2009).

180 苯并芘与乳腺癌: J. J. Morris and E. Seifter, "The Role of Aromatic Hydrocarbons in the Genesis of Breast Cancer," *Medical Hypotheses* 38 (1992): 177—184.

180 膀胱癌与空气污染: C. C. Liu et al., "Ambient Exposure to Criteria Air Pollutants and Risk of Death from Bladder Cancer in Taiwan," *Inhalation Toxicology* 21 (2009): 48—54; B. J. Pan et al., "Excess Cancer Mortality Among Children and Adolescents in Residential Districts Polluted by Petrochemical Manufacturing Plants in Taiwan," JTEH 43 (1994): 117—129; D. Trichopoulos and F. Petridou, "Epidemiologic Studies and Cancer Etiology in Humans," *Medicine, Exercise, Nutrition, and Health* 3 (1994): 206—225; S. S. Tsai et al., "Association of Bladder Cancer with Residential Exposure to Petrochem-

ical Air Pollutant Emissions in Taiwan," *Journal of Toxicology and Environmental Health. Part A* 72 (2009): 53—59.

181 二氧化氮与肺部肿瘤: K. A. Fackelmann, "Air Pollution Boosts Cancer Spread," Science 355
News 137 (1990): 221; A. Richters, "Effects of Nitrogen Oxide and Ozone on Blood-Borne Cancer Cell Colonization of the Lungs," *JTEH* 25 (1988): 383—390.

181 癌症向肺部的扩散: E. Ruoslahti, "How Cancer Spreads," *Scientific American*, Sept. 1996, 72—77. 181 quote by Richters: Fackelmann, "Air Pollution Boosts," 221.

182 里希特所引用的话,引自下列文献,按发表的先后顺序: A. Biggeri, "Air Pollution and Lung Cancer in Trieste, Italy: Spatial Analysis of Risk as a Function of Distance from Sources," *EHP* 104 (1996) 750—754; G. Pershagen and L. Simonato, "Epidemiological Evidence on Air Pollution and Cancer," in Tomatis, *Air Pollution*; 出处同上; C. W. Sweet and S. J. Vermette, *Toxic Volatile Organic Chemicals in Urban Air in Illinois*, HWRIC RR-057 (Champaign, IL: Hazardous Waste Research and Information Center, 1991), 1; Hemminki and Pershagen, "Cancer Risk of Air Pollution"; and Lewtas, "Experimental Evidence."

183 瘴气论: S. N. Tesh, *Hidden Arguments: Political Ideology and Disease Prevention Policy* (New Brunswick, NJ: Rutgers University Press, 1988), 825—832.

第九章 水

187 采蚌人的照片: L. M. Talkington, *The Illinois River: Working for Our State*, Misc. Pub. 128 (Champaign, IL: ISWS, 1991), 11.

187 纽扣厂的消亡:出处同上, 10—11.

188 潜鸭的消失: H. B. Mills, *Man's Effect on the Fish and Wild-life of the Illinois River*, Biological Notes 57 (Urbana, IL: INHS, 1966).

188 斑背潜鸭与指甲蛤的消失: F. C. Bellrose et al., *Waterfowl Populations and the Changing Environment of the Illinois River Valley*, Bulletin 32 (Urbana, IL: INHS, 1979); Mills, Man's Effect.

188 关于禽类识别的引述: From D. L. Stokes, *Stokes Field Guide to Birds, Eastern Region* (Boston: Little, Brown, 1996); National Geographic Society, *Field Guide to the Birds of North America*, 2nd ed. (Washington, DC: National Geographic Society, 1987); C. S. Robbins et al., *Birds of North America* (New York: Golden Press, 1966).

188 钻水鸭与水生植物的死亡: E. Hopkins, "Pollution Keeps Preying on Plants in Illinois River," PJS, 25 July 1993, A-2; Mills, *Man's Effect*.

188 伊利诺伊河上的捕鱼业: P. Ross and R. Sparks, *Identification of Toxic Substances in* 356
the Upper Illinois River, Report 283 (Urbana, IL: INHS, 1989).

189 伊利诺伊河的地质与生态状况：M. Runkle, "Plight of the Illinois: A River in Transition," *Illinois Audubon* 236 (1991): 2—7; Talkington, *Illinois River*; Bellrose et al., *Waterfowl Populations*; Doug Blodgett, INHS, 私人通信.

189 S&S 运河：Talkington, Illinois River; Bellrose et al., *Waterfowl Populations*.

189 伊利诺伊州鱼类的照片：Mills, *Man's Effect*.

189 1972 年以后的改观：IDENR, *The Changing Illinois Environment: Critical Trends*, summary report, ILENR/RE/-EA-94/05 (SR) 20M (Springfield, IL: IDENR, 1994), 16—17.

190 渔业顾问：*Illinois* 1994 *Fishing Information* (Springfield, IL: IDC, 1994).

190 驳船和拖船的影响：T. A. Butts and D. B. Shackleford, *Impacts of Commercial Navigation on Water Quality in the Illinois River Channel*, Research Report 122 (Champaign, IL: ISWS, 1992); R. M. Sparks, "River Watch: The Surveys Look After Illinois' Aquatic Resources," *The Nature of Illinois* (Winter 1992): 1—4; W. J. Tucker, *An Intensive Survey of the Illinois River and Its Tributaries: A Comparison Study of the* 1967 *and* 1978 *Stream Conditions* (Springfield, IL: IEPA, n. d.); Runkle, "Plight of the Illinois."

190 有毒物泄漏：M. Demissie and L. Keefer, *Preliminary Evaluation of the Risk of Accidental Spills of Hazardous Materials in Illinois Waterways*, HWRIC RR-055 (Champaign, IL: Hazardous Waste Research and Information Center, 1991); Talkington, *Illinois River*, 14; "The Illinois River: Its History, Its Uses, Its Problems," *Currents* 5 (Champaign, IL: ISWS, Jan.—Feb. 1993), 1—12; Blodgett, 私人通信.

190 常规工业排放：E. Hopkins, "New Rules, Industry Initiatives May Cut Toxic Dumping in River," *PJS*, 19 Mar. 1995, A-23.

191 鱼类、两栖动物、小龙虾与贻贝的消失：IDENR, *The Changing Illinois Environment*, 19—22; J. H. Cushman, "Freshwater Mussels Facing Mass Extinction," *New York Times*, 3 Oct. 1995, C-1, C-7.

191 罗伯特·弗斯特(Robert Frost)诗选："The Oven Bird," in E. C. Lathem (ed.), *The Poetry of Robert Frost* (New York: Henry Holt, 1969).

191 饮用水中的污染物：U. S. EPA, *Ground Water and Drinking Water: Frequently Asked*
357 *Questions* [网页]. 网址为 www. epa . gov/safewater/faq/faq. html. USEPA, *Drinking Water Contaminants* [网页]. 网址为 www. epa. gov/safewater/contaminants/index . html. 还可参考 U. S. EPA, *Water on Tap: What You Need to Know* (Washington, DC: EPA, 2003, 816-K-03-2007).

193 水中 216 种乳腺致癌物中的 32 种：《安全饮用水法》规定的 12 种乳腺致癌物分别是丙烯酰胺、三嗪类除草剂阿特拉津、西玛津、二溴氯丙烷、1,2-二溴乙烷、1,2-二氯丙烷、1,2-二氯乙烷、苯、四氯化碳、3,3-二甲氧基联苯胺、苯乙烯和氯乙烯. R. A. Rudel et al., "Chemicals Causing Mammary Gland Tumors in Animals Signal New Directions for Epidemiology, Chemicals Testing, and Risk Assessment for Breast Cancer Prevention," *Cancer* 109 (2007, S-12): 2635—2666.

193 未受监管的个人护理用品: D. W. Kolpin et al., "Pharmaceuticals, Hormones, and Other Organic Wastewater Contaminants in U. S. Streams, 1999—2000: A National Reconnaissance," *Environmental Science and Technology* 36 (2002): 1202—1211; H. M. Kuch and K. Ballschmiter, "Determination of Endocrine—disrupting Phenolic Compounds and Estrogens in Surface and Drinking Water by HRGC(NCI-MS in the Picogram Per Liter Range," *Environmental Science and Technology* 35 (2001): 3201—3206; P. E. Stackelberg et al., "Persistence of Pharmaceutical Compounds and Other Organic Wastewater Contaminants in a Conventional Drinking-Water Treatment Plant," *Science of the Total Environment* 329 (2004): 99—113.

193 硝酸盐的监管: M. H. Ward et al., "Workgroup Report: Drinking-Water Nitrate and Health—Recent Findings and Research Needs," *EHP* 113 (2005): 1607—1614.

193 硝酸盐与癌症:证据回顾. 参考 K. P. Cantor et al., "Water Contaminants," in D. Schottenfeld and J. F. Fraumeni (eds.), *Cancer Prevention and Epidemiology*, 3rd ed. (New York: Oxford University Press, 2006).

193 1995 年对饮用水中除草剂含量的研究: B. Cohen et al., *Weed Killers by the Glass: A Citizens' Tap Water Monitoring Project in 29 Cities* (Washington, DC: Environmental Working Group, 1995).

194 2009 年有关饮用水中阿特拉津含量的研究: M. Wu et al., *Poisoning the Well: How the EPA Is Ignoring Atrazine Contamination in Surface and Drinking Water in the Central United States* (New York: NRDC, 2009).

194 通过表皮与呼吸暴露于污染物: S. M. Gordon et al., "Changes in Breath Trihalomethane 358
Levels Resulting from Household Water-Use Activities," *EHP* 114 (2006): 514—521; C. Howard and R. L. Corsi, "Volatilization of Chemicals from Drinking Water to Indoor Air: The Role of Residential Washing Machines," *Journal of Air and Waste Management Association* 48 (1998): 907—914; J. R. Nuckols et al., "Influence of Tap Water Quality and Household Water Use Activities on Indoor Air and Internal Dose Level of Trihalomethanes," EHP 113 (2005): 863—870; S. D. Richardson, "Water Analysis: Emerging Contaminants and Current Issues," *Analytical Chemistry* 79 (2007): 4295—4323.

195 给妇女和婴儿造成的危害: C. W. Forrest and R. Olshansky, *Groundwater Protection by Local Government* (Springfield, IL: IDENR and IEPA, 1993), 16.

195 沐浴与淋浴: S. M. Gordon et al., "Changes in Breath Trihalomethane Levels Resulting

from Household Water-Use Activities", *EHP* 114 (2006): 514—521; C. P. Weisel and W. K. Jo, "Ingestion, Inhalation, and Dermal Exposures to Chloroform and Trichloroethene from Tap Water," *EHP* 104 (1996): 48—51.

195 东南罗克福德超级基金清理场: J. E. Keller and S. W. Metcalf, *Exposure Study of Volatile Organic Compounds in Southeast Rockford* (Springfield, IL: IDPH, Division of Epidemiologic Studies, 1991, Epidemiologic Report Series 91:3).

196 罗克福德的膀胱癌人群: K. Mallin, "Investigation of a Bladder Cancer Cluster in Northwestern Illinois," *AJE* 132 (1990, S-1): S96—106.

196 1918 年的调查表: IEPA, *Pilot Groundwater Protection Program Needs Assessment for Pekin Public Water Supply Facility Number* 1795040 (Springfield, IL: IEPA, Division of Public Water Supplies, 1992), appendix C.

197 针对佩金地区地下水的冗长报告: IEPA, *Pilot Groundwater Protection*.

197 佩金市的反应: T. L. Aldous, "Committee Examines Aquifer Protection," *PDT*, 11 Dec. 1993, A-1, A-12.

197 引用市长的话:出处同上.

198 肯尼斯·康托的评论: Cantor et al., "Water Contaminants."

198 列尊营: "Key Events in Camp Lejeune's Water Contamination," Associated Press, 20
359 June 2009; "Hagan Wants a Conclusion to the Ongoing Camp Lejeune Water Contamination Issue," Press Release, Kay R. Hagan, U. S. Senator, North Carolina, 16 June 2009; A. Aschengrau et al., "Statement in Response to the National Research Council Report on Camp Lejeune," letter by scientists to the U. S. Agency on Toxic Substances and Disease Registry, June 2009 [完全公开:我是这封信的签署者之一]; R. Beamish, "False Comfort: US Pulls Report That Minimized Cancer Risk from Toxic Water at Marine Base," Associated Press, 20 June 2009; W. R. Levesque, "More Vets Report Cancer," *St. Petersburg Times*, 3 July 2009; NRC, Committee on Contaminated Drinking Water at Camp Lejeune, *Contaminated Drinking Water at Camp Lejeune—Assessing Potential Health Effects* (Washington, DC: National Academies Press, 2009); M. Quillan, "Marine Battles over Contaminated LeJeune Water," *The News and Observer*, 31 May 2009. 这个名为"精英、骄傲与被遗忘者"(*The Few*, *The Proud*, *The Forgotten*)的网站是由前海军陆战队员创建的,是有关基地水污染情报的交流中心,也是那些在 30 年水污染期间居住在基地的前海军陆战队员及其家属的登记处: www. tftptf. com.

199 饮用水与癌症的生态学研究: L. D. Budnick et al., "Cancer and Birth Defects near the Drake Superfund Site, Pennsylvania," *AEH* 39 (1984): 409—413; A. Aschengrau et al., "Cancer Risk and Tetrachloroethylene-Contaminated Drinking Water in Massachusetts," *AEH* 48 (1993): 284—292; Cantor et al., "Water Contaminants"; J. Fagliano et

al., "Drinking Water Contamination and the Incidence of Leukemia: An Ecologic Study," *AJPH* 80 (1990): 1209—1212; J. Griffith et al., "Cancer Mortality in U. S. Counties with Hazardous Waste Sites and Ground Water Pollution," *AEH* 44 (1989): 69—74; W. Hoffmann et al., "Radium-226-Contaminated Drinking Water: Hypothesis on an Exposure Pathway in a Population with Elevated Childhood Leukemias," *EHP* 101(1993, S-3): 113—115; S. W. Lagakos et al., "An Analysis of Contaminated Well Water and Health Effects in Woburn, Massachusetts," *Journal of the American Statistical Association* 395 (1986): 583—596; P. Lampi et al., "Cancer Incidence following Chlorophenol Exposure in a Community in Southern Finland," AEH 47 (1992): 167—175; J. S. Osborne et al., "Epidemiologic Analysis of a Reported Cancer Cluster in a Small Rural Population," *AJE* 132 (1990, S-1): 87—95.

201 水氯化消毒的历史: R. D. Morris et al., "Chlorination, Chlorination By-Products, and 360
Cancer: A Meta-analysis," *AJPH* 82 (1992): 955—963; S. Zierler, "Bladder Cancer in Massachusetts Related to Chlorinated and Chloraminated Drinking Water: A Case-Control Study," AEH 43 (1988): 195—200; R. L. Jolley et al. (eds.), *Water Chlorination: Chemistry, Environmental Impact, and Health Effects*, vol. 5 (Chelsea, MI: Lewis, 1985).

201 水氯化与膀胱癌、直肠癌的关系: Cantor et al., "Water Contaminants"; K. P. Cantor, "Water Chlorination, Mutagenicity, and Cancer Epidemiology" (editorial), *AJPH* 84 (1994): 1211—1213.

202 600 多种消毒副产物: 这个数字指所有消毒副产物,而并非仅仅指因氯化而产生的那些副产物. H. S. Weinberg et al., *Disinfection By-Products (DBPs) of Health Concern in Drinking Water: Results of a Nationwide DBP Occurrence Study* (Athens, GA: EPA Office of Research and Development, National Exposure Research Laboratory, 2002, EPA/600/R-02/068). 有关饮用水中的消毒副产物与乳腺癌风险相关联的证据所进行的全面讨论,请参考 California Breast Cancer Research Program, *Identifying Gaps in Breast Cancer Research: Addressing Disparities and the Roles of the Physical and Social Environment* (Oakland, CA: CBCRP, 2007) draft report.

202 MX: T. A. McDonald et al., "Carcinogenicity of the Chlorination Disinfection By-Product MX," *Journal of Environmental Science and Health C: Environmental Carcinogenicity and Ecotoxicology Review* 23 (2005): 163—214; R. A. Rudel et al., "Chemicals Causing Mammary Gland Tumors in Animals Signal New Directions for Epidemiology, Chemicals Testing, and Risk Assessment for Breast Cancer Prevention," Cancer 109 (2007, S-12): 2635—2666.

202 两组受监管的消毒副产物: 三卤甲烷是于 20 世纪 70 年代在饮用水中首次被发现的. 20

世纪 90 年代左右,研究人员发现了第二组易挥发的消毒副产物,即卤乙酸(Ronnie Levin, EPA, 私人通信)。想了解环境保护署有关消毒剂副产品管理决策过程的历史,请参考 R. Morris, *The Blue Death: Disease, Disaster and the Water We Drink* (New York: Harper Collins, 2007), 163—177.

361 202 环境保护署饮用水标准表: EPA, "List of Drinking Water Contaminants and Their MCLs." Available at www.epa.gov/safewater/contaminants/.

203 肯尼思·康托的研究: K. P. Cantor et al., "Bladder Cancer, Drinking Water Source, and Tap Water Consumption: A Case-Control Study," *JNCI* 79 (1987): 1269—1279.

203 有关膀胱癌与消毒副产物的实证研究: V. Bhardwaj, "Disinfection By-Products," *Journal of Environmental Health* 68 (2006): 61—63; Cantor et al., "Water Contaminants"; C. M. Villanueva et al., "Meta-analysis of Studies on Individual Consumption of Chlorinated Drinking Water and Bladder Cancer," *Journal of Epidemiology and Community Health* 57 (2003): 166—173.

203 加氯消毒的替代物: 没有哪种替代物自身能取得完美的解决效果. 例如,如果将加氯消毒法放到整个消毒过程的最后一步,那么就会减少它的杀毒时间,从而,可能导致处理完的饮用水中的微生物数量的增加. 在技术上,我们无法为流域保护找到替代物. Cantor et al., "Water Contaminants"; B. A. Cohen and E. D. Olsen, *Victorian Water Treatment Enters the 21st Century: Public Health Threats from Water Utilities' Ancient Treatment and Distribution Systems* (New York: NRDC, 1994).

203 臭氧化杀灭隐孢子虫的能力更加有效: J. E. Simmons, "Development of a Research Strategy for Integrated Technology-Based Toxicological and Chemical Evaluation of Complex Mixtures of Drinking Water Disinfection Byproducts," *EHP* 110 (2002, S-6): 1013—1024.

203 苏珊·理查德森: 参考, 如, S. D. Richardon et al., "Integrated Disinfection Byproducts Mixtures Research: Comprehensive Characterization of Water Concentrates Prepared from Chlorinated and Ozonated/Postchlorinated Drinking Water," *Journal of Toxicology and Environmental Health*, Part A 71 (2008): 1165—1186; S. D. Richardson, "Water Analysis: Emerging Contaminants and Current Issues," *Analytical Chemistry* 79 (2007): 4295—4224.

204 肯尼思·康托的引用: Cantor et al., "Water Contaminants." 在饮用水和健康研究领域的领军人物莫里斯(Robert Morris)也表达了同样的观点,他曾说:"假如我们不保护水源,那么,即使是最先进的过滤器也无法保护我们……倘若我们不以福音传教者般的热忱来管理我们的地球,那么,我们将面临着生态预算赤字,后代人也绝无可能对此偿还."Mor-
362 ris, *The Blue Death*, 292.

205 新泽西法庭检察官: K. P. Cantor, "Water Chlorination, Mutagenicity, and Cancer Epi-

demiology"[社论], *AJPH* 84 (1994): 1211—1213.

206 森科蒂地区的含水层: W. H. Walker et al., *Preliminary Report on the Groundwater Resources of the Havana Region in West-Central Illinois*, Cooperative Groundwater Report 3 (Urbana, IL: ISGWS, 1965); L. Horberg et al., *Groundwater in the Peoria Region*, Cooperative Bulletin 39 (Urbana, IL: ISGWS, 1950).

207 含水层类型: Horberg et al., *Groundwater in the Peoria Region*, 16; "Surveying Groundwater," The Nature of Illinois (Winter 1992): 9—12.

207 1989 年的调查: IEPA, *Illinois American Water Company*, *Pekin*, *Facility Number* 1795040 *Well Site Survey Report* (Springfield, IL: IEPA, 1989).

207 令人心碎的报告: S. L. Burch and D. J. Kelly, *Peoria-Pekin Regional Ground-Water Quality Assessment*, Research Report 124 (Champaign, IL: ISWS, 1993).

207 佩金北部的水井污染:出处同上.

208 引自 1993 年的评估: Burch and Kelly, *Peoria-Pekin Regional Ground—Water*, 56.

208 补水区: IEPA, *A Primer Regarding Certain Provisions of the Illi-nois Groundwater Protection Act* (Springfield, IL: IEPA, 1988); ISGS, *Ground-Water Contamination*: *Problems and Remedial Action*, *Environmental* Geology Notes 81 (Champaign, IL: ISGS, 1977).

208 补救的困难: W. T. Piver, "Contamination and Restoration of Groundwater Aquifers," *EHP* 100 (1992): 237—247; IDPH, *Chlorinated Solvents in Drinking Water* (Springfield, IL: IDPH, n. d.); ISGS, Ground-*Water Contamination*.

209 佩金市的法令: 有关佩金市地下水保护区域的法令.

209 不断提升的公众意识: D. Rheingold, "Pekin Readies Water Watch," *PDT*, 17 Jan. 1994, A-1, A-12.

209 引自加油站老板:出处同上.

209 监督人的观察: Kevin W. Caveny, 私人通信.

210 进行中的佩金水井探测:出处同上; Interagency Coordinating Committee on Groundwater, *Illinois Groundwater Protection Program*, vols. 1 and 2, *Biennial Technical Appendices Report* (Springfield, IL: IEPA, 1994). 早在 1994 年,塔兹韦尔县共有 9 口被污染的公共水井,其中有 4 口在佩金地区,3 口在东皮奥里亚地区;而麦基诺岛、马奎特山、北佩金及 363
南佩金各有 1 口.

210 迟早有一天: 地下水中的污染每年移动 1 英寸到 1 英尺之间,我们现在喝进去的污染物也许是在几十年前溅落在地面上的.

210 40%的饮用水来自地下含水层: S. S. Hutson et al., *Estimated Use of Water in the United States in* 2000 (Denver, CO: USGS Information Services, 2004, Circular 1268).

210 蕾切尔·卡森的观察: R. Carson, *Silent Spring* (Boston: Houghton Mifflin, 1962), 42.

210　伊利诺伊州地下水报告：Interagency Coordinating Committee on Groundwater, *Illinois Groundwater Protection Program Biennial Comprehensive Status and Self-Assessment Report* (Springfield, IL：Illinois EPA, 2008, IEPA/BOW/08-001).

210　美国地质勘测局报告：L. A. DeSimone et al., *Quality of Water from Domestic Wells in Principal Aquifers of the United States*, 1991—2004—*Overview of Major Findings* (USGS Circular 1332, 2009).

211　塔兹韦尔县的旧钻井记录：M·A·马里诺（M. A. Marino）和R·J·斯科特（R. J. Shicts）在 *Groundwater Levels and Pumpage in the Peoria-Pekin Area, Illinois*, 1890—1966 (Urbana, IL：ISWS, 1969)中所提供的地理学背景信息，以及霍伯格等（Horberg et al.）撰写的 *Groundwater in the Peoria Region* 给予我想象伊利诺伊州地底状况的灵感.

第十章　火

213　约翰·诺法尔(John Knoepfle)的格言：*Poems from the Sangamon* (Urbana：University of Illinois Press, 1985).

214　计划：T. L. Aldous, "Developer Proposes a Site for Burner," PDT, 22 July 1992, A-1, A-12.

215　回收利用与焚化炉的竞争：K. Schneider, "Burning Trash for Energy：Is It an Endangered Species?" *New York Times*, 11 Oct. 1994, C-18.

215　哥伦布市的焚化炉：出处同上；S. Powers, "From Trash Burner to Cash Burner," *Columbus Dispatch*, 4 Sept. 1994, B-6；S. Powers, "Board Votes to Close Trash Plant," *Columbus Dispatch*, 2 Nov. 1994, A-1.

364 215　奥尔巴尼市的焚化炉：K. Nelis and R. Pitlyk, "Snow, Then Soot：ANSWERS Fallout a Blizzard of Blackness," *Albany Times Union*, 11 Jan. 1994, B-1.

215　焚化炉释放二恶英：D. R. Zook and C. Rappe, "Environmental Sources, Distribution and Fate of Polychlorinated Dibenzodioxins, Dibenzofurans, and Related Organochlorines," in A. Schecter (ed.), *Dioxins and Health* (New York：Plenum, 1994).

215　微量二恶英的危害性：T. Webster and B. Commoner, "Overview：The Dioxin Debate," in Schecter, *Dioxins and Health*.

215　再评估草案：EPA, *Estimating Exposure to Dioxin-Like Compounds*, vols. 1—3, EPA/600/6-88/005Ca, b, c (Washington, DC：EPA, 1994)；EPA, *Health Assessment Document for 2,3,7,8-Tetrachlorodibenzo-*p*-dioxin (TCDD) and Related Compounds*, vol. 1—3, EPA/600/BP-92/001a, b, c (Washington, DC：EPA, 1994).

215　对二恶英的指控有增无减：IARC, *IARC Monographs on the Evaluation of Carcinogenic Risks to Humans—Polychlorinated Dibenzo-para-Dioxins and Polychlorinated Dibenzo-*

furans, vol. 69 (Lyon, France: WHO, IARC, 1997); NTP, *Report on Carcinogens*, 11th ed. (Washington, DC: USDHHS Public Health Service, 2005).

216 最致命的致癌物质二恶英：依据是在浓度极低的情况下，二恶英也可诱发动物罹患癌症的性能. S. Jenkins et al., "Prenatal TCDD Exposure Predisposes for Mammary Cancer in Rats," *Reproductive Toxicology* 23 (2007): 391—396.

216 建议重新修订：NAS, *Health Risks from Dioxin and Related Com-pounds: Evaluation of the EPA Reassessment* (Washington, DC: National Academies Press, 2006). 网址为 www. nap. edu/catalog . php? record_i d=11688.

216 焚化炉的"兴衰荣辱"：Schneider, "Burning Trash for Energy."

217 佛蒙特州拉特兰市的焚化炉：S. Hemingway, "Report: Trash-to-Energy Plants Pose Environmental Hazard," *Burlington Free Press*, 15 June 2009.

217 底特律的焚化炉：D. Ciplet, *An Industry Blowing Smoke: 10 Reasons Why Gasification, Pyrolysis, and Plasma Incineration are Not "Green Solutions"* (Berkeley, CA: Global Alliance for Incinerator Alternatives and Global Anti-Incinerator Alliance, June 2009).

217 被重新包装为"可再生"能源源泉的焚化炉：出处同上.

217 二恶英排放的趋势：2000 年，二恶英首次上报到"有毒物质释放清单". 参见网址 www. 365
epa. gov/triexplorer/.

218 如果有 1800 吨废弃物被填入焚化炉，就会有 1800 吨物质被释放出来：实际上，最终经焚化炉焚烧的废弃物所释放的物质的体积超出填入的物质的体积. 由于氧气在焚烧过程中与燃料混合，因此燃烧产生的气体总量——灰烬＋烟尘＋烟雾——要稍微重于最初填进焚化炉的固体物质.

218 约翰·柯比的说明：T. L. Aldous, "Hearing Has Havana Humming," PDT, 23 Oct. 1993, A-1, A-10.

218 焚化炉灰烬的毒性：P. Connett and E. Connett, "Municipal Waste Incineration: Wrong Question, Wrong Answer," *The Ecologist* 24 (1994): 14—20; K. Schneider, "In the Humble Ashes of a Lone Incinerator, the Makings of a Law," New York Times, 18 Mar. 1994, A-22.

218 18 车厢的垃圾能产生 10 卡车的灰烬：这种 18:10 的比例是佩金焚化炉计划的一部分.

219 粉煤灰的形成：Connett and Connett, "Municipal Waste Incineration"; T. G. Brna and J. D. Kilgore, "The Impact of Particulate Emissions Control on the Control of Other MWC Air Emissions," *Journal of Air and Waste Management Association* 40 (1990): 1324—1329.

219 二恶英与呋喃的类型：M. J. Devito and L. S. Birnbaum, "Toxicology of Dioxins and Related Compounds," in Schecter, *Dioxins and Health*.

219 TCDD: “NTP Technical Report on the Toxicology and Carcinogenesis Studies of 2,3,7,8-Tetrachlorodibenzo-*p*-dioxin (TCDD) (CAS No. 1746-01-6) in Female Harlan Sprague-Dawley Rats (Gavage Studies),” *National Toxicology Program Report Service* 521 (2006): 4—232.

220 焚烧并不是唯一源头：城市垃圾焚化炉占第三位. 现在,放在后院的焚烧桶被认定为污染主要源头. EPA, *The Inventory of Sources and Environmental Releases of Dioxin-like Compounds in the United States: The Year* 2000 *Update* (Washington, DC: EPA, National Center for Environmental Assessment; EPA/600/P-03/002A, 2005). 可咨询加利福尼亚州斯普林菲尔德国家技术信息服务中心,也可访问网址 http://epa.gov/ncea.

220 PVC 塑料制品：聚氯乙烯(其中氯分子占总重量的 59%),是医院废弃物中有机化合氯的
366 主要来源,主要是医院经常使用的 IV 袋、手套、便盆、油管与包装袋. 这些垃圾中的大部分都要被焚烧处理。事实上,在 1994 年环保署的评估中,医疗垃圾的焚烧是唯一被确定的美国已知最大的产生二恶英的来源. 参考 J. Thorton et al., *Pandora's Poison: Chlorine, Health, and a New Environmental Strategy* (Cambridge, MA: MIT Press, 2000).

221 哈瓦那市议会投票：T. L. Aldous, “Siting Battle Begins,” PDT, 27 Oct. 1993, A-1, A-12.

222 证词的摘录：C. West-Williams, “State Board Decision on Hold for Now,” *PDT*, 7 Apr. 1994, A-1, A-12.

223 作为二恶英的来源之一的食物：ATSDR, TOXFAQs for Chlorinated Dibenzo-*p*-dioxins (CDDs), Feb. 1999. Available at www.atsdr.coc.gov/tfacts104.html.

223 焚化炉附近产出的牛奶中的二恶英：A. K. D. Liem et al., “Occurrence of Dioxin in Cow's Milk in the Vicinity of Municipal Waste Incinerators and a Metal Reclamation Plant in the Netherlands,” *Chemosphere* 23 (1991): 1675—1684; P. Connett and T. Webster, “An Estimation of the Relative Human Exposure to 2,3,7,8-TCDD Emissions via Inhalation and Ingestion of Cow's Milk,” *Chemosphere* 16 (1987): 2079—2084.

223 河流、鱼、土壤及农作物中的二恶英：B. Paigen, “What Is Dioxin?” in Gibbs, *Dying from Dioxin*.

224 焚化炉对公共健康的威胁：NRC, Committee on the Health Effects of Waste Incineration, *Waste Incineration and Public Health* (Washington, DC: National Academies Press, 2000). See also D. Porta et al., “Systemic Review of Epidemiological Studies on Health Effects Associated with Management of Municipal Solid Waste,” *Environmental Health* 8 (2009):60.

224 从动物身上获得的线索：M. J. DeVito et al., “Comparisons of Estimated Human Body Burdens of Dioxinlike Chemicals and TCDD Body Burdens in Experimentally Exposed Animals,” *EHP* 103 (1995): 820—831.

224 引自詹姆斯 · 哈弗：J. Huff, “Dioxins and Mammalian Carcinogenesis,” in Schecter,

Dioxins and Health.

224 二恶英与肝癌：A. M. Tritscher et al., "Dose-Response Relationships from Chronic Exposure to 2,3,7,8-Tetrachlorodibenzo-*p*-dioxin in a Rat Tumor Promotion Model: Quantification and Immunolocalization of CYP1A1 and CYP1A2 in the Liver," *Cancer Research* 52 (1992): 3436—3442.

224 二恶英与肺癌：G. W. Lucier et al., "Receptor Mechanisms and Dose-Response Models for the Effects of Dioxin," *EHP* 101 (1993): 36—44.

224 二恶英对激素与生长因子的影响：M. La Merill, "Mouse Breast Cancer Model-Dependent 367
Changes in Metabolic Syndrome-Associated Phenotypes Caused by Maternal Dioxin Exposure and Dietary Fat," *American Journal of Physiology, Endocrinology and Metabolism* 296 (2009): E 203—210; A. Schecter et al., "Dioxins: An Overview," *Environmental Research* 101 (2006): 419—428.

224 作为发育毒物的二恶英：L. S. Birnbaum and S. E. Fenton, "Cancer and Developmental Exposure to Endocrine Disruptors," *EHP* 111 (2003): 389—394; S. Jenkins et al., "Prenatal TCDD Exposure Predisposes for Mammary Cancer in Rats," *Reproductive Toxicology* 23 (2007): 391—396; B. J. Lew et al., "Activiation of the Aryl Hydrocarbon Receptor (AhR) during Different Critical Windows in Pregnancy Alters Mammary Epithelial Cell Proliferation and Differentiation," *Toxicological Sciences* 111 (2009): 151—162; B. A. Vorderstrasse et al., "A Novel Effect of Dioxin: Exposure During Pregnancy Severely Impairs Mammary Gland Differentiation," *Toxicological Science* 78 (2004): 248—257.

225 与人相关的研究：Summarized in NRC, Committee on the Health Effects of Waste Incineration, *Waste Incineration and Public Health* (Washington, DC: National Academies Press, 2000). See also H. Becher et al., "Cancer Mortality in German Male Workers Exposed to Phenoxy Herbicides and Dioxin," *Cancer Causes and Control* 7 (1996): 312—321; L. Hardell et al., "Cancer Epidemiology," in Schecter, *Dioxins and Health*; M. A. Fingerhut et al., "Cancer Mortality in Workers Exposed to 2,3,7,8-Tetrachlorodibenzo-*p*-diozin," *NEJM* 324 (1991): 212—218; J. H. Leem et al., "Risk Factors Affecting Blood PCDD's and PCDF's in Residents Living Near an Industrial Incinerator in Korea," *Archives of Environmental Contamination and Toxicology* 51 (2006): 478—484; A. Manz et al., "Cancer Mortality Among Workers in a Chemical Plant Contaminated with Dioxin," *Lancet* 338 (1991): 959—964; A. Zober et al., "Thirty-four-year Mortality Follow-up of BASF Employees Exposed to 2,3,7,8-TCDD after the 1953 Accident," *International Archives of Occupational and Environmental Health* 62 (1990): 139—157.

226 来自塞维索的早期研究：P. A. Bertazzi and A. di Domenico, "Chemical, Environmental,

and Health Aspects of the Seveso, Italy, Accident," in Schecter, *Dioxins and Health*; P. A. Bertazzi et al., "Cancer Incidence in a Population Accidentally Exposed to 2,3,7,8-tetrachlorodibenzo-paradioxin," *Epidemiology* 4 (1993): 398—406; R. Stone "New Seveso Findings Point to Cancer," *Science* 261 (1993): 1383.

368 226 塞维索的最新情况: A. Baccarelli et al., "Immunologic Effects of Dioxin: New Results from Seveso and Comparison with Other Studies," *EHP* 110 (2002): 1169—1173; D. Consonni et al., "Mortality in a Population Exposed to Dioxin After the Seveso, Italy, Accident in 1976: 25 Years of Follow-Up," *AJE* 167 (2008): 847—858; M. Warner et al., "Serum Dioxin Concentrations and Breast Cancer Risk in the Seveso Women's Health Study," *EHP* 110 (2002): 625—628.

227 密歇根州研究: TCDD在表层土壤中的半衰期为9—15年,在次表层土壤中为25—100年. D. Dai and T. J. Oyana, "Spatial Variations in the Incidence of Breast Cancer and Potential Risks Associated with Soil Dioxin Contamination in Midland, Saginaw, and Bay Counties, Michigan, USA," *Environmental Health* 7 (2008): 49.

227 哈瓦那项目可行性研究: T. L. Aldous, "Study: Trash Burner a Boon," *PDT*, 20 May 1992, A-1, A-12.

228 第一种反驳: T. Webster, "Comments on 'A Feasibility Study of Operating a Waste-to-Energy Facility in Mason County Near Havana, Illinois'" (unpub. Ms., 7 Oct. 1992, 4 pp.).

228 第二种反驳: T. L. Aldous, "Farm Bureau Members Oppose New Incinerator," *PDT*, 24 July 1992, A-1; S. Iyengar, "Farm Bureau: SIU Study Skewed," PDT, 8 Oct. 1992, A-1, A-12.

228 爆米花威胁: Dr. Dorothy Anderson, 私人通信.

228 七月四日: K. McDermott, "Havana Incinerator Backers Hot about 'Devil Burns' Parade Float," *SSJR*, 1 July 1992, 1.

228 致哈瓦那编辑的信: A. Robertson, *Mason City Banner Times*, 10 June 1992, 11.

229 致弗雷斯特编辑的信: C. Kaisner, "Suddenly in Forrest, Greed Has Become No. 1 Attitude," *Bloomington Daily Pantagraph*, 6 Aug. 1994.

229 披露柯比有吸烟习惯的信: R. Hankins, letter to the editor, *Mason County Democrat*, 3 June 1992, 2.

229 风险认同: "Editorial," *Fairbury Blade*, 20 July 1994, 2. 00 condemnation of risk: "Dioxin Findings Raise New Fears" (editorial), Jacksonville Journal-Courier, 15 Sept. 1994, 10.

230 P450酶与Ah受体: Webster and Commoner, "Dioxin Debate"; G. Lucier et al., "Receptor Model and Dose-Response Model for the Effects of Dioxin," *EHP* 101 (1993): 36—

44; T. R. Sutter et al., "Targets for Dioxin: Genes for Plasminogen Activator Inhibitor-2 and Interleukein-1B," *Science* 254 (1991): 415—418.

230 Ah 受体: K. Steenland et al., "Dioxin Revisited: Developments Since the 1997 IARC 369
Classification of Dioxin as a Human Carcinogen," *EHP* 112 (2004): 1265—1268.

231 约翰·柯比的职业生涯: T. L. Aldous, "Kirby Sees Havana Opportunity, Opposition," *PDT*, 22 Oct. 1993, A-1, A-12; A. Lindstrom, "Sherman Horse Track Sure Bet—Promoters," *SSJR*, 9 Oct. 1973; J. O'Dell, "Hens with Glasses a Barnyard Spectacle," *SSJR*, 27 Aug. 1973; K. Watson, "John Kirby Eyes Candidacy," *SSJR*, 8 Aug. 1968; K. Watson, "Page Names Kirby," *SSJR*, 7 Jan. 1963.

232 引自柯比: Aldous, "Kirby sees Havana."

235 焚烧垃圾百分比的趋势: 2007 年,平均每个美国人每天产生 4.62 磅的垃圾,其中,约 1.54 磅被回收,平均每人每天有 0.58 磅垃圾被焚烧。US EPA, *Municipal Solid Waste Generation, Recycling, and Disposal in the United States: Facts and Figures* (Washington, DC: EPA, 2008). 相关网址 www.epa.gov/epawaste/nonhaz/municipal/pubs/msw07-rpt.pdf

235 零垃圾: Ciplet, *An Industry Blowing Smoke*. 参考 Zero Waste International Alliance. www.zwia.org.

235 弗米利恩的鱼: IDEPA, *Illinois Water Quality Report*, 1992—1993, vol. 1, IEPA/WPC/94-160 (Springfield, IL: IEPA, 1994).

236 引自约翰·柯比: J. Knauer, "Incinerator's Future Smoldering after 'No' Vote," Fairbury Blade, 16 Nov. 1994, 1, 3.

236 上诉法庭裁定: E. Hopkins, "Court Backs Pollution Board's Incinerator Ruling," *PJS*, 13 Sept. 1995, B-5.

236 零售率法的废除: R. B. Dold, "Clearing the Air," *Chicago Tribune*, 12 Jan. 1996.

236 恶性胸膜间皮瘤是一种发生在肺部周围薄膜上的癌症. 它几乎完全是由于暴露于石棉引起的.

237 土地联合会: 该组织总部设在伊利诺伊州埃文斯顿, 网址为 www.thelandconnection.org.

第十一章 烙印之躯

239 树木年轮分析: R. Phipps and M. Bolin, "Tree Rings—Nature's Signposts to the Past," *Illinois Steward* (Summer 1993): 18—21.

240 验尸结果: B. G. Loganathan et al., "Temporal Trends of Persistent Organochlorine Res- 370
idues in Human Adipose Tissue from Japan, 1928—1985," *Environmental Pollution* 81 (1993): 31—39.

241 对铅与香烟气体的生物监控: K. Sexton et al., "Human Biomonitoring of Environmental

Chemicals," *American Scientist* 92 (2004): 38. 美国疾病预防与控制中心生物监控项目: www. cdc. gov /biomonitoring. 本书中,最新的报道是在 2005 年发布的: CDC, *Third National Report on Human Exposure to Environmental Chemicals* (Washington, DC: CDC, 2005). 早从 1967 年到 1990 年间,美国疾病预防与控制中心就进行了一项名为"国家人类生物监测项目"的早期生物监测项目,其中,包括测量脂肪样品中有机氯化学品含量,而这种测量也是全美人类脂肪组织调查的一部分. Cornell University's Program on Breast Cancer and Environmental Risk Factors, "Questions and Answers: Biomonitoring and Environmental Monitoring," Oct. 2005. 详细情况请见 http://envirocancer. cornell. edu/learning/biomonitor/biomonfaq. cfm.

242 多溴化联苯醚: A. Sjodin et al., "Concentrations of Polybrominated Diphenyl Ethers (PBDEs) and Polybrominated Biphenyl (PBB) in the United States Population: 2003—2004," *Environmental Science and Technology* 42 (2008): 1377—1384.

242 丙二酚 A: A. M. Calafat et al., "Exposure of the U. S. Population to Bisphenol A and 4-tertiary-Octylphenol: 2003—2004," *EHP* 116 (2008): 39—44.

242 持久性有机污染物含量在孕妇体内的下降: R. Y. Wang et al., "Serum Concentrations of Selected Persistent Organic Pollutants in a Sample of Pregnant Females and Changes in Their Concentrations During Gestation," *EHP* 117 (2009): 1244—1249. 持久性有机污染物在瑞士牛乳中的含量也有所下降: S. Lignell et al., "Persistent Organochlorine and Organobromine Compounds in Mother's Milk from Sweden 1996—2006: Compound-Specific Temporal Trends," *Environmental Research* 109 (2009): 760—767.

242 转移到对人的监测: R. Morello-Forsch et al., "Toxic Ignorance and Right-to-Know in Biomonitoring Results Communication: A Survey of Scientists and Study Participants," *Environmental Health* 8 (2009): 6—18.

242 寂静的春天研究所:出处同上.

243 州立生物监测项目: J. W. Nelson et al., "A New Spin on Research Translation: The Boston Consensus Conference on Human Biomonitoring," *EHP* 117 (2009): 495—499.

371 243 生物监测的局限性: NRC, *Human Biomonitoring for Environmental Chemicals* (Washington, DC: National Academies Press, 2006).

243 双酚 A: 在护理学校进行的研究发现,学龄前儿童所食用的大部分食物中含有双酚 A. 实验室的研究反映双酚 A 不仅可以从婴儿的聚碳酸酯奶瓶,同时,也可以从食物罐头的环氧化物衬层中渗出. 这些研究同时指出,食物是这种特殊污染物的主要暴露途径. 在其他的实验室研究中发现,双酚 A 暴露可诱发年轻母鼠乳腺形成癌前病变. 类似的暴露也可能诱发年轻母鼠体内前列腺发生相同的变化. 这些研究还表明,双酚 A 暴露可能影响生命早期的激素敏感性组织,提高其随后出现癌症的危险性. M. Durando et al., "Prenatal Bisphenol A Exposure Induces Preneoplastic Lesions in the Mammary Gland in Wistar

Rats," *EHP* 115 (2007): 80—86; S.-M. Ho et al., "Developmental Exposure to Estradiol and Bisphenol A Increases Susceptibility to Prostate Carcinogenesis and Epigenetically Regulates Phosphodiesterase Type 4 Variant 4," *Cancer Research* 66 (2006): 5624—5632; S. Snedeker, "Environmental Estrogens: Effects on Puberty and Cancer Risk," *The Ribbon* [newsletter of Cornell University's Program on Breast Cancer and Environmental Risk Factors] 12 (2007): 5—7; N. K. Wilson et al., "An Observational Study of the Potential Exposures of Preschool Children to Pentachlorophenol, Bisphenol-A, and nonylphenol at Home and Daycare," *Environmental Research* 103 (2007): 9—20.

243 韩国的研究: M. S. Lee et al., "Seasonal and Regional Contributors of 1-Hydroypyrene Among Children Near a Steel Mill," *Cancer, Epidemiology, Biomarkers and Prevention* 18 (2009): 96—101.

245 目的性: Robert Millikan, 私人通信. See also S. B. Nuland, *How We Die: Reflections on Life's Final Chapter* (New York: Random House, 1993), 202—221.

245 癌症细胞的表现: A. E. Erson and E. M. Petty, "Molecular and Genetic Events in Neoplastic Transformation," in D. Schottenfeld and J. F. Fraumeni (eds.), *Cancer Epidemiology and Prevention*, 3rd ed. (New York: Oxford University Press, 2006), 47—64; D. Hanahan and R. A. Weinberg, "The Hallmarks of Cancer," *Cell* 100 (2000): 57—70; J. E. Klaunig and L. M. Kamendulis, "Chemical Carcinogenesis," in C. D. Klaassen (ed.), *Casarett & Doull's Toxicology*, 7th ed. (New York: McGraw Hill, 2008); R. 372
A. Weinberg, "How Cancer Arises," *Scientific American*, Sept. 1996, 62—70.

246 致癌基因与肿瘤抑制基因: Erson and Petty, "Molecular and Genetic Events in Neoplastic Transformation."

246 与 300 种癌症相关基因: 出处同上.

246 *p53* 的破坏特性表明致癌物的作用: F. P. Perera, "Uncovering New Clues to Cancer Risk" Scientific American, May 1996, 54 - 62.

247 苯并[a]芘与 DNA 加合物: 出处同上.

248 对致癌性的描述: R. W. Clapp et al., "Environmental and Occupational Causes of Cancer: New Evidence 2005—2007," *Reviews on Environmental Health* 23 (2008): 1—37; J. E. Klaunig and L. M. Kamendulis, "Chemical Carcinogenesis," in C. D. Klaassen (ed.), *Casarett & Doull's Toxicology*, 7th ed. (New York: McGraw Hill, 2008); R. A. Weinberg, *The Biology of Cancer* (London: Garland Science, 2006).

249 组织架构: See, for example, C. Sonnenschein and A. M. Soto, "Somatic Mutation Theory of Carcinogenesis: Why It Should Be Dropped and Replaced," *Molecular Carcinogenesis* 29 (2000): 205—211.

250 癌症与发育期暴露于有毒物质: L. S. Birnbaum and S. E. Fenton, "Cancer and Develop-

mental Exposure to Endocrine Disruptors," *EHP* 111 (2003): 389—394.

251 癌症与炎症: O. Bottasso et al., "Chronic Inflammation as a Manifestation of Defects in Immunoregulatory Networks: Implications for Novel Therapies Based on Microbial Products," *Inflammopharmacology* 17 (2009): 193—203; R. E. Harris, "Cyclooxygenase-2 (COX-2) and the Inflammogenesis of Cancer," in R. E. Harris (ed.), *Inflammation in the Pathogenesis of Chronic Diseases* (New York: Springer, 2007); G. Stix, "A Malignant Flame," *Scientific American* 297 (2007): 60—67; R. A. Weinberg, *The Biology of Cancer*.

252 试验胚胎学的例证: J. Qiu, "Epigenetics: Unfinished Symphony," *Nature* 441 (2006): 143—145.

253 环境试验胚胎学: I. Amato, "Orchestrating Genetic Expression," *Chemical and Engineering News* 87 (2009); D. L. Foley, "Prospects for Epigenetic Epidemiology," AJE 15 (2009): 389—400; Klaunig and Kamendulis, "Chemical Carcinogenesis"; Qiu, "Epigenetics: Unfinished Symphony"; S. M. Reamon-Buettner and J. Borlak, "A New Paradigm in Toxicology and Teratology: Altering Gene Activity in the Absence of DNA Sequence Variation," *Reproductive Toxicology* 24 (2007) 2—30.

373 254 生物学标志: S. Anderson et al., "Genetic and Molecular Ecotoxicology: A Research Framework," *EHP* 102 (1994, S-12): 3—8; M. Eubanks, "Biological Markers: The Clues to Genetic Susceptibility," *EHP* 102 (1994): 50—56; F. Veglai et al., "DNA Adducts and Cancer Risk in Prospective Studies: A Pooled Analysis and a Meta-Analysis," *Carcinogenesis* 29 (2008): 932—936.

254 表观遗传性生物标记: P. Vineis and F. Perera, "Molecular Epidemiology and Biomarkers in Etiologic Cancer Research: The New in Light of the Old," *Cancer, Epidemiology, Biomarkers, and Prevention* 16 (2007): 1954—1965.

255 关于农药与乳腺癌基因表达的西班牙研究: P. F. Valerón et al., "Differential Effects Exerted on Human Mammary Epithelial Cells by Environmental Relevant Organochlorine Pesticides Either Individually or in Combination," *Chemico-Biological Interactions* 180 (2009): 485—491.

255 格陵兰因纽特人甲基化现象的减少: J. A. Rusiecki et al., "Global DNA Hypomethylation is Associated with High Serum Persistent Organic Pollutants in Greenlandic Inuit," *EHP* 116 (2008): 1547—1552.

255 波兰的研究: Perera, "Uncovering New Clues to Cancer Risk"; F. P. Perera et al., "Molecular and Genetic Damage in Humans from Environmental Pollution in Poland," *Nature* 360 (1992): 256—58S. 参见 Φvrebϕ et al., "Biological Monitoring of Polycyclic Aromatic Hydrocarbon Exposure in a Highly Polluted Area of Poland," *EHP* 103 (1995): 838—

843; K. Hemminki et al., "DNA Adducts in Humans Environmentally Exposed to Aromatic Compounds in an Industrial Area of Poland," *Carcinogenesis* 11 (1990): 1229—1231.

257 被收养人罹患癌症: T. I. A. Sφrensen et al., "Genetic and Environmental Influences on Premature Death in Adult Adoptees," *NEJM* 318 (1988): 727—732.

258 1974 年的乳腺癌信号: ACS, *Breast Cancer Facts and Figures* 1996 (Atlanta: ACS, 1995), 图表 2.

第十二章 生态之根

261 双胞胎研究: M. F. Fraga et al., "Epigenetic Differences Arise During the Lifetime of Monozygotic Twins," *Proceedings of the National Academy of Sciences* 102 (2005): 10604—10609. 这项研究在于 J. Qui, "Epigenetics: Unfinished Symphony," *Nature* 441 374
(2006): 143—145 文中进行了美妙的描述.

262 对于被领养者的研究: T. I. Sφrensen et al., "Genetic and Environmental Influences on Premature Death in Adult Adoptees," *NEJM* 24 (1988): 727—732.

262 被领养者是最有效的设计: N. J. Risch and A. S. Whittemore, "Genetic Concepts and Methods in Epidemiologic Research," in D. Schottenfeld and J. F. Fraumeni eds., *Cancer Epidemiology and Prevention*, 3rd ed. (New York: Oxford University Press, 2006).

262 双胞胎研究: 一些癌症比其他类型的癌症具有更强的遗传影响. 胃癌、结肠癌、肺癌、乳腺癌与前列腺癌之间的一致性最高,但是没有一种癌症基因学解释其患癌风险超过 42%. P. Lichenstein, "Environmental and Heritable Factors in the Causation of Cancer—Analysis of Cohorts of Twins from Sweden, Denmark, and Finland," *NEJM* 343 (2000): 78—85.

263 人类基因组计划: www. genomics. energy. gov.

263 癌症成因的复杂性: A. E. Erson and E. M. Petty, "Molecular and Genetic Events in Neoplastic Transformation," in Schottenfeld and Fraumeni, *Cancer Epidemiology and Prevention*; J. Qiu, "Unfinished Symphony," *Nature* 44 (2006): 143—145; J. R. Weidman et al., "Cancer Susceptibility: Epigenetic Manifestation of Environmental Exposure," *Cancer Journal* 13 (2007): 9—16.

264 瑞典家族性癌症: K. Hemminki et al., "How Common Is Familial Cancer?" *Annals of Oncology* 19 (2008): 163—167.

264 BRCA1 与 BRCA 2 携带者: M. C. King et al., "Breast and Ovarian Cancer Risk Due to Inherited Mutations in BRCA 1 and BRCA 2," *Science* 302 (2003): 643—646; A. Kortenkamp, "Breast Cancer and Exposure to Hormonally Active Chemicals: An Appraisal of the Scientific Evidence," a briefing paper for CHEM Trust, Jan. 2008; Risch and

Whittemore, "Genetic Concepts and Methods in Epidemiologic Research."

264 胰腺癌：T. P. Yeo, et al., "Assessment of 'Gene-Environment' Interaction in Cases of Familial and Sporadic Pancreatic Cancer," *Journal of Gastrointestinal Surgery* 13 (2009): 1487—1494.

266 1983年的研究：R. A. Weinberg, "A Molecular Basis of Cancer," *Scientific American*, Nov. 1983, 126-142.

267 膀胱癌中出现的基因变化：I. Orlow et al., "Deletion of the p16 and p15 Genes in Human
375 Bladder Tumors," *JNCI* 87 (1995): 1524—1529; S. H. Kroft and R. Oyasu, "Urinary Bladder Cancer: Mechanisms of Development and Progression," *Laboratory Investigation* 71 (1994): 158—174; P. Lipponen and M. Eskelinen, "Expression of Epidermal Growth Factor Receptor in Bladder Cancer as Related to Established Prognostic Factors, Oncoprotein Expression and Long-Term Prognosis," *British Journal of Cancer* 69 (1994): 1120—1125.

268 芳香胺与DNA加合物：D. Lin et al., "Analysis of 4-Aminobiophenyl-DNA Adducts in Human Urinary Bladder and Lung by Alkaline Hydrolysis and Negative Ion Gas Chromatography-Mass Spectrometry," *EHP* 102 (1994, S-1): 11—16; P. L. Skipper and S. R. Tannenbaum, "Molecular Dosimetry of Aromatic Amines in Human Populations," *EHP* 102 (1994, S-6): 17—21; S. M. Cohen and L. B. Ellwein, *EHP* 101 (1994, S-5): 111—114.

268 关于膀胱癌的新知识：基因中的突变过程被称为多肽性现象. A. S. Andrew et al., "DNA Repair Genotype Interacts with Arsenic Exposure to Increase Bladder Cancer Risk," *Toxicology Letters* 187 (2009): 10—14; J. D. Figueroa et al., "Genetic Variation in the Base Excision Repair Pathway and Bladder Cancer," *Human Genetics* 121 (2007): 233—242; M. Franekova et al., "Gene Polymorphisms in Bladder Cancer," *Urologic Oncology* 26 (2008): 1—8; P. Greenwald and B. K. Dunn, "Landmarks in the History of Cancer Epidemiology," *Cancer Research* 69 (2009): R. J. Hung et al., "GST. NAT, SULT1A1, CYP1B1 Genetic Polymorphisms, Interactions with Environmental Exposures and Bladder Cancer Risk in a High-Risk Population," *International Journal of Cancer* 110 (2004): 598—604; A. E. Kilte, "Molecular Epidemiology of DNA Repair Genes in Bladder Cancer," *Methods in Molecular Biology* 472 (2009): 281—306; C. Li et al., "DNA Repair Phenotype and Cancer Susceptibility—A Mini Review," *International Journal of Cancer* 124 (2009): 999—1007; P. D. Negraes et al., "DNA Methylation Patterns in Bladder Cancer and Washing Cell Sediments: A Perspective for Tumor Recurrence Detection," *BMC Cancer* 8 (2008): 238; X. Wu et al., "Bladder Cancer Predisposition: A Multigenic Approach to DNA-Repair and Cell-Cycle—Control Genes," *American Journal*

of Human Genetics 78 (2006): 464—479; X. Wu et al., "Genetic Polymorphisms in Bladder Cancer," *Frontiers in Bioscience* 12 (2007): 192—213; Y. Ye et al., "Genetic Variants in Cell Cycle Control Pathway Confer Susceptibility to Bladder Cancer," *Cancer* 112 (2008): 2467—2474.

268 慢速乙酰化和快速乙酰化：P. Vineis and G. Ronco, "Interindividual Variation in Carcin- 376
ogen Metabolism and Bladder Cancer Risk," *EHP* 98 (1992): 95—99.

269 膀胱癌发病率与死亡率趋势：M. J. Horner et al. (eds.), SEER Cancer Statistics Review, 1975—2006 (Bethesda, MD: NCI, 2009). Available at http://seer.cancer.gov/.

269 1992 年邻甲苯胺的排放情况：EPA, 1992 *Toxics Release Inventory: Public Data Release*, EPA 745-R-001 (Washington, DC: EPA, 1994), 79.

269 2007 年邻甲苯胺的排放情况：EPA, *Toxics Release Inventory*—2007 data. Available at www.epa.gov.triexplorer.

270 膀胱致癌物质仍被继续生产和使用：一位研究人员反映了英国膀胱癌的情况："多年来，英国的企业在有些致癌物质被确定后，还继续使用。众多产业中已被确定或疑似患膀胱癌风险日益增高，在当今的制造业中，我们对许多材料中含有的潜在致癌物质不予理会，这些都是令人担忧的原因。"R. R. Hall, "Superficial Bladder Cancer," *British Medical Journal* 308 (1994): 910—913.

270 膀胱癌的排名与复发：S. P. Lerner et al., eds., *Textbook of Bladder Cancer* (London: Taylor and Francis, 2006).

270 治疗费用高昂的膀胱癌：B. K. Hollenbeck et al., "Provider Treatment Intensity and Outcomes for Patients with Early-Stage Bladder Cancer," *JNCI* 101 (2009): 571—580; E. B. Avritscher et al., "Clinical Model of Lifetime Cost of Treating Bladder Cancer and Associated Complication," *Urology* 68 (2006): 549—553.

270 2008 年膀胱癌发病率与死亡数据统计：American Cancer Society, *Cancer Facts and Figures*—2008.

271 粉色小册子与蓝色小册子："Cancer Prevention" (pamphlet) (Bethesda, MD: USDHHS, n.d.).

271 遗传学教程：G. Edlin, *Human Genetics: A Modern Synthesis*, 2nd ed. (Boston: Jones & Bartlett, 1990). Quotes are from 184—204.

273 生活方式因素与霍乱：C. E. Rosenberg, *The Cholera Years: The United States in* 1832, 1849, *and* 1866 (Chicago: University of Chicago Press, 1962), 1—60.

274 引自美国癌症协会的材料：来自美国癌症协会的参考材料：www.cancer.org. 美国癌症
协会在其 1995 年关于癌症预防的报告中没有谈及环境因素，ACS, *Cancer Risk Report:* 377
Prevention and Control, 1995. 美国癌症学会在最近的一份 72 页的报告"癌症事实和数据——2008 年"(*Cancer Facts and Figures*——2008)中，用了 1.5 个页面谈论了现今的环

境状况.

274 货架子上杀虫剂的下架：C. Porter, "Bugs, Cornstarch Replace Pesticides Today," *Toronto Star*, 22 April 2009.

275 巴黎呼吁：详细情况可登录癌症防治与研究专家协会网站：www. artac. info/.

275 饼状图表：R. Doll and R. Peto, "The Causes of Cancer: Quantitative Estimates of Avoidable Risks of Cancer in the United States Today," *JNCI* 66 (1981): 1191—1308. Harvard Center for Cancer Prevention, "Harvard Report on Cancer Prevention," *Cancer Causes and Control* 7 (1996-S1): 3—59. 当代对饼状图表中健康与环境问题的一致批评，"Consensus Statement on Cancer and the Environment: Creating a National Strategy to Prevent Environmental Factors in Cancer Causation," Oct. 2008. 饼状图表首次公布时，就不乏批评之声. 请参考，例如，S. S. Epstein and J. B. Swartz, "Fallacies of Lifestyle Cancer Theories," *Nature* 289 (1981): 127—130.

276 引自伊利诺伊州的癌症报告：IDPH, *Cancer Incidence in Illinois by County*, 1985—1987, Supplemental Report (Springfield, IL: IDPH, 1990), 7—8.

277 多米尼克·贝尔泼墨和理查德·克莱普提出的批评：P. Irigaray et al., "Lifestyle-Related Factors and Environmental Agents Causing Cancer: An Overview," *Biomedicine and Pharmacotherapy* 61 (2007): 640—658; R. W. Clapp, "Industrial Carcinogens: A Need for Action," presentation before the President's Cancer Panel, East Brunswick, NJ, 16 Sept. 2008.

277 复杂的癌症成因网：F. Mazzocchi, "Complexity in Biology," *European Molecular Biology Organization Reports* 9 (2008): 10—14; Collaborative on Health and the Environment, "Consensus Statement on Cancer and the Environment: Creating a National Strategy to Prevent Environmental Factors in Cancer Causation," submitted to the President's Cancer Panel, Oct. 2008.

378 278 蕾切尔·卡森论环境人权：改编小组委员会与政府运行委员会国际组织上院听证会，"Interagency Coordination in Environmental Hazards (Pesticides)," U. S. Senate, 88th Congress, 1st session, 4 June 1962.

278 卡森的信念：*Silent Spring* (Boston: Houghton Mifflin, 1962), 277—278.

279 以自传形式描述的生物监测：例如，参考，N. Baker, *The Body Toxic* (New York: North Point Press, 2008) and R. Smith and B. Lourie, *Slow Death by Rubber Duck* (New York: Knopf, 2009). 环境工作小组已经开始对个人，包括对美国的婴幼儿(通过使用脐带血)，进行的生物监控. 参考 www. ewg. org.

280 我们并不面临同样的风险：National Environmental Justice Advisory Council, Cumulative Risks/Impacts Work Group, "Ensuring Risk Reduction in Communities with Multiple Stressors: Environmental Justice and Cumulative Risks/Impacts," report to the U. S.

EPA, December 2004; ACS, *Cancer Facts and Figures*——2008.

280 6%意味着 33600 例: ACS, *Cancer Facts and Figures*——2008.

281 2007 年的致癌物质排放情况: EPA, Toxics Release Inventory, Chemical Report——2007. Available at www. epa. gov /triexplorer /.

281 杀人的癌症: 环境分析学家保罗 · 梅里尔(Paul Merrell)与卡罗尔 · 范 · 斯特鲁姆(Carol Van Strum)认为"可接受风险"的概念之所以能够容忍,是因为预期受害人的身份不明确. 参见 P. Merrell and C. Van Strum, "Negligible Risk: Premeditated Murder?" *Journal of Pesticide Reform* 10 (1990): 20—22. 分子生物学家兼内科医生约翰 · 戈夫曼(John Gofman)也提出异议,"如果在你不知道是否存在着安全剂量(阈值)的情况下而污染环境,你是在未经当事人同意的情况下对他们进行不当的实验...... 如果你知道在导致更多致命的癌症方面没有所谓的安全剂量,那么你在污染环境时就是在故意杀人."(J. W. Gofman, memorandum to the U. S. Nuclear Regulatory Commission, 21 May 1994).

281 蕾切尔 · 卡森的观察结果: *Silent Spring*, 248. 还可参考 M. J. Kane, "Promoting Political Rights to Protect the Environment," *Yale Journal of International Law* 18 (1993): 389—411.

281 (风险)预防原则: European Environment Agency, *Late Lessons from Early Warnings: The Precautionary Principles* 1886—2000 (Luxembourg: Office for Official Publications of the European Communities, 2001); N. J. Myers and C. R. Raffensperger, *Precautionary Tools for Reshaping Environmental Policy* (Cambridge, MA: MIT Press, 2005).

282 反应性方法: D. Kriebel, "Cancer Prevention Through a Precautionary Approach to Envi- 379
ronmental Chemicals," presentation before the President's Cancer Panel, East Brunswick, NJ, 16 Sept. 2008.

282 污染是落后技术的产物: S. Chau, "Eight Bits of Green Wisdom for World Environment Day," *China Daily*, 30 May 2009.

284 乳腺致癌物质: R. Rudel, "Chemicals Causing Mammary Gland Tumors and Animals Signal New Directions for Epidemiology, Chemicals Testing, and Risk Assessment for Breast Cancer Prevention," *Cancer* 109 (2007, S-12): 2635—2666.

284 需要远见与勇气: P. Grandjean, "Seven Deadly Sins of Environmental Epidemiology and the Virtues of Precaution," *Epidemiology* 19 (2008): 158—162.

284 引自布拉德福特 · 希尔(Bradford Hill): A. B. Hill, "The Environment and Disease: Association or Causation?" *Proceedings of the Royal Society of Medicine* 58 (1965): 295—300.

284 幼鼠的反常变化: M-H. Li and L. G. Hansen, "Enzyme Induction and Acute Endocrine Effects in Prepubertal Female Rats Receiving Environmental PCB/PCDF/PCDD Mixtures," *EHP* 104 (1996): 712—722.

第二版致谢

381 几年以来，很多人就本书不惜笔墨地表达谢忱颇有微词。我的回答是：任何一本如此广泛地涉猎生物学科各领域的书，都需要各方人士的审阅赐教。原致谢部分在此一并印出，同时附上我的挑剔的读者们的原工作单位，其中一些人已经走上了新的岗位。当然，我仍将对内容的准确性负全责。

在本书第二版的修订更新，以及改编为同名电影《生活在下游》的过程中，我又欠下一大堆人情债。我感到亏欠最多的就是我的丈夫——杰夫和我的两个孩子——费丝和伊利亚。写书计划就像在家招待一位待着不走的喋喋不休的客人。早上六点，在客厅里同演职人员一起改编、演绎，就像一位客人自己来做客不说，还带上了他的朋友们。我的孩子直言不讳地对我说，书籍是那么无礼。

除了家人，我要感谢多年来不厌其烦地对我的书稿给予大量指导的梅尔劳埃德·劳伦斯。梅尔劳埃德是《生活在下游》一书第一版和第二版的编辑(也是《信念》一书，还有即将出版的有关儿童环境健康等图书的编辑)，这使我再次引用我孩子的话来说，我是名幸运儿。

382 在对第一版进行修订的这几个月里，不少农民为我送来了有机食物，很多图书管理员为我提供研究材料。同时扮演两个角色的伊萨卡学院的咨询馆员约翰·汉德逊。在农贸市场，有时候我们聊我最近的馆际互借申请情况时，我会买一些他卖的色拉生菜和只有他才卖的那种大蒜。感谢所有杜鲁门斯堡农贸市场的农民们，也感谢离我家只有半英里远的依托社区的斯威特兰农场场主保罗·马丁和伊万杰琳·萨拉特，是他们常年给我提供安全的食物，如鸡蛋、甜菜和卧式冰箱里满满的青豆和草莓等。我一边挑选甜豆，一边想着如何对各章节进行修订。保罗和伊万杰琳也和我分享他们的专业知识——害虫的有机控制方法。

我要特别感谢人民影像公司的电影制作人兼导演——钱达·舍瓦讷，是她用镜头捕捉我的故乡——伊利诺伊州那如诗如画的美景，是她用镜头记录了我这个内科病人的私人生活，是她用镜头展示了书中的科学探讨，并且，把这些拍摄成了一个环环相扣的电影故事。从一开始，钱达就对这本书的语言运用自如，令人难以置信，对书中的科学知识也了如指掌。随着合作的深入，我开始把钱达当做我的合著者。她以独到的见解告诉我这本书哪里需要修订，如何修订。我还要感谢她的演职人员内森·希尔兹、本杰明·杰维斯、特伦特·里士满、P·马尔科·维尔特里、拉里萨·西姆斯、丽贝卡·罗森博格、约书亚·克雷默、扎卡里·彼得森、比尔·波普、布赖恩特·卡多纳、米歇尔·麦克拉兰、加勒特·希尔兹、吉尔·舍瓦讷、莉斯·阿姆斯特朗，感谢他们在我努力克服面对摄像机和话筒而感到局促不安时所表现出的极大耐心。将本书改编为同名电影的赞助商和支持者包括克瑞斯信托、泰兹基金会、加拿大独立影像基金会、加拿大艺术委员会、帕克基金会、加拿大汽车工人与社会正义基金会、桃瑞丝·卡杜和哈尔·施瓦茨基金会、兄弟姐妹联合会、癌症预防挑战团队以及我们的合作伙伴组织“女性健康环境网站”与因赛持电影制作与发行公司。

在影片的制作过程中，玛姬·梅尔彻斯、特拉·布鲁克曼、乔尔·史密斯和 383
亨利·布鲁克曼给我们送来了本地种植的有机食物，带我重新认识了伊利诺伊州中部的河堤、平原和洼地。我母亲——凯瑟琳·斯坦格雷伯——为我和演员们大开方便之门，极其热心。我的堂兄约翰和他的妻子艾米丽也一样热情。为了在镜头前重现第七章里所描写的农场景色，他们在七月一个无雨的星期一放下了自己的工作。对伊利诺伊州中部的农民来说，这可是不小的损失。在镜头前和约翰堂兄的谈话，让我对农药有了新的了解，而这对本书的修订具有指导作用。我的舅舅罗伊和舅妈安对我们也同样热情（在第十章中我提到过他们的农场），并且把他们对农业的独到见解告诉我们。2006 年，我的祖母去世了，土地中介帮助我们为农场找到了新的主人。土地中介不仅拯救了我家的农场，而且通过为这片土地寻找新的支持有机农业的年轻农民做主人，重建了伊利诺伊州的食品安全，所以他们是值得赞扬的。我家的农场在普莱森特里奇镇，现在那儿已经完全实现了有机生产，它是土地中介出色工作的唯一受益者。通过加强依托社区的、可持续性发展的粮食体系，土地中介解决了我在第一章、第七章和第十章中所提出的问题。

我要衷心感谢，对第二版修订稿提出意见以及对数据进行核对的人员：乔伊斯·布鲁门沙恩、特拉·布洛克曼、夏洛特·布罗迪、茱莉亚·布罗迪、迪克·克拉普、特伦斯·柯林斯、卡姆亚尔·尹沙亚恩、约瑟夫·古斯、盖诺恩·詹森、蒂姆·

拉萨尔、珍・拉蒂默尔、戴夫・米勒、卡尔米・奥伦斯坦、苏珊・理查森、露丝安・鲁戴尔、詹妮弗・萨斯、特德・夏德勒、乔尔・史密斯、约翰・史宾尼利、吉娜・所罗门和卡尔・塔伯。

在加州乳腺癌研究项目组(CBCRP)担任顾问的经历,加深了我对癌症生物学的认识。作为 CBCRP 特殊研究计划指导委员会委员,我得以重新审阅有关环境与乳腺癌之间关联的文献,并且,同专家战略小组就需要专项资金的研究群体之间的差异进行鉴定。我们在 2007 年撰写的草案报告:《鉴别乳腺癌研究的差异:自
384 然环境与社会环境的差异及作用》为我在乳腺癌方面的研究提供了素材。为此,我要感谢加州乳腺癌研究项目主管——马里恩・卡万诺夫・林奇医学博士、凯瑟琳・汤姆森博士和玛吉・普拉姆博士,同时,我要感谢特殊研究计划指导委员会的同事们:寂静的春天研究所的执行主任茱莉亚・布劳迪博士、芝加哥医学中心的欧鲁夫尼莱奥 I・欧洛佩德博士、亚太岛屿国家癌症幸存者网络的苏珊・松子・品川、哈佛公共健康学院的大卫・R・威廉姆斯博士。2007 年,我受乳腺癌基金会委托,开展对青春期提前的原因的调查工作,这加深了我对乳腺发育生物学的理解,项目研究中搜集的资料已经被编入本书的一些章节里。我要特别感谢珍妮・里佐、塔玛拉・阿德金斯、布莱恩・泰勒、珍妮特・纽德尔曼和南希・埃文斯。

从 1999 年到 2003 年间,我以访问学者的身份在康奈尔大学工作。感谢该大学"乳腺癌与环境风险因素"项目组的成员。项目组的同事苏珊娜・斯勒德克尔博士和攻读公共健康学硕士的迦米・奥伦斯坦至今仍不时地回答我的问询,或传一些资料给我,或对我的文章进行评论,同时,给我指点新的研究方向。她们的影响在本书第七章和第十一章中体现得尤为明显。

作为科学和环境健康网站的董事会成员,我在同事那儿也受益匪浅。科学与环境健康网站在风险预防原则、生态制药和化学政策改革方面成绩卓著。对该机构的工作人员和董事们在以上领域不吝赐教,我深表感谢。

在我现在作为驻校学者的伊萨卡学院,精明能干的图书管理员们在很多方面给予了我大力支持。跨学科与国际研究系主任谭雅・桑德斯博士为我搭建了一个优越的学术研究平台。我还要感谢玛丽安・布朗博士和环境研究项目的负责人苏珊・艾伦吉尔博士。

我要感谢帕克基金会的阿德莱德・帕克・高莫和珍妮弗・阿特曼基金会的玛尼・罗森对我的工作所给予的直接或间接的帮助。我也要感谢华莱士国际基金会
385 的珍妮特・华莱士女士、加州大学环境健康科学系的皮特・迈尔斯博士、公共福利研究院的迈克尔・勒纳博士,"癌症预防在行动"组织的莉斯・阿姆斯特朗博士、珍

妮特·柯林斯。特别要感谢朱迪·凯恩。

感谢波士顿乔迪所罗门演讲公司的乔迪·所罗门、比尔·法戈和斯泰西·博登,是他们帮助我把《生活在下游》的信息带到大学、市政厅会议、医学院所、公共图书馆、乡村集市、教堂地下室和国际会议中去。

我还要感谢我的泌尿科医生桑吉夫·沃赫拉博士,感谢他允许我们把我每年的膀胱镜检查拍成电影,以此来揭开能挽救生命,但对很多人来说还很陌生的(或者说感到恐惧的)癌症筛查过程的神秘面纱。再一次感谢我的医生沃赫拉博士,向他的慈悲之心和尽职尽责致敬。

最后,还要感谢我的全部家人,他们无私地把我的生物学的根脉告诉我。特别感谢加利福尼亚州的帕洛阿尔托市的桃瑞丝和阿恩·彼得森,还有俄克拉荷马州塔尔萨的史蒂夫和爱丽丝以及他们的女儿萨拉。

第一版致谢

387 在从事科研及撰写本书的岁月里，承蒙诸多个人或机构的鼓励、支持和鼎力相助。首先，感谢拉德克里夫学院的班汀研究所、伊利诺伊大学的女性与性别研究中心以及波士顿东北大学的女性研究项目组。他们为我提供住宿和研究奖学金，并让我拥有一批志同道合的同事。这些都是从事研究与写作所必不可少的，所以我要感谢研究所的主管：弗洛伦斯·拉德博士、艾丽丝·丹博士和克里斯汀·盖里博士。我还要感谢拉德克里夫研究合作伙伴项目，为了帮助我完成图书馆调研这项艰巨的任务而派来了一批哈佛的学生：丽贝卡·布劳恩、克里斯汀·钟、特里萨·埃斯克拉、帕尔米拉·戈麦斯、朱莉·奈尔逊、凯瑟琳·帕顿和艾米·斯蒂文斯。感谢他们热情而坚定的支持。

承蒙许多图书管理员的鼎力相助，尤其要感谢那些工作在哈佛大学医学院和魏德娜图书馆、贝塞斯达国家医学图书馆、耶鲁大学拜内克图书馆、东北大学斯奈尔图书馆，以及波士顿、萨默维尔、皮奥里亚和佩金等地的公共图书馆的工作人员。

388 一些主张知情权的专家帮助我寻找我的生态根源。他们是尤尼森研究所的约翰·切勒恩、伊利诺伊危险垃圾研究与信息中心的丽莎·达蒙、伊利诺伊州环境保护局的乔·戈德纳、西雅图的凯茜·格兰菲尔德、市民行动团体的爱德华·霍普金斯以及社区知情社团工作组的保罗·奥鲁姆。我还要感谢布莱恩·伯特，他把他非凡的电脑天赋及全部聪明才智都贡献了出来。

通过阅读手稿，多位科学、医学及决策领域的同事从专业的角度对本研究项目提出了极其宝贵的意见和批评，我在此一并表示感谢。他们是：（美国）国家癌症研究所和美国环保署的博士和公共卫生硕士露丝·艾伦、伊利诺伊州梅森城的医学博士桃乐茜·安德森、波士顿大学的理学博士安·爱城古、魁北克生态毒理学圣・劳伦斯国家研究所的皮埃尔・毕兰德博士、旧金山的朱迪丝・布雷迪女士寂静的春天研究所的朱丽叶・布洛迪博士、硅谷有毒物质联盟的莱斯利・比斯特、国家癌症研究所的肯尼斯・康托博士、农贸政策研究所的杰克・克里斯坦森、波士顿大学理学博士和公共卫生硕士理查德・克莱普、环境工作小组的布莱恩・科恩、美国环保署的佩内洛普・芬娜克里斯珀博士、健康与环境正义国家联盟的琼・狄阿古、世界资源研究所的德维拉・里・戴维斯博士、芝加哥伊利诺伊大学的塞缪尔・爱泼斯坦博士、圣路易斯大学的詹姆斯・戴维斯博士、亨利・福特医学中心的医学博士托马斯・唐纳姆、反对滥用杀虫剂国家联盟的杰伊・费德曼、明尼苏达大学的医学博士文森特・盖瑞、康奈尔大学的约翰・W・盖普赫特博士、波士顿的本杰明・戈德曼博士、伊利诺伊环保局的乔・古德纳、麦克马斯特大学的荣誉教授罗斯・豪尔博士、低等动物肿瘤登记中心的约翰・哈什巴格博士、纽约伊萨卡的莫妮卡・哈格瑞伍斯博士、普林斯顿大学荣誉教授罗伯特・哈格瑞伍斯博士、职业安全与健康管理局的皮特・尹芬特博士、圣奥拉夫学院弗里达・诺伯劳迟博士、哈佛大学的南希・克里格博士、西奈医学院的菲利普・兰德里根博士、乔治华盛顿大学和史密森学院的琳达・里尔博士、美国环 389
保署的罗尼・里文、纽约州康奈尔大学乳腺癌与环境风险因素项目的琼・费森登・麦当娜博士、太平洋西北研究基金会的唐纳德・马林斯博士、北卡罗来纳大学的罗伯特・米立坎博士、杀虫剂行动网络北美地区中心的莫妮卡・穆尔、俄勒冈州尤金的玛丽・奥布赖恩博士、环境研究基金会的玛利亚・比利兰奴和皮特・蒙塔古博士、哥伦比亚大学的弗雷德里卡・佩雷拉博士、康奈尔大学大卫・皮门特尔博士、伊利诺伊农业部的麦克・拉赫、弗吉尼亚大学的埃德蒙・拉塞尔三世博士、纽约宾厄姆顿州立大学医学博士兼公共卫生硕士阿诺德・斯科特、国家职业安全与健康研究所的保罗・舒尔特博士、北卡罗来纳大学的卡尔・夏伊医学博士兼公共卫生博士、塔夫斯大学的卡洛斯・索南夏因博士和安娜・索托博士、耶鲁大学的威廉・史密斯博士、伊利诺伊环保局的土壤科学家A・G・泰勒、哥伦比亚大学的公共卫生硕士生苏珊・泰特尔鲍姆、伊利诺伊自然历史调查机构的保罗・泰瑟尼先生和苏珊・珀斯特女士、缅因大学的瑞贝卡・凡・本耐登博士、安提俄克新英格兰研究生院的路易斯・弗耐博士、波士顿大学的汤姆・韦伯斯特博士、伊利诺伊州布鲁克菲尔德的盖尔・威廉姆森医学博士、西奈医学院的玛丽・伍尔夫医学博士以及国家癌症研究所的西拉・豪尔・扎姆博士。当然，我对本书内容的准确性和有效性负全部责任。

文艺界的朋友们从读者和评论者的角度也提出了各自的见解。他们是卡罗尔·贝内特、安东尼·勃兰特、罗伯特·居里、乔爱伦·马斯特斯、金姆·麦卡锡、马尔尼·麦金尼斯、约翰·麦当娜和安·帕切特。

还有许多学者和研究人员也十分乐意提出建议、分享数据资源、解答我的问
390 题,并提醒我要留心重要的研究领域,在此不能一一列举所有人的名字。我在一些
政府机构任过职,我对这些机构表示感谢。它们是美国环保署,伊利诺伊州环保局,美国国家癌症研究所,国家职业安全与健康研究所,国家环境健康科学研究所,有毒物质与疾病登记局,国家癌症登记项目组,国家健康统计中心,伊利诺伊州地质、水质与自然历史调查中心,伊利诺伊州自然资源保护厅,伊利诺伊州公共卫生厅,马萨诸塞州公共卫生厅以及梅森县卫生局。本书的结论和建议不代表在研究过程中给我以帮助的个人及他们代表的机构的观点。

我们要感谢致力于癌症预防和环境保护的人员,无论他们是在地方还是在中央政府工作。我还要特别感谢马萨诸塞州剑桥市的女性社区癌症项目组的成员们:致力于乳腺癌行动的南希·伊万斯、马萨诸塞州乳腺癌联盟的凯瑟琳博士、长岛的芭芭拉·巴拉班女士、盖里·巴里什和琼·史威斯基、适于母亲和其他生灵居住的星球组织的桑德拉·马奎德特女士、杀虫剂行动网络西北联盟的员工以及同我一起在华盛顿为国家乳腺癌行动计划服务的市民和科学家们。

在我的家乡,我得到了当地自来水公司负责人凯文·凯维尼,还有《皮奥里亚每日星报》的伊莱恩·霍普金斯、州众议员里卡·斯隆及伊利诺伊州佩金的医生厄尔·梅尔彻斯和玛吉·梅尔彻斯的帮助。我的父母威尔伯和凯瑟琳,姐姐朱莉阅读我的书稿,核对数据,毫无保留地把他们的经验传授给我。

没有哪位作家像我这样幸运,拥有两位坚定的支持者,一位是我的著作经纪人
夏洛特·西迪,另一位是编辑梅尔劳埃德·劳伦斯。即便是由于我的原因而带来
391 的困难和不可预期的拖延,他们对我的热心和支持也不曾减少分毫。将写完的章
节投入梅尔劳埃德位于灯塔山的邮箱是最令我满足的事情。我将永远感谢她的耐心、关怀和敏锐的编辑判断力。

最后,我要永远感谢柏妮丝·贝曼、杰出的作家瓦莱丽·康奈尔、凯伦·里·奥斯本和杰夫·卡斯特罗,他们的智慧融入本书的许多章节里,他们也一直在祝福着我。

索　引

K

译者后记

《生活在下游》(*Living Downstream*)(1997),《坚守信念》(*Having Faith*)(2001)和《养育以利亚》(*Raising Elijah*)(2011)是生态学家、作家、诗人和"纽约人反对天然气开采(Fracking)运动"的创始人之一桑德拉·斯坦格雷伯的自然文学创作三部曲。《生活在下游》是继20世纪60年代初蕾切尔·卡森创作的《寂静的春天》后的又一部具有强烈社会责任感的著作。斯坦格雷伯因此也被称为"当代最伟大的声音之一"【引自"芬格湖区清洁水论坛(The Finger Lakes CleanWaters Symposium)"主持人的话。】

《生活在下游》描述了作家本人作为环境癌症(膀胱癌)患者,亲历探求人类健康与环境关系的辛酸感人历程,其目的在于唤起人们强烈的环境健康意识。能与北京大学出版社合作,翻译这样一部作品,是我们译者团队的荣幸。作为译者,我们首先是虔诚的读者,在翻译过程中,我们似乎同作家一道置身于哈佛大学图书馆,追寻着当年蕾切尔·卡森的身影,倾听她的呼唤,寻找环境与人类健康的关系,一次次地被她的事迹所感动,被环境污染的史实所震撼。作为译者,从来没有像现在这样对"exposure(暴露)"、"carcinogen(致癌物)"、"pesticide(杀虫剂)"、"herbicide(除草剂)"、"underground water contamination (地下水污染)"、"environmental risks (环境风险)"、"cancer(癌症)"这些词语认识得如此深刻,感到它们如洪水猛兽般地令人毛骨悚然。我们还深深地意识到,在某种程度上,我们每个人都生活在下游,对上游、对过去曾发生的一切一无所知。在翻译过程中,我们也了解了"知情权法"和"风险预防原则"这些值得我们学习的东西。原作中提到了世界上污染最严重的城市,其中包括中国的临汾和田营。原作者把"Linfen"写成了"Lifen"。作为中国人,我们多么希望它是个错误,希望在中国,在世界上根本没有这么个污染如此严重的城市。我们希望有那么一天我们可以骄傲地说"中国的城市都是世界上最美、最清洁的城市"。

几年前，我在教育部第15期驻外后备干部培训班上认识的好友、中国驻美国总领馆的刘江义先生写信给我，说美国的一所科研机构请求领馆推荐一人，翻译一本由若干资深科学家合作出版的生态环境方面的著作，他推荐了我。我与有多次合作关系的北大出版社张冰主任联系，随后与该社的生物学编辑黄炜女士结识。由于某些原因，那本书的翻译权与我们擦肩而过。这让我有些沮丧，以为跟北大出版社的合作到此为止了。一年后，黄炜编辑写信给我说申请到了国家出版基金项目，希望由我翻译《生活在下游》一书。这个转机让我感动。想不到北大出版社还想着我，信任给人动力，能为建设美丽的中国做点什么，当然义不容辞。我们开始了这本书的翻译工作。这是我与北大出版社非常愉快的合作。黄炜编辑非常体谅译者的苦衷，给译者以宽松的心态从事翻译。但是，她又是非常严格、非常认真、追求完美的编辑，多少次，我们都提到，我们的目标是一致的，要为读者提供高质量的作品。尽管出于各种各样的原因，我们认为还不够完美，但我们在有限的时间里尽力而为了。对于存在的不足，我们深表歉意。

这本书的翻译前后耗时两年多，有不少人为本书的翻译出版贡献出自己宝贵的时间。这里要感谢大连海事大学翻译硕士专业(MTI)2011级至2013级选修我所讲授的外事翻译课的研究生们，大连港外事办公室秘书、翻译白玉超女士、朱传华老师，我的女儿张禹潮和张禹汐的参与(开始翻译此书时，她们刚上大一，现在已经是大三的学生了)。相信他们和译者一样在阅读、校阅中深受教育，他们也在为提高人们的环境健康意识方面作出了贡献。感谢我的同事们对我们的支持和鼓励，特别感谢李应雪博士在文稿校对中所付出的辛劳和提出的宝贵建议。译者对翻译中的不当之处负全部责任。

在本书最后一稿的审阅时，我在加拿大温莎大学“论证、论辩与修辞学研究中心(CRRAR)”作访问学者。感谢他们的邀请，我得以暂时告别繁忙的教学工作，得以在温莎大学Leddy图书馆非常人性化的、舒适的环境中阅读最后一稿，聆听桑德拉·斯坦格雷伯在各种人类健康与环境污染关系会议上作报告的音频，观看会议的影像资料。在此，谨对CRRAR研究所、对加拿大温莎大学Leddy图书馆的工作人员提供的方便表示感谢。

张树学
2014年10月于加拿大温莎大学

作者简介

桑德拉·斯坦格雷伯是位生物学博士,兼获创作写作硕士学位。她被誉为"匕首诗人"(*Sojourner*),著有诗集《诊断之后》,与他人合作撰写了关于非洲生态与人权的《饥荒的战利品》一书。在她的回忆录《坚守信念:一位生态学家的母亲之路》中,斯坦格雷伯探讨了自己的妊娠生态。该书被《图书馆杂志》评为2001年最佳书籍。

斯坦格雷伯撰写的《生活在下游》第一版首次将美国癌症登记处的各种数据与有毒物质排放的数据相结合。《生活在下游》受到了《华盛顿邮报》、《芝加哥论坛报》、《出版商周刊》、《柳叶刀》、《泰晤士报文学增刊》和《伦敦时报》等国际媒体的赞誉。2001年,斯坦格雷伯因为这本著作被查塔姆学院推选,荣获两年一度的"蕾切尔·卡森领袖奖"。2006年,斯坦格雷伯荣获"乳腺癌基金会"颁发的风云人物奖。2009年,斯坦格雷伯荣获洛杉矶"社会责任医生组织"颁发的"最佳环境卫生奖"。

2010年,多伦多人民影像公司上映了根据同名著作改编的电影《生活在下游》。这是不同寻常的一年,斯坦格雷伯穿梭于北美大陆,不遗余力地打破人们对癌症与环境关联的沉默,而这部将确凿的事实和电影艺术相结合的纪录片一直伴随着斯坦格雷伯。

斯坦格雷伯担任加利福尼亚州乳腺癌研究项目的顾问,为国会提供咨询,并在多所大学校园演讲。作为《猎户座》杂志的专栏作家,斯坦格雷伯还是纽约伊萨卡学院的驻校学者。她的丈夫杰夫·德·卡斯特罗是位艺术家,她与丈夫养育两个孩子。请访问她的网址:www.steingraber.com。